高等学校碳金融"十四五"规划教材

碳交易市场概论

主 编 ◎ 蓝 虹 副主编 ◎ 束兰根

中国金融出版社

责任编辑：张　铁
责任校对：李俊英
责任印制：张也男

图书在版编目（CIP）数据

碳交易市场概论/蓝虹主编；束兰根副主编. —北京：中国金融出版社，2022.6

高等学校碳金融"十四五"规划教材

ISBN 978 - 7 - 5220 - 1626 - 9

Ⅰ.①碳…　Ⅱ.①蓝…②束…　Ⅲ.①二氧化碳—排污交易—高等学校—教材　Ⅳ.①X511

中国版本图书馆 CIP 数据核字（2022）第 077586 号

碳交易市场概论
TANJIAOYI SHICHANG GAILUN

出版
发行　　中国金融出版社

社址　北京市丰台区益泽路 2 号
市场开发部　（010）66024766，63805472，63439533（传真）
网 上 书 店　www.cfph.cn
　　　　　　（010）66024766，63372837（传真）
读者服务部　（010）66070833，62568380
邮编　100071
经销　新华书店
印刷　保利达印务有限公司
尺寸　185 毫米×260 毫米
印张　25.75
字数　501 千
版次　2022 年 6 月第 1 版
印次　2022 年 6 月第 1 次印刷
定价　68.00 元
ISBN 978 - 7 - 5220 - 1626 - 9
如出现印装错误本社负责调换　联系电话（010）63263947

高等学校碳金融"十四五"规划教材
学术指导委员会

（以下排名不分先后）

总　序

Preface

碳金融是指服务于旨在减少温室气体排放的各种金融制度安排和金融交易活动，主要包括碳排放权及其衍生品的交易和投资、低碳项目开发的投融资以及其他相关的金融活动，最终目标是实现低碳发展、绿色发展、可持续发展。

传统工业的扩张导致化石能源大量使用，使大气中二氧化碳等温室气体含量迅速上升，目前排放的二氧化碳90%以上来自化石能源的燃烧。碳环境容量的严重稀缺已经通过全球气候变化充分显示了对人类的严重危害。罕见高温、严重干旱等一系列现象频繁发生，海水入侵和海岸线的侵蚀时刻威胁着沿海城市和地区，热带雨林的破坏和气候变暖形成了相互影响的恶性循环，森林火灾的发生频率陡增。气候变暖不仅增加了传染病等疾病的死亡率，而且增加了昆虫传播的概率和疟疾的复发率；在高纬度地区，淋巴丝虫病、血吸虫病、黑热病、登革热和脑炎等疾病的传播风险正在增大。全球生物多样性锐减，世界自然基金会（WWF）发布的《地球生命力报告2020》显示，全球野生动物种群数量在1970—2016年间减少了68%。

气候变化危害很大程度上源于外部不经济性。全球碳环境容量日益稀缺，过量碳环境容量的使用导致很高的社会成本，但没有通过碳定价使其在市场上得以反映，这就导致碳环境容量的进一步过量使用。如果市场机制无法引导对碳环境容量的合理定价，气候变化带来的社会成本将会不断侵蚀人类的社会福利，并危及人类命运共同体的可持续生存和发展。而建立在碳交易市场基础上的碳金融制度和技术体系，是实现碳定价的重要手段。

随着全球气候变化对人类社会构成重大威胁，越来越多的国家将"碳中和"上升为国家战略。2020年，中国基于推动实现可持续发展的内在要求和构建人类命运共同体的责任担当，宣布了碳达峰、碳中和目标愿景。习近平总书记强调，要把碳达峰、碳中和纳入生态文明建设整体布局；要推动绿色低碳技术实现重大突破，抓紧部署低碳前沿技术研究，加快推广应用减污降碳技术，建立完善绿色低碳技术评估、交易体系和科技创新服务平台。金融是现代经济的核心，要实现"双碳"目标，金融制度和技术的支持是重要的基础和条件。

"双碳"目标的实现需要大力推进碳金融，但目前我国碳金融专业人才严重不足，制约了碳金融的发展。碳金融属于交叉学科，是以金融学理论为支撑，涉及能源管理、环境科学、工程和规划、证券发行、保险会计、工商管理等多学科。在碳金融的人才培养上亟须推动不同学科交叉和跨界融合，完善培养体系，培育创新性复合型人才，以满足"双碳"背景下跨学科的碳金融人才需求。

2021年教育部印发《高等学校碳中和科技创新行动计划》，明确提出加快培养碳交易、碳核算专业人才，加快制订碳中和领域人才培养方案，建设一批国家级碳中和相关一流本科专业等要求。2022年教育部印发《加强碳达峰碳中和高等教育人才培养体系建设工作方案》，就加快碳金融和碳交易教学资源建设提出了具体要求，鼓励相关院校加快建设碳金融、碳管理和碳市场等紧缺教学资源，在共建共管共享优质资源的基础上，充分发挥人才培养体系作用，完善课程体系。人才培养的基础是教材，但目前国内高校可用于碳金融教学的教材相当缺乏。鉴于此，为进一步落实好党中央、国务院关于碳达峰碳中和的重大战略部署，中国人民大学生态金融研究中心副主任、教授、博士生导师、中研绿色金融研究院特聘院长蓝虹和中研绿色金融研究院学术委员会首席专家、南京大学新金融研究院高级研究员、江苏大学财经学院产业教授束兰根牵头组织编写了国内第一套碳金融系列教材——高等学校碳金融"十四五"规划教材，本套教材包括《碳交易市场概论》《碳金融概论》《碳管理概论》《碳资产投资管理》《碳金融风险管理》等。本套教材体现了理论与实践的结合，兼具前沿性、时代性、实用性和广泛性，体系完整合理，内容深入前沿，立足现实问题，着眼未来发展，具有一些鲜明特点。

一是本套教材充分考虑碳金融的交叉学科特色，在内容的安排上，不仅从金融的角度着力阐述碳金融制度、政策、工具和相关的衍生产品以及碳资产管理方法与途径等，而且从环境经济学的角度阐述碳市场构建要素中总量控制目标设计、碳核算及方法学、强制性减排市场和自愿减排市场的区别以及不同标准的制定方法，并从数据经济与生态经济相结合的角度阐述如何实现碳数据的信息化管理等，可以使读者全面系统地学习了解碳金融相关知识，为提高碳金融理论分析和实践操作能力奠定良好的知识基础。

二是本套教材在编写者的选择上，考虑了理论与实践的融合、金融与环境学科的交叉。教材编写者既有来自中国人民大学、南京大学、复旦大学、江苏大学、南京审计大学、南京财经大学等高校的金融学教授和环境经济学者，又有来自电子科技大学、中国石油大学等高校从事碳金融理论研究的跨界学者，还有来自中研绿色金融研究院、江苏银行、上海环境能源交易所、北京中创碳投科技有限公司等在碳金融一线从事政策研究、市场交易、资产管理和信贷实务的专家，这增加了教材的前沿性和实操性特色。

三是本套教材在内容和体系安排上，重视吸收国际理论研究和实践经验成果，并将中国的碳金融发展融入其中。气候变化问题关系到人类命运共同体的可持续生存和发展，全球一致行动是关键所在。2005 年至今，全球碳金融市场走过了 17 年的风雨历程。根据国际碳行动伙伴组织（ICAP）的统计，截至 2021 年 1 月 31 日，全球共有 24 个运行中的碳市场和碳金融体系，另外还有 8 个碳金融体系正在计划实施。目前碳金融体系覆盖了全球 16% 的温室气体排放，全球将近三分之一的人口生活在碳市场、碳金融覆盖的区域，这些区域的 GDP 占全球的 54%。碳金融具有鲜明的国际化特征，只有将中国的碳金融纳入国际碳金融体系去理解，才能全面认识和把握碳金融的知识结构和发展态势。

加快建设碳交易市场，使市场在绿色发展中发挥重要乃至决定性作用，需要高素质、专业化的碳金融人才，本套教材提供了现阶段培养这方面人才急需的集大成的知识集合。相信本套教材的出版将对促进我国碳金融发展、实现"双碳"目标发挥重要作用。

基于此，我很高兴受邀为本套教材作总序。

刘世锦

第十三届全国政协经济委员会副主任

国务院发展研究中心原副主任

前 言

Foreword

气候变化既是全球环境问题，也是重大发展问题。2022 年 1 月 24 日，中共中央政治局就努力实现碳达峰碳中和目标进行第三十六次集体学习，习近平总书记在主持学习时强调，实现碳达峰碳中和，是贯彻新发展理念、构建新发展格局、推动高质量发展的内在要求，是党中央统筹国内国际两个大局作出的重大战略决策。我们必须深入分析推进碳达峰碳中和工作面临的形势和任务，充分认识实现"双碳"目标的紧迫性和艰巨性，研究需要做好的重点工作，统一思想和认识，扎扎实实把党中央决策部署落到实处。

党的十八届三中全会提出，市场在资源配置中起决定性作用。实现"双碳"目标必须高度重视碳交易市场的重要作用。碳交易是以碳定价为基础的旨在减少碳排放的市场机制，《京都议定书》框架下的三种碳交易机制形成并运行，为碳交易市场的构建奠定了制度基础，同时自愿减排碳市场也逐渐形成，并且不断发展壮大。虽然《京都议定书》之后的国际气候谈判协议暂时未形成延续性的强制性总量控制和减排任务，但碳交易市场对碳减排的推动作用已经在全球取得共识，世界各国的碳交易市场纷纷建立，并在国际贸易和经济交流中影响着资源配置，碳排放权正在成为一种世界范围的重要战略资源。所以，发展我国的碳交易市场，不仅是实现我国"双碳"目标的需求，也是我国获得碳排放贸易定价话语权的必要手段。

人才培养是发展我国碳交易市场的重要基础条件。正是在这种背景下，为贯彻落实党中央关于实现"双碳"目标的决策部署，2021 年教育部印发《高等学校碳中和科技创新行动计划》，明确提出要加快培养碳交易、碳核算专业人才，加快制订碳中和领域人才培养方案，建设一批国家级碳中和相关一流本科专业等要求。因此，撰写一部集国际国内大成的教材，整合国际国内碳交易市场建设和发展的经验、理论研究成果，包括碳交易市场基本要素、制度安排演进、实践经验和理论成果总结等，对于提高碳交易市场人才培养质量十分必要。

正是出于上述考虑，我们组织编写了《碳交易市场概论》，全书内容共分为九章。

第一章，碳交易市场形成背景。本章从环境经济学和能源经济学的角度分析了全球气候变化和能源耗竭对人类命运共同体可持续生存发展带来的危机。从而使学生了解全球气候变化与能源消费、生产结构变化之间的关系，了解全球碳减排目标形成的缘由与碳交易市场形成的背景。本章还对能源货币体系和碳货币进行了介绍和概述，进一步使学生从环境经济学、能源经济学和金融学等多个视角了解碳交易市场形成背景以及给传统金融体系带来的冲击、挑战和机遇。

第二章，碳交易市场理论基础。本章从市场失灵、外部性、公共产品理论出发，分析在解决气候变化问题全球集体行动中的囚徒困境，以及解决的方法——碳定价两种机制：碳市场交易机制和碳税机制，使学生掌握碳交易市场和碳税的经济学原理，了解二者的异同点并能够进行比较分析，掌握碳交易市场形成和建立的理论逻辑、影响碳排放权需求和供给的因素、碳交易实现社会福利最大化的机理、初始权利分配如何影响碳减排最终结果等理论，能够运用博弈论分析当今碳减排国际合作面临的难点并掌握其解决机制等。

第三章，碳交易市场技术基础。在碳金融系列课程中，金融专业的学生最难掌握的是碳金融的底层资产——碳交易产品如何核算、度量、监督、价值赋值，因为这涉及环境经济学的内容。针对这些难点，本章介绍了碳排放和减排量监测、核算的原理和方法，总量控制的设计原则，碳配额分配从免费分配到拍卖的演进，以及免费配额分配从祖父制到基于历史产出的基准法再到基于实际产出的基准法的演进等。通过本章的学习，学生能够掌握碳排放量、碳减排的计算原理、计算方法和工作流程，了解碳交易市场基本要素的技术设计，包括覆盖范围、总量目标、配额分配、抵消机制、履约监管等。

第四章，《京都议定书》下的全球碳交易市场。本章介绍了《联合国气候变化框架公约》和《京都议定书》，以及《京都议定书》框架下的三种碳交易机制和碳交易产品及其所构成的碳交易市场的运行状况。通过本章的学习，学生能够掌握《京都议定书》提出的三种碳减排交易机制的主要内容，理解其经济金融原理及其对全球碳交易市场的影响，了解《京都议定书》签署后到《巴黎协定》签约，世界各国碳排放权交易市场在具体实施中的政策演变及市场反应。

第五章，欧盟碳交易市场。本章介绍了欧盟碳排放权交易体系的产生背景和运行机制，三个发展阶段的不同特征以及产生的问题，欧盟在解决这些问题时采取的制度、政策和工具。通过本章的学习，学生能够掌握欧盟碳排放权交易体系的产生背景和建立过程，理解欧盟碳排放权交易体系的构建、运行等经验，了解欧盟碳交易市场在不同阶段的发展和创新，思考欧盟碳交易市场对中国构建碳交易市场的启示。

第六章，中国区域性碳交易市场试点。本章梳理了中国区域性碳交易市场试点的政策脉络，介绍了包括深圳市、上海市、北京市、广东省、湖北省、天津市、重庆市和福建省八个碳交易试点地区的碳交易试点制度设计，主要内容包括覆盖范围和总量的设定，监测、报告、核查制度，碳市场配额的初始分配机制和抵消机制，分析了中国区域性碳交易市场试点的直接和间接减排效果。通过本章的学习，学生可以了解中国各区域性碳交易市场试点政策的发展历程，横向比较各区域性碳交易市场试点的制度设计，了解其不同的减排绩效。

第七章，全国碳市场启动和推进。本章梳理了中国碳市场建设历程，重点从政策制度、参与主体、覆盖范围、交易管理、监管机制等方面详细介绍中国碳市场核心要素，分析市场交易价格与交易量情况、碳市场风险识别与风险控制、中国碳市场未来发展趋势。通过本章的学习，学生可以了解中国碳市场发展历程及重要阶段，掌握中国碳市场基本框架与市场要素，把握全国碳市场发展趋势。

第八章，自愿减排碳交易市场。本章介绍了自愿减排碳交易市场的概念、发展历程、运行机制、市场特点及其在全球的发展概况，对比分析了自愿减排碳核算黄金标准、核证减排标准等标准体系，阐述了我国自愿减排碳市场发展历程、主要产品、市场前景等。通过本章的学习，学生能够掌握自愿减排碳交易市场的概念、区别于强制性减排市场的特点，目前主要的核算认证标准体系，了解国际自愿减排市场现状，以及我国自愿减排交易市场建设和发展历程。

第九章，碳关税与欧盟碳边境调节机制。碳关税和欧盟碳边境调节机制对全球及欧盟本身的碳交易市场都产生了极大影响，自2021年3月欧盟议会通过碳边境调节机制议案以来，欧盟碳交易市场的碳价就直线上升，从2021年初不到30欧元上升至2021年末超过80欧元。因此，本教材专门安排一章，介绍碳关税和欧盟碳边境调节机制，包括碳关税提出背景和主要内容，碳边境调节机制的主要规定、原理、范围、路径等，以及对其他国家的影响。

本教材编撰人员集合了中国人民大学蓝虹教授团队、许光清副教授团队，南京大学陈莹教授团队，电子科技大学李平教授团队，江苏大学吴梦云教授团队，中研绿色金融研究院束兰根研究员团队，中国石油大学梅应丹副教授团队，上海环境能源交易所李瑾副总经理团队，北京中创碳投科技有限公司唐人虎总经理团队等。

为了更好地配合教学，本教材在每章设置了学习目标和思考题，供学习或教学时参考。本教材是目前第一部碳交易市场领域的集大成之作，综合了国际国内最前沿的研究成果和实践经验。本教材既适合高校碳金融相关课程教学使用，也可用于碳交易领域工作人员岗位培训。

作为编者，我们殷切期望本教材的出版能够推动碳交易市场发展和碳金融领域人才培养，为促进实现"双碳"目标作出一定的贡献。

编者

2022 年 5 月

目 录

Contents

第一章　碳交易市场形成背景

【学习目标】

1. 了解全球气候变化与能源消费、生产结构变化之间的关系，掌握全球碳排放限制的缘由与碳交易机制的形成背景。

2. 了解能源战略、能源安全与能源金融之间的关系，理解碳金融在我国能源金融体系中的重要作用。

3. 了解中国碳达峰、碳中和政策，掌握中国"双碳"政策的实施机制。

4. 掌握典型的全球碳排放权交易体系，了解区域、国家和次国家的碳定价机制，熟悉全球碳排放权交易机制的发展过程。

5. 掌握碳货币、碳本位和碳定价的一般概念，并进一步了解碳定价在碳金融体系中发挥的重要作用。

6. 了解我国碳市场的发展情况，知悉其进步之处以及有待完善的地方。

第一节　全球气候变化与能源革命

一、全球气候变化与碳减排目标

政府间气候变化专门委员会[①]（Intergovernmental Panel on Climate Change,

[①]　政府间气候变化专门委员会是由世界气象组织（World Meteorological Organization，WMO）和联合国环境规划署（United Nations Environment Programme，UNEP）于1988年共同建立的政府间组织，其作用是在全面、客观、公开和透明的基础上，对全球气候变化进行评估。IPCC 设立三个工作组：第一工作组评估气候系统和气候变化的科学问题；第二工作组为气候变化导致社会经济和自然系统的脆弱性制订应对方案；第三工作组评估限制温室气体排放和减缓气候变化的方案。

IPCC）于 2007 年发布了第四次评估报告《气候变化 2007：减缓气候变化》[1]，报告表明：全球气候变暖的趋势相当明显，具体表现在全球平均气温和海温升高、大范围积雪和冰融化、全球平均海平面上升等。第五次评估报告（2014）指出，人类对气候系统的影响效应正在不断增强，世界各个大洲都已观测到这种影响。如果任其发展下去，气候变化可能会进一步对人类和生态系统造成更为普遍、更为严重，且不可逆转的影响。只有严格限制碳排放并将气候变化的影响保持在可控范围内，才能实现未来的可持续发展。IPCC 发布的《气候变化与土地》（2019）则进一步揭示了气候、生态系统、生物多样性以及人类社会之间的相互依存关系，强调了实现生态系统、城乡系统以及工业和社会系统的转型的重要性和紧迫性。

众所周知，全球气候变暖会对人类赖以生存的自然环境、水资源、生态系统、海岸线和粮食生产，甚至人类的健康产生影响，如果不采取减缓温室效应的相应措施，全球变暖将给人类社会的生存和发展带来非常不利的后果。近年来，全球持续不断发生的极端气候事件，如破坏性洪涝、持续性严重干旱、雪暴、热浪和寒潮，也迫使国际社会积极采取措施，通过国际合作等方式进一步应对和减缓全球气候变化对人类社会长期发展的影响。科研机构对南极冰芯的相关研究表明，自 18 世纪工业化革命以来，人类活动导致的温室气体（Greenhouse Gas，GHG）排放增加值已远远超出了工业化前几千年中的浓度值[2]。在 1970 年至 2004 年的三十多年间，大气中温室气体的浓度增加了接近 70%，而人类对能源（化石燃料）的开发利用是造成二氧化碳浓度升高的主要原因之一。其中，甲烷和氧化亚氮浓度的变化主要来自化石燃料的使用和农业生产中有机化肥、农药的使用，而二氧化氮浓度的增加则主要来自农业生产。

过去二十年来，在能源安全、经济和空气质量效益以及气候等因素的推动下，能源效率和可再生能源一直是中国能源政策的核心与支柱。2005 年的《中华人民共和国可再生能源法》是我国第一部鼓励可再生能源的主要法律，该法设立了一个国家基金以此来促进可再生能源的发展。我国政府在"十一五"规划（2006—2010年）中首次提出了计划在五年内降低 20% 能源强度（单位产值能耗）的目标，并于

---

[1] IPCC 于 1990 年发表第一次评估报告，明确有关气候变化问题的科学基础，促使联合国大会作出制定《联合国气候变化框架公约》（United Nations Framework Convention on Climate Change，UNFCCC）的决定。1995 年提交给 UNFCCC 第二次缔约方大会的第二次评估报告为国际气候谈判的京都机制的提出作出了贡献。2001 年发表第三次评估报告，包括"科学基础""影响、适应性和脆弱性"与"减缓"三部分，侧重科学技术与政策协调研究。2007 年发表的第四次评估报告不仅成为 UNFCCC"巴厘岛路线图"的科学基础，而且为 2012 年以后新的国际温室气体减排行动框架谈判提供了科学依据。2014 年发布第五次评估报告，从 2021 年起各工作组陆续发布第六次评估报告的分报告。

[2] 根据 IPCC 的定义，温室气体是指大气中自然或人为产生，具有吸收和释放地球表面、大气和云发出的热红外辐射光谱内特定波长辐射的特性，进而导致地球表面产生温室效应的气体，包括二氧化碳、甲烷、氧化亚氮、臭氧、卤烃和其他含氯及含溴物质（六氟化硫、氢氟碳化物和六氟化碳等）。

2007 年对节能减排工作计划进行了相关补充。此后，能源效率一直是我国政府五年规划的优先考虑事项（见表 1.1）。2007 年，我国政府发布了第一个应对气候变化国家方案，制定了 2010 年的各项目标和配套措施；2014 年我国发布的《国家应对气候变化规划（2014—2020 年）》为其参加《巴黎协定》的谈判提供了基础，并据此制定了减排目标；在"十二五"规划（2011—2015 年）中，我国政府为能源消耗总量设定了上限，同时计划将能源强度降低 16%；在"十三五"规划期间（2016—2020 年），我国政府引入了煤炭使用上限，将能源强度目标设定为 15%，为向可再生能源和其他清洁能源的过渡提供了强有力的指导；2015 年，我国政府启动了电力市场改革，放开电价机制、降低电价、提高工业生产率、促进经济增长；在实施多年的省级碳定价机制的基础上，我国政府在"十四五"规划（2021—2025 年）中对总能耗和总排放量进行了限制，并于 2021 年运行国家碳排放权交易体系（Emissions Trading System，ETS）。2020 年 9 月，习近平主席在第七十五届联合国大会一般性辩论上表示，"中国将提高国家自主贡献力度，采取更加有力的政策和措施，二氧化碳排放力争于 2030 年前达到峰值，努力争取 2060 年前实现碳中和。"这标志着我国的节能减排进入一个新的阶段。

表 1.1　　　　　　　中国 2006—2025 年的减排目标和成绩

指标	2006—2010 年		2011—2015 年		2016—2020 年		2021—2025 年
	目标	实现	目标	实现	目标	实现	目标
单位 GDP 的二氧化碳强度	—	—	−17%	−20%	−18%	−18.8%	−18%
单位 GDP 能源强度	−20% 左右	−19%	−16%	−18.2%	−15%	−14%	−13.5%
一次能源总需求量（10 亿吨煤当量）	2.7 左右	3.3	<4.0	4.3	<5.0	4.98	待定
非化石燃料在一次能源总需求量中所占份额	—	—	11.4%	12%	15%	15.9%	20% 左右
太阳能光伏发电能力（GW）	0.3	0.86	21	43	110	253	待定
风能（GW）	10	31	100	131	210	282	待定

注：（1）自"十二五"规划（2011—2015 年）以来，一次能源总需求量（Total Primary Energy Demand，TPED）上限一直是一个指示性目标。

（2）中国采用部分替代法测算一次能源的需求量。

资料来源："十一五""十二五""十三五""十四五"规划纲要；MEE. 2020 年中国生态与环境状况报告［R］. 2021；国家统计局 . 2020 年国民经济和社会发展统计公报［EB］. 2021；国务院新闻办公室 . 关于中国可再生能源发展的简报［EB］. 2021.

二、能源革命与能源技术创新

人类利用能源的历史，也就是人类认识和征服自然的历史。人类利用能源的历史可分为五大阶段：（1）火的发现和利用；（2）畜力、风力、水力等自然动力的利用；（3）化石燃料的开发和热的利用；（4）电的发现及开发利用；（5）原子核能的发现及开发利用。人类对能源的利用经历了三次转换：第一次是煤炭取代木材等成为主要能源；第二次是石油取代煤炭居于主导地位；第三次是 20 世纪后半叶开始出现的能源结构多元化趋势。

能源结构是一次能源总量中各种能源的构成及其比例关系，分为能源生产结构和能源消费结构。影响能源生产结构的主要因素包括资源品种、储量丰度、空间分布及地域组合特点、可开发程度、能源开发及利用的技术水平。在能源生产基本稳定、能源供应基本自给的基础上，能源生产结构决定着能源消费结构。若一次能源资源匮乏，能源产品依赖进口或其他国家和地区，其能源消费结构则取决于获取能源的便利性、安全性及不同能源之间相互替代的经济性。由于不同地区的资源禀赋、社会经济发展、技术水平存在明显的差异，各地区能源消费结构也存在显著的区别。2008 年以来，经合组织（Organization for Economic Cooperation and Development, OECD）国家的石油消费基本上呈下降趋势，但这并未改变以油气为主的结构，而由于新能源和可再生能源的占比不断上升，能源消费结构逐步呈现出多元化的趋势。

全球能源消费结构的这种变化，反映出全球能源生产结构的多元化方向发展趋势。由于化石燃料的可耗竭性以及其造成的环境污染、温室气体排放等影响，世界各国均积极发展新能源和可再生能源，以促使能源生产更加高效、低碳。各国的能源生产结构不免会受制于种种客观因素，但考虑到能源安全问题，各国的能源战略会争取减少能源对外依存度（能源产品净进口量与总消费量之比），充分发挥本国的资源与技术优势，尽量提高能源自给比例。

在全球气候变化的大背景下，推进绿色低碳技术的创新、发展以可再生能源为主的现代能源体系已经成为国际社会的共识，能源清洁低碳转型已经成为全球发展趋势。能源转型不仅伴随着产业结构调整，而且更需要能源技术创新的支持，能源技术进步与能源转型相互促进，正在深刻改变能源发展前景和世界能源格局。当前，新一轮能源技术革命正在孕育兴起，新的能源科技成果不断涌现，新兴能源技术正以前所未有的速度加快迭代，可再生能源发电、先进储能技术、氢能技术、能源互联网等具有重大产业变革前景的颠覆性技术应运而生。随着云计算、大数据、物联网等新兴技术的发展，能源生产、运输、存储、消费等环节正在发生变革。

世界主要国家和地区对能源技术的认识各有侧重，基于各自能源资源禀赋特点，从能源战略的高度制定各种能源技术规划、加快能源科技创新，尤其重视具有潜在颠覆性影响的战略性能源技术开发，从而降低能源创新的全价值链成本。如美国的《全面能源战略》、欧盟的"2050 能源路线图"、日本的《面向 2030 年能源环境创新战略》、俄罗斯的《2035 年前能源战略草案》等。综观全球能源技术发展动态和各国推动能源科技创新的举措，全球能源技术创新进入了高度活跃期。绿色低碳是能源技术创新的主要方向，集中在化石能源清洁高效利用、新能源大规模开发利用、核能安全利用、大规模储能、关键材料等重点领域。世界主要国家均把能源技术视为新一轮科技革命和产业革命的突破口，制定各种政策措施，抢占发展制高点，并投入大量资金予以支持。

国际能源署（International Energy Agency，IEA）发布的《IEA 成员国能源技术研发示范公共经费投入简析 2020》显示，在过去 40 年里，IEA 成员国在能源技术研究、开发和示范（Research，Development and Demonstration，RD&D）领域投入日益多样化。1974 年，核能在能源技术投入总额中占比最高，达到 75%，此后逐年下降，在 2019 年已降至 21%，与能源效率（21%）、可再生能源技术（15%）和交叉技术（23%）的 RD&D 投入相当。另外，化石燃料投入占比在 20 世纪 80 年代到 90 年代达到顶峰，但在 2013 年之后逐步下滑至当前的 9%。2019 年，IEA 成员国能源技术 RD&D 公共投入总额达到 209 亿美元，较 2018 年上涨了 4%。除化石燃料下降 4% 外，所有技术 RD&D 投入均有所增加，其中氢能和燃料电池技术领域增幅最大，可再生能源技术领域紧随其后。2019 年，IEA 成员国中 RD&D 公共投入最多的两个国家是美国和日本，两国的 RD&D 公共投入合计占到成员国总投入的近一半（47%）。紧随其后的是德国、法国、英国、加拿大、韩国、意大利和挪威。除了日本的 RD&D 公共投入下滑 2% 外，其他成员国的 RD&D 公共投入均有显著增加。得益于"地平线 2020"研发创新框架计划，2019 年欧盟能源技术 RD&D 公共投入总额列全球第三位，仅次于美国和日本。

当下，全球能源转型提速，能源系统逐步向低碳化、清洁化、分散化和智能化的方向发展。未来，低成本可再生技术将成为能源科技发展的主流，能源数字技术将成为引领能源产业变革、实现创新发展的驱动力。储能、氢能、先进核能等前瞻性、颠覆性技术将从根本上改变能源世界的图景。

三、节能减排与碳交易机制

由于国情不同，不同国家能源政策的着眼点和倾向也不尽相同，但节能减排一直是各国能源战略的重要组成部分。这是因为通过降低单位经济产出的能源消耗和污染物排放，不仅可以达到保障能源安全和应对全球气候变化的双重目的，而且也是最为经济、环保的措施和手段。

（一）节能减排

按照 1979 年世界能源委员会（World Energy Council，WEC）提出的定义，"节能"是指"采取技术上可行、经济上合理、环境和社会可接受的一切措施，来提高能源资源的利用效率。"节约能源即降低能源强度，在能源的开采、加工、转换、输送、分配、终端利用各个环节，从经济、技术等方面实施有效调节以降低能源浪费。20世纪70年代节能的目的是通过节约能源和减少能源消耗量以应对石油危机，现在则强调通过技术创新、产业结构调整和生活方式改变来提高能源效率，以节能降耗、增加效益的方式保护资源及环境。随着工业的迅猛发展和人类生活方式的改变，人类对能源的消耗量越来越大，在能源的开发利用过程中造成的环境污染也日趋严重。能源开发利用的过程涉及环境问题的所有领域，包括大气污染、水污染、固体废弃物和生态环境破坏等，这都会直接导致气候变化、全球环境污染乃至生态恶化。减排的目的就是减少有害气体、温室气体、固体废弃物、重金属（如铅、镉等）以及放射性物质等污染物排放到环境中。

节能减排作为一个整体概念，包含四层含义。第一层含义是"减量"，即减少不可再生资源的消耗量，改变传统经济模式"资源—产品—废弃物"的单向直线过程，引入"减量化、再利用、再循环"的经济发展思路，实现可持续发展目标。第二层含义是"替代"，即强调清洁高效的能源替代和技术更新，根据经济学所强调的替代理论，利用价格杠杆，引导资本投入，开发清洁高效的新能源，替代低效、高污染、不可再生的常规能源，尤其是煤炭、石油等化石燃料。第三层含义是"增效"，即强调提高能源利用的经济效益，通过提高能源效率来增加经济效益，缓解经济增长与能源、环境之间的矛盾。第四层含义是"减排"，即强调对生态环境的保护，在能源开发、生产和使用的各个环节减少污染物和温室气体的排放。

节能减排的政策演化是一个循序渐进的过程。20世纪70年代石油危机之后，OECD国家开始把节约能源作为实施能源战略的重要组成部分，通过法律法规等命令控制型政策，促进碳基能源向更为清洁、高效的由氢基能源和可再生能源（如太阳能、风能、地热能、生物质能等）、核能共同构成的复合能源系统转变。强氢基能源是指在以氢及其同位素为主导的反应中或在状态变化过程中释放的能量。"氢—太阳能"复合能源系统是指通过太阳能与化学能转换，电解水制氢；太阳能转变为热能，热化学循环分解水制氢；或是直接利用紫外光光解置换，目标是减少能源的消耗，遏制能源消费量上升势头，保证能源的供应安全。20世纪80年代后，欧美发达国家普遍推行经济激励型政策，通过现金补贴、税收减免和低息贷款等财税政策鼓励节能技术的研发和推广以及相关项目的投资。20世纪90年代后，环境问题尤其是温室气体引发的全球气候变暖则成为国际社会关注的新焦点，OECD国家逐渐将节能减排作为能源战略的核心，从单纯地关注能源供应安全，转向以能源环境安全为主导的新能源战略。新能源战略更加注重基于市场的政策组合工具，提倡综合使用多种手段，发挥市场在资源配置中的作用。随之产生的合同能源管理、白色证书交易（针对节能量配额）、绿色证书交易（针对可再生能源发电配额）和碳排放权交易等市场化机制在节能减排领域取得显著成效。

（二）碳交易机制

人类社会活动对地球生态环境的破坏日益严重，气候问题成为当前国际社会普遍关注的重点问题，减少全球温室气体排放，抑制全球变暖已成为国际社会的关注焦点。国际社会通过国际气候谈判初步对全球变暖问题达成共识，并签署了《联合国气候变化框架公约》（United Nations Framework Convention on Climate Change，UNF-CCC），提出了温室气体减排的全球行动计划。《联合国气候变化框架公约》第一项原则是"共同但有区别的责任"原则。该公约第三条第一款规定："各缔约方应在公平的基础上，跟进它们共同但有区别的责任和各自的能力，为人类当代和后代的利益保护气候系统。因此，发达国家缔约方应当率先应对气候变化及其不利影响。"在解决气候变化问题上，对发达国家和发展中国家进行不同表述，呼吁最广泛的全球合作。"发达国家有必要根据明确的优先顺序，立即灵活地采取行动，充分考虑到所有温室气体以及其对增强温室效应的相对作用，并以其作为形成全球、国家以及区域性综合应对战略的第一步。""承认气候变化的全球性要求是所有国家根据其共同但有区别的责任、各自的能力及其社会和经济条件，尽可能开展最广泛的合作，并参与有效和适当的国际应对行动。"目前，全球已形成碳中和共识。"碳中和"是指通过新能源开发利用、节能减排以及植树造林等形式，抵消人类生产生活行为中产生的二氧化碳或温室气体排放量，实现正负抵消，达到相对"零排放"的过程。截至2020年底，全球共有44个国家和经济体正式宣布了碳中和目标，包括已经实现目标、已写入政策文件、提出或完成立法程序的国家和地区。其中，2019年6月27日英国新修订的《气候变化法案》生效，成为第一个通过立法形式明确2050年实现温室气体净零排放的发达国家。美国特朗普政府退出了《巴黎协定》，但新任总统拜登在上任第一天就签署行政令让美国重返《巴黎协定》，并计划设定2050年之前实现碳中和的目标。

京都机制下设有两个不同但又相关的碳排放权交易体系：一是以配额为基础的交易市场，通过人为控制碳排放总量，造成碳排放权的稀缺性，并使这种稀缺品成为可供交易的商品；二是以项目为基础的交易市场，负有减排义务的缔约国通过国际项目合作获得的碳减排额度，补偿不能完成的减排承诺的清洁发展机制（Clean Development Mechanism，CDM）和联合履约机制（Joint Implementation，JI）。国际碳排放权交易市场尚处于发展阶段，还有待未来国际气候谈判进一步制定和完善减排规则。

随着碳排放权交易市场的发展会逐渐形成碳金融体系。根据世界银行的定义，碳金融是指服务于旨在减少温室气体排放的各种金融制度安排和金融交易活动，包括碳排放权及其衍生品的交易和投资、减排项目开发的投资以及相关的金融活动。碳金融也可以理解成为国际碳交易市场提供解决方案的金融活动。随着碳交易市场规模的扩大，碳排放权的"金融属性"也日益凸显，逐步演化成为具有投资价值和流动性的资产，被称为"碳信用"（Carbon Credit）。围绕碳排放权交易，逐渐形成了碳期货期权等一系列金融工具支撑的碳金融体系，其核心就是碳排放权（碳信用）的定价权。中国作为碳排放大国之一，其碳交易市场的开发和碳金融体系的发展不仅是世界关注的焦点，而且是未来中国经济增长模式转换、经济结构调整的一个重要契机。

第二节　能源战略、能源安全与能源金融

国际能源署最先提出了以稳定原油供应和价格为核心的"能源安全"概念，并据此制定相应的策略。而能源安全作为一个动态演化的概念，其内涵和外延也在不断丰富和发展。围绕能源安全，世界各国都制定了相应的能源战略，其体系涵盖非常广泛。能源金融作为一种新的金融形态，不仅是国际能源市场和国际金融市场不断相互渗透与融合的产物，更是西方发达国家能源战略体系不断演变发展的产物。能源金融被视为能源战略的一个重要手段和工具。

一、能源安全与能源战略

（一）能源安全概念的演化

第一次石油危机中，石油输出国组织（Organization for the Petroleum Exporting Countries，OPEC，欧佩克）通过采取限产禁运以及官方定价等政策，逐渐控制了国际石油市场，并沉重打击了西方主要石油消费国的经济，也引发了第二次世界大战后最严重的全球经济衰退。国际能源市场格局的改变迫使西方国家开始重视能源供应对经济发展、社会稳定和国家安全的影响。1974 年，为了抗衡 OPEC 对国际石油市场的控制，应对石油供应短缺和油价暴涨，15 个经合组织成员国发起成立了国际能源署。在促成国际能源署成立的纲领性文件《国际能源纲领协议》（*Agreement on an International Energy Program*，IEP）中就提出了"在任何情况下、以各种方式、在可承受的价格下获得充足的能源"的"能源安全"（Energy Security）概念。1977 年，国际能源署提出了"12 项能源政策原则"，包括减少石油消耗、石油供应多元化、鼓励节能和能源替代、扩大核能利用、提供适宜的投资环境、加大能源研发和新能源技术投入以及与产油国进行对话与合作等政策措施。

能源安全问题早在石油成为主要能源形式之后就已经显现出来了，并体现在军事领域，是军事战略的一个组成部分。在很长一段时期内，能源安全对国际关系的影响主要通过战争或冲突的形式得到进一步的强化。随着石油危机的爆发，能源安全对国际关系的影响从军事领域逐渐转向经济领域，以美国为代表的西方发达国家

对全球石油资源的控制也转向通过经济、金融手段控制国际石油市场。

国际能源署提出的"能源安全"概念是从能源供应和能源价格的角度出发进行诠释的。但是，20世纪80年代以后，随着全球环境污染和气候变暖问题的日益严重，国际社会开始逐渐达成共识，即能源的开发利用不应对人类赖以生存和发展的自然生态环境构成威胁。1993年，国际能源署提出了新的能源政策"共同目标"（Shared Goals），试图把所有影响能源安全的要素综合起来，并对其进行充分界定。该目标指出，为确保成员国的能源安全，应在以下几方面作出努力：（1）能源供应的多元化，提高能源部门的运作效率和灵活性；（2）能源集体应急机制的完善，增强能源市场信心，稳定能源价格；（3）提高能源效率和节能，继续鼓励研发和推广新能源技术，促进环境保护和能源可持续发展。

1997年《京都议定书》的签订则标志着能源安全概念的重新界定和诠释，环境保护和减少温室气体排放等问题被纳入能源安全的范畴。2006年，欧盟委员会发布的能源政策绿皮书将可持续性与竞争力、供应安全并列为其能源战略的核心。

（二）能源安全的内涵

能源安全的内涵包含三个层次，即能源供应安全、能源经济安全（价格合理）和能源环境安全。

供应安全是指维持能源的稳定供给，满足社会经济发展的正常需求。按照国际能源署的应急响应机制的标准，当石油的短缺达到上一年度进口量的7%时，称为供应中断，各成员国必须采取联合应急响应措施，如增加消费国的原油和油品生产，对一些可使用替代品的部门实施燃料转换，进行需求限制，动用储备等，以共同应对局势。供应安全可能面临的风险主要发生在能源的生产、运输、加工（炼化）三个环节。

经济安全是指在全球石油供求总量平衡的前提下，国际石油市场价格波动被控制在一个合理的范围内。由于石油是世界最重要的能源，其他能源的价格都与石油价格具有高度相关性，所以石油价格的稳定对于能源价格稳定具有非常重要的意义。能够影响国际石油市场的因素很多，从自然灾害、地缘政治导致突发事件等外部不确定性冲击，到库存变动、汇率波动、流动性过剩等市场内部异常都有可能影响石油价格。从宏观层面来讲，国际石油市场价格波动是以"石油—美元"为核心的国际能源市场格局决定的；从微观层面来讲，国际石油市场价格波动尤其是短期剧烈波动与市场投资者的行为密切相关，如过度投机、羊群效应、交易者异质性信念等都有可能是市场剧烈震荡的原因。

环境安全是指能源的生产、运输、加工、使用以及废弃物处理等环节不应对人类自身赖以生存和发展的自然生态环境构成威胁。任何一种能源的开发利用都会对环境造成一定的影响，其中不可再生能源对环境的影响最为严重，尤其是煤炭、石油、天然气等可耗竭的化石燃料。环境安全是能源安全的一个重要组成部分，但关键并不是绝对限制能源的开发利用，而是促使人类社会在能源开发利用的过程中尽量减少各个环节可能对环境造成的影响，同时尽量提高能源利用的效率，节约能源。而解决环境安全问题的最终办法，是改变目前的能源结构，从碳基能源转向更为清洁、高效的由氢基能源和可再生能源（如太阳能、风能、地热能、生物质能等）、核能共同构成的复合能源系统。

（三）能源战略体系

能源战略体系就是围绕能源相关领域制定的一系列规划和政策，并通过政治、法律、外交、军事、经济等多种手段来实现。综观目前世界主要国家的能源战略，可以归纳为两大核心任务：保障能源安全和应对全球气候变化。

能源安全是国家安全的重要组成部分，也是国际政治关系斗争的焦点。由于经济发展水平、技术水平、资源禀赋、国际政治地位不同，各国的能源战略侧重点也不相同。以石油战略为例，美国是全球最大的石油生产国和第二大消费国，基于维护全球能源定价权地位的战略，控制世界主要产油地区和供应线就成为美国能源战略的核心，并通过政治、军事、经济、金融等手段控制国际能源市场，使自身的利益最大化；对于其他西方发达国家而言，作为全球能源的最主要消费国群体，其石油也主要依赖进口，其能源战略的主要目标是保障能源供应安全和减少对传统化石燃料的依赖；对于中东和拉美产油国以及俄罗斯而言，其能源战略的主要目标是将国际能源价格维持在较为理想的位置，并通过控制石油产能、流向（主要是油气管线铺设）等手段，提升其在国际社会上的政治地位；对于中国、印度等新兴市场国家而言，随着经济快速发展，对能源的需求日益增大，由于自身资源禀赋和外部国际形势的局限，其能源战略的主要目标是保障能源供应安全，并通过外交、经济手段尽可能多地扩大能源供应渠道，争取在国际能源市场上获得话语权，使能源供应满足经济增长的需求。

尽管世界各国的能源战略在具体的政策措施上存在一定的差异，但是综合而言，能源战略体系基本涵盖多元化供应、节能减排、石油储备、能源替代和能源补贴等方面。

二、能源金融与能源战略

能源安全和环境污染问题日益显现，发展新能源和节能减排逐渐成为各国能源战略的重要组成部分。而随着以碳排放权交易为代表的环境金融创新的出现，能源市场的边界和内涵也相应扩大，创新模式成为未来发展的方向。这些创新模式的发展更是离不开金融市场的支持，而能源市场与金融市场的联系越来越紧密，两者不断相互渗透与融合，逐渐形成了新的金融形态——能源金融（Energy Finance）。

（一）能源金融体系

能源金融内涵包括利用金融市场来完善能源市场价格信号的形成与传递，管理和规避能源市场风险，解决能源开发利用的融资问题，优化能源产业的结构，促进节能减排和新能源开发利用等方面，其核心是能源的市场化定价机制。能源金融的发展离不开国际金融市场，这主要表现在市场体系、风险传导和产业融合三个方面，可以说，国际金融市场是能源金融发展的基础，它不仅为能源金融的参与者提供必要的交易平台，而且提供流动性和避险工具。总体而言，能源金融体系基本上由以下四个层面组成。

1. 能源金融市场

能源金融市场主要是针对某一特定能源商品（如石油、天然气、煤炭和电力等）的衍生金融产品交易，也是国际大宗商品交易市场的重要组成部分。能源金融市场体系包括场内交易和场外交易两种模式。能源金融市场是指，在国际金融市场的基础上，能源市场和货币市场、外汇市场、期货市场及场外交易市场等传统的金融市场相互联动、融合、渗透而构成的复合金融体系，也是国际金融市场的一个重要组成部分。从某种意义上来说，能源商品的"金融属性"越强，国际金融体系对国际能源市场的影响也就越大。

2. 能源金融创新

金融机构除了为传统的国际能源贸易提供金融产品和风险管理服务外，还针对全球能源产业发展过程中面临的诸如资源耗竭、环境污染、温室气体排放、新能源开发利用等问题积极进行金融创新，开发一系列相关金融产品，以服务于能源产业，同时也扩展金融业的发展空间。能源金融创新即借助可持续发展的理念，为节能减排提供投融资平台以及规避、转移环境风险的金融工具，促进环境友好型社会发展。目前，能源金融创新涉及的领域包括温室气体排放权交易、节能量交易（白色证书交易）和可再生能源配额交易（绿色证书交易）等方面，以碳排放权交易为代表的能源金融创新有望成为和传统能源商品及其金融衍生品交易并肩的能源金融市场的重要组成部分，甚至超越传统能源金融的范畴，成为引导未来人类社会新经济发展模式的重要途径。能源金融创新将对未来全球能源产业、金融产业的发展产生巨大的影响，而西方发达国家很早就认识到这是人类社会一次跨越传统发展模式的契机，纷纷抢占先机。目前，以欧盟碳排放权交易体系（European Union Emissions Trading System，EU-ETS）和众多自愿减排交易市场构成的全球碳金融体系正在逐步形成，场外、场内、现货、衍生品交易等多层次市场体系也在不断完善中。对于发展中国家，尤其是新兴市场国家而言，传统能源金融市场尚未完善成熟，但仍无法回避新的挑战，需要采取积极的措施加以应对。

3. 能源货币体系

能源货币体系就是围绕国际能源贸易及相关衍生金融产品的计价及结算货币的国际规则与制度安排，也是复杂的国际政治经济形势长期演变的产物。目前的能源货币体系就是以"石油美元"为核心的石油货币体系，这是与第二次世界大战后的全球政治经济格局演变密切相关的历史产物。能源货币体系之所以重要，之所以是能源金融的最重要的组成部分，就在于现有的"石油美元"体系不仅左右了国际石油市场，而且对全球能源产业链的利益分配具有重要意义。对于美国而言，美元成为国际石油贸易的主要支付手段，是由美国在国际政治经济体系中的主导地位决定的，而维护"石油美元"体系就是维持美元在国际货币体系中的地位，巩固美国对国际石油市场的控制。但是，对世界经济的发展来说，石油美元定价机制不仅影响了国际分工格局，而且影响了国际货币体系，更重要的是"石油美元"增加了国际石油市场的风险和不稳定性，虽然目前仍未有更好的替代"石油美元"的方案，但是未来能源金融的发展，尤其是以碳金融为代表的能源金融创新，有可能导致出现所谓的"碳货币"和碳本位，进而改变现有的"石油美元"主导下的国际能源货币体系。

4. 能源产业资本运作

能源产业是一个讲究规模效应和准入门槛极高的行业，无论是勘探开发还是油气管道或销售网络，都需要投入大量的资金，且投资的回收期很长，其间还要面临国际能源市场波动带来的风险。因此，通过兼并、收购和重组等资本运作手段，可以极大地提升能源公司的整体规模和运营能力，提高市场占有率，提升全球竞争力。作为国际能源市场的主体，跨国能源公司借助国际资本市场实现能源产业链整合与优化，不仅有利于企业的发展壮大，而且有利于各国能源战略的贯彻实施，因此能源产业资本运作是能源金融的一个重要环节。

(二) 能源金融在能源战略体系中的重要作用

能源金融是一种新的金融形态，能源金融在能源战略体系中的作用越来越受到各国的重视，已经不仅仅是服务于能源战略的一种手段和工具，更是国家战略的一个重要组成部分。能源战略的核心目标可以用保障能源安全和应对全球气候变化来概括，而能源金融市场在具体能源政策的实施过程中发挥了巨大作用，不仅为传统能源商品市场应对地缘政治斗争、自然灾害、突发事件等市场风险提供风险规避的工具和手段，而且为应对由能源消费产生的环境污染、全球气候变化等环境风险提供创新的途径和方式。更重要的是，能源金融是全球能源产业链利益分配中的一个重要环节，涉及国际能源产业的方方面面。因此，能源金融的发展与能源战略的实施息息相关，通过对西方发达国家能源战略体系的分析，可以把两者的关系归结为以下四个方面。

第一，借助国际金融市场来影响国际能源市场中能源商品的价格形成。虽然能源金融的边界与内涵随着全球社会经济的发展而不断演变，但是其核心仍是对于能源商品尤其是石油的定价权的争夺。西方发达国家尤其是美国通过其在国际货币体系中的优势地位，加上其成熟的金融市场体系，逐渐形成了以能源商品期货市场为主导的能源金融市场，强化了其对国际石油价格的控制。以美国纽约商品期货交易所（NYC-ME）、伦敦国际原油交易所（IPE）为中心的国际石油期货市场的期货合约价格已经成为全球石油贸易现货交易、长期合同的主要参考价格。随着国际金融资本的介入，能源商品尤其是石油的"金融属性"不断增强，市场投机风气也越来越重，这不仅导致国际能源价格波动加剧，影响全球能源安全，而且影响全球经济的发展。

第二，通过一系列金融创新手段来实现节能减排的市场化运作和向低碳经济发展模式的转变。OECD 国家很早就认识到目前面临的环境问题、全球气候问题既是人类可持续发展的障碍，也是一次人类跨越传统发展模式的契机，以碳排放权交易市场为代表的能源金融创新逐渐成为国际金融体系发展的趋势，也成为西方发达国家能源战略新的组成部分。2006 年启动的欧盟碳排放权交易体系是在《京都议定书》规定的灵活机制基础上建立起来的全球第一个采取强制性减排措施的温室气体排放权交易市场。目前欧盟碳排放权交易体系已经形成了场外、场内、现货、衍生品等多层次市场体系，以及伦敦能源经纪人协会（LEBA）、欧洲气候交易所（ECX）等多个交易中心。能源金融创新不仅为节能减排提供了金融工具和手段，更重要的是引导了全球未来经济发展的方向，即绿色低碳的可持续发展模式。

第三，通过将本币作为国际能源贸易的主要计价及结算货币，一方面能够维持本币在国际货币体系中的地位，另一方面有助于在全球能源产业链的利益分配中获得有利位置。由于美国长期以来在国际政治经济格局中的主导地位，美元一直维持强势地位，但是随着近年来美国经济持续低迷，国际收支长期处于不平衡状态，美元在国际货币体系中的地位开始受到以欧元为首的其他国际货币的挑战。不管是欧元还是卢布，目前都无法大规模取代美元作为国际能源贸易的主导计价货币，但是各主要经济体仍将就这一问题展开长期博弈。

第四，通过兼并、收购等资本运作手段来实现能源产业链的整合与优化，提高跨国能源公司的整体规模和竞争力。20 世纪 90 年代后，跨国石油公司为应对国际石油市场的新形势，普遍采取并购重组策略，实现其一体化的发展战略，最终形成以英国石油、埃克森美孚等为代表的超级跨国石油公司。作为能源战略的重要一环，跨国石油公司借助资本市场得以巩固其在国际石油市场上的优势和垄断地位，也为西方发达国家全球能源战略的实施奠定了基础。

三、中国碳达峰、碳中和政策

2020 年 9 月，习近平主席在第七十五届联合国大会一般性辩论上宣布，中国二氧化碳排放力争于 2030 年前达到峰值，努力争取 2060 年前实现碳中和。在 2020 年 12 月的气候雄心峰会上，习近平主席宣布，到 2030 年，中国单位国内生产总值二氧化碳排放将比 2005 年下降 65% 以上，非化石能源占一次能源消费比重将达到 25% 左右，森林蓄积量将比 2005 年增加 60 亿立方米，风电、太阳能发电总装机容量将达到 12 亿千瓦以上。中国是世界上能源消费大国和碳排放大国，也正因为如此，虽然世界主要经济体对到本世纪中叶实现全球净零排放的需求日益趋同，但没有哪项承诺比中国发出的声音更为重要。中国未来几十年的碳减排速度对于世界能否成功防止全球变暖超过 1.5 摄氏度至关重要。

（一）经济和社会背景

自 20 世纪 70 年代末改革开放以来，中国的经济和社会发展速度惊人（见表 1.2）。自 1980 年以来，中国一直是世界上增长最快的主要经济体之一，当前的国内生产总值比 1980 年增长了 30 多倍，已成为世界第二大经济体。

表 1.2　　　　　　　　　　　中国的部分经济和能源指标

指标	2000 年	2010 年	2020 年	2000—2020 年变化率
GDP（亿美元，购买力平价，2019）	47900	127470	244100	+410%
占世界 GDP 的份额（%）	7	13	19	+12 个百分点
人均 GDP（美元，购买力平价，2019）	3773	9479	17291	+358%
人口（百万人）	1269	1345	1412	+11%
一次能源总需求（艾焦耳）	49	107	148	+202%
人均一次能源需求（吉焦耳/人）	39	80	104	+167%
进口依存度[①]（%）	4	15	23[②]	+19 个百分点
能源部门二氧化碳排放量（10 亿吨）	4	9	11	+218%
能源强度（兆焦耳/美元，购买力平价）	10.2	8.4	6.0	−41%
碳强度（克二氧化碳/美元，购买力平价）	655	616	412	−37%

注：①进口依存度根据初级能源总需求进口和出口的差额计算。
　　②2019 年值。

工业化一直是中国经济转型的主要动力。2007 年以来，中国一直是世界上最大的工业品生产国，2001 年加入世界贸易组织（WTO）以后，制造业产出增长尤为迅速。按附加值计算，中国的工业总产量占世界工业总产量的四分之一，是钢铁、水泥、铝、化工、电子和纺织品的主要生产国。中国的工业扩张最初主要是由出口推动的，但它越来越受到快速增长的国内市场的支持。如今，按购买力平价计算，工业占中国 GDP 的 40%，是世界上份额最高的行业之一，不仅如此，工业化还影响到其他部门的活动。

2010 年以来，随着中国的产业结构向更高附加值的制成品和服务业的方向调整和升级，经济增长速度呈现略有放缓的势头。近年来，国家加大供给侧结构性改革力度，淘汰落后产能，加快发展高端制造业，并于 2015 年启动"中国制造 2025"计划，旨在提高战略性新兴行业占 GDP 的份额，包括下一代信息技术、生物技术、新能源、新材料、高端设备和新能源汽车，从 2019 年的 12% 左右提高到 2025 年的 17%（国务院，2021）。当前，服务业是中国经济增长的主要贡献者，按现行价格计算，服务业占 GDP 的比重从 2000 年的 40% 上升到 2020 年的 54.5%。经济发展伴随着快速的城镇化和工业化，同时，社会和文化的深刻变革也改变着人们的生活方式以及中国在世界上的地位。

（二）能源消费结构

经济发展对能源密集型产业的依赖使中国成为全球能源消费大国，而对煤炭的依赖使中国成为二氧化碳排放大国。近年来，中国经济结构向轻工业和服务业转变，政府通过加强监管提高能源效率，从而大大减缓了能源需求的增长速度。2000 年至 2010 年，一次能源需求平均每年增长 8% 以上，2010 年至 2015 年放缓至 3.4%，在 2015 年至 2020 年期间略高于 3%。由于 GDP 持续快速增长，GDP 的能源强度在 2010 年左右加速下降，能源强度下降速度从 2000—2010 年的平均 2% 增至 2010—2020 年的每年超过 3%。

尽管自 2000 年以来可再生能源的使用取得了巨大进步，但我国仍然严重依赖化石燃料。中国目前是世界上最大的煤炭生产国，约占全球煤炭产量的一半。尽管如此，煤炭消费超过国内生产能力，越来越依赖进口。中国是世界上最大的煤炭消费国，仅 2020 年一年就消耗了 30 亿吨煤炭当量，占世界市场的 50% 以上（国际能源署，2020a）。迄今为止，在电力和热力行业，煤炭仍然是最重要的燃料，尽管其份额已从 2007 年 90% 的峰值下降，2020 年的煤炭消耗量仍然占能源总消费量的四分之三。也正因为如此，尽管国内石油和天然气产量巨大，但我国的石油和天然气严重依赖进口，2020 年国内 70% 以上的石油和 45% 的天然气仍需要从国外进口。2017 年，中国超过美国成为全球最大的石油进口国，2018 年成为全球最大的天然气净进口国，而根据国家能源局的数据，2020 年底非化石能源在一次能源总需求中的份额达到 15.9%。

工业是主要的能源终端使用部门，在过去十年中，其能源需求占能源需求的份额保持相对稳定，占最终能源消费总量的 59%～65%。尽管自 2014 年以来中国的煤炭使用量下降了 17%，但煤炭仍然是工业中的主要燃料，2020 年占中国工业能源总使用量的 50%，而世界其他地区这一比例约为 30%。钢铁和水泥子行业占工业煤炭使用量的 70% 以上，其余部分用作化工原料（4%）和一系列行业的锅炉燃料。自 2010 年以来，我国工业中电力的使用量增长了近 70%，天然气的使用量增加了一倍多，这两种燃料取代了煤炭，用于低温供热。2010 年至 2020 年的十年间，中国交通运输部门对能源需求的增幅最大，占到中国最终能源使用总量的 15% 左右。其中，公路车辆占运输能耗的 80% 以上。近年来电动汽车的大量使用缓和了道路运输对石油需求的增长。2020 年，中国公路上行驶的电动汽车超过 450 万辆，占全球电动汽车的 45%，其中近 80% 为电池电动汽车，其余为插电式混合动力汽车。到目前为止，中国是全球最大的电池制造商。

与此同时，近年来，建筑业在中国最终能源消费中所占的份额大致保持稳定，略高于五分之一。我国建筑业中电力的使用量增长最快，在 2020 年占建筑物总能源使用量的 35%。越来越多的电力用于供暖。2020 年，太阳能集热器的总装机容量接近 350 兆瓦，几乎是 2010 年的 2.5 倍。

（三）二氧化碳排放

中国是温室气体排放大国，约占全球排放量的四分之一。2020 年，排放总量约为 130 亿吨（13Gt）二氧化碳当量，相当于人均 9 吨二氧化碳，比世界其他地区高 45%。燃料燃烧和工业过程产生的二氧化碳排放量（以下简称能源部门二氧化碳排放量）在 2020 年达到 110 亿吨以上，占中国温室气体排放总量的近 90%，而世界其他地区的这一比例不到 60%，这反映了中国的产业结构属于排放密集型，大型重工业部门占比较高。2020 年，中国能源相关碳排放中约 70% 来自煤炭，12% 来自石油，6% 来自天然气。仅燃煤发电厂和热电厂就占中国碳总排放量的 45% 以上，占全球总排放量的 15%。其他温室气体的排放量，包括能源部门的非二氧化碳排放量和非能源相关活动（如农业）的温室气体排放量，估计为 24 亿吨二氧化碳当量。据估计，土地利用变更和森林的排放量超过净负排放量的 70 亿吨二氧化碳当量（在大多数国家，此类排放量要么为净正排放量，要么为较小的净负排放量）。

2019 年新冠肺炎疫情之后全球经济下滑，中国经济于 2021 年开始反弹，中国能源部门的二氧化碳排放量可能增加 3.9 亿吨以上（约增长 3%）。这个新增加的二氧化碳排放量中煤炭的贡献占 60% 以上，超过 2020 年，而这主要是电力部门煤炭消耗增加造成的（IEA，2021b）。尽管中国二氧化碳排放量在过去二十年中大幅增加，但其增长速度仍低于 GDP 增速。这主要是由于中国的经济结构逐渐向排放强度较低的部门转移，加上政府出台了不少政策遏制能源需求增长和推广低碳燃料，导致 GDP 的碳强度（单位 GDP 的二氧化碳排放量）从 2005 年的峰值近 810 克二氧化碳下降到 2020 年的 450 克二氧化碳。此外，由于中国对化石燃料的依赖，一次能源使用的碳强度保持在 2000 年左右的水平，接近 80 克二氧化碳/兆焦耳，而世界平均水平低于 60 克二氧化碳/兆焦耳。而在大多数发达经济体，一次能源的碳强度下降得更快，因为向低碳含量燃料的转变更加明显。例如，美国一次能源使用的碳强度已经下降，这主要是由于从燃煤发电厂转向燃气发电厂；欧洲则是因为可再生能源在发电和供热中所占份额急剧增加。一次能源使用碳强度的上升和一次能源需求的双向增长共同导致中国的总排放量在过去二十年中增加了三倍。但按人均计算，

2020 年能源部门的二氧化碳排放量为 8 吨，仍低于美国或加拿大等一些发达经济体（人均 13 ~ 15 吨二氧化碳）。

与此同时，已有的和现存的对生产、运输和能源产业的大量实物投资将对中国未来使用的能源数量和类型产生深刻影响。能源相关基础设施（特别是燃煤发电、钢铁和水泥企业）将对加速使用清洁能源技术和实现碳中和的努力产生重大影响。尽管快速发展的可再生能源和电动汽车产业在降低 GDP 的能源强度方面取得了巨大进展，但近年来中国能源部门的二氧化碳排放量仍在持续上升。这是因为随着清洁能源技术的日益普及，排放密集型基础设施也在不断增加。现有基础设施的未来能源消耗和排放取决于三个主要因素：为降低能源消费水平和二氧化碳强度而进行的资产调整范围及其运行机制；碳捕获、利用和封存的改造水平；以及它们的使用寿命。对于能源资产的所有者而言，关于是否继续运营（在现行监管框架允许的情况下）、调整运营方式或用低碳替代品替代它们的决策将主要基于相对成本和政府在相关领域的政策措施。事实上，国内许多排放密集型电力部门和工业基础设施以及私人经济领域都面临政府监管。现有的能源基础设施将导致 2020 年至 2050 年间累计碳排放约 1750 亿吨二氧化碳，相当于中国整个能源部门在 2020 年水平上大约 13.5 年的二氧化碳排放量。到 2030 年，现有基础设施的排放量将下降 30%，到 2050 年将下降 95%。现有基础设施的碳排放量大部分来自电力行业（60%）、钢铁行业（8%）和水泥行业（10%），这反映了这些子行业在当今我国碳排放量中所占的份额巨大，以及其资产的使用寿命非常长。其他工业子部门占 9%，运输和建筑部门合计占 8%。交通和建筑部门在中国当前能源部门排放中所占份额较小。但在中国以煤炭为主的电力行业，约有 30% 的发电用于建筑，因此建筑行业的间接排放占据的份额较大。

能源消耗相关的资本存量的周转率对采用新能源技术（包括清洁能源技术）的机会有很大影响。这一比率在不同部门和设备类型之间差异很大。许多家用电器和办公设备（如计算机）通常需要在几年后更换，而汽车和卡车、加热和冷却系统以及工业锅炉通常需要使用十年到二十年，大多数现有建筑、公路、铁路、机场以及许多发电厂、炼油厂和管道系统可能在几十年后仍在使用。在全球范围内，燃煤发电厂通常运行 40 ~ 50 年，水泥和钢铁厂大约运行 40 年。由于近年来中国经济的快速发展，中国煤电厂的平均使用年限仅为 13 年，而美国为 40 年以上，欧洲则为 35 年左右，中国碳排放密集度最高的资产比大多数其他国家的该类资产都要"年轻"。

（四）中国的能源和气候政策

中国的碳达峰、碳中和目标具有重大的标志性意义。这一目标是新气候政策愿景的重要组成部分，该愿景要求对生产和使用能源的方式进行深刻的长期变革，影响到经济和日常生活的各个方面。让这一愿景成为现实对于避免气候变化给全世界带来最坏后果至关重要。

我国的新气候政策为碳中和路径制定了明确的时间表，将关键的政策问题从"何时何地"转向"如何"，不再像以前简单关注以单位 GDP 排放量衡量的碳强度。此后，中国政府明确了碳中和目标的范围。2021 年 9 月 22 日，中共中央、国务院发布《关于完整准确全面贯彻新发展理念做好碳达峰碳中和工作的意见》，提出碳达峰、碳中和主要目标。该文件主要从单位 GDP 能耗、单位 GDP 二氧化碳排放、非化石能源消费比重、森林覆盖率、森林蓄积量和风电、太阳能发电总装机容量等方面提出了具体目标，该文件也成为我国碳中和政策框架"1 + N"中的引领性文件。该文件作为"1"，在碳达峰碳中和"1 + N"政策体系中发挥统领作用，将与 2030 年前碳达峰行动方案共同构成贯穿碳达峰、碳中和两个阶段的顶层设计。"N"则包括能源、工业、交通运输、城乡建设等分领域分行业碳达峰实施方案，以及科技支撑、能源保障、碳汇能力、财政金融价格政策、标准计量体系、督察考核等保障方案，未来各个领域的碳达峰实施方案将陆续出台。

由此可见，我国的碳中和目标是将国家发展模式转变为更高质量和更可持续的经济增长的催化剂。我国制定了到 2035 年"基本实现社会主义现代化"的目标。目标包括：显著提高中国的经济、技术和创新实力；人均国内生产总值达到中等发达国家水平；治理体系现代化；促进文化和卫生事业发展；缩小城乡和地区差距。现代化的目标还包括推进环保工作和绿色生活方式，以及在"建设美丽中国"的目标下从根本上改善环境。我国还制定了到 2050 年建成"富强、民主、文明、和谐、美丽的社会主义现代化强国"的目标。因此，必须推进我国从能源密集型重工业向更高附加值技术和服务业的持续转移，这是符合现代化进程和碳中和目标的经济转型的核心要素。

（五）全球化背景下的中国碳中和目标

鉴于中国日益增长的经济和地缘政治影响力，以及其作为二氧化碳排放大国的地位，人们希望中国能够在全球气候治理中发挥积极作用。国际合作和分享最佳实践对于在 21 世纪后半叶实现全球净零排放的目标至关重要（国际能源署，2020b）。截至 2021 年 9 月，52 个国家和欧盟采取了某种形式的净零排放目标，覆盖了全球 GDP 的三分之二和全球约三分之二的与能源有关的二氧化碳排放量。在这些国家中，16 个国家已将这一目标纳入法律，5 个国家已提出立法，其余国家已在正式政策文件中宣布了这一目标。

迄今为止，中国并不是唯一一个采用净零目标的国家，但是中国是设定目标的国家中碳足迹最为显著的。当前我国占全球能源相关二氧化碳排放量的 30% 左右，占净零排放目标覆盖的能源相关排放量的 50% 左右。众所周知，净零排放的时间范围因国家而异，一般在 2030 年到 2070 年之间，大多数国家将 2050 年定为目标年，包括美国、欧盟、日本、加拿大、韩国和南非。在其他主要新兴经济体中，巴西的国家数据中心设定了 2060 年的目标，并宣布打算将其提前到 2050 年，而印度尼西亚正在探索到 2060 年实现净零排放的可能性。排放的覆盖范围也各不相同，迄今为止，大多数净零排放目标都是其权限范围内的所有国内部门，包括能源、工业加工、农业、废物和土地利用、土地利用变化和林业等。中国在实现全球净零排放方面的重要性怎么强调都不为过。鉴于中国经济和能源部门的规模，实现中国声明的气候目标将为实现《巴黎协定》的目标作出巨大贡献。从目前已经设定碳中和目标的国家来看，仅中国就可以在本世纪末将全球平均气温降低近 0.2 摄氏度。简言之，如果中国失败，世界也会失败。

法国、德国和英国在 20 世纪 70 年代率先实现了能源相关二氧化碳排放的峰值，而美国、意大利和日本分别在 2000 年、2005 年和 2013 年达到了峰值。巴西在 2014 年达到排放高峰，韩国在 2018 年达到排放高峰。因此，与中国碳中和承诺的时间框架相比，这些国家从峰值排放量到净零排放需要的时间更长。

经济成熟和繁荣程度是决定二氧化碳排放峰值的关键因素。从历史上看，20 世纪 70 年代实现这一目标的国家，按购买力平价计算，人均 GDP 在 22000 美元（152000 元人民币）到 30000 美元（207000 元人民币）之间，而后来实现这一目标的国家，人均 GDP 在 40000 美元（276000 元人民币）以上。2020 年，中国人均 GDP 接近 17500 美元（121000 元人民币），接近法国、德国和英国达到排放高峰时的水平。[①] 然而，中国经济仍在强劲增长，尽管受到新冠肺炎疫情的影响，GDP 在 2016—2021 年平均增长 6% 以上。在经济快速增长和能源服务需求不断增加的情况下实现排放峰值需要付出相当大的努力。另外，重工业在中国经济中的重要性也使得实现碳中和尤为困难。工业过程是能源密集型的，在一些关键的子部门，特别是钢铁和水泥行业，替代传统化石燃料的可行低碳替代品在市场上很难买到。此外，某些工业部门往往受到国际贸易的严重影响，这增加了碳泄漏的风险（将排放密集型产业转移到排放限制较为宽松的国家）。

（六）中国寻求碳中和的关键挑战

我国寻求碳中和的关键挑战有以下三个：

首先，如何进一步增加服务业份额，降低能源密集型行业份额，支持行业低碳创新和降低成本，是中国寻求碳中和的关键挑战之一。2020 年，占中国能源部门二氧化碳总排放量 8% 的交通部门成为减排的重点。随着中国汽车保有量和公路货运量的快速增长，过去二十年，用于公路运输的石油产品和天然气的使用量增长了近四倍（年

---

① 参见 IEA. An Energy Sector Roadmap to Carbon Neutrality in China［R］. 2021，p39. https：//creativecommons. org/licenses/by - nc/3. 0/igo/。

均增长率超过 7%）。国内航空业的石油需求增长更快，同期平均每年增长 9% 以上。

其次，相对年轻的建筑存量（2020 年占中国能源部门排放量的 5%）以及较高的能耗问题是中国寻求碳中和的另一个关键挑战。尽管在过去三十年中，建筑的平均能源强度降低了 40% 以上，但建筑行业的能源消耗一直在快速增长。这些建筑的平均使用年限仅略高于 15 年，到 2050 年，现有建筑面积的近一半可能仍将存在，这提高了改造措施的重要性，以降低能源使用并转向低碳技术。建筑物能源最终消耗量的三分之一仍然来自化石燃料，约 50% 的空间供暖是由使用化石燃料的建筑物内的低效设备提供的，这一比例在中国北方上升到 80%（包括区域供暖）。电器终端用途的爆炸性增长也在推高发电的排放。例如，在过去二十年中，中国的空调拥有量翻了一番多（国际能源署，2019）。

最后，中国寻求碳中和的第三个关键挑战是中国的发电和取暖更依赖化石燃料（特别是煤炭）。在所有已经实现重大碳减排的国家中，主要驱动力之一是电力部门的转型，包括在发电燃料组合中增加碳密集度较低的技术的份额。例如，英国和美国从煤炭转向天然气和可再生能源，德国从煤炭转向可再生能源，法国从煤炭和石油转向核能。逐步淘汰燃煤发电和供热必须成为实现新气候目标的核心，由于中国煤电厂的资产比较新，这项任务变得更加艰巨。向清洁能源转型的社会经济影响是关键的政策考虑因素。尽管如此，中国完全有能力加快向低碳发电的投资转移，避免锁定长寿命资产的额外二氧化碳排放。中国在可再生能源（包括太阳能光伏、风能和水力发电）的部署方面处于世界领先地位，也是核电部署的领先国家之一。2020 年，这些清洁能源技术的总投资达到约 1300 亿美元（约 9000 亿元人民币），约为化石燃料发电厂的 6 倍。2016 年以来，风能和太阳能发电能力的净增加量每年都超过化石燃料发电厂。自中国政府宣布新的目标以来，几家大公司（大多是国有企业）都作出了碳中立承诺。行业协会为企业的这些承诺提供支持，一些协会正在制定关于排放峰值和碳中和的部门路线图。大部分能源密集型工业公司，如中国石化、宝武钢铁集团、河北钢铁集团、鞍钢集团和包头钢铁，将碳中和目标设定在2050 年。国家电网也发布了一项碳达峰和碳中和行动计划，包括建设额外的输电设备和智能电网，以及增加可再生能源在输电中的份额等措施。中国能源投资集团、中国华能集团等几家发电企业已经对长期净零排放目标进行了战略研究。

第三节　碳交易与碳金融体系

一、碳交易与全球碳排放权交易体系

全球碳市场的发展始于 2005 年 1 月 1 日欧盟碳排放权交易体系的实施，2005

年末，碳市场在全球温室气体排放总量占比仅为 5%，经过 15 年的发展，截至 2020 年末，这一占比已达 16%，是之前的 3 倍多。随着全球对温室气体减排问题的关注，越来越多的行业和企业参与到碳市场中，包括政府机构、金融机构、国际组织、企业和个人。目前，全球碳排放权交易市场已形成了两大机制、多层级的交易体系。

（一）碳交易与碳市场

碳交易概念在 1992 年《联合国气候变化框架公约》中首次被提及，碳交易是指国家、地区或企业通过合法途径从政府、国际组织或碳排放权交易机构获得被允许排放生产过程产生的污染物的权利。《联合国气候变化框架公约》和《京都议定书》的通过标志着碳交易市场正式诞生。随后又陆续形成了《马拉喀什协议文件》（2001 年）、《德里宣言》（2002 年）、"控制气候变化的蒙特利尔路线图"（2005 年）、"巴厘岛路线图"（2007 年）、《巴黎协定》（2015 年）等协议文件，在此基础上全球范围内建立了多个碳交易市场（见表 1.3）。

表 1.3　　　　　　　　　　碳交易市场发展的主要事件

年份	事件	影响
1992	《联合国气候变化框架公约》签订	世界上第一个为全面控制二氧化碳等温室气体排放、应对全球气候变暖给人类经济和社会带来不利影响的国际公约，奠定了应对气候变化全球合作的法律基础和国际框架
1997	《京都议定书》签订	配套设计了三种市场履行机制，并制定了一系列界定温室气体排放权利的制度，使其具有可交易性
2009	《京都议定书》未达成第二承诺期有约束力的目标	美国、加拿大、日本、俄罗斯等退出《京都议定书》，导致清洁发展机制、联合履约机制、国际排放贸易机制下的交易基本停滞，国际气候谈判重点转向新的全球减排协议
2015	《巴黎协定》	区域碳市场不断兴起，全球碳市场分散化、碎片化趋势加剧，各国寻求通过签订双边协定的方式实现碳市场互相对接
2021	中国、德国等国家级碳市场建立	2021 年全球碳市场覆盖全球温室气体排放总量超过 90 亿吨，中国碳市场将以超过 40 亿吨的排放量成为全球控排规模最大的碳市场

碳市场是碳交易的市场，可分为强制交易市场和自愿交易市场。前者是指由国家或地区法律明确规定温室气体排放总量，并据此确定纳入减排规划中各企业的具体排放量；后者是指企业通过内部协议，相互约定温室气体排放量，并通过配额交易调节余缺。碳交易体系作为重要的政策工具，经过多年的发展和完善，其有效性和抗冲击性已被实践证明，其中以欧洲和北美最具代表性。欧盟碳排放权交易体系于 2005 年初开始运行，是典型的强制碳市场，也是迄今为止成熟度最高的碳市场，目前覆盖 27 个成员国和 3 个非欧盟国家。美国的区域温室气体倡议（Regional Greenhouse Gas Initiative，RGGI）于 2009 年正式生效，是美国第一个强制交易市场，目前已覆盖美国 12 个州，宾夕法尼亚州正处于考虑加入的阶段。它是全球首个完全

以拍卖方式进行分配的排放权交易体系，一级市场主要以季度拍卖为主，二级市场主要进行碳配额及其金融衍生品的交易，RGGI只针对单一的电力行业。

独立的碳信用机制产生的信用主要由组织和个人用于自愿抵消的目的，构成自愿碳抵消信用市场的主体。然而，在各种碳定价举措中，一些独立的碳信用也用于合规目的，模糊了自愿和合规碳市场之间的界限。独立信用机制的数量也在增加，自愿市场由四大机制主导：美国碳登记局（ACR）、气候行动储备、金本位和风险投资。ACR是世界上第一个独立的自愿抵消计划，自那时以来，它已从主要位于美国的项目扩展到自愿和合规市场［如国际航空碳抵消和减排计划（CORSIA）］的信用减排。在与Winrock合并之前，ACR最初是在环境保护基金的帮助下作为环境资源信托基金成立的。2019年对其主要规则手册《ACR标准》进行了更新，不再将包括间接排放的国际林业项目或可再生能源或能效项目纳入信用基准，不管其位于何处。ACR在迄今为止发行的独立信用机制中信用总量排名第四，其大部分信用来自林业、碳捕获与封存活动。除自身的信用活动外，ACR目前还作为加利福尼亚州合规补偿计划的补偿项目注册中心。

（二）全球碳排放权交易体系

目前，全球碳排放权交易市场形成了两大机制、多层级的交易体系（见图1.1）。根据国际碳行动伙伴组织（International Carbon Action Partnership，ICAP）的统计，截至2021年1月31日，全球共有24个运行中的碳市场，另外有8个碳市场正在计划实施，预计将在未来几年内启动运行，其中包括哥伦比亚的碳市场和美国东北部的交通和气候倡议计划（TCI-P）。还有14个国家或地区也在考虑建设碳市场，其中包括智利、土耳其和巴基斯坦。目前碳市场覆盖了全球16%的温室气体排放，全球将近三分之一的人口生活在有碳市场的地区，这些地区GDP占全球总量的54%。整体而言，欧洲和北美的碳市场发展较为领先，欧盟碳排放权交易体系、美国的区域温室气体倡议等都是比较成熟的碳排放权交易体系。

1个超国家机构	8个国家	18个省和州		6个城市
欧盟成员国	中国	美国加利福尼亚州	美国新罕布什尔州	中国北京
+冰岛	德国	美国康涅狄格州	美国新泽西州	中国重庆
+列支敦士登	哈萨克斯坦	美国特拉华州	美国纽约州	中国上海
+挪威	墨西哥	中国福建省	加拿大新斯科舍省	中国深圳
	新西兰	中国广东省	日本埼玉县	中国天津
	韩国	中国湖北省	加拿大魁北克省	日本东京
	瑞士	美国缅因州	美国罗得岛州	
	英国	美国马里兰州	美国佛蒙特州	
		美国马萨诸塞州	美国弗吉尼亚州	

图1.1　全球碳市场的层级结构

1. 欧盟碳排放权交易体系

欧盟碳排放权交易体系于 2005 年初开始运行，是典型的强制碳市场，也是迄今为止成熟度最高的碳市场。目前有 27 个成员国和 3 个非欧盟国家，英国由于脱欧自动退出了欧盟碳排放权交易体系，不过其将自建碳交易体系，并考虑与欧盟碳排放权交易体系对接。欧盟碳排放权交易体系采用总量交易模式（Cap-trade），各成员国根据欧盟委员会颁布的规则，为本国设置排放上限，并确定纳入企业的范围，向纳入企业分配一定数量的排放许可（European Union Allowance，EUA）。如果企业实际排放量少于规定上限，则可将剩余部分在碳市场出售，反之则需要在碳市场购买排放权。目前欧盟碳排放权交易体系几乎涵盖了欧洲主要的温室气体排放源，如供电、供热厂、炼油厂、钢铁厂，以及铁、铝、金属、水泥等能源密集型企业，其中电力行业是排放大户，约占欧盟排放总量的四分之一。

欧盟碳排放权交易体系采用分权化治理模式。"欧盟"是一个超国家概念，各主权国家在经济发展水平、产业结构、体制制度等方面都存在较大差异，因此需要在总量上实现减排目标的同时兼顾各国的差异性，并赋予各成员国在碳排放权交易体系中较大的自主决策权。欧盟碳排放权交易体系分权化治理思想体现在排放总量的设置、分配、碳排放权交易的登记等各个方面。如在排放量的确定方面，欧盟并不预先确定排放总量，而是由各成员国先决定自己的排放量，然后汇总形成欧盟排放总量。

欧盟碳排放权交易体系规定的配额及其衍生品大部分交易都在欧洲能源交易所（EEX）进行。碳配额和衍生品的交易既可在场内进行也可在场外进行。一般电力等排放大厂会选择定期进行交易，而较小的企业可以委托代理人寻找交易对手。根据 ICAP 的统计，欧盟碳市场在 2009 年至 2020 年通过配额拍卖筹得资金 807.37 亿美元，同期全球碳市场拍卖所得共计 1030 亿美元，欧盟占比高达 78%。

2. 美国的区域温室气体倡议

区域温室气体倡议（RGGI）由美国于 2003 年开始筹备，2009 年正式生效。它是美国第一个强制碳交易市场，旨在在减少二氧化碳排放量的同时发展清洁能源。RGGI 由美国 12 个州组成，覆盖了美国东北部和中大西洋区域，目前宾夕法尼亚州也正考虑加入其中。在配额分配方面，RGGI 不同于欧盟碳排放权交易体系在开始阶段的免费分配模式，它是全球首个完全以拍卖方式进行配额分配的碳排放权交易体系，各州必须将 20% 的配额用于公益事业，并预留 5% 投入碳基金，以取得额外的减排量。在交易机制方面，一级市场主要以季度拍卖为主，二级市场主要进行碳配额及其金融衍生品的交易。RGGI 只针对单一的电力行业，所有化石燃料发电超过 25MW 的发电企业都要加入该体系，承担相应的碳减排责任。

RGGI 实行总量控制机制，排放总量为 188076976 短吨（约合 1.7 亿吨），总量首先会分配到各州，再由州分配到企业。RGGI 的正常履约期为三年，2009—2011年为首个履约期，2012—2014 年为第二个履约期，2015—2017 年为第三个履约期。按照设定目标，截至 2018 年，RGGI 控排范围内二氧化碳排放总量较 2009 年下降10%。在发展之初，RGGI 同样经历了配额供大于求的情况，在首个履约期内，实际排放量低于初始配额达 35%。供需失衡的市场环境导致碳价持续走低，并且市场活跃度较差，价格发现的功能也基本丧失，很难通过市场化的模式达到减排的预期。于是，RGGI 开始考虑对初始总量进行削减，同时也陆续设计和出台了配套的调节机制。

调节机制包括清除储备配额、成本控制储备（Cost Containment Reserve，CCR）、碳抵消机制等。清除储备配额是指在削减后的配额总量的基础上，将盈余储备配额进行扣减。CCR 是指在配额拍卖中，如果拍卖价格升高到"触发价格"时增加配额供给，进而抑制拍卖价格，触发价格一般每年呈递增趋势，2020 年末已增加至10.75 美元。碳抵消机制允许企业通过购买碳补偿项目获得额外的碳信用额（最多占每年总配额的 3.3%），且碳补偿必须来自参与 RGGI 的地区，或者其他任何已经同意执行 RGGI 项目标准的州。在配额紧缩叠加一系列配套机制的影响下，RGGI 市场活跃度显著提升，一级市场参与者数量和拍卖价格双双提高，二级市场流动性明显改善。

新冠肺炎疫情对全球经济造成巨大冲击，伴随经济活跃度的下降，全球碳市场量价齐跌，但随着全球疫情管控能力提升，加上疫苗逐步普及，碳价企稳回升，碳市场慢慢恢复到正常状态。同时，区域间的合作也愈加频繁。2020 年欧盟和瑞士实现了碳排放权交易体系对接，使得瑞士的实体企业可以将在欧盟碳排放权交易体系中获得的碳配额在瑞士进行抵扣；英国脱欧后也在考虑构建自己的碳交易体系，并将其与欧盟碳交易体系对接；美国 RGGI 已将新泽西州和弗吉尼亚州纳入其中。此外，《赫尔辛基原则》（通过制定财政政策和配置公共财政资金来驱动国家气候行动）自启动以来，已有 50 多个国家加入该原则并承诺共同应对气候危机。

二、碳定价的一般概念

（一）碳定价

碳定价实际上是对排放二氧化碳设置一个价格，将二氧化碳排放的外部成本内部化，通过发挥价格的信号作用，使经济主体减少二氧化碳排放。碳定价是一种成本—效益类型的政策工具，通过确定从政府到企业的最有效的碳减排边界，增加经济主体的碳排放成本，并通过持续的碳减排激励来刺激创新，从而引导生产、消费和投资向低碳方向转型，实现应对气候变化与经济社会的协调发展。碳定价的形式可以是政府对经济主体的总排放量设定上限，也可以由经济主体自愿设定碳减排量，从而确定市场交易中的碳排放权成本。碳作为国家资产类别，为政府间或政府与企业间的商业合作提供了新的机会。

目前，从国家、区域和地方政府层面来看，在不同的实施阶段共有 53 个此类碳定价（排放权交易）系统和碳税，覆盖了全球 20% 的温室气体排放。世界银行的研究报告指出，2018 年所有碳定价产品的价值约为 820 亿美元，比 2017 年增加了 300 亿美元。同一项研究还发现，已实施碳定价产品的碳价格从每吨 1 美元到 139 美元不等，46% 的碳排放权定价低于 10 美元。迄今为止最大的单一碳定价方案是欧盟碳排放权交易方案，该方案的碳配额价格高达 23 美元。此外，全球 1400 多家公司正在将内部碳价格纳入商业规划。同样，企业的可变影子碳价格高达每吨 919 美元，明显高于强制措施中的价格。

碳价格通常以每吨二氧化碳当量（TCO_2）的货币单位来表示。碳定价主要包括碳税和碳排放权交易两种形式。前者是对二氧化碳等温室气体排放征税，后者是指对企业二氧化碳排放额度的分类和交易，主要形式有碳排放权交易体系（ETS）、碳信用机制和基于结果的气候融资（Results-based Climate Finance，RBCF）。

碳税是指政府设定税率，企业根据二氧化碳排放量缴纳相应的税额，其通过税收手段将因二氧化碳排放带来的环境成本转化为生产经营成本。碳税的征收一般有两种形式：一是实行单独税种，按照明确的碳价格征收；二是不作为单独税种，而是将碳税隐含在现有税种中，如能源消费税、环境税等。ETS 是指参与碳排放权交易的实体、交易规则以及相关政策工具的总和。ETS 的两种主要形式是总量—交易、基准—信用。在总量—交易体系下，对某一经济部门的排放量设定了总量上限，超过配额的碳排放权要么被拍卖，要么根据设定的标准进行分配。受监管的碳排放机构必须让渡其碳排放权利，但是，这些机构可以选择减少自己的碳排放量或贸易配额。在基准—信用体系下，政府为受监管的碳排放机构设定基准，如果碳排放机构的排放量超过其指定基准，那么该机构需要放弃碳排放量超过其基准的信用，将排放量降到基准以下的排放者可以获得这些减排的信用，并可以将这些信用出售给其他排放者。

ETS 和碳税是两种碳定价工具，两者均能创造收入。ETS 通过拍卖配额获得收入，而碳税是税收的一种，可以直接增加公共财政收入。从成本收益的角度看，无论 ETS 还是碳税都能提供加快研发低碳替代技术的动力，从而在一定程度上实现节能减排。但相比碳税，ETS 减排效果的确定性更高。对于 ETS 而言，政府可以通过总量控制的方式确保政策的减排效果，但碳价受市场供需影响较大；碳税虽然确定性较高，但由于难以预估生产企业的排放量，进而会影响对排放总量的把握。此外，ETS 更加灵活，一方面抵消机制、配额储存等规定可以让控排企业自由选择减排的时间和地点；另一方面实践证明了 ETS 相互对接能有效拓宽政策覆盖的范围。目前部分国家和地区在实践中已出现将 ETS 和碳税混合使用的政策，如瑞士、日本东京等。我国采用的是 ETS 的碳定价模式。随着两者在实践中的发展和演化，未来可能创新出更加灵活和更具操作性和调节性的政策。但不管形式如何，其目的都是以更低成本实现减排。

碳信用机制是指向自愿实施减排活动的行为主体发放可交易排放单位的一系列制度安排，这些活动是对正常业务活动的补充。这与 ETS 不同，在 ETS 中，参与者具有强制性义务。然而，如果政策制定者选择给受监管的排放者一种替代的合规手段，那么信用单位可以与碳税或 ETS 挂钩。

RBCF 是气候融资的一种形式，在取得一组预先商定的气候成果后，气候资金提供者为融资方提供约定数目的资金量。

（二）碳信用机制

碳信用授信是指政府、银行等相关部门向实施经批准的减排活动的行为主体发放可交易碳排放单位。这些减排代表了在正常业务之外避免或封存的排放。这意味着，由于这些活动，排放量比在没有信用计划激励的情况下要低。信用额是自愿产生的，并且不在其他碳定价倡议的范围内，其中被授信的实体企业有义务履行其承诺的各项义务，这种情况下企业所获得的信用与总量—交易体系下的定额信用、ETS 的基准—信用制度下绩效信用（当实体企业的实际减排量超过其减排目标后将获得信用奖励）极为不同。碳信用机制不仅可以扩大信用规模，而且可以成为政府政策范围的信用机制的一部分。

根据信用的产生方式和信用机制的管理方式，碳定价机制可以分成三类：（1）国际信用机制。国际信用机制是受国际气候条约管辖的机制，通常由国际机构管理，例如清洁发展机制和联合履约机制。（2）独立信用机制。独立信用机制是不受任何国家条例或国际条约管辖的机制。由私人和独立的第三方组织管理，这些组织通常是非政府组织，如黄金标准和核证碳标准。（3）区域、国家和地方信用机制。区域、国家和地方的信用机制由各自的立法机构管辖，通常由区域、国家和地方政府管理，例如中国的减排证书、澳大利亚的减排基金属于国家级信用机制，中国福建的森林减排证书、美国加利福尼亚州的合规补偿计划属于地方信用机制。

碳信用机制下发放信用的方式之一是"抵消"。这意味着一个实体实现的减排可用于补偿（抵消）另一实体的排放。除了为碳税或 ETS 的合规义务抵消排放外，还有一个自愿市场，在自愿的基础上，碳信用用于抵消个人和组织的排放。信用还可以作为一种手段，量化和奖励接受碳融资的项目的减排。虽然大多数碳排放信用用于抵消目的，但重要的是要区分代表已核实温室气体排放量减少量（信用）的单位与其具体用途（可能抵消，也可能不抵消）。碳信用机制可以在国内设立，作为碳税或 ETS 下实体义务的一部分。

监管机构并不一定强制实体企业严格履约，实体企业有一定的灵活性，监管机构往往通过一定的财政政策（如可货币化的碳信用）激励企业加强低碳创新来减少碳排放。此外，各国可以在国内碳信用的基础上进行国际碳信用交易，以实现其国家发展目标。碳信用的一个关键好处是，通过为成本较低的部门和/或管辖区的减排提供资金，使购买者能够灵活地减少部分排放。必须保持碳排放信用的环境完整性，以使购买者相信，碳排放信用准确地代表了真正的减排。虽然目前没有全球公认的环境完整性定义，但它通常是一个总括性术语，指的是与碳信用的产生、交易和核算的有效性以及社会环境影响相关的关键考虑因素。为了保持碳排放信用的环境完整性，碳信用机制应遵循最佳实践原则，其中包括设定项目必须满足的关键要求，以便获得碳信用。

除了减排效益外，产生碳信用的项目还可以产生额外的共同效益。碳信用机制可以通过明确的设计来支持或增强特定的共同利益，如健康结果（例如通过安装改良的炉灶减少室内空气污染）、生物多样性、恢复力、水资源保护和栖息地保护。

《京都议定书》的信用机制（清洁发展机制和联合履约机制）承担了迄今为止发放的近四分之三的信用，其中70%来自工业气体、可再生能源和无组织排放项目。清洁发展机制是最大的发行人，占所有已发行信用额的50%以上。尽管在过去四年中没有发行任何信用，但由于2015年之前的信用发行量巨大，联合履约机制仍然是第二大碳信用发行商，约占全球累计总量的22%。一些具有较低的项目开发成本、较高的减排潜力的缓解活动更受欢迎，因为能够获得更多的信用，较低的监测、报告与核查（Monitoring，Reporting and Verification，MRV）成本和风险，以及碳信用购买者的较高期望值。还有一种趋势是，主要的碳信用机制大多来自一个或两个主要部门，例如，京都信用机制侧重于工业排放和可再生能源。交通和其他土地利用项目等的低信用发行量（合计不到总量的2%）突出了开发此类项目的挑战，此类项目通常具有复杂的缓解量化方法和较高的MRV成本。大部分碳信用来自东亚和太平洋（44%）以及欧洲和中亚（23%）。为了激励当地的气候行动，并让企业在遵守碳定价法规方面具有灵活性，各国政府正在建立国内信用机制。

（三）区域、国家和地方碳信用机制

过去几年，区域、国家和地方碳定价举措的增加也导致国内信用机制的增加，这些机制为碳份额抵消部分提供信用。

区域机制是指碳信用活动跨越一个以上国家，受双边或多边条约管辖，并由一个或多个参与国管理的机制。国家机制是指主要在一国境内开展碳信用活动的机制，这些机制受国家立法管辖，并由该国政府管理。地方机制是指在一个国家或该国管辖区内开展信用活动的机制，受管辖区立法或管辖区间条约管辖，由一个或多个地方政府（如州或省）管理。目前已有17个区域、国家和地方实施的信用机制发放了碳信用，5 个正在开发中。大多数已实施的机制主要集中在北美和东亚的国家。

加拿大阿尔伯塔省的信用机制最初由阿尔伯塔省 2007 年的《气候变化排放管理修正法案》颁布，信用主要提供给遵守阿尔伯塔省《特定气体排放者条例》（*Alberta's Specified Gas Emitters Regulation*，SGER）的实体企业使用。只有所有活动都在阿尔伯塔省境内进行，才有资格获得信用。2017 年，SGER 被《碳竞争力激励规则》（*Carbon Competitiveness Incentive Regulation*，CCIR）取代，随后于 2020 年 1 月被另一个基于基准—信用的碳排放权交易体系取代。阿尔伯塔省的排放抵消额度仍符合 TIER（Technology Innovation and Emissions Reduction）下的合规使用条件。农业项目、可再生能源和废物项目是第一批使用信用的项目，目前机制的覆盖范围已扩大到其他项目。

澳大利亚的信用机制始于《2011 年碳农业倡议法案》的制定。碳农业倡议（the Carbon Farming Initiative，CFI）被用来为澳大利亚的碳定价机制（一个国家ETS）提供补偿。ETS 在 2014 年被废除，CFI 转变为减排基金（Emission Reduction Fund，ERF）。ERF 发布的澳大利亚碳信用单位（Australian Carbon Credit Unit，ACCU）可供 ERF 保障机制涵盖的实体用于合规目的，或出售给 ERF，以满足澳大利亚的国家减排目标。政府是信用的购买者，这使 ERF 独一无二。寻求生产 ACCU 的项目开发商可以与澳大利亚政府签订合同，交付未来 ACCU，开发商通过清洁能源监管机构举行的 ACCU 反向拍卖形式赢得合同，合同价格即为 ACCU 的支付价格。

北京碳市场试点开发了北京林业碳汇抵消机制，这个机制是一个与中国温室气体自愿减排计划（国家信用机制）并行运行的地方信用机制。北京林业碳汇核证减排量（Beijing Forestry Certified Emission Reductions，BFCER）仅符合北京碳市场试点的合规使用条件。北京林业碳汇抵消机制与中国国家信用机制建立于同一年，重点是对北京市范围内的林业碳汇提供信用。2014 年以来，仅发行了 20 万单位 BFC-ER，交易总价值刚刚超过 200 万元人民币。其地理覆盖范围有限，只有在北京市内的活动才有资格获得信用，因此它也是我国地方信用机制中覆盖范围相对较小的。

三、碳货币、碳本位与碳金融体系

（一）碳货币

国际货币是指在国际经济活动中占据中心货币地位的可自由兑换的货币，其充当国际商品的价值尺度或价格标准，以及国际交易的最终清偿手段，具有无限法偿的能力（用它作为流通手段和支付手段，债权人不得拒绝接受），是各种货币汇率结算的基础。"碳货币"的概念来源于"石油美元"。当美元成为石油计价的主要货币时，由石油开发带来的巨大财富支撑着美元在国际金融市场上成为主要的国际货币，充当国际贸易计价与结算、外汇储备货币和非自由浮动汇率国家货币当局干预外汇市场时锚货币的角色。

《联合国气候变化框架公约》和《京都议定书》确立的碳排放权交易体系希望通过人为限制全球碳排放量来减缓气候变化及其对人类发展的影响。在这种人为的约束下，碳排放权成为稀缺资源，在碳排放权交易机制中也被称为碳信用，代表碳排放权具有的商品属性及依附在其上的价值。同时，碳信用的另一层含义就是碳排放权成为一种价值符号。在国际碳交易市场上被广泛使用的计价、结算的国际货币就被称为"碳货币"，而未来的"碳本位"则以碳信用为基础，将成为国际货币制度中的标准货币，各国用法律的形式将本国货币与之固定地联系起来，作为衡量价值的标准以及国际交易的最终清偿手段，也就是将碳排放权作为类似黄金的最终结算物。

"碳货币"就是碳信用的主要计价及结算工具，"碳货币"的竞争就是碳排放定价权的竞争，就是对低碳经济主导权的竞争。影响一种货币成为"碳货币"的主要因素有三个：碳交易市场的规模、碳交易市场的发达程度、碳信用差异性。

欧盟碳排放权交易体系的各种碳信用都必须通过联合国相关机构的注册和独立第三方的审核才能确认，具有同质性和可测量性。在碳交易市场价值中占比最大的是 EUA 和核证减排量（Certified Emission Reductions，CER），其他包括自愿减排量（Voluntary Emission Reduction，VER）、未核证减排量（ER）和潜在减排量（PER）等的占比不到 0.5%。在欧盟碳排放权交易体系内部，EUA 中的碳信用额度可以直接交易，因此相比于 CER 和 ERU，其风险最低价格最高。三种碳信用的价格需求弹性从高到低依次为 ERU、CER 和 EUA。碳信用出口价格需求弹性最低的国家以本币计价结算的比例最高，这也进一步解释了欧元在碳货币中能取得领先地位的原因。

综上所述，尽管国际碳排放权交易体系还存在制度设计上的不确定性，但碳交易市场的发展将直接影响未来国际金融体系，"碳货币"地位的确立，是未来国际货币体系变革的一个重要契机。而"碳货币"地位的取得，取决于该国家或集团在碳减排中所承担的责任与义务，以及是否有强有力的碳交易市场和碳金融衍生品作为支撑。目前，欧元占据了国际碳货币竞争中的有利位置，人民币争取国际货币地位的崛起之路面临着机会与挑战。

（二）碳本位

在未来低碳经济发展模式下，碳排放权可能会取代石油在目前国际经济中的稀缺资源的地位，成为国际货币本位的特殊商品。金本位就是建立在黄金具有的三个特性——稀缺性、普遍的可接受性及可计量性的基础之上。那么，碳排放权是否具备成为国际货币本位的条件呢？

第一，碳排放权具有稀缺性。《京都议定书》采取的"总量—交易"模式就是人为地形成了一个碳约束的环境，进而利用市场机制来限制全球二氧化碳排放，而缔约国的减排承诺就使得碳排放权变成一种稀缺资源。

第二，碳排放权具有普遍的可接受性。全世界已有 197 个国家签署《联合国气候变化框架公约》。虽然作为缔约方的美国、澳大利亚等国没有加入《京都议定书》的承诺减排行列，但是仍有芝加哥气候交易所、区域温室气体倡议、温室气体减排体系（Greenhouse Gas Abatement Scheme，GGAS）等自愿减排交易体系，说明碳排放权这个指标具有普遍的可接受性；而且《京都议定书》的市场机制赋予碳排放权商品的属性，使之具有价值，成为一种国际商品，其普遍的可接受性就更加不言而喻了。

第三，碳排放权具有可计量性。可计量性具体包括两个方面：一是碳排放量的计算，二是碳排放指标总额的界定。利用现有的科学技术手段已经能够比较准确地估算各区域的碳排放量。碳排放指标总额的界定则可以根据政府间气候变化专门委员会设定的二氧化碳排放减量的标准，通过碳排放量与大气气温之间的变化系数进行计算，这样可以得出全球每年或者一定时期排放到大气中的碳气体的总量指标，并通过国际气候谈判确定下来。

可见"碳本位"具备了成为国际货币本位的特殊商品的三个特性——稀缺性、普遍的可接受性及可计量性，同时也具备超主权的特性，符合经济全球化的发展潮流，具有成为未来国际货币本位的可能性。

（三）碳金融体系

积极应对全球气候变化，保持地球生态系统的完整性，使其有利于人类社会的生存与发展，是 21 世纪每个国家都必须履行的责任和义务。主要相关指导文件有《联合国气候变化框架公约》《京都议定书》《巴厘岛行动计划》等。气候金融是国际社会为应对全球气候变化而实施的一系列资金融通工具和市场体系、交易行为及相关制度安排的总称。碳金融是其中的核心体系。碳金融有广义与狭义之分。狭义的碳金融特指具有制度创新性质的碳交易制度，也就是把碳排放权（排放配额）及其衍生产品当作商品进行交易的制度，或碳交易体系，或碳市场。广义的碳金融还包括传统金融活动的改造升级，核心在于金融产品创新，其创新主体主要是碳银行、碳基金、碳保险、碳信用等机构投资者。

碳金融体系是为碳金融提供支持的金融市场环境，包含监管、市场、机构、产品、服务等诸要素。金融产品和工具随着金融创新和传统金融机构的发展而发展，其种类具有多样性。碳金融产品主要包括碳信用、碳债券、碳基金、碳互换、碳期货期权、碳远期、碳保险、碳理财、碳币、碳结构性产品等。碳金融业务的开展离不开碳金融体系为之提供的金融工具和风险管理工具，可以说碳金融背后是金融制度安排带来的一系列金融创新，是银行、证券、保险、基金等金融机构的竞争，也是国际政治经济势力的角力，其目标就是对碳排放权定价的争夺，并形成所谓的"碳货币"，给国际金融体系带来一次巨大的变革。

对碳金融问题的研究，需要从碳金融体系入手，破解其是如何影响国际碳交易市场的价值链分工，又是如何影响碳排放权的定价的。碳排放权的定价问题是碳金融市场的核心问题，也是碳金融市场发展和完善的关键。如果碳金融市场的定价机制不健全、不完善，那么就会出现大量的投机行为，从而会引起碳金融市场的剧烈波动，影响碳金融市场的健康发展。不同的碳金融资产有不同的碳定价机制和模型，碳定价技术具体有市场法、成本法、收益法等，主要对碳排放现货、碳排放期货期权、碳排放结构性产品等金融产品进行定价。

中国是一个碳排放大国，在国际社会对气候环境问题的关注日益增强的当下，要想在保证国民经济增长的同时，为人类社会创造一个良好的生活环境，中国需要在国际碳金融市场中争取到定价的自主权来维护我国的国家利益，所以对碳金融资产定价的研究更加重要。与此同时，碳金融将会成为各国经济升级繁荣的催化剂，成为全球经济体在可持续发展道路上的新挑战。

四、中国碳交易市场的发展情况

我国的碳交易在 2012 年以前主要以参与清洁发展机制项目为主，随着后京都时代的来临，我国开启了碳交易市场的建设工作。2011 年 10 月，国家发展改革委办公厅发布《关于开展碳排放权交易试点工作的通知》，决定在北京、天津、上海、重庆、湖北、广东和深圳七个省市开展碳排放权交易试点，拉开了我国碳交易市场建设的帷幕。我国碳交易市场以配额市场为主，以核证自愿减排市场为补充。

自 2013 年起我国八个试点（福建省于 2016 年 12 月 22 日启动碳交易市场，成为国内第八个碳交易试点）碳市场陆续启动运行以来，相关交易业务加速发展壮大。据统计，目前共有 2837 家重点排放单位、1082 家非履约机构和 11169 个自然人参与试点碳市场交易。截至 2021 年 1 月底，全部八个区域碳市场配额现货累计成交 4.47 亿吨，总成交额 104.61 亿元。其中，广东和湖北两省累计成交量最高，位于第一梯队；深圳、北京和上海成交量位于第二梯队；天津、重庆和福建累计成交量位于第三梯队。截至 2021 年 1 月底，中国核证自愿减排市场已累计成交近 2.7 亿吨，其中上海累计成交量持续领跑，超过 1.1 亿吨（占比为 41%）；广东排名第二，累计成交超过 5575 万吨（占比为 21%）；北京、深圳、四川、福建和天津累计成交量为 1000 万 ~ 3000 万吨（占比为 4% ~ 11%）。

除已纳入的电力行业外，钢铁、水泥、化工、电解铝和造纸等行业预计在"十四五"期间也将被纳入全国碳排放市场。根据美国波士顿咨询公司预测，从目前到 2050 年，中国为实现碳中和目标将需要 90 万亿 ~ 100 万亿元人民币的投资，这些投资在未来 5~10 年将为中国经济提供稳定的增长驱动,预计每年增长率达 5%~6%。由此可见,碳中和不是一种经济负担,它将为社会经济增长和转型创造更多发展机会。

当然,绿色转型的实现离不开国家对企业减排的引领和激励,我国期待已久的碳排放权交易已成为一种有效的市场化减排机制。经筹划和测试,2020 年 12 月 30 日生态环境部正式发布了《2019—2020 年全国碳排放权交易配额总量设定与分配实施方案(发电行业)》。根据该实施方案,2019—2020 年纳入全国碳市场的发电行业重点排放单位共计 2162 家,初步估计这些火电企业二氧化碳总排放量近 45 亿吨/年。2020 年 12 月生态环境部发布《碳排放权交易管理办法(试行)》,全国碳排放权交易于 2021 年 7 月 16 日正式启动。全国碳排放权交易市场覆盖行业范围广、交易品种丰富、交易方式多样,将在控制温室气体排放、促进绿色低碳技术创新、引导气候投融资等方面发挥重要作用。

2021 年以来,在《巴黎协定》框架下各国自主贡献(Nationally Determined Contribution,NDC)和近期各国宣布的碳中和计划让全球碳市场再度活跃起来,包括中国在内的全球碳市场将进入一个崭新的发展阶段。根据上海环境能源交易所的数据,2021 年全国碳排放权交易市场的碳排放配额(CEA)成交量为 1.79 亿吨,累计成交额 76.61 亿元。随着未来碳市场覆盖范围的进一步扩大,预计整个"十四五"期间交易量较"十三五"期间有望增加 3~4 倍,最终到 2030 年实现碳达峰,预计累计交易额将超过 1000 亿元人民币。中国碳市场的发展被视为全球利用市场机制应对气候变化的风向标。碳配额作为一种资产像大宗商品一样参与买卖,有助于通过市场机制推动企业深度参与碳减排,并以碳中和为契机吸引更多企业、投资方和专业人士参与更多产品的交易,有助于增加碳交易市场流动性、减少碳泄漏以及全社会低成本地实现减排目标。此外,碳交易市场作为碳减排政策工具库中最重要的工具,因其总量控制市场的专有属性,碳交易市场直接与碳排放绝对数值挂钩,在其涵盖的社会领域可以更加直接地反映碳减排效果并评估气候变化控制指标是否达成。目前中国碳市场的控制总量已经超过欧盟,八个碳交易试点在运行中也积累了很多有益的经验,在充分汲取欧盟碳交易市场发展历程各阶段经验和教训的基础上,未来中国碳市场必将成长为全球碳交易最具影响力和引领力的标杆市场。

【本章小结】

全球气候变暖主要源于以二氧化碳为主的温室气体增加,而人类对能源(化石燃料)的开发利用是造成二氧化碳浓度增高的主要原因之一。全球气候变暖对人类赖以生存的自然环境、水资源、生态系统、海岸线和粮食生产,甚至人类的健康产生重大影响,如果不采取减缓和适应温室效应的措施,全球变暖将给人类社会的生存和发展带来极其严重的后果。

一直以来，能源安全作为一个动态演化的概念，其内涵和外延也在不断丰富和发展。围绕能源安全，世界各国都制定了相应的能源战略，其体系涵盖非常广泛。能源金融作为一种新的金融形态，被视为能源战略的一个重要手段和工具。2020年9月，中国提出碳达峰、碳中和战略，在现有能源和环境政策的基础上制订了计划，以实现碳达峰、碳中和目标。在相关概念里，碳定价被认为是一种具有成本效益的政策工具。

《联合国气候变化框架公约》和《京都议定书》确立的碳排放权交易体系力图通过人为限制全球碳排放量来减缓气候变化及其对人类发展的影响，碳交易市场的发展将直接影响未来国际金融体系。全球碳市场的发展始于2005年1月1日欧盟碳排放权交易体系的实施。目前，欧洲和北美的碳市场发展较为领先，欧盟碳排放权交易体系、区域温室气体倡议等都是比较成熟的碳排放权交易体系。我国的碳交易市场正式运行时间较短，正处于起步阶段，从与全球碳排放权交易体系和碳市场发展的比较来看，我国碳市场发展仍然任重道远。

【思考题】

1. 全球气候变化对能源、碳排放提出了哪些要求？
2. 节能减排的含义是什么？全球碳交易机制有哪几种类型？
3. 简述能源安全、能源战略与能源金融的关系。
4. 简述中国碳达峰、碳中和政策的形成过程。
5. 碳交易和碳定价分别指的是什么？碳信用机制有哪些？

第二章　碳交易市场理论基础

【学习目标】

1. 理解市场失灵、外部性、公共物品以及博弈论等基本概念和基本理论，能够结合碳排放进行分析，深入理解碳排放的性质，包括全球性、长期性、地区差异、与大气污染的协同性等。

2. 掌握科斯定理的基本内容和要点，了解科斯定理的应用，并对减缓碳排放的各类手段有系统性认识。

3. 掌握碳交易市场和碳税的经济学原理，了解二者的异同点并能进行比较。

第一节　外部性理论

一、市场失灵

完全竞争市场经济在一系列理想化假定条件下，可以导致整个经济达到一般均衡，使资源配置达到帕累托最优状态。但是完全竞争所依赖的假定条件是非常严格的。例如，商品具有无限可分割性。但在现实中，一台机器是不能被分割成很多微型机器的。因此，完全竞争市场和其他一系列理想化假定条件并不能反映现实经济。在现实中，"看不见的手"的原理一般不能成立，帕累托最优状态通常也不能实现。这种情况就是"市场失灵"。

市场失灵的情况包括不完全竞争、外部影响、公共物品、不完全信息等。它们破坏了完全竞争赖以存在的基础，所以资源配置不能够达到理想的最佳状态，即市场失灵。

市场失灵主要表现为：

1. 收入和财富分配不公

在竞争中，谁拥有的资本越多，谁就越有优势，并且在效率提高方面的可能性也越大，收入和财富流向也会越集中。

2. 竞争失败，形成垄断

一般来说，竞争是在统一市场中的同类产品或者可替代产品之间展开的。但是，分工的发展使产品之间的差异不断拉大，资本规模扩大和交易成本的增加，阻碍了资本的自由转移和自由竞争。同时，市场垄断的出现，减弱了竞争的程度，使竞争的作用下降。

3. 失业问题

从微观上看，资本追求规模经营，为了提高生产效率，部分劳动力就会被机器替代；从宏观上看，对劳动力需求的不稳定性，也需要有大量失业劳动人口的存在，满足生产高涨时对新增劳动力的需要。从宏观和微观两方面看，失业满足市场机制运行的需要，但也会对社会和经济产生不利影响，也不符合资本追求日益扩张的要求。

4. 区域经济发展不协调

对经济发展程度高的地方来说，劳动力素质、管理水平也会随着经济发展而相应提高。这些地区对于可以被利用的资源要素支付的价格也会更高。于是，这些地区在经济发展的过程中更能吸引各种优质的资源。而落后地区会因为资源的流失而变得愈发落后，区域经济差异就会越拉越大。

5. 负外部性

负外部性指的是经济主体在生产和消费过程中，对其他主体造成的损害。本节对外部性进行详细介绍。

6. 公共物品

公共物品是指具有非排他性和非竞争性的物品。本章第二节对公共物品进行详细介绍。

二、外部性的定义

(一) 外部性概念的来源

对于外部性的研究最早可以追溯到亨利·西奇威克和阿尔弗雷德·马歇尔。虽然西奇威克并没有明确提出"外部性"的概念，但他在《政治经济学原理》（1887）中提到，因为外部性因素的存在，会出现经济活动中个人成本、个人收益和社会成本、社会收益不一致的问题。马歇尔则在《经济学原理》（1890）中首次提出"外部经济"的概念。当一个产业的产量扩大时，该产业各个企业的平均成本减少，这种情况就属于外部经济。马歇尔指出，扩大货物生产规模而发生的经济效率的提高可以分为"外部经济"和"内部经济"两类。"外部经济"是有赖于产业的普遍发展造成的经济；"内部经济"是有赖于产业中某一企业自身的经济效率、资源造成的经济。

此后，庇古（A. Pigou）在《福利经济学》（1920）中首次提出"外部性"概念，他认为外部性也会产生负面的效果，在马歇尔的"外部经济"的基础上进一步提出了相对应的"外部不经济"概念。"外部不经济"和"外部经济"也被称为"负外部性"和"正外部性"。

（二）负外部性

如果某个经济主体的行为使他人受损，却无须承担代价，就产生了负外部性。对损害的一方来说，不需要承担责任会导致他们失去减少这种行为的动力。在环境领域中，当某个经济主体从事某个活动时对自然环境造成不利影响，却没有把破坏环境的成本包含到产品和交易的成本中，就产生了环境负外部性。例如，一个企业向河流排放污水，影响了周围居民的用水，如果这个企业不用给居民补偿损失，那么企业排放污水的行为就会产生环境负外部性。

对于负外部性，经济主体行为的社会成本会大于其私人成本。假设一个企业的生产活动导致污染物的排放，产生了负外部性，那么生产活动的社会成本就包括生产者的私人成本和受到污染物不利影响的其他人的成本。图 2.1 显示了生产活动的社会成本。图中社会成本曲线在供给曲线之上，是因为考虑到了外部成本。两条曲线之间的差异就是受到污染物影响的其他人的成本。

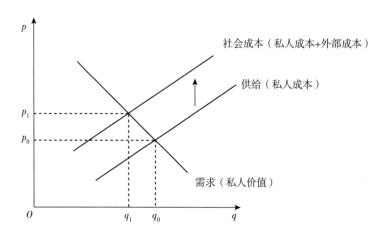

图 2.1　包含负外部性的市场

如果不存在外部性，供给曲线和需求曲线的交点会决定企业的生产水平。但是当负外部性存在时，从整个社会的角度考虑，最适合的生产水平应该是社会成本曲线和需求曲线的交点。与最合适的生产水平 q_1 相比，负外部性会造成过度供给，使 $q_0 > q_1$。

（三）正外部性

如果某个经济主体的行为使他人受益，受益者却无须付出花费，就产生了正外部性。例如，一个企业在周围区域种植了大量绿植，周围的居民不用为此付费就能因为良好的环境感到愉快，那么种植的绿植就产生了正外部性。

对于正外部性的分析，与负外部性的分析类似。对于正外部性，经济主体行为的社会价值会大于其私人价值。图 2.2 显示了经济主体行为的社会价值。因为外部利益的存在，图中社会价值曲线在需求曲线之上。两条曲线之间的差异反映了经济主体的行为对他人带来的利益。

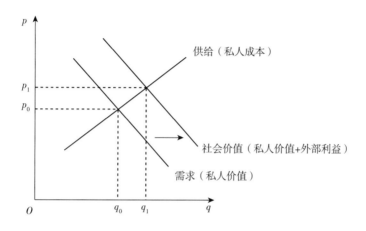

图 2.2　包含正外部性的市场

当正外部性存在时，从整个社会的角度考虑，最适合的生产水平应该是社会价值曲线和供给曲线的交点。与最合适的生产水平 q_1 相比，正外部性会造成供给不足，使 $q_0 < q_1$。

三、碳排放的负外部性

（一）科学认识

工业革命以来，人类在 200 年间创造的财富远远超过过去数千年的积累，物质文明和精神文明都达到了一个新的高度。但是，这些发展却伴随着化石燃料的大规模利用和因此导致的碳排放。

根据政府间气候变化专门委员会（IPCC）的报告，自 20 世纪 50 年代起，气候系统的变化在上千年的时间里都是前所未有的。气候在变暖，冰量也在减少，海平面也因此在上升。因为气候系统的复杂性和人类历史的短暂性，此前学者并不能完全确认人类活动可以影响到气候。但随着时间的推移和研究的深入，"人类活动会影响到气候变化"这一结论的可信度有了显著提升。在 IPCC 2021 年 8 月 9 日发布的第六次评估报告中，结论已经很明确："可以明确的是，人类的影响已经使大气层、海洋和陆地变暖。"

基于 IPCC 第六次评估报告，2011—2020 年全球表面温度要比 1850—1900 年高 1.09 摄氏度，从未来 20 年的平均温度变化来看，全球温升预计将达到或超过 1.5 摄氏度。对于一个多世纪以来的气候变化而言，人为因素起着显著的影响作用。在众多的人为影响因素中，碳排放长期积累所产生的负外部性是主要的因素。IPCC 在第五次评估报告中就曾指出，如果要将温升控制在 2 摄氏度以内，需要控制大气中二氧化碳浓度在 2050 年不超过 450ppm。要达成这个目标，在 2050 年，人类活动产生的碳排放要比 1990 年减少一半以上。

随着 IPCC 第六次评估报告的发布，各国将努力到本世纪中叶实现碳中和，全球将全面进入"碳中和"时代。

碳排放的影响和一般的环境问题有所不同：它的外部性是长期的，它是全球性的，它包含着重大的不确定性，它具有潜在的巨大规模。因此，缓解气候变化需要社会各界广泛长期参与。目前，IPCC 的科学结论需要通过更有效的途径被决策者和大众接受。

（二）全球性

随着经济全球化进程的不断推进，全球在生产、消费、贸易、投资、金融、技术开发和转移等领域更加紧密地联系在一起，也使得各个国家相互依赖的程度比以往任何时候更高。然而，全球化在带来发展机遇的同时，也带来了严峻的挑战。

大气层和地表系统如同一个巨大的"玻璃温室"，使地表始终维持着一定的温度，产生了适合人类和其他生物生存的环境。在这一系统中，大气既能让太阳辐射透过而达到地面，同时又能阻止地面辐射的散失，我们把大气对地面的这种保护作用称为大气的温室效应。造成温室效应的气体称为"温室气体"，它们可以让太阳短波辐射自由通过，同时又能吸收地表发出的长波辐射。这些气体包括二氧化碳、甲烷、氧化亚氮、氯氟化碳和水蒸气等，其中最主要的是二氧化碳。

当温室气体在大气中的浓度不断上升，破坏了地球原有的碳循环的平衡，则产生了全球变暖问题。这是一种典型的外部性效应。大气中温室气体含量的增加主要源于工业化以来人类对化石燃料的大量利用，化石燃料 95% 的燃烧都发生在北半球，然而南半球的温室气体含量却以和北半球相同的比率增加。这是由于温室气体不像二氧化硫等局地污染物的排放只影响当地，而是会在大气层中长久地存在，气候变化的影响会波及整个地球。因此，与一般的外部性问题相比，碳排放的外部性是全球性的。

1751 年至 2017 年，全球已经排放了超过 1.5 万亿吨二氧化碳。如图 2.3 所示，截至 2017 年，美国的历史累积二氧化碳排放量为全球第一，占比为 25%，约为 4000 亿吨；欧盟的历史累积排放量为 3530 亿吨，占比为 22%；中国的历史累积排放量为 2000 亿吨，占比为 12.7%。非洲、南美洲和大洋洲的二氧化碳排放量相对较少。

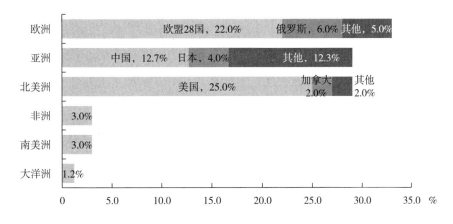

图 2.3　工业革命以来全球累积二氧化碳排放量占比

（资料来源：https://ourworldindata.org/contributed-most-global-co2）

单一国家解决全球负外部性的治理问题的能力有限、动机有限。即使有部分国家自觉进行负外部性治理，但只要还有其他当事国不参与治理，主动治理的国家的积极性就可能受挫，全球负外部性的治理效果会大打折扣。因此，碳排放引起的全球负外部性需要各国合作共同解决。《联合国气候变化框架条约》下的国际谈判已经取得显著进展，《巴黎协定》的长期目标是将全球平均气温较前工业化时期上升幅度控制在 2 摄氏度以内，并努力将温度上升幅度限制在 1.5 摄氏度以内。八国集团（G8）、亚太经济合作组织（APEC）和二十国集团（G20）等多边合作机制以及许多国家之间的双边合作，都将共同应对气候变化、发展非化石能源等作为首要内容。但是，世界各国仍需采取更加有力的行动。

（三）长期性

碳排放对气候变化的影响是长期的，其负外部性危害是深远的。气候变化的现状是几代人共同累积的结果。对于当代人而言，气候变化影响尚且不大，但对于后代而言，影响将会十分深远。现在留存在大气中的二氧化碳是长生命周期的温室气体，其平均寿命高达几百年。其中大约有一半的二氧化碳可以在 30 年里被清除，30% 在几百年里被清除，剩余的 20% 则将在大气中留存数千年。以现在的排放水平来看，到 21 世纪末，海洋会持续变暖，冰块会继续融化，全球的气温有可能会比1850—1990 年高 1.5 摄氏度。预计到 2065 年，海平面平均将上升 24~30 厘米，到2100 年则平均上升 40~63 厘米。全球变暖对于气候系统的影响在未来数百年到千年的时间尺度上是不可逆的。即使现在停止排放，气温也将在一个高的水平上维持很多个世纪，碳排放的负外部性也会持续很久。

现在治理碳排放，在很久之后才开始起作用。气候系统是地球上大气圈、水圈、冰冻圈和生物圈等组成部分的综合，组成部分之间发生着相互作用。比如，海洋可以通过吸收大气中的二氧化碳缓解气候变化，但是随着碳排放的增多，海水酸化 pH 值降低，其吸收二氧化碳的能力也会逐渐降低。因为全球变暖而融化的冰原，其恢复需要的时间是融化所需时间的 10 倍。因此，对碳排放的负外部性的治理也是长期性的。

🔘 专栏 2.1
不同国家和地区适应气候变化的能力不同 ▪▪▪▪▪▪▪▪▪▪▪▪▪▪▪▪▪▪▪▪▪▪▪▪▪▪▪▪▪▪▪

当前气候变化对不同地区（发达国家和发展中国家）的影响不同，因为不同社会经济发展状况的国家和地区，其适应气候变化的能力不同。

碳排放的全球负外部性使全世界都受到气候变化的困扰。然而，不同国家和地区的地域分布、生态系统、经济水平和技术水平存在差异，其适应气候变化的能力也有所不同。气候变化首先危害的是依靠自然资源生存和适应能力较弱的发展中国家，其中的最不发达国家和岛屿国家最为脆弱。许多国家的农业生计被气候变化带来的洪水和旱灾摧毁；沿海地带的渔业地区受到海平面上升、海岸侵蚀、咸水入侵的影响；居住在干旱国家的居民因为干旱气候的影响，其食物和水的基础需求无法得到满足，为争夺资源爆发战争，极端恐怖组织乘虚而入；岛国居民面临国土被海水侵吞的风险而不得不举国搬迁。

发达国家却在气候变化的适应上处于比较有利的地位，原因主要是：第一，发达国家有更多适应气候变化的方法；第二，发达国家的经济对农业生产的依赖度较低；第三，发达国家一般在凉爽、纬度较高的地区，降低了它们的脆弱性。

每个国家在气候变化适应问题上都有其特殊性，本专栏选取了四个有代表性的国家进行简单介绍。

1. 图瓦卢

大洋洲被海洋环绕，拥有众多岛国，因此饱受气候变化之苦。图瓦卢是一个位于南太平洋的岛国，国土面积只有 26 平方公里。过于狭小的国土面积使得该国难以发展农业，而且没有储水区，该国的民众连基本用水都存在困难。因此，图瓦卢也被联合国认定为最不发达的国家之一。

除了国土面积小之外，图瓦卢的平均海拔也仅有 4 米。因此，图瓦卢全国面临着气候变化引发的海水上涨问题。据预测，图瓦卢有可能会在 50 年内整体沉入海中。针对生存危机，该国领导人在 2001 年发表声明，声称对抗海平面上升的计划对于他们国家已经失败，国内居民不得不逐步举国搬迁到新西兰。

2. 意大利

意大利威尼斯也深受全球变暖问题困扰。威尼斯有"因水而生，因水而美，因水而兴"的美誉。但是这个城市的建造方式也同样使它特别容易受到海平面上升的影响。海平面的上升增加了威尼斯遭受洪水的次数。多年来，威尼斯一直在慢慢下沉。2021 年 9 月，欧洲地球科学联盟发布了一项关于威尼斯的研究。研究指出，到本世纪末，威尼斯的海平面可能会上升 120 厘米，比联合国预测的最坏情况还高 50%。

自 1872 年至今，威尼斯共经历了 25 次超过 140 厘米的特大洪水，其中三分之二发生在过去的 20 年中，五分之一发生在 2019 年底的洪灾期间。2003 年，为了使威尼斯免受洪水侵袭，城市启动了 MOSE 项目，即在流入城市的河流加装 78 道名为 MOSE 的防洪闸门。该项目耗资近 70 亿美元，目前仍处于测试阶段。当 MOSE 最初被提出时，针对海平面上升的预测高度是 22 厘米，远远低于联合国目前预测的最坏情况——80 厘米。因此，威尼斯现在需要针对气候变化探索更多适应措施。

3. 荷兰

荷兰同样也是一个地势相对较低的国家，但却是一番不同的景象。它西北两侧濒临北海，4 万多平方公里的国土中有 27% 低于海平面。在历史上，荷兰人也饱受北海之苦。1282 年，海水突破海堤，北海与伏列沃湖相连形成了须德海，国土被大量侵吞。但是时至今日，荷兰已经有了应对的技术和方法。自 13 世纪以来，针对土地被海水淹没的风险，荷兰建造了长达 2400 公里的拦海大坝，把须德海湾与海洋隔开，还对内陆的海湾进行了填海造陆，围垦了 7100 平方公里的土地，相当于荷兰陆地面积的近五分之一。

4. 美国

美国是全球第一经济大国，其适应气候变化的政策设计已经非常成熟。美国投入了大量的人力、物力、财力，开展了培训、监测、预报、预防和控制等活动，确定了海岸线所面临的海平面上升和飓风等威胁等级，实施有效的海岸保护措施，保障人们的生命财产安全。2013 年美国政府发布了《总统气候行动计划》，要点包括帮助地方政府应对气候变化造成的破坏，领导国际社会形成应对气候变化的全球性解决方案。

适应气候变化日益受到发达国家和发展中国家的重视，但是，在气候适应领域存在的不公平问题亟须解决。目前，国际气候谈判已经对最脆弱者优先原则达成共识。

气候变化中的最脆弱者，主要是指由于特殊的地理位置、自然资源禀赋等自然条件，加上应对气候变化能力有限，气候变化对其产生不利影响可能性高的国家或者地区。在适应气候变化行动中，应当优先考虑这些最脆弱者的利益和需要，考虑它们对于应对气候变化的立场和目标要求。国际社会对于气候变化最脆弱者的帮助，不仅有利于保障气候安全的实现，而且具有重要的公平性意义。

专栏 2.2
温室气体和大气污染物的协同控制 ∎∎∎∎∎∎∎∎∎∎∎∎∎∎∎∎∎∎∎∎∎∎∎∎∎∎∎

碳排放与大气污染具有同根同源同过程的关系，从协同控制角度亦可以解释控制化石燃料燃烧的必要性。

化石燃料燃烧会排放出大量的大气污染物（如二氧化硫、氮氧化物和颗粒物等），同时排放二氧化碳等温室气体。温室气体和大气污染物的主要来源都是化石能源的燃烧，化石燃料产生的二氧化碳占人类活动产生的二氧化碳总量的 78%。中国的二氧化碳（温室气体）和二氧化硫（大气污染物）排放量最高的工业部门是电力行业、黑色金属行业、非金属矿物制品业、化学原料及化学制品制造业四个行业。同时，《京都协定书》中规定的六种温室气体里有五种都和 $PM_{2.5}$ 有关。可以看出，温室气体和大气污染物之间具有同源同根性，决定了两者应当协同控制，而不是分别对待。

"协同控制"即是将两者的控制目标和控制措施进行有机结合，减少资源重复配置，达到事半功倍的效果。协同控制的概念可以追溯到 20 世纪 70 年代，物理学家赫尔曼·哈肯创立了协同学。哈肯的协同理论的核心思想是："在一定的条件下，不同的系统可以遵循共同的规律发生变化，通过相互作用、协作最终达到动态平衡。"根据这个理论，在政策成本一定的条件下，基于不同的原因而同时实施的相关政策方案可以产生正向的协同效益。

国际上在 21 世纪初开始认识到气候变化领域中协同规制的重要性。"协同效应"的概念第一次正式出现在 2001 年 IPCC 第三次评估报告中，被定义为"减缓温室气体排放政策的非气候效益"；第四次评估报告提到了将空气污染物和温室气体结合起来控制的政策；第五次评估报告强调了协同效应在减缓气候变化问题上的应用。

目前，国际上越来越多的国家开始采用协同治理措施解决气候、环境和发展问题。许多国家正在评估协调气候和空气污染战略与措施的好处。例如，2017 年加拿大颁布了全球第一个有关协同治理气候和空气质量问题的短寿命污染物国家战略。近年来，协同控制措施也成为中国应对气候变化的重要驱动力。

中国实行温室气体和大气污染物协同控制，符合成本效益最大化的原则。近年来，京津冀地区的协同治理已经初见成效。2013 年，京津冀以及周边地区是我国大气污染最严重的区域。京津冀地区的 $PM_{2.5}$ 的浓度大约为 $106\mu g/m^3$，3 倍于国家空气质量标准的 $35\mu g/m^3$。2017 年，京津冀地区的 $PM_{2.5}$ 已经降到 $64\mu g/m^3$。2013—2017 年，北京市、天津市和河北省的单位地区生产总值二氧化碳排放强度分别下降了约 24%、29% 和 29%。

京津冀采取的协同治理政策措施主要包括：

1. 减少煤炭消费量

煤炭燃烧是造成京津冀地区空气污染和大量碳排放的主要原因。2012 年到 2017 年，京津冀共削减煤炭消费量 7100 万吨，超额完成了《京津冀及周边地区落实大气污染防治行动计划实施细则》削减煤炭消费量 6300 万吨的目标。

自 2013 年起，京津冀地区严格执行了淘汰燃煤小锅炉的任务。仅 2017 年一年，北京市就淘汰了 2.7 万余台燃煤小锅炉，天津市改燃关停燃煤锅炉 1.09 万台，河北省淘汰 3.9 万台燃煤锅炉。

京津冀地区还实施了"煤改电"和"煤改气"计划，逐步淘汰居民散煤使用。2016 年和 2017 年，京津冀地区完成了约 474 万户的"煤改电""煤改气"改造，共替代散煤约 1200 万吨，占该地区散煤消费量的 30%。

2. 调整产业结构

为了缓解京津冀地区的空气污染问题，需要强制淘汰主要能源密集型产业的过剩产能。为了指导过剩产能有序退出，政府采取了一系列具体的政策措施，包括严格限制向高污染、高能耗和产能过剩行业的企业提供贷款，强制淘汰落后产能，并设立了专项奖励资金和补偿资金，为淘汰落后产能的企业提供职工安置和产业转型的资金支持。同时，京津冀地区还积极培育战略新兴产业，包括新一代信息技术、新能源、新材料、节能环保产业等。

3. 降低机动车燃油消耗

京津冀地方政府采取了多项措施淘汰低能效高污染车辆。京津冀地区现已淘汰了所有黄标车（未达到国 I 排放标准的汽油车和未达到国 Ⅲ 排放标准的柴油车①）。政府为符合条件的报废车辆的车主提供了一定数额的补贴。

同时，新能源汽车的增长量已经被列为政府工作目标。政府在公共交通、环卫、邮政和物流领域推广新能源汽车的同时，也积极鼓励私人购买电动汽车。购买私人电动汽车的车主可以享受一定的补贴。

京津冀地区的案例仅仅是中国协同治理实践经验的一小部分。尽管这类案例在不断增加，但目前尚未成为国内通行的做法。要成功地实现人类在气候、环境和可持续发展方面的目标，还需要在协同治理理论和实践方面继续探索。

第二节　公共物品理论

一、公共物品的定义

（一）私人物品与公共物品

私人物品是指具有明确的产权特征的物品。生活中存在形形色色的私人物品，如食品、水果、服装等，人们购买并消费这些商品。这些可以在市场上购买到的商品，通常称为私人物品。私人物品的特点是在形体上可以分割和分离，消费或使用私人物品时具有明确的专有性和排他性。例如，衣服是按件出售的，且一旦某人购买了某件衣服，这件衣服就归其所有，其他人不能随意穿用或拿走。

公共物品是与私人物品相对应的，其具有非竞争性和非排他性。现实中，并不是所有的物品都具有私人物品的特点，而是存在大量不具备明确的产权特征，形体上难以分割和分离，消费时不具有专有性和排他性的物品，例如国防、道路、广播等。以国防为例，一个国家的国防一旦建立，这个国家内的公民都将平等享有国防安全，不会为某个人私有。很多公共物品不可或缺，但无法与私人物品一样直接交由市场这只"看不见的手"（本节将会详细介绍公共物品"市场失灵"的原因），故而公共物品的提供成为重要研究课题。经过萨缪尔森、科斯、马斯格雷夫等经济

---

① 国 I 的排放标准：一氧化碳不得超过 3.16 克/公里，碳氢化合物不得超过 1.13 克/公里，其中柴油车的颗粒物标准不得超过 0.18 克/公里，耐久性要求为 5 万公里；国 Ⅲ 的排放标准：碳氢化合物不得超过 0.66 克/公里，一氧化碳不得超过 2.1 克/公里，微粒不得超过 0.1 克/公里，氮氧化合物不得超过 5 克/公里。

学家的探索和发展，公共物品理论逐步形成。公共物品理论是碳交易市场的重要理论基础之一。

（二）公共物品性质

公共物品性质包括消费上的不可分性和非排他性。消费的不可分性指一个人对一种物品的消费不会降低其他人可获得的数量，也被称为非竞争性。或者说，在给定的生产水平下，向一个额外消费者提供商品或服务并不需要增加成本，即边际成本为零。例如，某城市空气质量改善后，一个居民呼吸清洁空气并不会减少其他居民呼吸的清洁空气量。消费的非排他性是指一旦提供资源，即使没有付费的人也不能被排除在享受该资源带来的利益之外。例如前面提到的国防，一旦国家提供了国防服务，所有公民都能享受它的好处。这样就导致很难或者不可能对使用公共物品收费，因为无法阻止免费"搭车"。公共物品的这种性质使得私人市场缺乏有效提供公共物品和服务的动力。许多环境资源是公共物品或者具有很强的公共物品性质，如令人愉悦的风景、清洁的空气、清洁的水、生物多样性等。同时也可能存在公共劣等品，或称为公共不良物品，如肮脏的空气、脏水等。

按照公共物品的性质，公共物品可以分为纯公共物品和准公共物品，如表 2.1 所示。同时具有非排他性和非竞争性的物品为纯公共物品，如国防、义务教育等。具有非竞争性或非排他性的物品为准公共物品。其中具有非排他性但具有竞争性的物品称为公共资源（Public Resources），又称公共池塘资源（Common Pool Resources，CPR），如海洋里的鱼、天然林场等。具有非竞争性但具有排他性的物品称为俱乐部物品（Club Goods），如有线电视。公共物品的性质可能不是一成不变的，例如道路根据是否收费以及是否拥挤会转换性质。不拥挤的道路上增加一辆行驶车辆不会影响其他车辆的行驶，不会带来另外的成本，此时的道路具有非竞争性。不收费的道路上，车辆都可通行，此时的道路具有非排他性。

表 2.1　　　　　　　　　　按照公共物品的性质分为四类物品

项目		排他性	
		有	无
竞争性	有	私人物品 ● 食品 ● 服装 ● 拥挤的收费道路	公共资源 ● 海洋里的鱼 ● 天然林场 ● 拥挤的不收费道路
	无	俱乐部物品 ● 有线电视 ● 不拥挤的收费道路	纯公共物品 ● 国防 ● 义务教育 ● 不拥挤的不收费道路

（三）公共物品的配置

理论上，通过市场这只"看不见的手"，我们可以实现资源的有效配置：增加一单位商品的收益与生产该单位商品的成本相等，即边际收益等于边际成本时实现经济效率[①]。但垄断、外部性、公共物品或不完全信息等的存在会出现资源配置的扭曲，即市场失灵。导致环境资源配置过程中市场失灵的最主要原因是环境和自然资源的外部性和公共物品性。其中外部性将在下一节详细介绍。这里主要讨论公共物品是如何导致市场失灵的。

对于私人物品而言，总体需求曲线是个人需求曲线的横向加总，这一点很容易理解。而对于公共物品而言，需要了解每个人对增加一单位产出的支付意愿，即个人的边际收益，把所有享受该公共物品的人的边际收益加总可以得到总的边际收益。要决定公共物品供给的有效水平，必须使总的边际收益等于生产的边际成本。可以通过下面的例子进行具体分析：

假设在空气质量市场上只有两位消费者。消费者 1 的需求函数为 $Q_1 = 6 - 2P_1$，消费者 2 的需求函数为 $Q_2 = 4 - 2P_2$，生产清洁空气的边际成本为 4，分别如图 2.4 中 D_1、D_2、MC 所示（需求曲线同时也是边际收益曲线，供给曲线同时也是边际成本曲线）。我们可以看到，每个人的边际收益都低于边际成本，个人最优产出量为 0。但考虑两个消费者，由于公共物品性质，在一个给定的价格水平上新的消费者加入并不意味着将消费更多数量的清洁空气，在一个给定的数量水平上新的消费者可以无成本加入且增加自身收益。所以总需求曲线 $D_总$ 是个人需求曲线的纵向加总；

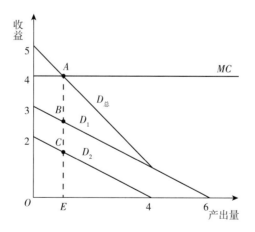

图 2.4　公共物品的总体需求

[①] 可以简单理解为若增加一单位商品的收益大于成本，必然会增加这一单位商品的交易，若成本大于收益，必然减少这一单位商品的交易，故而市场均衡必定是在边际成本与边际收益相等的点，而这一点正好是社会利益最大化的点。

当 $0 \leqslant P_{总} \leqslant 1$ 时，$Q_{总} = 6 - 2P_{总}$；当 $1 < P_{总} \leqslant 5$ 时，$Q_{总} = 5 - P_{总}$。总的边际收益曲线与边际成本曲线的交点 A 即为最优均衡点，此时产出量 OE 为 1，消费者 1 的边际收益 BE 为 2.5，消费者 2 的边际收益 CE 为 1.5，总边际收益 AE 为 4。二者的边际支付意愿（BE 和 CE）不同，有效的价格体系将对每一个消费者收取不同的价格。消费者 1 支付 BE，消费者 2 支付 CE（$CE = AB = 1.5$）。

在上述例子中，我们可以求解出最优均衡状态。但现实中市场能自觉达到这一状态吗？答案是否定的。差异化的价格是难以实现的，我们很难获得关于公共物品支付意愿的真实信息。从集体行动逻辑分析，试想在可以"搭便车"（获取价值而不用有效支付）的情况下，消费者定然不会展示其最大偏好，他必然弱化自身偏好进而将成本转嫁给其他消费者。奥尔森（Olson）在《集体行动的逻辑》一书中系统地论述了集体行动逻辑的理论内涵：除非一个集团中的人数很少，或者除非存在强制或其他特殊手段以使个人按照他们的共同利益行事，有理性的、寻求自我利益的个人不会采取行动以实现他们共同的或集团的利益。他认为个人理性不是实现集体理性的充分条件，因为理性的个人在实现集体目标时往往具有"搭便车"的倾向。由于公共物品具有不可分性和非排他性，消费者可以获得他人购买的物品的价值，这将降低人们对公共物品作贡献的动力，使得公共物品缺乏供给或供给低于有效数量。这一现象也可通过博弈论加以诠释，详见本章第三节。

公共物品由谁来供给的问题曾引发经济学家的争论，最典型的案例为灯塔的建造。萨缪尔森等经济学家认为，灯塔是典型的公共物品，由于非竞争性和非排他性，要想达到有效供给量，往往需要公共部门介入，应采取政府部门免费供给的方式。但科斯（R. Coase）在《经济学中的灯塔》一文中指出，19 世纪英国海岸上的一些灯塔就是由私人拥有并经营的，并阐述了灯塔可以由私人提供，向我们证明了私人部门介入公共物品供给的可能性。关于科斯理论的内容将在第四节进行探讨。在考虑公共物品供给问题时，应意识到公共物品性质是可以转换的，一些物品可以在私人物品和公共物品之间变换，且供给主体是可以选择的，政府部门、私人部门、非营利组织各有优缺点。同时，供给主体可以是多样的，如政府和私人部门合作供给（PPP 模式），而且供给主体是可以转化的。

二、碳排放中的公共物品

全球碳排放的环境容量具有典型的公共物品性质。它具有明显的非排他性，不归任何个体或地区所有，任何个体和地区都可以使用这种容量空间，无法排除任何人或地区使用这个空间。在工业革命以前，煤炭等化石燃料没有大规模应用，人类活动排放的二氧化碳并不会对这种容量空间造成影响，此时这种容量空间的消费具有非竞争性，它属于纯公共物品。而随着工业化进程的推进，温室气体大量排放，引起全球气候变化，碳排放的环境容量已经无法满足人类的需求。2015 年达成的《巴黎协定》确定了将全球平均气温较工业化前水平的升高控制在 2 摄氏度以内并努力控制在 1.5 摄氏度以内的目标。而根据 IPCC 第六次评估报告，人类活动的影响使大气、海洋、冰冻圈和生物圈发生了广泛而迅速的变化，除非在未来几十年内大幅减少二氧化碳和其他温室气体排放，否则将无法实现 1.5 摄氏度和 2 摄氏度的目标。在这种亟须约束温室气体排放总量的情况下，一国占有更多的该容量将减少其他国家的可排放量，从这一意义上来看，全球碳排放的环境容量成为一种稀缺的公共资源。

目前，人类活动致使气候以前所未有的速度变暖，碳排放的环境容量资源的稀缺性凸显。从公共物品性质的角度来看，碳排放的环境容量具有非排他性，其消费并不排斥不承担成本者的消费，即使个人不为公共物品的生产和供应承担任何成本也能使自己获益。根据奥尔森的集体行动的逻辑，这一特点决定各国在其消费和供给上存在"搭便车"的动机。从气候治理（本质上是改变碳排放环境容量的利用方式）的角度看，如果某个国家不参与气候治理，碳排放的环境容量也会被参与全球气候治理的国家所提供。对非参与国来说，既可以免去参与全球气候治理需要支付的各项成本，又可以共享全球气候治理带来的有益成果，这样必然会出现"搭便车"行为。除非存在强有力的手段使所有国家将气候变化的影响纳入经济社会发展的考虑，否则追求经济增长的国家不会全力推动全球气候治理进程以实现人类共同的长期利益。碳排放迅速上升，而容量供给相对有限，所以类似其他"免费的资源"，碳排放的环境容量从富足走向短缺。对于这一现象可以通过博弈论做更加细致的解释，详见本章第三节。

从另一个角度看，大量温室气体的排放导致全球气候的显著变化，进一步导致海洋变暖和酸化、冻土融化、极端灾害增多、生物多样性锐减、脆弱人群健康受影响等，不同地区出现多种不同的系统性、组合性变化，对人类生存和持续发展带来强烈的威胁。显然，碳排放带来的问题和威胁具有非排他性和非竞争性，无法被任何国家和地区避免，是一种具有公共性的、使人们受害的产品。所以碳排放可以视为一种公共劣品或公共不良物品。与公共物品缺乏供给的问题对应，公共劣品会带来无人负责、过度供给的问题。

我们在上一部分讲过公共物品的供给或公共资源的使用单纯依靠市场无法解决的问题。那么碳排放的环境容量应该如何分配或者由谁分配呢？解决这一问题的前提是要对它作为公共物品的边界作合理的界定。广泛认为，它是一种全球公共物品。这一点非常重要，是建立全球碳交易市场的重要基础。下一部分将对这一特性做更加细致的描述。

三、全球公共物品的特殊性

除具有公共物品的性质之外,碳排放的环境容量作为全球公共物品有其特殊性。它的全球性体现在空间尺度大,碳排放和扩散是全球性的,同时它造成的影响也是全球共同面临的。目前来看,绝大多数国家和地区的生存和经济发展与碳排放仍未"脱钩"。根据国际能源署的统计,一些仍旧深度依赖化石能源的发展中国家,随着工业化进程加快,碳排放仍在快速增长。从全球层面来看,碳排放脱钩仍面临重重困难,深度脱钩更是需要长期的努力,实现零碳是一个漫长的探索和实践过程。因此,温室气体全球排放、全球扩散的现状决定了其全球性这一基本特性。此外,碳排放带来的影响也是全球性的,且非排他性显著。海平面上升、生物多样性减少、极端天气增多都是不得不共同面对的全球性问题。

由于地理位置和经济发展条件的影响,某些国家排放的二氧化碳非常少,甚至可以忽略不计,但其也可能受到气候变化非常大的影响,如一些发展落后的小岛国(见专栏2.1)。由于地区差异化这一特点,公共物品性质带来的问题更加凸显。同时,二氧化碳等温室气体排放时间跨度长,存在历史遗留问题。这意味着碳排放的环境容量自我更新能力较弱,凸显了它的稀缺性。这一特性也引发了全球范围内的公平性问题。发达国家在快速工业化发展过程中,造成极为庞大的碳排放,加速了碳排放的环境容量的稀缺,导致发展中国家发展受到限制。这也是我国在碳减排中强调"共同但有区别的责任"的主要原因之一。

第三节 囚徒困境

一、博弈论基础及囚徒困境

(一)博弈论

博弈论又叫对策论(Game Theory)或者游戏论,是研究在策略性环境中如何进行策略性决策和采取策略性行动的科学,也是运筹学的一个重要学科。博弈是一种互动的决策,每一个行为主体的利益不仅取决于该行为主体自己的行动选择,也会受其他行为主体行动选择的影响,因此,行为主体在进行行动选择时会考虑其他利益相关者对自己的行动可能产生的反应和行动,进而选择对自己最有利的行动。博弈论被广泛应用于政治、军事、外交和经济等领域,其已经成为经济学的标准分析工具之一。

任何一个博弈都包含三个基本要素:参与人、参与人的策略及参与人的支付。

(1)参与人(或者称局中人),指的是在博弈中进行决策的主体,可以是个人、企业、组织、国家等。在任何一场博弈中，都至少要有两个参与人参与决策，每一个参与人都通过选择最优的决策来使自己的目标函数最优化（如收益最大化）。

（2）参与人的策略，指的是一种规则，根据这个规则，参与人在博弈的每一个时点上作出自己的决策并作出行动。在任何一场博弈中，参与人都至少面临两种可供其选择的策略，因为如果参与人只有一种策略可选，那就没有选择的必要了。

（3）参与人的支付，指的是在所有参与人都作出自己的决策并完成博弈后，参与人得到的结果（如收益）。在一场博弈中，当所有参与人都作出自己的决策后，就可以得到一个策略组合；在任何一个策略组合中，每一个参与人都会得到一个支付；所有参与人的支付合在一起就构成了这个策略组合的支付组合。

博弈有多种分类方式。例如，根据参与人的数量，博弈可分为二人博弈和多人博弈；根据参与人决策的次数，博弈可分为有限博弈和无限博弈；根据参与人的支付情况，博弈可分为零和博弈和非零和博弈。

相比于完全竞争市场和垄断市场，博弈论更适合分析寡头市场中各厂商的行为。因为无论是在完全竞争市场还是在垄断市场上，单个厂商的行为在市场中都显得非常渺小，其决策无法对市场产生影响，以至于其与其他厂商在策略上的相互关系并不重要，没有必要使用博弈论进行决策分析。

如果经过博弈，相互作用的经济主体在假定所有其他主体所选策略为既定的情况下选择自己最优策略的状态，这个博弈就达到了纳什均衡（Nash Equilibrium），此时，任何一个参与人单独改变策略都不会得到好处。在完全信息静态博弈中，纳什均衡可能存在，也可能不存在；如果纳什均衡存在，其可能是唯一的，也可能是不唯一的；如果纳什均衡存在，其可能是稳定的，也可能是不稳定的；如果纳什均衡存在，其可能是最优的，也可能不是最优的。

（二）囚徒困境

关于纳什均衡可能是最优的，也可能不是最优的一个著名例子，就是在博弈论发展史上曾经起过重要作用的"囚徒困境"。

囚徒困境（Prisoners' Dilemma）是两个被捕的囚徒之间的一种特殊的博弈。

假设 A 与 B 两个人被指控为同一个犯罪案件的罪犯，警察将二者抓捕后分别关在了两个无法互通信息的牢房，并分别进行审问，要求其坦白罪行。如果 A 与 B 都坦白，则其二者将都被判入狱 5 年；如果 A 坦白而 B 隐瞒，则 A 将被判入狱 1 年，而 B 将被判入狱 10 年；如果 B 坦白而 A 隐瞒，则 B 将被判入狱 1 年，而 A 将被判入狱 10 年；如果 A 与 B 都选择了隐瞒，则其二者将都被判入狱 2 年。那么 A 与 B 将如何选择呢？表 2.2 为此次博弈的支付矩阵。

表 2.2 囚徒困境的支付矩阵

A/B	坦白	隐瞒
坦白	-5, -5	-1, -10
隐瞒	-10, -1	-2, -2

两个囚徒都面临两种选择，坦白或者隐瞒。对 A 来说，如果 B 选择坦白，那么他选择坦白是最有利的；如果 B 选择隐瞒，那么他选择坦白依然是最有利的。因此，不管 B 选择什么，"坦白"对 A 来说都是最优的选择。同样地，对 B 来说，不管 A 选择什么，"坦白"都是最优选择。因此，A 与 B 最终都会选择坦白，并双双被判入狱 5 年。但根据该博弈的支付矩阵，如果从二人的支付总和来看，两人均选择"隐瞒"的结果是最优的，两人均只被判入狱 2 年。但两人均坦白是该博弈的纳什均衡状态，与两人合作选择隐瞒的最优结果存在冲突，这也是"个体理性"与"集体理性"的矛盾。囚徒困境说明了即使合作对双方都有利，保持合作也是困难的。

在当前时代，全球化在带来发展机遇的同时，也带来了严峻的挑战，比如碳减排就是一个国际社会需要共同面对的全球性问题。全球碳减排也是一场博弈，在碳减排这个问题上也存在"个体理性"与"集体理性"的矛盾，碳减排的国际合作会出现"囚徒困境"。

二、全球碳减排中的囚徒困境

（一）多人博弈与多次博弈

在一场博弈中，每一个具有决策权的个人或组织都成为一个参与人，只有两个参与人的博弈称为"二人博弈"，而多于两个参与人的博弈称为"多人博弈"。

"人质困境"是一个经典的多人博弈的囚徒困境，它描述的是这样一种情景：在一群人面临威胁或者损失时，很难有人作出"第一个采取行动"的决定，因为这意味着他将付出惨重的代价。

假设在一个公共场合，抢劫犯来到这里抢劫时，手持凶器，威胁群众：如果谁反抗就攻击谁。对每一个单个人来说，如果不反抗只会丢失部分财务，而如果反抗就会面临抢劫犯的攻击这个更惨重的代价，因此不反抗是单个人的最优决策；对抢劫犯来说，群众如果不反抗是对他最有利的决策。结果，在不考虑个别人可能存在强烈的责任感和正义感的情况下，大多数人会选择"明哲保身"，因为"枪打出头鸟"。但实际上，如果所有人联合起来是可以击退抢劫犯的，这就产生了多人的"囚徒困境"。

根据博弈的次数，博弈可以分为单次博弈和多次博弈。在单次博弈中，参与人都是投机主义者，只注重当下的利益，而在多次博弈中，参与人不能只考虑当下的利益，他在每一次博弈中的决策都可能影响其他参与人的下一次决策，在这种情况下，参与人会更注重长远的利益。

（二）碳减排国际合作中的囚徒困境

气候变暖是一个全球性的问题，任何一个国家都无法置身事外，而碳减排则是一场国与国之间的博弈，极易陷入"囚徒困境"的局面，即使合作对每一个参与国来说是有利的，合作也是很难维持的。

以一个 A 国和 B 国关于碳减排问题的模型为例。假设 A 国和 B 国都面临两种选择：承诺减排与不承诺减排，在决策之前，两国都无法确认对方是否会承诺减排，两国此次博弈的支付矩阵如表 2.3 所示。

表 2.3　　　　　　　　　　碳减排国际合作的支付矩阵

A/B	承诺减排	不承诺减排
承诺减排	5，5	-5，10
不承诺减排	10，-5	-2，-2

对 A 国来说，不管 B 国是否承诺减排，自己选择不承诺减排都是最有利的，因此，"不承诺减排"对 A 国来说是最优决策，反过来看，对 B 国来说也是这样。最终，双方都会选择不承诺减排，但从两国的支付总和来看，双方都承诺减排才是最优决策，两国都能从中获利，即使合作对两国来说都是有利的，合作也难以维持，这就是碳减排国际合作中的囚徒困境。对每一个个体来说，个人理性支配他选择尽可能多地排放二氧化碳，最终结果是全球碳排放过高导致气候变暖，引发全球性的危机。个人的理性决策造成了集体的非理性决策。

现实中，关于碳减排的博弈，不是二人博弈，而是多人博弈，是世界上众多国家之间的博弈，每一个参与国都无法确认其他参与国是否会承诺减排，也无法确认其他国家是否会如实采取减排行动，很难有一个参与者愿意作出"第一个采取行动"的决定。

为了免受气候变暖的威胁，1997 年 12 月，《京都议定书》在日本京都获得通过，并于 2005 年 2 月 16 日开始生效。但美国在该条约上签字后又于 2001 年宣布退出，加拿大也于 2011 年宣布退出。2007 年，《联合国气候变化框架公约》第十三次缔约方大会在印度尼西亚巴厘岛举行并通过了"巴厘岛路线图"。2009 年 12 月 19日，全球近 200 个国家参加了《联合国气候变化框架公约》第十五次缔约方大会（哥本哈根气候大会），经过激烈的讨论，会议最终通过了《哥本哈根协议》，就发达国家实行强制减排和发展中国家采取自主减缓行动作出了安排，并就全球长期目标、资金和技术支持、透明度等焦点问题达成广泛共识。

2015 年 12 月 12 日，《联合国气候变化框架公约》第二十一次缔约方大会（巴黎气候大会）召开，标志着 2013 年《联合国气候变化框架公约》第十九次缔约方大会（华沙气候大会）提出的"预期的国家自主贡献"（Intended Nationally Determined Contributions，INDC）正式成为国际应对气候变化的行动机制。INDC 是由《联合国气候变化框架公约》缔约方在各自国情和减排意愿的基础上提出的应对全球气候变化的减排行动目标，具有自主性，而在提交各自的目标后，就转变为"国家自主贡献"（Nationally Determined Contributions，NDC），各缔约方负有完成其提出的减排行动计划的法律义务。会上通过了《巴黎协定》，对 2020 年后全球应对气候变化的行动作出了统一安排，其长期目标是将全球平均气温较前工业化时期上升幅度控制在 2 摄氏度以内，并努力将温度上升幅度限制在 1.5 摄氏度以内。《巴黎协定》是继《联合国气候变化框架公约》和《京都议定书》之后，应对气候变化领域第三个具有法律效力的文件。根据协定，各方将以"自主贡献"的方式参与全球应对气候变化行动。发达国家将继续带头减排，并加强对发展中国家的资金、技术和能力建设支持，帮助后者减缓和适应气候变化。

从 2023 年开始，每 5 年将对全球行动总体进展进行一次盘点，以帮助各国提高力度、加强国际合作，实现全球应对气候变化长期目标。从博弈的角度来看，《巴黎协定》将世界所有国家都纳入了保护地球生态确保人类发展的命运共同体中，摒弃了"零和博弈"的狭隘思维，体现出与会各方多贡献一点、多一点担当，以及实现互惠共赢的强烈愿望。

碳排放具有全球性负外部性，减少碳排放，缓解气候变暖需要全球共同努力，但减碳将触及各国的实质利益，国家利益与全球利益产生了冲突。直到目前，国际上也未就温室气体减排达成全面且有法律约束力的协议，碳减排的国际合作陷入了"囚徒困境"，矛盾点包括合作的原则（各国对于"公平"的理解不同）、减排方案的设定以及减排资金等。若陷入这样的"囚徒困境"无法自拔，最终受到伤害的将是全球每一个国家、每一个人。

（三）囚徒困境如何缓解

缓解囚徒困境的方法如下：

1. 有限次博弈变为无限次博弈

在多次博弈中，只要博弈的次数是有限的，最后一次合作的时间确定，双方都会选择在最后一次博弈时选择不合作，只要有这种想法，从最后一次博弈向前推，一直到第一次博弈双方都会选择不合作，永远无法走出"囚徒困境"。只有在博弈的次数无限，无法确定最后一次合作的时间时，双方才会由于害怕对方的报复而选择合作（前提是合作会比不合作获益更多），合作才能一直进行下去。

减少碳排放、缓解气候变暖是一个长久的事业，至少目前没有人知道什么时候才能不再担心气候问题。因此，碳减排国际合作是一个无限次的博弈过程，但关键在于参与人无法确定合作是否会比不合作获益更多，也无法确认对方是否会一直合作下去。

2. 信息互通

"囚徒困境"的一个前提设定是，参与人之间信息不能互通，各自信息都不完全，因此，破解的关键在于在参与人之间建立信任，共谋合作。

在碳减排一事上，破解"囚徒困境"局面的关键在于建立一个具有领导能力的碳减排国际机构并达成一个具有法律效力的强制性的协约。《巴黎协定》通过要求"各缔约方应编制、通报并保持它打算实现的下一次国家自主贡献""各缔约方应酌情定期提交和更新一项适应信息通报，其中可包括其优先事项、执行和支持需要、计划和行动"以及"针对国家自主贡献（NDC）机制、资金机制、可持续性机制（市场机制）等的完整、透明的运作和公开透明机制"，来实现各缔约方之间信息互通，并促进其执行自主减排措施。

3. 改变收益值

在前面所述"囚徒困境"的例子中，每一个参与人在面临选择时都会发现，对自己来说的最优决策都是对整体来说非最优的，如果可以改变收益值，使个人理性与集体理性的选择一致，那么结果可能不一样。

比如在碳减排国际合作的囚徒困境中，当 B 国选择承诺减排时，A 国选择减排的收益值更大，当 B 国选择不承诺减排时，A 国选择承诺减排的收益值依然更大，反过来也是如此，那么对两国来说，"承诺减排"将都是各自的最优决策。因此，如果参与碳减排可以使各国的收益比不参与碳减排的收益更大，在利益的驱使下，各国自然会加入。碳交易就是一个可以使其由理论变为现实的方式，如果碳交易可以使所有参与国都获益，那么碳减排的"囚徒困境"就能够迎刃而解。《巴黎协定》中有一条："从缔约方的适应行动和/或经济多样化计划中获得的减缓共同收益，能促进本条下的减缓成果"，就体现了这样的思想。

第四节　科斯理论

1937 年科斯发表了《企业的性质》一文，从探讨企业交易费用的角度提出了"交易费用"的概念，为建立交易费用经济学奠定了基础。1960 年他发表了著名的《论社会成本问题》一文，极大地拓展了交易费用的概念。科斯提出了与此前依靠政府解决外部性完全不同的观点：只要产权界定明晰，不需要政府对市场进行干预，仅仅依靠市场交易就可以有效解决污染的外部性问题。

科斯一生研究产权，但他没有将自己的理论进行系统的整理、总结，有学者将其核心思想进行总结并概括为四点：（1）提出零交易成本的局限性；（2）研究存在交易成本的社会；（3）由于经济组织的理论假设与现实无关，并且所有可行的组织形式都是有缺陷的,他主张通过比较制度分析考察可行的组织形式之间的相互替代;(4) 上述行为决定于对契约、契约过程和组织详细的微观分析研究。

一、科斯定理

科斯定理是一种产权理论,由斯蒂格勒根据科斯在 20 世纪 60 年代发表的论文——《论社会成本问题》的内容概括而成。科斯定理进一步扩大了市场这个"看不见的手"的作用,提供了以市场机制来解决外部性问题、实现资源配置的帕累托最优的新思路。科斯定理作用的发挥,必须建立在明晰产权、降低交易成本以及合理分配初始权利的基础上。

1. 科斯定理是由三组定理构成的一个定理组。

科斯第一定理:如果市场的交易费用为零,则不管初始权利如何安排,当事人之间的谈判都会导致那些财富最大化的安排,即市场机制会自动地驱使人们谈判,使资源配置实现帕累托最优。科斯第一定理包含两个重要的假设前提:第一,交易成本为零,即人与人之间建立起交易关系、讨价还价、签立契约并监督执行不需要消耗任何资源,也不会产生任何费用;第二,产权初始界定明晰,即权利的初始配置是明确的,无论是私人物品还是公共物品,其权利归属都是明确的,不会产生任何外部性。

以一个污染者和受污染者为例(假设不存在交易成本):

污染者通过排放污染物获得效益,而受污染者的效益受损,图 2.5 描述了双方在减排时的边际成本和边际收益,两线相交的点为社会效益最大化的点,对应的 q^* 是排放的最优数量,相应的 p^* 是排放的最优价格,将污染物排放量设置在这一点处,是最有效率的做法。

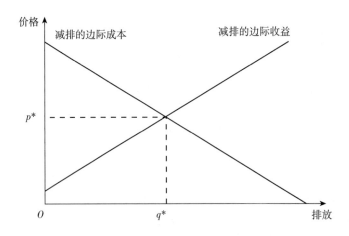

图 2.5 减排的边际成本与边际收益、最优数量和最优价格

除了以上方案,还有一种方案是监管机构明确污染者和受污染者的产权分配情况,此时产权有两种分配方式。

一是让受污染者拥有享受干净的环境即零污染的权利，污染者需要因自己的排污行为对受污染者提供补偿。在这种情况下，受污染者的补偿意愿随着单位排放的增加而逐渐减小，而污染者需要提供的补偿随着单位排放的增加而逐渐增大，直到两者相等时，即排放量为 q^*、价格为 p^* 时，双方达成交易，此时污染的边际成本和边际收益相等，达到最有效率的水平，如图 2.6 所示。

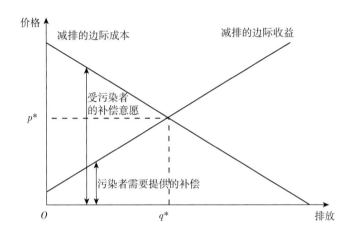

图 2.6　如果存在零污染权利，减排的边际成本和边际收益

另一种是让污染者拥有排放污染物的权利，受污染者如果不想让污染者排污，就需要对污染者不排放污染形成的损失进行补偿。在这种情况下，受污染者的补偿意愿随着单位排放的减小（即减排量的增加）而逐渐减小，而污染者的补偿意愿随着单位排放的减小（即减排量的增加）而逐渐增大，直到两者相等时，即排放量为 q^*、价格为 p^* 时，双方达成交易，此时减排的边际成本和边际收益相等，达到最有效率的水平，如图 2.7 所示。

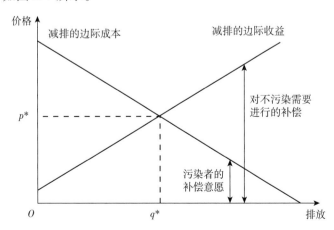

图 2.7　如果有不受限制的污染权，减排的边际成本和边际收益

上面这种情况只在交易成本为零且产权足够明晰时才成立，但在现实世界中，无论是交易成本为零，还是产权明晰都是很难实现的，交易成本只可能趋近于零，产权也只能相对明晰。在交易成本大于零的真实世界里，如何界定产权，以实现最有效率的资源配置，才是科斯定理的核心部分，也就是科斯第一定理的反定理，即科斯第二定理。

2. 科斯第二定理：在交易费用大于零的世界里，不同的权利界定，会带来不同效率的资源配置。也就是说，由于交易是有成本的，在不同的产权制度下，交易成本可能是不同的，从而会对资源配置的效率产生不同的影响。因此，为了优化资源配置，初始的产权制度的选择是非常重要的。科斯第二定理中的交易费用就是指不同产权制度下的交易成本，它是衡量产权制度效率高低的唯一标准，也是决定如何选择产权制度的唯一指标。那么，如何根据交易费用选择产权制度呢？科斯第三定理为我们提供了这种产权制度的选择方法。

3. 科斯第三定理：由于本身的生产不是无代价的，因此，生产什么制度以及怎样生产制度，不同的选择会导致不同的经济效率。科斯第三定理是对科斯第二定理的补充，科斯第三定理所要解决的就是科斯第二定理的问题。产权制度的设定是人们进行交易的前提，如果没有产权的界定、保护、监督等规则，产权的交易将难以进行。人们在不同的产权制度下进行交易，会产生不同的交易成本，产权如何界定，取决于在一定现实约束条件下各种产权界定方案所产生的交易费用高低的比较。此外，产权制度本身的生产也需要消耗资源，也会产生成本，因此，要从成本收益的角度选择合适的产权制度。

二、科斯理论中的要点

科斯理论的主要内容包括交易费用理论、产权理论、契约理论和企业理论等。

新古典经济学以完全竞争的自由市场为背景，认为价格机制可以自动保证各种资源配置达到帕累托最优状态，即交易不会产生任何费用。但科斯认为价格机制的运行并非没有成本，市场交易是存在成本的，即交易成本。

在理想情况下，交易成本为零，正如科斯第一定理所说，不管初始产权如何分配，在市场这个"看不见的手"的作用下，最终都会实现资源的最优配置。但现实中往往存在交易成本，即科斯第二定理所呈现的情况，初始产权的分配会影响交易的结果，不同的产权制度会产生不同的资源配置效率。科斯定理阐明了产权、制度对资源配置的重要意义，证明了市场机制在解决外部性问题中的可行性和优越性，同时也指出了要实现产权的有效交易必须具备的条件。

首先，产权要明晰。产权清晰界定是价格体系有效运转所依赖的制度条件，也是市场交易能够实现的基本前提和基础。产权（Property Rights）即财产权利，是经济所有制关系的法律表现形式。它包括合法财产的所有权、占有权、支配权、使用权、收益权和处置权。对于产权的具体定义，不同的学者有不同的观点，其中以产权经济学大师阿尔钦的定义最为经典，并被写在《新帕尔格雷夫经济学大辞典》中。阿尔钦认为："产权是一个社会所强制实施的选择一种经济物品的使用的权利。"在资源稀缺的条件下，产权是人们使用稀缺资源需要遵循的规则，它依靠社会法律、习俗和道德来维护，具有强制性和排他性。

其次，初始权利分配要适当。当存在交易成本时，不同的初始产权分配会产生不同的资源配置效率，科斯第三定理告诉我们要从成本收益的角度去选择合适的产权制度。根据波斯纳定理，在存在高昂交易成本的前提下，应把权利赋予那些最珍惜它们并能创造出最大收益的人；而把责任归咎于那些只需付出最小成本就能避免的人。

最后，交易成本要足够小。交易成本（Transaction Cost）是各方在达成协议及遵守协议过程中所发生的成本。菲吕博顿（Furubotn）将交易成本分为三类：市场交易成本、管理性交易成本和政治性交易成本。他说："交易成本的典型例子是利用市场的费用（市场交易成本）和在企业内部行使命令这种权利的费用（管理性交易成本）……一组与某一政治实体的制度结构的运作和调整相关的费用（政治性交易成本）。"要使有利可图的交易能够进行，必须使交易带来的利益大于交易成本，所以，减少相关产权交易的成本是保证市场机制能够最大限度地发挥作用的必要条件。科斯的企业理论是科斯理论的重要内容之一，它主要解释了在市场里存在企业的原因：市场的价格机制并不免费，为了节约市场交易费用，企业出现在市场经济中，但为了节约更多的交易费用，企业需要支付更多的组织成本。

三、科斯定理的应用

碳交易遵循的是科斯的一般商品交易理论，科斯的交易成本理论也是碳交易市场形成的理论基石。根据科斯定理，碳排放权交易市场要顺利运行，必须解决以下三个问题。

（一）明确产权

1968 年，戴尔斯（Dales）在科斯产权理论的基础上提出了污染权交易的概念，由政府确定某一区域的最大允许污染物排放量并将其分割为若干规定的排放量，即排污权，选择不同的权利分配方式，并建立排污权交易市场，从而实现更有效率减少排污量和环境保护的目的。排污权交易最早起源于美国，分别在大气污染和水污染治理领域中实施，实践证明其具有极大的可行性。1990 年，美国国会通过《清洁空气法》修正案并实施"酸雨计划"，以二氧化硫为交易对象，在电力行业实施，有可靠的法律依据和详细的实施方案，是一项非常成功的排污权交易实践。碳排放权交易制度就是在此基础上提出的一种将碳排放的权利作为一种商品进行交易的制度。碳排放权也是一种产权，它的明确界定是碳排放权交易制度有效运行的前提条件。中国在推行全国碳排放权交易时，在确定覆盖范围之后，就需要设定适当的碳排放总量和配额总量，这一步是碳交易顺利进行的基础。

（二）确定碳排放量的初次分配方案

在实践中，碳排放权初始分配不仅涉及效率问题，它还涉及公平问题。允许经济较为发达的地区排放一定量的碳和允许经济发展水平较为落后的地区排放一定量的碳，其相应的成本和收益是不同的。一般而言，同时产生一定量的碳，前者产生的收益会大于后者，所以，碳排放权就应当给前者吗？落后地区就不能发展经济了吗？目前，针对全球温室气体减排工作的分配方案，使用的是《巴黎协定》中制定的各缔约方"自主贡献"的方式，体现了公平、"共同但有区别的责任"、各自能力原则。无论是当前中国正在建立的中国碳交易体系还是未来可能会建立的包含不同国家在内的统一的碳交易体系，都必须慎重对待碳排放量初次分配方案的设定。

（三）减少碳排放权交易成本

碳排放权交易市场顺利运行的前提是，必须探索出能够有效减少碳排放权交易成本的方法。科斯定理告诉我们，不同的交易成本会产生不同的资源配置效率。因此，在实践中应当尽量减少各方进行碳排放权交易的难度，降低交易成本，提高经济效率。

《京都议定书》分别规定了附件一国家和附件二国家的减排义务，也提出了三个灵活的减排机制，即联合履约机制（Joint Implementation，JI）、清洁发展机制（Clean Development Mechanism，CDM）和国际排放贸易机制（International Emissions Trade，IET）。在此之后，碳交易机制迅速发展，2002 年英国最早建立了全球第一个全国范围的碳交易市场（UK-ETS），2005 年欧盟也建立了碳排放权交易体系（EU-ETS），在之后的十几年里，新西兰、德国、哈萨克斯坦、韩国等国家也相继启动了碳市场交易。

◤ 专栏 2.3
中国碳排放权交易体系的建立　∎∎

在全球应对气候变化的大背景下，中国的碳排放权交易体系也在快速建立。2011 年 10 月，国家发展改革委办公厅发布《关于开展碳排放权交易试点工作的通知》，决定在北京、天津、上海、重庆、湖北、广东和深圳七省市开展碳交易试点工作。2016 年增加了福建省作为全国碳交易试点地区。各个试点地区的碳交易以碳配额现货和碳减排量现货等现货交易为主，也有一些试点还进行了碳衍生品交易和碳相关融资工具方面的创新，但这些产品的金额不大。2014 年 12 月，国家发展改革委又发布了《碳排放权交易管理暂行办法》，明确了全国统一碳排放权交易市场的基本框架，意味着全国碳市场建设工作正式启动。2017 年 12 月，随着《全国碳排放权交易市场建设方案（发电行业）》的发布，我国发电行业的全国碳交易市场建设正式启动。2021 年 7 月 16 日，全国碳排放权交易正式开市。目前，在中国碳排放权交易体系建设的初期仅覆盖发电行业，未来，随着碳交易市场的发展，覆盖范围必将扩展到发电、石化、化工、建材、钢铁、有色金属、造纸和国内民用航空八个行业。在短期，碳排放权交易体系通过给碳排放设定价格来增加企业的生产成本，从而刺激企业采用更清洁的技术；在长期，该体系将影响未来资金的投资方向，引导资金流向更清洁、低碳、高效的行业企业，最终助力中国实现碳中和的发展目标。

四、减缓碳排放的制度设计

（一）制度设计目标

回顾上面讲过的市场失灵的原因，我们应该对公共物品和外部性造成市场配置资源的扭曲有了一定的了解。碳排放的环境容量也是资源，且在目前看来是一种日益稀缺的资源，对它利用不足或利用过度都是资源配置的低效率或无效率。首先，我们来分析一下何为有效率的碳排放水平。决定环境容量有效利用，或者说碳排放有效水平的两项关键因素是边际治理成本（MAC）和边际损害成本（MEC）。如图 2.8 所示，边际治理成本随排放水平的提高而减少，边际损害成本随排放水平的提高而增加。不难理解，理想的排放水平是在边际治理成本曲线和边际损害成本曲线相交的 E 点，此时二者相等，社会总成本最小。这个有效率的排放水平是制度设计所要实现的目标。

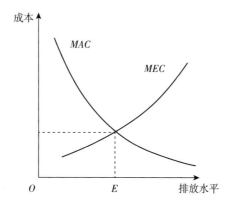

图 2.8 有效率的排放水平

由于外部性和公共物品性质，往往存在市场缺失或市场失灵（从前面的分析中我们可以发现，现实中的碳排放会远远超过这一有效率的水平），故而需要一定的制度设计来实现有效率的碳排放水平。

（二）制度设计分类

减缓碳排放的制度设计可以分为行政手段、信息手段、经济手段三类，这三类手段各具优势和劣势，适用于不同的情景，往往需要相互结合、灵活使用。

行政手段又称为命令—控制性手段，包括各种标准、必须执行的命令和不可交易的配额。其特点是目标明确、具有强制性，但往往需要高额的执行成本。在我国应对气候变化的进程中，行政手段一直发挥着重要推动作用，对盲目粗放式发展进行自上而下的强有力约束。2007年国务院印发的《中国应对气候变化国家方案》中明确指出能源强度下降目标。2009年，我国在哥本哈根气候大会上提出到2020年将碳强度削减40%~45%的目标，并开始探索实施碳排放强度目标责任制。2013年发布的《国家适应气候变化战略》及2014年发布的《国家应对气候变化规划（2014—2020年）》中明确了相应的能源强度和二氧化碳排放强度下降目标，至2021年正式发布的"十四五"规划中碳强度下降依然是重要的约束性目标。同时，我国于2014年发布的《单位国内生产总值二氧化碳排放降低目标责任考核评估办法》首次正式将碳排放强度降低目标纳入各地区经济社会发展综合评价体系和干部政绩考核体系，奠定了经济结构低碳转型的基础。实践证明，碳强度目标确立、分解与考核是强有力的碳减排行政手段，促使我国碳排放增长减速，呈现经济发展与碳排放"脱钩"趋势。在碳强度控制之外，我国也逐渐探索并引入碳总量控制目标，强化碳减排指标约束，实现强度和总量"双控"。我国在《中美气候变化联合声明》（2014年）中提出的"计划2030年左右二氧化碳排放达到峰值且将努力早日达峰"，是设立总量峰值目标的开端。到2020年9月，我国明确2030年前碳达峰的目标并首提碳中和，碳达峰碳中和目标的提出意味着总量减排成为工作重点。未来，"碳双控"作为强有力的行政手段，将继续在我国应对气候变化上发挥举足轻重的作用。

信息手段又称为劝说鼓励型手段，是通过教育、宣传、信息公开、公众参与等方式对人们的意识和行为产生影响的手段，具有预防性、强制性弱、长期效果好的特点。这类手段在减缓气候变化中极为普遍，发挥着不可替代的作用。例如IPCC发布系列报告，包括影响、风险、技术等各种信息，让政府、企业、公众感知全球气候变化以及减缓温室气体排放的急迫性，并主动作出改变。在我国，这类手段也极为普遍。自2007年国务院发布《中国应对气候变化国家方案》以来，加大气候变化教育与宣传力度一直是我国应对气候变化的重点任务之一，包括绿色低碳发展等宣传教育活动极为普遍，深入各学校、企业、社区。在各项考核、审计工作中，碳排放相关信息的公开透明也可以纳入其中。

下面我们主要讨论以市场为基础的经济手段。经济手段以前面讲解的庇古理论和科斯理论为依据，旨在确立或完善市场。简单总结，根据庇古理论，"谁污染，谁治理"，通过弥补个人边际成本与社会边际成本之间的差异实现外部性的内部化，从而可以有效纠正市场失灵；根据科斯理论，明确产权同时允许产权交易，创立一个完善的交易市场，通过市场配置能够实现社会成本的最小化。

这些经济手段可以归纳为创立市场和纠正市场两类。创立市场是一种以科斯理论为依据、主要依靠市场机制的手段，又称为科斯手段。这种手段需要明晰产权并搭建一个完善的信息和交易平台，由市场发挥作用，特点是交易成本高。创立市场的手段包括排放权交易、补偿制度等。纠正市场是一种以庇古理论为依据、主要依赖政府的手段，又称庇古手段，需要政府实施收费或提供补贴，特点是管理成本高。庇古手段包括补贴制度、税费制度、押金返还制度等。这两类手段各有利弊，具体适用情况需要考虑污染主体的性质、管理成本与交易成本等。下面将详细讲解这两种手段在碳减排中的作用，主要分析碳交易市场和碳税是如何发挥作用的。

（三）碳交易与碳税的原理

碳排放权交易的原理在于只要交易带来的净收益高于交易的费用，交易就会进行，直至边际减排成本相同，此时社会总减排成本最小。以两个企业为例：假设交易成本为零，如图 2.9 所示，企业 1 需完成减排量 O_1X_1，企业 2 需完成减排量 O_2X_1（$O_1X_1 = O_2X_1 = \frac{1}{2}O_1O_2$），边际减排成本随减排量的上升而升高，二者边际减排成本曲线不同，其中 A—E 代表对应区间的面积。若不进行交易，企业 1 的成本为 A，

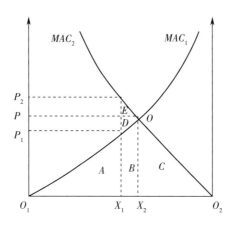

图 2.9　碳排放权交易实现社会总减排成本最小化示意图

企业 2 的成本为 $B + C + D + E$，社会总成本为 $A + B + C + D + E$。若进行交易，双方都有利可图，直至达到边际减排成本相同的点即 O 点，此时交易价格为 P，企业 2 需要支付企业 1 的费用为 $B + D$，则企业 1 的成本为 $A - D$，企业 2 的成本为 $B + C + D$，社会总成本为 $A + B + C$。社会总成本比二者都减排 $O_1 X_1$ 减少了 $D + E$，同时也是社会总成本最小的情况。

碳税的原理在于二氧化碳排放者要为碳排放支付一定的费用，促使碳排放者调节二氧化碳排放量，达到社会最优水平。如图 2.10 所示，横轴表示碳排放量，MNPB 表示企业的边际净收益，MEC 表示边际损害或边际社会成本。若不采取任何行动，企业的决策会使边际净收益为 0，此时排放量在 Q 点。若对碳排放征税，税率为 t，企业的边际净收益曲线会向下移动至 $MNPB'$，此时企业的决策会使排放量为 Q'。我们知道，当边际收益等于边际损害时，社会总成本最小，此时的 t 即为最优税率，Q' 即为最优碳排放量。通过简单的图形，就可以说明碳税能使企业自发地进行碳减排，实现社会福利最大化。

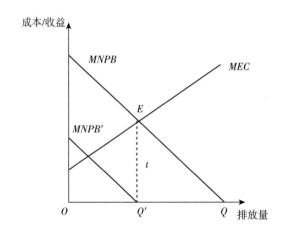

图 2.10　碳税的理论示意图

（四）信息不完全情况下的碳税与碳排放

在现实中，上述讨论的边际成本和边际收益信息可能是不确定的，例如测度气候变化影响存在偏差、其影响的成本和收益没有完全被理解、碳减排的成本信息不对称等。我们往往面临着信息不完全问题。那么，当不确定性存在时，要如何考虑碳交易和碳税工具？下面我们进行图解分析。

如图 2.11 所示，当边际损害成本 MEC 是确定的，估计的边际减排成本为 MAC_e，而真实的边际减排成本为 MAC_r。那么最优税率为 T，最优排放量为 Q。而根据估计，采用碳税方法时设置的税率为 T_e，真实的排放量为 Q_r，则整个社会的福利损失为浅色阴影部分。采用碳交易方法时设置的总量为 Q_e，则整个社会的福利损失为深色阴影部分。当边际损害成本的斜率大于边际治理成本时，边际治理成本不确定条件下碳税手段的损失会大于碳交易下的损失，理论上应优先选择碳交易。反之，碳税手段会更加有效。

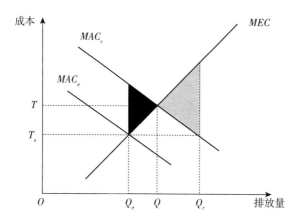

图 2.11 边际治理成本不确定

如图 2.12 所示，当边际治理成本 MAC 是确定的，估计的边际损害成本为 MEC_e，而真实的边际损害成本为 MEC_r。那么最优税率为 T，最优排放量为 Q。而根据估计，采用碳税方法时设置的税率为 T_e，真实的排放量为 Q_e（企业会根据自身的边际减排成本确定排放量），则整个社会的福利损失为深色阴影部分。采用碳交易方法时设置的总量为 Q_e，则整个社会的福利损失也为深色阴影部分。排放损失的不确定性并不影响企业的排放水平的选择，所以碳税和碳交易下会有同样的福利损失。损失成本函数的不确定性对政策选择没有影响。

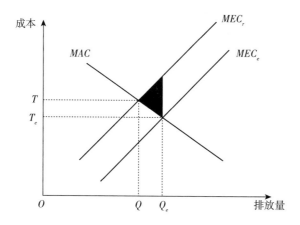

图 2.12 边际损害成本不确定

专栏2.4

碳排放权交易制度与碳税制度的比较 ⅢⅢⅢⅢⅢⅢⅢⅢⅢⅢⅢⅢⅢⅢⅢⅢⅢⅢⅢ

碳排放权交易制度与碳税制度的主要差异如下：

1. 排放总量目标

在碳排放权交易制度下，碳排放总量是提前确定好的。在总量确定后，单位碳排放权的价格会随着市场供需变化而变化。

根据世界气象组织（WMO）发布的《2021年全球气候状况报告》，2020年，温室气体浓度再创新高。其中二氧化碳浓度为413.2ppm，甲烷为1889ppb，氧化亚氮为333.2ppb，分别为工业化前（1750年）水平的149%、262%和123%。2021年这种增长趋势仍在延续。若要避免气温升高给人类带来的巨大气候灾难，21世纪末的温升要控制在2~3摄氏度以内，即大气中的温室气体浓度必须稳定在550ppm二氧化碳当量。

国际可再生能源机构（IRENA）在2021年发布的年度报告中强调，按照《巴黎协定》的2摄氏度温升目标的要求，全球需要在2050年左右达到二氧化碳净零排放。在此背景下，各国都设定了很明确的碳排放总量控制目标。美国、英国、欧盟等现已作出2050年净零排放的承诺。在2021年《关于完整准确全面贯彻新发展理念做好碳达峰碳中和工作的意见》中，中国也明确了后续碳减排的主要目标：到2025年，单位国内生产总值二氧化碳排放比2020年下降18%；2030年，单位国内生产总值二氧化碳排放比2005年下降65%以上；2060年，碳中和目标顺利实现。在此背景下，碳排放权交易制度在控制碳减排总量方面更有优势。

在碳税制度下，政府通过制定碳排放的单位价格实现减排，各个主体根据设定的价格决定生产量。因此，不同的税率会导致不同的碳减排量。在碳税制度下，由于信息不充分，政府难以准确地计算出合适税率，从而难以控制碳减排总量。

2. 减排成本

碳排放权交易制度可以降低不同地区的总减排成本。碳排放权交易在减排带来的收益保持不变的前提下，使碳减排发生在成本最低点，符合经济效率的原则。但碳排放权交易体系的运作成本很高，抵消了一部分好处。而碳税作为一种税收制度可以直接加入各国税收体系中，不需要过多的时间、人力和资金花费。碳税的税率、税基、征收方式和税收流向可以参考其他类似税种确定，不需要太高成本。因此，碳税可以快速开征，减少构建体系的时间。

3. 价格波动性

碳排放权交易制度下的碳减排的成本比碳税制度波动更大。在碳排放权交易制度下，碳排放额作为商品，其价格受政策、初始排放限额分配方案、企业经济状况和技术状况等多种因素影响，由供求关系决定。而碳税的税率一旦制定，短期内不会再变动，有稳定性和固定性的特点，因此碳税导致的碳减排成本也相对稳定。由于碳减排成本包含在成本核算内，其稳定性对企业来说非常重要。在无法获知准确碳减排成本的情况下，在风险高的情况下企业可能会因此放弃签订一些长期业务合同。

4. 减排激励性

碳排放权交易制度能够通过市场机制促进企业主动实施减排，具有更强的激励性。碳排放权交易不仅产生成本，还可以给部分企业创造利益。碳交易的参与者可以通过碳减排的手段，将节省的碳排放配额在市场上出售。有较高低碳技术的企业在这种制度下会比技术水平较低的企业成本更低，因此这种制度可以激励企业提升低碳技术以降低碳排放成本。而碳税则是一种强制性的政府措施，所以碳税推动的减排相对被动，企业的减排积极性也相对较低。不过对政府来说，碳税能够带来可供进行低碳技术研发的资金，通过技术进步来促进减排。

5. 约束监管机制

碳排放权交易顺利运作的前提是具备完善的市场交易制度和监管机制等，然而现在的制度和机制仍然不够健全。碳交易可以实施的条件是碳排放权的明确界定，产权的明确也需要相关制度的完善。同时，由于监督机制的不完善，碳排放量的监测存在困难，难以保证数据的可靠性。而碳税的成本易于识别计算，征税程序完善。因此实施碳税制度便于监管者管理，也便于公众监督，具有更高的透明度。

碳排放权交易制度和碳税制度的优劣势比较见表 2.4。

表 2.4　　　　　　　碳排放权交易制度和碳税制度的优势和劣势

制度	优势	劣势
碳排放权交易制度	碳排放量确定 降低不同地区减排成本 减排激励性强	体系运转成本高 碳价格波动性大 约束监管机制不完善
碳税制度	实施方便快捷 碳价格稳定 为政府提供低碳研发资金 便于监督，透明度高	碳排放量不确定 减排激励性弱

碳排放权交易与碳税各有优势，很难得出孰优孰劣的简单结论。碳税和碳交易作为纠正外部性的工具，都有其价值，两者之间也不是相互排斥的，如果设计得当，两者都可以发挥有效作用。碳税的优势是透明、价格可预期，有利于经济主体的长期规划，但缺点是与减排目标的关系不直接、不稳定，也就是减排量的可预期性差。碳税可以使用现有的征收机制，征收成本较低，但引进新税种有社会接受度的问题。

绿色溢价（Green Premium）最初由比尔·盖茨在《气候经济与人类未来》一书中提出，绿色溢价是指某项经济活动的清洁能源成本与化石能源成本之差，负值意味着化石能源的成本相对较高，经济主体有动力向清洁能源转换，从而降低碳排放。对于高排放、低溢价的电力、钢铁行业而言，它们的碳中和生产技术已经相对成熟，需要采用碳排放权交易机制来实现总量确定的减排；对于低排放、高溢价的建材、交通运输、化工行业而言，它们的排放占比总和仅为 20%，但较高的绿色溢价意味着它们的碳中和技术不够成熟，迫切需要推动技术创新，因此更适合采取碳税的定价机制。

【本章小结】

本章主要介绍了外部性、公共物品、囚徒困境、科斯理论的概念，以及它们在碳排放中的应用与分析。

如果某个经济主体行为的活动使他人受损，却无须承担代价，就是负外部性。与一般的环境负外部性有所不同，碳排放的负外部性具有全球性和长期性。因此，缓解气候变化问题需要全球社会各界的广泛长期参与。公共物品是具有非竞争性和非排他性的物品。全球碳排放的环境容量具有典型的公共物品性质。除具有公共物品的性质之外，碳排放的环境容量作为全球公共物品有其特殊性。它的全球性体现在空间尺度大，碳排放和扩散是全球性的，同时它造成的影响也是全球共同面临的。囚徒困境的例子说明了即使合作对双方都有利，保持合作也是困难的。碳减排就是一场国与国之间的博弈，极易陷入"囚徒困境"的局面，即使合作对每一个参与国来说是有利的，合作也是很难维持的。但是，有几种方法可以缓解囚徒困境：让有限次博弈变为无限次博弈；建立一个具有领导能力的碳减排国际机构并达成一个具有法律效力的强制性的协约；通过碳交易使所有碳减排参与国都获益。科斯定理是一种产权理论，它进一步扩大了市场这个"看不见的手"的作用，提供了以市场机制来解决外部性问题、实现资源配置的帕累托最优的新思路。

减缓碳排放的经济手段可以归纳为创立市场和纠正市场两类。创立市场是一种以科斯理论为依据、主要依靠市场机制的手段，又称科斯手段。碳排放权交易就属于创立市场的手段。纠正市场是一种以庇古理论为依据、主要依赖政府的手段，又称庇古手段。碳税就属于纠正市场的手段。碳税和碳排放权交易作为纠正外部性的工具，都有其价值，两者之间也不是相互排斥的，如果设计得当，两者都可以发挥有效作用。

【思考题】

1. 请解释公共物品性质及其导致市场失灵的原因，并举例说明。
2. 根据奥尔森集体行动的逻辑，分析全球气候治理缺乏动力的原因。
3. 结合相关图形，分析碳税和碳交易能够实现社会福利最大化的原因。
4. 结合博弈论，分析当今碳减排国际合作面临的难点。
5. 根据科斯定理，分析初始权利分配如何影响碳减排最终结果。
6. 当存在交易成本时，分析碳税和碳排放权交易哪个更好，并结合现实情况说明原因。

第三章　碳交易市场技术基础

【学习目标】

1. 了解碳排放量、碳减排的计算原理、重点概念、一般计算方法和工作流程，掌握碳排放量和碳减排量的 MRV 规则。

2. 熟悉碳市场基本要素的设计和重点考虑的问题，包括覆盖范围、总量目标、配额分配、抵消机制、履约监管等。

3. 掌握碳市场价格形成机制、政府对市场的干预、基于现货市场的金融创新等内容。

第一节　碳排放核算的技术基础和制度框架

一、碳排放监测、核算的原理和方法

高质量的温室气体排放数据是碳排放权交易体系顺利运行的基础。为确保报告数据的可靠性和准确性，以及同一水平下的数据可比，应制定相关的温室气体量化标准。1992 年《联合国气候变化框架公约》（UNFCCC）要求缔约方提供、定期更新以及公布国家履约信息通报（National Communications），这可以认为是温室气体的监测、报告与核查（Monitoring，Reporting and Verification，MRV）体系的雏形。1997 年 UNFCCC 第三次缔约方大会达成的《京都议定书》提出，气体源的排放和各种汇的去除及相应举措应当以公开和可核查的方式进行报告，并依据相应条款进行核查。从此以后，排放量或减排效果可监测、可报告和可核查（Measurable，Reportable and Verifiable）成为讨论温室气体定量数据的前提，MRV 则成为碳市场建设运行的基础。

目前，广泛使用的温室气体排放量化方法主要有两种，即连续监测方法和基于核算的方法。连续监测方法是指通过直接测量烟气流速和烟气中二氧化碳浓度来计算温室气体的排放量，主要通过连续排放监测系统（Continuous Emission Monitoring

System, CEMS）实现。基于核算的方法是指通过活动数据乘以排放因子或通过计算生产过程中的碳质量平衡来量化温室气体排放量。

（一）连续监测方法

CEMS 主要包括气体取样和条件控制系统、气体监测和分析系统、数据采集和控制系统等。由于连续监测方法能够实时、自动地监测固定排放源温室气体排放量，无须对多种燃料类型的排放量进行区分和单独核算，具有数据显示更加直观、操作简便的特点。该方法在国际上已有较成熟的应用，但在我国的应用尚处于摸索阶段。

1. 连续监测方法在国际上的应用

根据美国环保署的统计，2015 年美国 73.9% 的火电机组应用连续监测方法进行碳排放监测，美国采用安装 CEMS 设备进行碳排放监测的方式普及度很高。

美国控排企业连续监测系统具有如下特点：美国火电烟囱高度较矮，通常会有运维、监测平台，因此，常会将监测点设在烟囱 80 米高处，测点气态污染物混合均匀，流场稳定，数据代表性较高，误差较小。美国环保署采用 CEMS 数据作为报送数据，其他部分安装的仪器监测的数据可应用于厂内自检。CEMS 运维人员需要履行一套完善的考核制度，对人员的专业性要求较高，因此，CEMS 维护通常由企业自行管理，定期完成相对准确度测试审核以及年度监督试验。此外，美国环保署开发了强大的在线校准电子系统，可实现远程在线校准，从而更好地保证数据质量。在数据报送方面，美国环保署要求采用电子方式传输信息，通过监测数据检查（MDC）软件，允许企业进入、分析、打印和输出电子监测计划。美国环保署使用MDC 开展电子审计并提供自动反馈，MDC 能够每小时自动查找错误、误算和监查企业的监测报告及报告系统，以帮助企业确保排放数据的真实性和完整性，保证数据质量。美国环保署认为连续监测的数据准确度最高，高于基于核算的方法，而CEMS 排放数据成为美国环保署有史以来收集得最完整的数据。而根据早期美国《酸雨计划》规定的二氧化硫总量控制与交易体系的经验，虽然应用 CEMS 增加了7% 的履约成本，但是应用这种方法能够避免管制机制之间的争议和协商增加的交易成本。因此，连续监测方法在美国获得了较高的认可度。

欧盟使用连续监测方法的案例较少，2019 年只有 155 个设施（占总设施数的1.5%）采用连续监测方法，主要集中在德国、法国、捷克等国家，绝大多数设施仍采用基于核算的方法确定温室气体排放量。在欧盟碳排放权交易体系下，连续监测方法与基于核算的方法的监测结果具有等效性。欧盟通过规定各类数据应满足的数据层级要求，确保两种方法下的数据具有可比性。欧盟制定了系统的质量控制标准体系（包括 EN 15259、EN 15267-3、EN 14181 等），用来规范连续监测方法的质量控制，其中 EN 14181（《固定源排放——自动测量系统的质量保证》）是欧洲标准化委员会有史以来制定的最重要、要求最高的标准之一，奠定了欧盟 CEMS 质量保证体系的基础。通过对 CEMS 的设备选用、安装、校准、运行和年度检查进行全过程控制，对监测数据进行持续性把控，确保数据质量始终处于规定的不确定度范围内。

连续监测的方法未被广泛采用的原因是其需要部署相关配套的监测设施，同时烟气中相关温室气体的浓度测量等工作具有较高的专业性，而这些都是小型运营商无法满足的。

2. 连续监测方法在国内的探索

我国每个碳交易试点都有各自的核算和报告指南。尽管在北京、上海、广东、深圳和湖北碳交易市场的指南中提到允许使用连续监测的方法来确定温室气体排放量，且北京试点要求连续监测方法的数据不确定性不能高于采用基于核算的方法的计算结果，类似欧盟碳排放权交易体系第一阶段的规定；上海试点要求根据连续监测方法量化的排放量应通过基于核算的方法进行验证，类似欧盟和美国的规定。然而，这些指南对于如何应用连续监测方法缺乏详细的技术要求，如监测参数、监测要求、质量保证和质量控制措施等。在全国范围内，2013—2015 年我国发布了三批涵盖 24 个主要行业的温室气体排放核算方法与报告指南。然而，24 个行业指南均未提及应用连续监测的方法确定温室气体排放量。

表 3.1　　　　　　　我国各类监测和报告指南中对连续监测方法的不同要求

试点碳市场与 全国碳市场	连续监测 方法的应用	具体监测 要求	报告内容	其他要求
北京	允许	无	无	数据不确定性不能高于采用基于核算的方法的计算结果
上海	允许	无	提出规定	排放量结果应通过基于核算的方法进行验证
广东	允许	无	无	无
深圳	允许	无	无	无
湖北	允许	无	无	无
全国	不允许	无	无	无

虽然连续监测方法可以用于部分试点地区温室气体排放量的确定，但由于缺乏具体的监测和报告要求，实际上难以实施。2012 年，中国出现第一家采用 CEMS 监测温室气体排放量的电厂。到目前为止，只有少数发电企业在烟气管道上安装了 CEMS，直接监测温室气体排放，探索连续监测方式在我国落地需要的技术以及管理模式。

3. 连续监测方法应用的优势和挑战

2019 年，德国环境部详细分析了德国应用连续监测方法确定二氧化碳排放的现状及特点。其发现连续监测有以下优点：每个排放源只需一套监测设备，原始数据分析量少；在排放设施处直接确定排放量，直观统一；在评估排放数据方面，可实现高度自动化；任何时间可获得原始数据，且数据自动传输到主管部门；当多种燃料混合燃烧时，有更好的适用性，且不用支付额外成本。

同时，连续监测在实际应用中也存在以下缺陷：在准确实施各种"复杂"数据保证规程方面缺乏经验；只有烟气的相关信息，难以详细辨别各种物质及其含量；在测量设备安装和校准不当，或计算机参数设定错误等情况下，产生系统误差的风险较大；通常人员必须单独培训，并对固有风险有敏感性；通常有必要对现有测量系统进行替换或优化；主要适用于集中烟道，不适用于分散的排放源。

连续监测在实际应用上还存在以下挑战：

一是应用范围有限。一方面，连续监测方法主要适用于固定装置，航空等移动装置的排放仍需采用基于核算的方法进行量化。另一方面，连续监测的方法更适用于单一排放口，不适用于化工、石化等排放分散的工业行业。此外，对于纳入间接排放的碳市场而言，外购电力或热力的排放也不能用连续监测方法监测。

二是数据质量有待提升。一方面，所监测的排放量本身的数据质量是一个重要的问题，其中影响最大的参数是二氧化碳浓度和烟气流速。对于二氧化碳浓度的数据质量，研究学者几乎一致认为其数据不确定度较低，应在 2% 以内。然而，对于烟气流速的数据质量，目前还没有统一的结论。有些文章提到不确定度在 10% 以内，有些文章提到典型误差为 10% ~20%。美国国家标准技术研究所的学者进一步指出，烟气流速的数据质量很大程度上取决于测量设备。烟气流速的数据不确定度较高，因此，尽管在欧盟和美国允许使用连续监测方法，但其结果仍需与欧盟碳市场中基于核算的方法相互验证，或者根据美国环保署的要求使用燃料燃烧量进行验证。

三是相关成本较高。据国内少数安装 CEMS 监测温室气体排放量的电厂介绍，质量较高的二氧化碳浓度测量设备的采购成本为 4.28 万 ~10 万美元，质量较高的烟气流速测量设备的成本为 2.86 万 ~14.28 万美元，因此，总采购成本在 7.14 万 ~24.28 万美元之间。如果考虑到年运营成本，CEMS 的使用成本更高。与此相反，我国核算方法考虑了传统的能源统计体系特点，监测温室气体排放的额外成本相对较低。以电力行业为例，即使企业根据指南要求测量燃煤的元素碳含量，每年的额外成本也仅为 430 美元（每月抽样测量，成本约 36 美元），远低于连续监测方法的费用。

四是一致性问题。在我国污染物控制体系下发布了多个与 CEMS 相关的技术指南和管理规范，包括 CEMS 安装、认证、运行、维护、监管、数据报告等，然而，这些指南和管理规范都不涉及二氧化碳排放量的测量。传统的污染物防控体系监测到的烟气流速、温度、压力、含氧量等参数，如果没有进一步的数据质量分析，将不能直接用于碳市场。另外，我国已经通过基于核算的方法收集了 2013—2019 年的温室气体历史排放量，并据此设计了电力行业的配额分配基准值用于全国碳市场。如果需要改用连续监测方法，装有 CEMS 的生产设施应至少运行一年至两年，这样才能获得足够多的数据以确定连续监测方法下的基准值。

由于面临以上种种挑战，我国目前仍使用基于核算的方法来监测和计算碳排放量。目前，生态环境部已经在电力行业中选取试点设施应用连续监测方法。在试点基础上，如果能够解决数据质量、支撑制度、数据一致性等问题，连续监测方法也有可能应用于全国碳市场。

（二）基于核算的方法

基于核算的方法是将企业经济活动中消耗的化石燃料、原料数量，通过对应的物理排放转化因子换算成相应的温室气体排放，再将经过各燃料、原料转化后的排放量加总。与连续监测方法相比，基于核算的方法具有成本低、适用分散污染源的好处，但是也存在人工处理大量数据、标准难以统一、需要较高采样分析成本等因素。但总体而言，由于其更低的成本以及更广泛的适用性，基于核算的方法在国际上的应用更为广泛。

一般而言，基于核算的方法需要计算以下五方面的排放，但不同碳市场间略有区别，例如，中国、韩国的碳市场纳入间接排放，而欧盟、美国的碳市场则不纳入间接排放。

1. 化石燃料燃烧排放

化石燃料燃烧产生的排放量主要取决于活动水平数据和排放因子。活动水平数据由化石燃料消耗量与燃料的平均低位发热量相乘得到，排放因子由化石燃料的单位热值含碳量、碳氧化率及二氧化碳与碳的摩尔质量比相乘得到。

2. 工业过程排放

虽然各行业（航空业除外）工业生产过程排放涉及种类繁多，如发电企业脱硫过程排放、镁冶炼企业能源作为原材料的排放、电解铝企业阳极效应排放、化工企业过程排放等，但基于核算的方法主要分为排放因子法和碳平衡法。排放因子法：通过活动水平与排放因子相乘得到。碳平衡法：通过输入原料与输出产品及废弃物中含碳量之差，并乘以二氧化碳与碳的摩尔质量比值（44/12）得到。

3. 废弃物处理排放

纸浆造纸企业与食品、烟草及酒、饮料和精制茶企业生产过程中采用厌氧技术处理高浓度有机废水时产生甲烷排放，该部分甲烷排放乘以相应的全球变暖潜能值（Global Warming Potential，GWP）即得到该部分产生的排放。

4. 净购入电力与热力排放

净购入电力与热力引起的排放的计算主要取决于电力消费量和热力消费量及相应的排放因子，需要注意的是电力消费量和热力消费量以净购入电力和热量为准。

5. 二氧化碳回收利用

部分行业存在二氧化碳回收利用，如化工行业。由于该部分二氧化碳排放未直接排放到大气中，核算时该部分排放应该扣除，具体计算时应由企业边界内回收利用的二氧化碳气体体积、气体纯度及二氧化碳气体密度相乘得到。

2006 年 3 月 1 日，国际标准化组织（International Organization for Standardization，ISO）发布了 ISO 14064 标准。该标准为政府和工业界提供了一系列综合的程序方法，旨在减少温室气体排放和促进温室气体排放权交易，促进温室气体的量化、监测、报告与核查的一致性、透明度和可信性；保证组织识别和管理与温室气体相关的责任、资产和风险；促进温室气体限额或信用贸易；支持可比较的和一致的温室气体方案或程序的设计、研究和实施。ISO 14064 提出了企业采用基于核算的方法的步骤和原则，为其他碳市场制定核算方法提供了指导。

核算步骤为：组织边界设定—识别温室气体排放源—对排放源进行分类—选择方法并收集活动数据—选择排放因子—排放量计算。其遵循的基本原则见表 3.2。

表 3.2   ISO 14064-1 标准的基本原则

基本原则	具体要求
相关性	选择适应目标用户需求的温室气体源、温室气体汇、温室气体库、数据和方法学
完整性	包括所有相关的温室气体排放和清除
一致性	能够对有关温室气体信息进行有意义的比较
准确性	尽可能减少偏见和不确定性
透明性	发布充分适用的温室气体信息，使目标用户能够在合理的置信度内作出决策

在具体的计算中基于核算的方法的参数可以根据实际需要从实测数据与缺省值中灵活选择。出于对成本的控制，一般不会硬性要求对所有参数进行实测。活动数据一般从企业生产日志、能源台账、购买能源的发票等档案中获取。

二、减排量监测、核算的原理和方法

与排放量 MRV 要求类似，在减排量核算的过程中也需要对项目的排放量进行监测、报告和第三方核查工作。

减排项目的减排量（ERy）采用基准法计算。基本的思路是：假设在没有该减排项目的情况下，为了提供同样的服务，最可能建设的其他项目所带来的温室气体排放（BEy，基准减排量），减去该减排项目的温室气体排放量（PEy）和泄漏量（LEy），由此得到该项目的减排量，其基本公式如下。这个减排量经核证机构的核证后，进行减排量备案即可交易。

$$ERy = BEy - PEy - LEy$$

（一）基准的确定

基准研究和核准是减排量计算的关键环节。对每一个项目来说，计算基准所采用的方法学必须得到相关机制管理机构［如清洁发展机制的管理机构清洁发展机制执行理事会、国家核证自愿减排量（Chinese Certified Emission Reduction，CCER）的国家主管部门等]的批准，而且基准需要得到第三方核查机构的核实。获得批准最简单的方式就是项目建议者采用一个已经批准的方法学。在这种情况下，剩下的工作就是只需要证明这个方法学适用于这个项目。然而，不同的项目适用的方法学是不同的。例如，对提高能效项目来说，基准的计算需要对现有设备的性能进行测量；对可再生能源项目来说，基准的计算可以参照项目所处地区最有可能的替代项目的排放量。

项目参与者（项目业主或开发商）也可以提出一种以透明和保守的方式建立的新的基准方法。基准设定途径是基准方法学的出发点，有三种设定途径：现有真实的或历史排放量，视可应用的情况而定；在考虑了投资障碍的情况下，一种代表有经济吸引/竞争力的主流技术的排放量；过去五年在类似社会、经济、环境和技术状况下开展的、其绩效在同一类别位居前列的类似项目活动的平均排放量。设计出新的基准方法后，需要提交相关机制的管理机构通过。

（二）实际排放量的监测

计算出基准以后，项目建议者需要在项目的实际实施阶段测量项目实际的排放量。所有与项目相关的温室气体排放都需要精确且持续地测量并且记录下来。排放监测将检验项目是否真的实现了温室气体减排，是第三方核查机构核查项目减排量的基础。

同基准方法学一样，监测计划中应用的监测方法学必须经过相关机制的管理机构的批准，并且要符合以下两点：（1）由第三方核查机构确定为适合拟议项目活动的情况，并在别处曾经成功地适用；（2）体现适用于项目活动类型的良好的监测方法。

监测方法学的选择程序与基准方法学的选择程序大致相同。相关机制的管理机构将建立一个可以供项目建议者选择的已批准方法学的清单。同样，项目建议者也可以选择建立一个全新的方法学，而这个方法学必须提交给相关机制的管理机构批准。

新的基准和监测方法学必须同时提交和获得批准，也必须同时匹配使用。如果项目建议者想采用不同的基准和监测方法学的组合，也需要向相关机制的管理机构提出申请并获得批准。同时，项目监测必须严格根据经过批准的项目设计文件中所包含的监测计划进行。

如果项目参与方认为有必要对监测计划进行修改，则应该提出修改的理由，并说明修订可以提高信息的准确性和/或完整性，然后报第三方核查机构审定和批准。同样，如果第三方核查机构认为对监测计划的修改有助于提高信息的正确性和完整性，它也可以向项目参与者提出修改建议。

应用已经登记的监测计划或者经过核证的修订的监测计划对项目进行监测，是第三方核查机构核查和核证项目减排量从而签发减排量的一个必要条件。

监测计划除了应包括关于数据测量的建议以外，还必须说明如何保证这些数据在用户和检查者之间保持一致。监测计划必须说明如何保证数据监测、收集、汇编和报告的质量，以及在项目的整个运行期和减排量计入期内如何进行质量控制。

（三）项目边界界定和泄漏估算

泄漏定义为项目边界之外出现的，并且是可测量的和可归因于该减排项目活动的温室气体排放量的净变化。对泄漏进行计算也是必要的。在最终的计算中，泄漏将会从项目获得的减排量中减去。例如，已批准的针对垃圾填埋气体收集与燃烧项目的基准方法学中，泄漏被定义为收集垃圾填埋气体所需的额外设备消费的电力对应的排放。

泄漏与项目边界的定义相关，项目的边界就是项目活动的外围界限。减排项目都需要明确项目的边界，如果在边界内存在化石燃料的燃烧，则项目必然产生温室气体的排放。从相关规定的角度来讲，凡是可以归因于项目活动的排放量，只要能够测量，原则上都应当划入项目边界内。如果是生物质项目，或者是其他类型，只要在项目的运行过程中掺杂使用煤、石油、天然气等化石燃料，项目就将产生温室气体排放。曾有一个生物质发电项目，由于大量掺杂煤的使用，结果造成了项目非但不减排二氧化碳，反而产生了净排放量。这就是一个典型的"泄漏"量大于减排量的例子。

合理的项目边界设定对于准确地测量减排项目活动的减排效益和减少泄漏是至关重要的。泄漏可以因活动转移而产生，比如因人员（或资本）挪动，在运输过程中产生排放；产品价格变化；项目生命周期中的排放转移，例如减排项目引起上游或下游排放增加；以及温室气体通量因周围地区生态系统水平的改变而变化。

泄漏项可以用各种手段减轻或避免。比如业主可以考虑尽可能就近采购，例如江苏的项目就不宜到华北甚至东北去采购，这不仅是从成本的角度来考虑，也是从减排量最大化的角度来考虑。如果是地热项目，在钻井过程中排放的二氧化碳或者地下甲烷量也算作项目本身的温室气体排放，即泄漏。

（四）减排量的核证与计入期

用基准排放量减实际排放量再减去泄漏，得出的数值就是该项目的温室气体减排量。这个减排量必须经相关机制管理机构核证才能进行交易。核证即指由管理机构根据第三方核查机构提出的书面保证，即在一个具体时期内（项目活动的计入期）某项目活动所实现的温室气体源人为减排量已被核实。一般来说，项目参与者应当将计入期起始日期选定在该减排项目活动产生首次减排量的日期之后。计入期不应当超出该项目活动的运行寿命期。

三、监测、报告与核查制度框架

（一）MRV 流程体系

MRV 就是碳排放数据收集、整理和汇总的实践。只有健全的 MRV 机制才能确保温室气体排放数据的准确性和可靠性。MRV 机制至少包括温室气体排放核算与报告指南、第三方核查体系、MRV 的流程、违规处罚等。MRV 的基本流程如图 3.1 所示。从时间维度来说，MRV 每年的工作（假设 MRV 周期为一年）大致可分为以下几步。

1. 排放企业根据管理机构的要求和自己提交的该年度监测计划，开展为期一年的排放监测工作；

2. 排放企业在每年规定的时间节点前向管理机构报告上一年度的排放情况，提交年度排放报告；

3. 由独立的第三方核查机构对排放报告进行核查，并在规定的时间节点前出具核查报告；

4. 管理机构对排放报告和核查报告进行审定，在规定的时间节点前确定企业的上一年度的排放量；

5. 排放企业在每年年底提交下一年度的排放监测计划，作为下一年度实施排放监测的依据，然后开始重复第一步的工作。

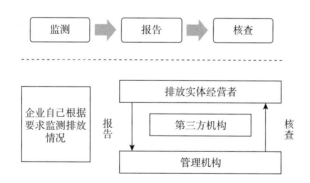

图 3.1　碳排放监测、报告与核查流程

可以看出，MRV 工作必须由排放企业、管理机构和独立的第三方核查机构共同完成，根据承担主体的不同大体可以分为 MR（排放企业）和 V（核查机构）两部分。

从根本上讲，管理机构颁布的各项法规制度是 MRV 体系的法律基础和制度基础。企业依据相关法规进行温室气体排放数据监测（M）是后续进行温室气体排放报告（R）的前提。企业的温室气体排放数据监测和报告又是第三方机构开展核查工作（V）的基础，同时核查工作的开展又可以帮助企业完善和改进自身温室气体排放数据监测和报告。这三个方面相互支撑，是相辅相成、缺一不可的。三者之间的相互关系如图 3.2 所示。

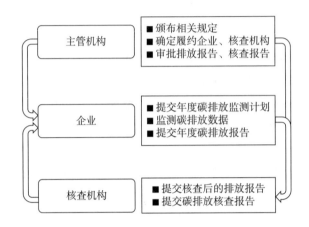

图 3.2　MRV 体系中各要素相互关系图

（二）建立监测要求

监测是指收集量化碳排放所需数据的过程。碳市场主管部门应规定覆盖范围内所有排放源的具体监测要求。

主管部门必须为碳市场覆盖的每个行业提供监测指南，指导其制订监测计划。该计划包括相关设施需要采取的监测步骤，包括测量、计算和报告数据的特定方法。不管采用何种监测方法，大多数碳市场都要求通过在线系统提交年度报告。

主管部门可以使用分层管理来确定哪些设施应遵循更严格的监测。IPCC 使用了三个层次，每一个层次都代表了方法的复杂性。第一层次是最简单的，倾向于使用 IPCC 的全球标准排放因子。第二层次和第三层次通常被认为更准确。第二层次往往采用某一地区或更为细分的区域的排放因子。第三层次往往采用直接测量等复杂的方法。监测的目的是寻求一种平衡，既尽量减少对监测不力者的鼓励，又不对可能负担不起或无法获得更准确方法的小排放源进行不必要的惩罚。随着设施监测能力的提升，碳市场还可能要求设施逐步向上调整到更精确的方法。

缺省排放因子可用于计算排放量，代替直接测量特定来源的排放因子，能够节省排放单位的监测成本。政策制定者应尽量确保排放因子的准确度，同时不会惩罚那些可能无法使用更准确方法（基于成本或能力）的排放源。

如果除了缺省排放因子外，没有提供其他量化排放的方法，就难以激励排放源使用新的、更清洁的能源或物料。如果允许排放源采用比缺省排放因子更准确的方法，则可以提高总体准确性，因为这些排放源提供的信息也可用于改善缺省排放因子。

（三）制定报告要求

排放源需要以标准化和透明的形式向主管部门报告其监测的碳排放数据。排放报告的时间安排应与履约时间框架保持一致，通常在监测期结束后要为准备报告保留足够的时间。主管部门需要在报告要求中明确以下内容：（1）需要报告的信息类型；（2）报告频率；（3）记录应保存多长时间（通常为 3～10 年）；（4）标准化的报告模板，以确保报告之间的一致性；（5）使排放报告的时间安排与现有的财务报告周期和履约时限相一致。

主管部门应创建电子报告格式以减少处理时间和转录错误，例如，通过网络报告平台，可以减少花费的时间、轻松管理大量数据、自动检查错误并增强安全性。

在制定报告要求时，重要的是要考虑碳市场的管理环境。许多地区已经建立用于排放报告相关数据收集的体系，如可以收集能源生产、消费、运输相关统计数据，以及燃料特性、工业产出和运输统计数据。主管部门需要注意协同，尽量避免信息重复，确保报告切实有效。

某些类型的配额分配方法可能需要额外的数据。许多碳市场需要监测、报告与核查的数据（如生产的熟料或钢材等）。即使最初分配时不需要这些数据（例如，如果分配是通过历史排放法进行），但从一开始就收集这些数据有助于了解各行业的排放强度，并能够为今后转向其他分配方法（如基于产出的分配）提供基础。主管部门应提前规划其数据需求，确定目前可以获取哪些数据，并尽可能高效地向排放源提出信息报告要求。

（四）建立核查要求

排放源有动机少报总排放量以降低履约费用，在某些分配方法下，也有动机多报排放量以获得更多的免费配额。因此，核查排放源报告的信息的准确性和可靠性至关重要。

核查是指独立核查机构审查排放报告并根据可用数据评估报告的准确性。主管部门使用的数据质量保障措施包括三种。第一种是排放源自查，是指排放源对其排放报告的准确性作出正式声明，明确符合核算要求，并设立对误报的严格惩罚。第二种是主管机构进行外部审查，以评估准确性。第三种是由合格/经认可的第三方核查机构进行外部审查。

数据质量保障措施应考虑到主管部门和排放源的行政成本、第三方核查机构和核查人员的能力、企业履行当地其他政府法规的情况，以及排放量化错误的可能性和程度。在实践中，当监管合规文化浓厚时，主管部门可以采取抽查的方式或信任企业自查的结果。然而，大多数碳市场需要第三方核查，这为报告数据提供了更高的可信度。

鉴于许多排放报告的复杂性，一些碳市场将核查的要求扩大到监测计划，这些计划概述了测量、计算和报告数据的方法，并须经主管机构批准。

为确保第三方核查人员的质量，主管部门应建立核查人员认证流程，对核查人员在排放量核算、核查的能力方面进行独立评估，这有助于确保核查人员在按照规则进行核查时保持公正。

通常要求排放源的排放报告由经认可的核查人员进行核查，核查人员必须确认排放源符合监测和报告系统的所有要求。然而，出于对过高管理成本的担心，监管机构有时可能会考虑一些其他选择。例如，要求排放源为所有报告提供质量保证声明或自查，并对虚假报告承担法律责任；主管部门抽取一部分排放报告进行详细审查和/或第三方核查；重点核查高风险行业或企业；减少核查的频率。

第二节　碳交易机制的核心要素

一、设置碳交易的覆盖范围

碳交易体系的覆盖范围包括碳交易体系的纳入行业、纳入气体、纳入门槛标准、监管主体等。通常，覆盖的参与主体和排放源越多，碳交易体系的减排潜力越大，减排成本的差异性越明显，碳交易体系的整体减排成本也越低。但并不是覆盖范围越大越好，因为覆盖范围越大，对排放的监测、报告与核查的要求也越高，管理成本也越高，同时加大了碳交易的监管难度。

纳入行业、纳入气体、纳入标准共同决定了碳交易体系的覆盖范围。出于降低交易成本和管理成本的考虑，碳交易体系优先纳入排放量和排放强度较大、减排潜力较大、较易核算的行业和企业。因此，电力、钢铁、石化等排放密集型的工业行业往往是优先考虑的对象。纳入的温室气体类型最常见的是二氧化碳，其次是《京都议定书》第一承诺期规定管制的其他五种温室气体——甲烷、氧化亚氮、全氟碳化物、六氟化硫和氢氟碳化物。部分碳交易体系（美国加利福尼亚州和加拿大魁北克省）还考虑《京都议定书》第二承诺期新增的三氟化氮。纳入标准需要考虑以下几个问题：一是标准的类型，既可以是排放量，也可以是其他参数，如能耗水平、装机容量等；二是标准的数值，即多大排放量以上的排放源或多大规模以上的排放源才被纳入；三是标准的对象，即该标准针对的是排放设施还是排放企业。

（一）扩大覆盖范围的优点和缺点

很多观点主张尽可能扩大碳市场的覆盖范围，其能够带来以下好处：

一是增强完成预定减排目标的确定性。覆盖范围广泛，则政策制定者对完成预定的地区减排目标会更有信心。

二是提高成本效率。覆盖行业企业越广，所提供的不同成本的减排选择就越多，这有助于通过交易降低减排成本，也增加了企业从配额交易中获取收益的可能性。同时，广泛的覆盖范围还有助于将行政管理成本分摊至更多的企业，降低每个排放源的管理成本，带来积极的规模效应。

三是降低跨部门竞争力影响或国内碳泄漏。广泛的覆盖范围可以降低由覆盖范围差异带来的对覆盖范围内外行业部门竞争力的影响。这种影响最可能发生在可相互替代的产品之间。例如，钢和铝是可相互替代的建筑材料，天然气和石油都可以用来发电。虽然对排放密集型行业和工艺的替代是碳市场希望达成的目标，但仅因覆盖范围差异而导致的替代是不可取的，也是扭曲的。这可能会导致排放由于产品替代而从覆盖的行业部门"泄漏"到未覆盖的行业部门，从而没有产生预期的减排效果。

四是提高市场流动性。广泛的覆盖范围可提高市场运行效率，更多样化的交易主体通常会带来更高的流动性、更稳定的价格，降低市场操纵的可能性。

然而，基于以下四方面原因，不能无限制地扩大覆盖范围。

一是交易和行政管理成本。尽管广泛覆盖有助于实现规模效应，但技术和行政壁垒可能使其面临重重障碍。尤其当相关行业和排放源的排放监测成本与流程不尽相同时，排放源和主管部门面临的行政成本或 MRV 成本可能会超过广泛覆盖带来的好处。

二是分配效应的挑战。将边际减排成本较高的行业纳入碳市场，可能会造成分配效应方面的问题，即履约成本可能会集中在那些无法合理传导成本的行业。因此，在决定覆盖范围时，需要仔细考虑分配效应的政治和社会影响。

三是碳泄漏风险。虽然广泛覆盖能将国内碳泄漏风险降至最低，但在特定行业部门可能引发排放密集型、外向型企业的国际碳泄漏风险。例如，不同国家、地区的排放管控差异可能导致企业投资模式的改变，或生产转移，这将导致经济、环境和政治等方面的不良后果。

四是监管环境的复杂性。很多国家和地区已经有非碳市场的温室气体减排政策对部分行业部门进行了约束和监管。因此，在这些行业部门，既有政策和措施与碳市场的结合可能导致极其复杂的监管环境。当然，对于如何通过政策组合促进最大化减排，还需要进行持续的研究和评估。

在确定碳市场覆盖范围时，政策制定者必须平衡广泛覆盖带来的好处与额外的行政工作及更高的交易成本之间的关系，也要充分考虑可能的替代或配套政策的有效性和适用性。通过设定准入门槛排除小型排放企业，以及在供应链最集中的环节设置"监管点"，都有助于实现这种平衡。

（二）确定覆盖范围的具体考虑

应明确行业和气体种类。不同行业和排放源之间存在巨大差异，这对其在多大程度上适合纳入碳市场将会产生一定的影响。重要考虑因素包括：

1. 行业排放占比。是否覆盖某个具体行业取决于其排放占比。例如，在许多工业化国家，土地使用或废弃物行业只占温室气体排放的不到5%，而电力和工业占比为40%或50%。相反，在发展中国家，或拥有大量农业的发达国家（如新西兰），土地使用的排放占比更高。因此，在确定覆盖范围时必须考虑相应管辖区的具体情况，重点是纳入那些排放占比大的行业。

2. 现有及未来的减排措施。某些行业比其他行业拥有更多的低成本高效益的减排措施。这也是采用碳定价政策的主要理由之一：它揭示了减排潜力和成本的相关信息，鼓励企业主动寻求最廉价的减排方案，促进低碳创新。长远来看，减排方案的预测更为困难，因为所有排放源都需要减少排放，以实现全球净零排放的目标。如果某行业在短期内采取减排措施的成本高昂且潜力有限，可将其设定为研发活动的目标行业，以便今后进一步开发和释放其减排潜力。

3. 市场结构（如排放主体的数量和规模）。为使碳市场有效运行，需选择排放测量和监测较为确定且成本合理的行业或子行业。覆盖以少数大型排放主体为主的行业，所获收益将高于运行碳市场的行政成本。具体做法是覆盖少数大型排放主体并设置准入门槛，将小型、分散或偏远的排放源排除在外。相比之下，覆盖拥有众多小型、分散和偏远排放源的行业，可能导致碳市场的行政成本高于收益。废弃物行业就是一个典型案例，这个行业由一些小型垃圾填埋场组成，接收当地社区的垃圾；追踪每个垃圾填埋场的排放量，并追究小型垃圾填埋场所有者的责任，这将增加主管部门的监管负担。但也有些行业，如交通运输行业，虽然很难覆盖"点源"排放（如每辆车的排放水平），但可以在供应链"上游"对数量较少的经销商的排放进行监管（如美国加利福尼亚州和加拿大魁北克省碳市场对燃料经销商进行管控）。

4. 监管和交易成本。基于现有的MRV基础设施，一些行业成本效益高且易于监管，几乎无须支付额外成本。对于这样的行业，即使其排放量占比不高，也可以被纳入覆盖范围。

5. 协同效益。确定行业覆盖范围时，协同效益也是重要的考虑因素。尽管温室气体的减排效益和减排地点完全无关，但很多协同效益却同地点息息相关。例如，将道路运输行业纳入覆盖范围的协同效益包括减少空气污染和交通拥堵，这两者都有利于辖区内城市的发展。因此，也许仅考虑减排效益并不足以支撑将特定行业纳入碳市场（如成本方面），但考虑到协同效益结果可能就不一样了。

6. 监管环境。如果某些行业由于监管安排并不能将碳价格反映在其运营或投资决策中，那么这些行业是否纳入碳市场的覆盖范围并不那么"重要"。电力行业可能就是这样的情况，碳定价政策的设计需要认真考虑其他现有政策。

在全球范围内，二氧化碳在温室气体中占比最大，所有碳市场都覆盖了二氧化碳，但也有很多碳市场还覆盖了其他气体，如甲烷和氧化亚氮，因其占总排放量的比例较高（如工业加工、矿物燃料开采、填埋场和农业）。尽管其他温室气体的排放量较小，但因其具有更强的吸热能力（更高的"辐射效率"），将其纳入碳市场气体覆盖范围也十分必要。气体的全球变暖潜能值将辐射效率与气体在大气中停留的时间相结合形成一个数值，依据相对于二氧化碳的水平进行计算，二氧化碳的全球变暖潜能值为1。例如，甲烷的辐射效率高但"寿命"短，100年的全球变暖潜能值为28；而氧化亚氮100年的全球变暖潜能值为265。因此，考虑这些气体的覆盖范围也很重要，尤其是对于农业占重要地位的经济体而言。如果能够在可接受的成本下做到对其他温室气体的精确监测，应该尽量将其纳入碳市场。

（三）确定监管点的具体考虑

一旦政策制定者决定了将某个行业或排放源纳入碳市场，一个非常关键的设计要素就是如何设置排放监管点。供应链中的若干环节都可以作为排放监管点，包括：

"点源"，指在物理上，温室气体物排放到大气中的点。例如，欧盟碳市场覆盖了发电和工业设施的"点源"排放。

上游，指的是供应链中"点源"之前的环节，通常是某种化石燃料最开始由开采商、提炼商及进口商完成商品化的地方。例如，美国加利福尼亚州碳市场监管点位于化石燃料被燃烧从而产生温室气体排放并进入商业领域的地方。实践中，这些地方往往位于燃料储存地和大型提炼设施。德国燃料碳市场对燃料分销商和终端供应商进行监管，这些也是燃烧点的上游。在这两种情况下，这些设施的所有者都以燃料产品价格上涨的形式将碳价成本转嫁给了消费者。

下游，指的是供应链中"点源"之后的环节。例如，东京—埼玉碳市场覆盖了来自建筑物电耗所产生的排放，而建筑物是"点源"的下游。下游覆盖也被用于包括农业在内的其他行业。在这些行业，覆盖"点源"将产生巨大的行政管理成本。

适当的监管点因行业、排放源以及国家或地区的监管环境而异。在理想情况下，监管点的选择应具备以下条件：

排放量可被准确测量。准确的排放监测，能够确保碳价发挥其作用，精准地激励减少排放的措施。改变监管点可能会改变排放监测的准确性，因为供应链中的不同环节会有不同的数据源。例如，在能源部门，由于燃料的碳含量是已知的，上游测量是相当准确的。然而，对于工业过程排放而言，过程的多样性可能导致在"点源"外的其他上下游环节难以准确测量排放量。

可产生直接价格信号或可传导成本。监管点的设置应能够帮助碳市场有效改变排放主体的行为，进而影响排放。这种影响既可以直接通过价格信号实现，也可以通过将成本传导到供应链的后续环节实现。例如，电力供应商必须能够在消费者的电价中反映碳价，以鼓励降低电力消费、投资节能电器，或改用可再生能源发电。

监控成本最低且履约最易实施。在供应链最集中的地方，监测排放的行政成本最低，因为更容易监管数量较少的大型排放主体。在能源市场中，大型排放主体通常集中在上游，但在其他行业，情况可能并非如此。

能最有效地处理碳泄漏问题。为解决碳泄漏风险，通常会为排放密集型、外向型行业免费分配配额或提供其他支持措施。免费分配通常是在设施或企业层面计算的，这意味着可以在这一层面设置监管点以提高行政管理效率。

迄今为止，大多数国家在碳市场设计中选择覆盖"点源"或供应链上游的排放。在"点源"处对排放进行监管有以下好处：

一是确保污染者直面减排的激励措施。由于需要直接承担污染的成本，排放者具有采用减排技术和工艺或改变消费选择的明显动机。监管上游或下游，依赖成本在供应链中的传导。如果这种传导的可能性非常低（如供应商的市场力量很强大），那么减排动机将被削弱。即使成本可以被有效传导，组织和行为方面的因素也意味着在"点源"处监管排放能更有效地激励减排。

二是更好地配合配额分配和其他报告要求。如果需要企业或设施层面的排放数据以支持配额免费分配或提供其他补偿，那么将监管点设置在这一层面能有效提高行政管理效率。虽然这可能需要覆盖大量设施，但部分情况下可以通过既有的许可和执照制度体系获取高质量的数据。例如，1996 年欧盟发布的《综合污染预防和控制指令》在工业设施的许可和控制方面制定了统一的、有助于"点源"监管的规则。在某些情况下，"点源"排放机构的监测和履约能力可能更强，尤其是在仅有少数大型排放主体的情况下。

三是排放量测量更为准确。"点源"排放量的测量通常更为精确和细致，相较于上游排放量的估算需要更少的假设。尤其是对于工业过程中的非燃烧排放而言，一般只能在点源处测量。

同时，在上游对排放进行监管也有以下好处。

一是行政管理成本较低。能源行业的情况尤其如此，从事化石燃料开采和商业化的企业远远少于最终消费者。在这种情况下，上游实体更熟悉政府的管理制度，进而能够降低行政管理成本、提高市场效率。但这也取决于排放源的具体性质，并非所有行业的供应链都在上游最为集中。

二是提升覆盖行业范围，避免行业内设置准入门槛。结合上述观点，上游监管不需要设置下游监管体系通常使用的准入门槛，以避免高交易成本。准入门槛可能导致市场扭曲，包括行业内部受管制和不受管制企业间的碳泄漏。由于准入门槛是基于企业的排放量而不是排放强度，如果生产从受监管的企业转移到排放密集度更高且不受监管的企业，准入门槛将导致排放量的增加。采用上游调节可以避免这些问题。例如，美国加利福尼亚州碳市场覆盖了大约 350 个实体，涉及全州 80% 的排放。新西兰碳市场对 128 家企业进行监管，实现了化石燃料排放的 100% 覆盖。相比之下，欧盟碳市场覆盖了 11500 多个实体，仅涉及排放总量的 45%。

（四）准入门槛的具体考虑

为了最大限度地降低行政管理和监测、报告与核查成本，并使碳市场覆盖尽可能多的行业，政策制定者通常会在设计碳市场的覆盖范围时设定一定的准入门槛。这意味着，低于一定排放规模的企业将免受碳市场的约束。设定准入门槛，可大幅减少控排企业的数量，但不会明显减少碳市场覆盖的排放量和减排量。当能源或工业排放在"点源"受到监管时，准入门槛将发挥特别重要的作用。

排放源的规模（准入门槛）可以用不同的指标来衡量，包括年度温室气体排放量、能源消耗水平、生产水平、进口或产能等。例如，韩国碳市场对设施设置的准入门槛为每年 2.5 万吨二氧化碳，对企业设置的准入门槛为每年 12.5 万吨二氧化碳。排放量超过准入门槛的实体将被纳入碳市场的覆盖范围。同样，在设施层面，墨西哥试点碳市场的准入门槛为每年 10 万吨二氧化碳。欧盟碳市场对超过 20 兆瓦（额定热功率）的电力行业实体进行监管。

适当的准入门槛设置，取决于每个地区的具体情况，包括特定的减排目标、在碳市场下企业的履约管理能力和政府监管履约的能力等。各部门的具体问题，如市场结构、行业内实体间排放量的分布，以及当地不同规模实体可采用的减排措施，也将对准入门槛的设置产生重要影响。市场结构既可以影响覆盖实体的数量（从而影响排放水平），也会对受管制实体和不受管制实体之间的碳泄漏风险产生影响。

选择准入门槛需要考虑的关键因素包括以下几个：

（1）小型排放源的数量。如果有较多的小型排放源，可能需要设定较低的准入门槛，以确保碳市场总体上覆盖绝大部分排放。但同时需要权衡设置较低的准入门槛与潜在较高的行政成本之间的利弊。

（2）企业和监管机构的能力。如果小型排放企业的财力、人力有限，碳市场产生的额外成本可能会影响其经营决策。在这种情况下，可以设置更高水平的准入门槛（覆盖更少的实体）。

（3）跨行业或国内碳泄漏的可能性。设定一个准入门槛，超过准入门槛的企业面临碳市场和碳价，而低于准入门槛的企业则无须承担碳价，将扭曲两类企业之间的竞争。碳价带来的额外成本可能会导致排放从覆盖企业转移至未覆盖企业，而不会减少排放量。因此，选择一个合适的准入门槛需要权衡各方面利弊：较低的准入门槛可以实现更大的覆盖范围，但同时也会带来较高的行政管理成本；而较高的准入门槛对应的覆盖率会相应降低，还会对行业产生潜在的竞争力影响。但相对应地，未被纳入碳市场覆盖范围的实体也可以通过不同形式的碳定价或其他气候政策进行监管。在欧盟碳排放权交易体系的第三阶段，小型排放主体（定义为每年排放少于 25000 吨二氧化碳当量的国家）如被其他可以实现同等减排贡献的措施所覆盖，可以选择退出欧盟碳市场。

（4）准入门槛导致的其他市场扭曲情况。准入门槛可能会导致受监管实体通过拆分现有生产设施（使拆分后单个实体的排放量低于准入门槛）的方式，规避碳市场履约义务。同样，排放低于准入门槛的企业可能会通过控制增长等方式，避免被纳入碳市场。在多数情况下，这可以通过确定履约主体来解决。

（五）法律主体的具体考虑

碳市场中另一个重要的设计要素是：谁来作为主体承担履约的法律责任，即对每一吨排放量向主管部门上缴一单位的配额。目前有如下几种方式：（1）一家企业；（2）位于特定生产场地（工厂/设施）或拥有特定生产线或流程的企业；（3）特定的生产场地或设施（可能包括多个生产流程和/或企业）。

选择何种方式取决于哪些主体能够承担法律责任，以及可在哪里获取数据并进行核查。这些因素通常取决于现有企业管理结构。

监管企业这样更综合性的机构主体，可降低政府和企业双方的行政管理成本。企业内部可灵活选择在哪里减排，无须对不同排放点进行单独报告或开展交易。但如果一个设施由多个企业使用，则很难将排放归属于某个特定企业。这些问题在高度一体化的化工生产厂尤为突出，在这里不同企业或子公司可能同时采用多种生产工艺流程，且为提高生产效率，不同生产过程可能在不断进行能源（以余热、废气、冷却容量、电力等形式进行）或产品（如氢气、预制品和碳氢化合物）交换。

履约主体的选择是一个有关行政效率和便利性的问题。报送和数据收集仍然可以在设施层面执行，而履约义务则可放在企业层面。例如，一家企业可能有两个装置或设施（一个煤矿和一个发电机组），这两个装置或设施都在碳市场覆盖范围内。如果履约义务在企业层面，这家企业必须为这两个设施产生的总排放量上缴相应配额。其可能被要求报告排放总量，或提供不同设施之间的排放量分配。如果履约义务在设施层面，则发电机组和煤矿必须分别上缴相应数量的配额。

在中国、韩国和哈萨克斯坦，受监管的实体是企业。以中国为例，能源统计数据是在企业层面收集的，所以企业作为履约主体是对现有政策框架的逻辑延伸。相比之下，欧盟现有的环境许可、执照和法规主要是针对单个设施的，因此，欧盟碳市场以设施为履约主体能将对空气污染和温室气体排放的监管程序结合起来。这也符合将责任义务置于技术减排实现层面的原则。

二、明确减排责任和配额总量

碳市场总量限制了碳市场所覆盖的排放源允许排放的温室气体量。"配额"由政府提供，依照碳市场确立的规则，持有一单位配额可以在总量范围内排放一吨温室气体。由于限制了配额总量，并设立了交易市场，因此每个配额均具有价值

（"碳价"）。受碳市场管控的排放源及其他市场参与者根据其认为的每吨温室气体排放权的价值进行配额交易。

确定总量有两种方法。第一种方法是设定排放总量的绝对值。该绝对值自始至终固定不变，这是最常用的方法。第二种方法是基于排放强度的总量。此方法规定了对每单位投入或产出发放的配额数量，如单位国内生产总值、一千瓦时电或一吨原材料等。采用第二种方法时，总量控制目标范围内允许的排放量的绝对值随经济活动投入或产出变化而增减。中国的一些碳市场试点使用基于排放强度的总量设定。

碳市场的总量是碳交易体系减排严格程度的基本决定因素。然而，还有一系列其他设计要素将影响碳市场所覆盖的排放源在具体某一年度能够排放的总量。具体包括配额预借或储存规则；是否存在价格或供应调整措施（Price or Supply Adjustment Measure，PSAM）及其对配额供应的影响，尤其是该机制是否凌驾于总量规定之上；未覆盖行业的监管方式和潜在的可抵消额度；与其他碳市场相互对接的规定及由此导致的配额流动。

（一）总量控制中总量目标的设定

碳市场的主要目标之一是实现与国家或地区总体减排承诺相一致的温室气体减排量。如果将这些承诺视为碳市场的长期环境目标，则可以将总量的雄心水平视为迈向该目标所需的中期或过渡性目标。

总量使碳市场下的温室气体排放量具有确定性。因此，多个国家和地区将碳市场总量与自身减排目标保持一致，以提供一定程度的信心，确保达到目标并履行减排义务。由于纳入了将"保证"达到目标所需的减排量，这对于一些使用碳市场来管控大多数行业的国家和地区尤为重要。

若整个经济体已确立了总体减排目标，纳入碳市场行业减排目标的严苛程度反过来也会对未纳入行业的减排预期产生重要影响。政府应考虑纳入行业与未纳入行业之间减排责任分配的公平性、有效性和政治影响。在向纳入行业分配减排责任时，应考虑纳入行业与未纳入行业减排能力的大小。

一个国家或地区可选择维持其碳市场总量的雄心水平，但可通过允许碳市场参与者使用其他的指标来履约，以降低履约成本，这些指标可以是国内和国际的抵消指标，也可以是与该碳市场对接的其他碳市场的指标。如果边际减排成本较低，碳市场参与者可以通过体系对接将配额出售给另一个碳市场。对接并不会改变互相对接的碳市场的总体目标，但对于边际减排成本更低的一方而言，它将使国内碳价格上涨以及国内减排增加。在任何一种情况下，国家或地区都需要决定其希望在多大程度上引导与碳市场相关的减排投资，以实现覆盖（相对于未覆盖）行业和边界内（相对于全球）的减排。

在碳市场的早期阶段，配额价格往往具有很大的不确定性，政府可能希望保持稳定的价格和较低的履约成本，将确立碳市场的基本架构、争取各方对碳交易体系的支持及启动交易置于更优先的位置。这可以通过在早期设定相对宽松的总量来实现，然后逐步收紧。然而，管理配额价格的另一种方法是使用 PSAM。这些措施可以通过在配额价格上涨超过预定阈值时向市场注入额外的配额来稳定市场碳价格。使用 PSAM 可以让政策制定者制定一个具有雄心水平的总量目标，并且只有在配额价格高得无法承受时才干预市场，从而保持实现更高目标的机会。它还保留了从总量之外（这将永久性地提高总量水平）或从未来的履约期（暂时提高总量，然后在后续履约期等量降低总量）注入配额的选项。

在早期引入具有相对宽松总量（因此价格较低）的碳市场，也有助于降低参与者和经济体的初始风险，降低对竞争力的影响，并为监管机构、受监管实体和其他利益相关者的必要学习过程创建一个有利的框架。随着时间的推移，市场参与者越来越熟悉碳市场法规，其他国家或地区也采用类似的定价方法，碳市场的雄心水平可能会上升（通过更严格的总量），监管机构可能不需要像早期阶段那样积极干预市场。

此外，起初减排要求较低，随着时间的推移逐步提升减排力度的总量设计，还有助于鼓励对低碳领域的长期投资，同时在短期内实现对碳价的逐步调整。然而，必须谨慎地使用这种方法，以避免将低雄心水平"锁定"在碳交易体系中。例如，对排放密集型资产的持续投资可能助长保持宽松总量的政治压力，导致无法提升碳交易体系的雄心水平。为确保碳市场能够实现长期减排，政策制定者可考虑在体系设计时，将较严格的未来总量纳入其中，并通过 PSAM 应对体系中的价格上涨，使该体系能够在不修改立法的情况下提升雄心水平，这将是一个漫长而艰难的过程。

（二）总量设定的方法

到目前为止，政策制定者采取了不同的方法来设定总量，这取决于整个经济体的雄心水平和司法环境。

一是自上而下法，政府根据总体减排目标，以及覆盖行业减排潜力和减排成本的宏观评估结果来设定总量。此方法比较容易协调碳市场的雄心水平与国家或地区更广泛的减排目标之间的关系，并确定其他政策措施的减排贡献。

二是自下而上法，政府首先对各行业、子行业或参与者的排放量、减排潜力和减排成本进行更为微观的评估，分别确定各行业相应的减排潜力。然后将各行业、子行业或参与者的减排潜力数据加总，据此确定碳市场总量控制目标。

三是混合法。混合法结合了自上而下法和自下而上法的特点。首先，自下而上收集数据并进行分析，作为设定总量的依据；其次，适当调整以反映行业间相互作用效应，以及覆盖行业对完成自上而下减排目标的预期贡献。许多覆盖范围有限的碳市场均采用了混合法。中国的碳市场试点有的采用了混合法。

（三）总量管理

政府应授权适当的主管部门负责设定碳市场总量。它还应与负责制定国家自主贡献目标以及其他配套政策的主管部门进行有效的协调。相关主管部门可以是监管机关、立法机关或行政机关，具体取决于所在国家或地区的政府管理架构。考虑到碳交易体系总量将使企业和社会面临的成本，相关国家或地区也可考虑成立独立的咨询机构，负责提供总量设定和调整方面的意见。咨询机构可由技术专家、行业利益相关方和社会代表组成。这有助于提高设定总量过程的科学性、透明度和公信力。

政府可通过立法直接确立总量，或者更常见的，立法确立设定总量的程序。总量水平可以在二级立法或类似立法中设定，如此操作可为总量设定提供足够的权威性，也更容易修改。直接通过立法来确定总量水平使后续调整变得困难，无论是降低还是增加雄心水平。总量具有确定性是有好处的，能够提供可信的法律基础，使企业更好地规划长期投资决策，缺点是立法过程复杂耗时。

立法确立设定总量的程序而不是总量本身提供的确定性较小，但能够为数据收集和分析提供更多的时间。它还能将总量设定的技术讨论推迟至碳市场建设的稍后阶段，这个阶段往往面临较小的政治争议。最重要的是，这将使总量的雄心水平和设计随着环境的变化而调整，包括政治环境变化、气候目标的逐步调整或对排放预测的修订（在最初制定时具有不可避免的不确定性）。市场调节机制的设计也可为不断变化的总量提供支撑。

政策制定者需要确定总量控制的时间跨度（这里称为"履约阶段"）。在这个时间段内，还需要确定其他主要的碳市场设计特性。履约阶段的时间跨度可能随着体系的发展而变化。例如，欧盟碳市场设定了持续数年的履约阶段。欧盟碳排放权交易体系的第一阶段为期三年，第二阶段为期五年，第三阶段为期八年，第四阶段为期十年。除了履约阶段的时间跨度外，国家或地区还需要考虑应提前多久确定履约阶段。这就需要平衡企业对确定性的需求与保持体系灵活性以使用最新数据进行总量调整的需求。

政策制定者还需要确定管控单位履行遵约义务的时期（这里称为"履约期"）。如果允许跨履约期使用储存的和预借的配额，则每个履约期的区别不大。以每一年为一个履约期是一种常见的选择，通常被视为碳市场的默认设定。然而，关于履约的决定应与气候变化政策及碳市场的其他设计相协调。例如，扩大碳市场的覆盖范围以纳入更多的部门，与其他国家或地区的碳市场对接，以及国家或地区的国际气候变化贡献和减排目标的变化，都将对总量设定产生影响。政府还可以安排履约期之间的过渡以适应新的变化，例如纳入新行业或企业，或开始与其他体系对接。

三、确定配额分配方法

碳排放配额分配是碳交易制度设计中与企业关系最密切的环节。碳交易体系建立以后，由于配额的稀缺性将形成市场价格，配额分配实质上是财产权利的分配，配额分配方式决定了企业参与碳交易体系的成本。

实践中，有两类广泛采用的配额分配方法：免费分配配额和通过拍卖方式出售配额。在分配配额时，政策制定者将寻求实现以下部分或全部目标。

一是保持以成本有效的方式提供减排激励。尽管想实现很多目标，但是政策制定者必须坚守碳市场总体目标不动摇，即激励控排企业以成本有效的方式减少排放，并尽可能使减排激励在整个价值链中传导。

二是实现向碳市场的平稳过渡。政策制定者可能会希望借助恰当的配额分配，理顺向碳市场过渡过程中的诸多问题。实施碳交易政策中的出现一些问题与成本和价值的分配有关，具体可表现为可能的资产价值受损（"搁浅资产"）、对消费者与社区的不良影响以及识别早期减排行动实体的需要。此外，在某些分配方法下，企业将碳成本转嫁给消费者（即使已经获得了免费配额）创造暴利的可能性更大，政策制定者可以寻求将这种风险降至最低。其他问题则涉及相关风险，例如参与者在初期阶段的交易能力相对较弱，或者在体制能力相对薄弱的情况下部分企业可能抵制碳市场。

三是降低碳泄漏或丧失竞争力的风险。当生产从一个有碳价的地区转移到另一个没有碳价格或碳价格较低的地区时，就会发生碳泄漏。在短期内，这可能使国内企业相较于国际竞争对手丧失市场份额，在长期则可能影响企业在哪里投资建厂。这些风险使政策制定者面临不受欢迎的环境、经济和政治后果。在考虑碳市场的设计尤其是配额分配方法的设计时，避免以上风险始终是最有争议和最重要的问题之一。迄今为止，很少有实证证据表明存在碳泄漏，大多数碳市场也已采取措施降低碳泄漏风险。这在一定程度上可能是由于迄今为止碳价较低，也可能是其他因素影响了投资和生产决策，在限制碳泄漏方面发挥了作用。

四是增加收入。碳市场建立后产生的配额是有价的。通过出售配额（通常以拍卖方式出售），政策制定者有可能成功筹措大量公共资金。

五是支持市场价格发现。碳市场的经济效率源于交易配额时的价格发现。一般来说，这发生在二级市场上；然而，在流动性较低、规模较小的市场中，通过拍卖进行配额分配在发现价格方面发挥重要作用，该方法可以匹配市场上配额的供求关系，提供有关市场状况的透明信息。

（一）拍卖在经济学上更有效率

通过拍卖方式有偿分配配额是最有效率且最能促进减排的方法。拍卖是一种简单方便而又行之有效的方式，出价高者买下配额。拍卖是一种甚少导致市场扭曲或政治介入的方法，并为公共收入提供新的增长点。拍卖的方式不仅提供了灵活性，而且可补偿对消费者或社区的不利影响，同时也奖励了尽早开展减排行动的企业。

拍卖可能导致企业碳成本过高，在政治上较难实施，尤其是刚刚开始执行碳交易政策的地区，强行推广将面临很大的政治压力。对于面临全球产品竞争的行业而言，高碳价也将迫使企业搬迁至没有碳价成本的地区，虽然本地排放下降了，但全球碳排放量总量不变，造成"碳泄漏"现象。

因此，在碳交易刚刚启动的时候，往往采用免费方式对配额进行分配。常用的免费分配方法包括祖父法和基准法。祖父法根据企业自身的历史排放总量或者历史排放强度发放配额（因此也被称为"历史法"），要求企业自己和自己历史排放相比有一定的下降，对同一行业提出统一的下降目标，执行相对简单。但祖父法经常会出现的问题是"鞭打快牛"，即过去减排控排做得并不好的企业由于其历史排放高而得到了更多的配额。考虑到祖父法的缺点，该方法只应被视为拍卖法和基准法的过渡性方法。

1. 拍卖分配配额的优势和挑战

通过拍卖方式出售配额具有以下多重优点：

（1）增加收入。政府可使用在拍卖活动中筹得的收入支持多项目标，包括：①支持其他气候政策，增加低排放的基础设施领域的投资，激励工业部门投资能效提高与使用清洁能源技术，或减少未被碳市场覆盖行业的排放量。②提高整体经济效率。政府增收可用于支持财政改革，例如实施旨在减少其他扭曲性税负的财政改革，以此提高整体经济效率。③消除配额分配所产生的顾虑，赢得公众对碳市场的支持。政府可使用在配额出售中获得的收入，对税收与福利制度作出抵消调整，在确保配额分配影响降至最低的同时，建立公众对碳市场的支持。这包括提供援助，以减少碳泄漏和相关结构变化的风险；减轻碳市场对处境不利的消费者和社区的影响。应注意确保这些措施不会损害碳市场的长期目标。

（2）减少政治游说介入。相对于免费分配方法，拍卖机制在行政上较为简单。此外，拍卖机制还有助于减少以支持特定企业或行业为出发点的行业游说机会（尽管仍可能存在针对拍卖所获收益的游说）。

（3）有助于实施价格或供应调整措施（PSAM）。大多数 PSAM 是通过调整拍卖的配额数量来实施的。为了使这些机制有效，需要设置一个最低的拍卖量。

（4）价格发现与提供市场流动性。拍卖机制能够提供最基本的市场流动性，并促进价格发现，特别是在获得免费配额的控排企业选择大量跨期储存配额而可能导致市场流动性不足的情况下。

（5）降低扭曲风险。不同的免费配额分配方法可能会扭曲以成本有效方式实现减排的积极性。在拍卖活动中，所有市场主体均支付配额的全部成本。这有助于以成本有效的方式促进碳减排。拍卖机制有助于实现碳排放权的有效配置，并能够通过价格反映配额在市场中的真正价值。

（6）奖励早期减排行动。早期行动和早期行动者不会面临不利影响，并受到充分激励，因为通过拍卖，早期行动者只需购买较少的配额，这使得其比那些不提前减排的个体更有优势。

（7）提高市场透明度。在提供可靠的价格信号时，拍卖也提高了市场的透明度，反过来又可为受管控企业建立一个可信的长期投资框架，并建立对市场公平的信心。

相应地，通过拍卖方式出售配额也面临一定的挑战：

（1）拍卖机制并不能防止碳泄漏，也不能直接补偿搁浅资产。拍卖机制自身的主要缺陷在于其不能防止碳泄漏风险，也不能直接补偿企业因搁浅资产而引致的损失。企业将面临与其排放责任相关的全部财务成本。然而，拍卖收入也可以用于直接消除这些风险。

（2）拍卖机制对小型企业的影响。人们时常担心小型企业将较难参与碳排放权拍卖过程，因此导致成本进一步提升。减少对小型企业潜在负面影响的一种方法是采用简单的拍卖设计，因此许多国家或地区都采用密封投标拍卖。若能建立流动性强的二级市场则可进一步解决这一问题。在某些情况下，从中介机构购买少量配额甚至可能比直接参与拍卖的成本更低。

2. 拍卖的设计要素

配额的有偿发放通常通过政府举办拍卖活动来完成。通过这种方式发放的配额在本质上类似于其他市场中有偿交易的物品，如股票、债券和商品（如能源、鲜花和鱼）。拍卖设计的关键要素包括：

（1）频率和时间表。在确定拍卖频率和拍卖时间表时，监管机构必须在确保公开准入及参与和尽量减少拍卖对二级市场的影响之间取得平衡。频繁举办拍卖活动可能的确具有可取之处，有助于确保配额源源不断地流入二级市场，且流入速度不会危及市场的稳定性。然而，频繁举办拍卖活动也可能导致交易成本增加，并催生低参与度的风险。欧盟每周会在不同交易平台上举办数次配额拍卖会，加拿大魁北克省和美国加利福尼亚州则每年举办四次联合拍卖活动。

（2）定价。拍卖的中标人要么按出价支付（中标人按其出价结算，因此价格可能因投标人而异），要么按统一价格支付（所有中标人按相同的价格结算，即需求等于供给的价格）。碳市场拍卖采用统一价格结算的模式有两个原因。第一，二级市场的存在意味着投标价格相对于现行市场价格不会有太大的变化，这导致按出价支付的好处消失。第二，按统一价格结算限制了战略竞价，因为所有中标者将支付相同的市场结算价格，故有动力竞价至配额的最高边际价值。这有助于有效分配配额并产生可靠的价格信号，更紧密地反映经济体内部的边际减排成本。

（3）投标模式。如今，大多数碳市场都选择了如下拍卖设计：参与者同时提交单个竞标而又不知道其他人愿意支付什么价格（称为"密封竞标"），而竞标获胜者将按拍卖清算价格（统一价格）支付。

（4）拍卖参与。国家或地区需要确定谁能够参与拍卖，即只允许管控企业参与拍卖，还是也允许其他市场参与者参与拍卖。由于竞标是拍卖成功的基础，一般来说，只要参与者有足够的信誉，参与者越多越好。如此，拍卖就需要在保持较低的参与成本以最大化参与度，与确保只要是具有支付能力和意愿的严肃参与者即可参与之间进行权衡。政策制定者在竞价参与方面应考虑的其他规则包括投标时的报告要求、代表客户（如负有履约义务的实体）行事的参与者规则，以及金融市场的其他典型规定。

（5）信息发布。为了支持二级市场的透明度和价格发现，通常在拍卖后直接公布中标价格和成交量（有时也公布中标者）。拍卖在所有参与者都知晓拍卖工作规则时效果最好，因此，所有利益相关者都必须得到关于拍卖如何运作的信息。

（6）市场不端行为。有关市场不端行为的法律（如关于处理合谋的法律）监管着拍卖和参与者的行为。国家或地区可进一步委托独立的市场监测机构监管拍卖参与人的行为，查明市场操纵或串通案件，并对防止市场不当行为制定预案（如对投标的限制）。

（7）部分认购的拍卖。当配额的需求低于待售配额数量时，拍卖可能不会售罄。碳市场管辖区对此类情况可能使用不同的规则。在欧盟碳市场中，拍卖将被取消，并且该次拍卖的全部配额将在同一交易平台上进行后续拍卖。在具有拍卖底价的体系中（如美国加利福尼亚州、RGGI，加拿大魁北克省、新斯科舍省），拍卖以底价清算，未售出的配额被放入待售账户，并在随后的季度拍卖中继续拍卖。这些配额何时（或是否）重新进入市场，取决于预先确定的市场规则。在加利福尼亚州和魁北克省联合拍卖会上，由于保留价格而未售出的配额，将在后续连续两次拍卖结算价高于拍卖底价时，返还回市场重新拍卖。

一种尝试结合拍卖和免费分配好处的方法是委托拍卖。在委托拍卖中，符合条件的实体可以免费获得配额，但必须将其返还（或委托）给国家或地区进行拍卖。然后，实体可以通过委托拍卖配额获得收益，但国家或地区可以规定受益者如何使用这些收入。通过使用拍卖来分配一部分免费配额，委托拍卖可以帮助促进价格发现，提高市场流动性并减少获得配额的差异。

3. 拍卖收入的使用

综观已建立的碳市场，拍卖收入通常用于支持低碳创新和资助额外的气候和能源项目。2012—2019 年间，欧盟成员国通过拍卖共募集到 505 亿欧元。尽管它们有权自主决定如何使用拍卖收入，但碳市场指令要求它们将至少 50% 的收入用于气候和能源相关用途。2013—2018 年的数据显示，欧盟成员国将 37% 的拍卖收入用于可再生能源，32%用于提高能效，17%用于可持续交通，7%用于研发。在欧盟一级，配额被更多地用来拍卖，以资本化促进低碳创新和建立现代化的金融支持机制。在欧盟碳排放权交易体系第四阶段，创新基金将用于对创新技术的投资，如碳捕获与封存（Carbon Capture and Storage，CCS）技术，以及其他针对工业过程、可再生能源发电和能源储存的投资。现代化基金将支持低收入成员国实现能源系统现代化，提高能源效率，促进社会公平。这些基金取代了欧盟碳排放权交易体系第三阶段支持低碳投资的 NER300 计划。现代化基金中任何未使用的资源都将划入创新基金。

加利福尼亚州和魁北克省通过联合拍卖运作一个对接的碳市场，各自独立管理拍卖收入。截至 2019 年底，加利福尼亚州通过总量控制与交易计划（California's Cap and Trade Program，CCTP）筹集了约 125 亿美元的拍卖收入。加利福尼亚州对拍卖收入的使用有严格的法定要求。配额的拍卖收入存入温室气体减排基金，该基金为清洁运输、可持续社区、清洁能源、能源效率、自然资源和废物转移等加利福尼亚州的项目提供资金。通过预算过程，加利福尼亚州州长和立法机构已将资金投向各个州机构，用于各种项目，包括高速铁路、经济适用住房和气候适应项目。2018 年，温室气体减排基金中79%的资金用于清洁运输和可持续社区，14%用于自然资源和废弃物转移，7%用于清洁能源和能效项目。

加利福尼亚州通过参与对当地社区有明显好处的伙伴关系和项目（如住房和清洁运输）使用拍卖收入和传递影响。它高度重视有效的公众沟通，有一个专门用于展示碳市场收入使用的网站，并为碳市场收入资助的项目设计了口号——"总量控制和交易资金在发挥作用"。加利福尼亚州大气资源委员会公布的关于总量控制与交易拍卖收益的半年期报告包括详细的累积情况和项目概况，这些资料也在网上进行专题介绍和传播，展示总量控制与交易计划的共同利益，在确保政治认同和克服行业游说团体反对方面发挥了关键作用。

在魁北克省总量控制与交易体系中，拍卖收入都将流入魁北克省绿色基金，支持缓解气候变化项目，帮助实现气候变化行动计划中规定的目标。到 2019 年，魁北克省的拍卖收入估计为 30 亿加元。大约 90% 的收入用于温室气体减排，8%用于适应措施，2%用于项目协调。根据法律规定，绿色基金收入的三分之二必须用于交通部门。

RGGI 是美国第一个碳市场，专门作为总量控制和投资计划推出，旨在减少电力部门的排放量，并利用拍卖收益支持整个经济体的能源和气候计划。截至 2018 年底，碳市场的拍卖收入约为 30.8 亿美元。与欧盟碳市场一样，RGGI 参与州可以决定如何使用其收入。2017 年，它们将 51% 的收入用于提高能源效率，14%用于清洁和可再生能源，14%用于定向温室气体减排，16%用于直接账单援助。RGGI 的投资收益用于支持家庭和低收入群体、支持企业、创造就业机会和减少污染。因此，这些收益在确保有形的共同利益方面发挥着重要作用，这些利益通过年度投资报告以透明的方式公开。

（二）免费分配在政治上更加可行

基准法使用行业统一的基准值来标准化计算为特定产品的每单位产量（如每吨钢材）提供的免费配额量。企业的配额量等于基准乘以历史产量或者实际产量。使用历史产量打破了一个设施的排放水平与其所得到的免费配额水平之间的联系——不管设施的生产或排放强度如何变化，配额都保持不变。这种方法只能部分避免碳泄漏，仍然可以给企业带来暴利，但可以为早期减排行动提供保护。使用实际产量的好处是根据履约期间企业的实际产出水平进行配额分配，能够有效地防止碳泄漏，并奖励先期减排行动者。然而，由于生产的不确定性，主管部门事先并不知道能发放多少配额，该方法难以保证配额总量不超过碳交易体系的总量。

事实上，多数碳市场并未选择以单一形式（拍卖或免费发放）分配所有配额，而是采用混合模式，这使控排企业能够获得部分而非全部免费配额。一般来讲，这种混合模式能够确保那些被认为切实存在碳泄漏风险的行业获得适当的免费配额，以避免碳泄漏。此类行业通常借助两类主要指标加以识别——碳排放强度和贸易暴露程度。然而，这些指标可能也无法像预期的那样捕捉到具有碳泄漏风险的行业。从长远来看，碳市场最开始往往以免费分配为主，之后逐步向拍卖转变。

1. 使用祖父法进行免费分配

祖父法下的配额由企业的历史排放量确定。这意味着，如果企业保持开业，所获得的配额量仍然和未来的产出或排放强度的降低没有关系。为了避免现实中出现排放量与基准年份相比的巨大变化（如技术革命导致排放量骤减）导致的市场失灵，可以对历史排放基准进行定期调整或更新。然而，更新分配规则会带来更多的问题，也与祖父法具有的某些优势相悖。祖父法的典型例子包括欧盟碳排放权交易体系的前两个阶段、韩国碳市场的第一阶段（对于大多数行业），以及多个中国碳市场试点。

在实施祖父法时，关键是为早期使用的数据设定基准年，以避免激励企业提高其排放量以增加配额分配，确保公平对待设施，并尽量减少有利于其自身设施的企业游说。这方面的两个挑战如下：

一是数据的可获得性。需要专门收集和审计数据，并且碳交易体系运行之前的年份可能无可用的数据。

二是行业内迅速变化引致不公平感。自基准年以来产能收缩的企业或可获得比企业当前排放量更多的配额。而产能扩张的企业将获得相对较少的配额，但同时也可能形成较少的"搁浅资产"，因为它们的投资是于近期作出的，且此时它们可能业已预见到政府将出台碳市场相关规定。

祖父法的优点主要包括以下三个：

一是相对简单。祖父法使用企业的历史排放量来计算免费分配配额，不需要产出数据。这使配额分配相对简单，在碳定价体系的初始阶段成为一种流行的方法。对受监管的实体来说，祖父法也可能更简单，因为除非企业正在迅速变化，否则它们的免费配额水平将接近其排放水平，而且在早期阶段可能不大需要交易。

二是可以部分补偿搁浅资产。一次性祖父法是一种有吸引力的做法，因为可以为那些可能因搁浅资产而失去重大价值的行业提供过渡性支持。例如，现已废除的澳大利亚碳定价机制中包括向发电设施发放一次性且历史排放基准不更新的配额，以此降低此类设施可能面临的财务影响。此外，若能够获取免费配额，企业也不太可能拒绝参与碳市场。

三是保持对减排的激励性。减少排放量的企业可以出售配额或将剩余配额储存起来；那些增加排放量的企业则要付出代价。与拍卖一样，在没有任何更新规定的情况下，祖父法应可促使国内排放权进行有效配置，并使碳价反映市场上配额的真实价值。祖父法的一个特点是，它是对企业的一次性财政拨款——企业获得的金额不是其当前或未来产出的函数。因此，在短期内，企业应对碳价的方式应该与它们未获得免费配额时的方式相同。

然而，祖父法也存在以下多个缺点：

一是更新祖父法的基准会削弱对减排的激励性。尽管祖父法有助于维持对减排的激励性，但是如果对配额分配的历史排放基准进行更新（这种情况在欧盟碳排放权交易体系第一阶段与第二阶段广泛应用），祖父法的优点会大打折扣。在此情况下，未来分配到的配额将取决于更新后的排放水平。这意味着排放量减少（无论是通过减少产量还是降低排放强度实现减排）的企业日后获得的支持会相应减少，因此大幅削弱了其减排积极性。这是碳价信号的严重扭曲，并导致企业在生产和投资决策中产生较少的符合成本有效性的减排。唯有在早期阶段及早释放信号，清晰阐明后续分配将不依赖祖父法（事实上，许多碳市场采用了这种方式），前述问题才有望得到解决。

二是对防止碳泄漏作用甚微。由于祖父法不影响企业在碳价格下面临的边际激励，它不能防止生产泄漏。资本泄漏的风险只能部分防范。当有最低生产要求时，祖父法可以维持现有的生产能力；但是，由于祖父法强调排放量的绝对下降，对新资本的投资或对现有资本的维持吸引力较低。引入碳价格带来了更高的成本，因此，企业可能减少投资和/或产出（并将这些产出转移到司法管辖范围以外）。

三是导致高排放企业赚取暴利。祖父法可以通过不同渠道创造暴利。（1）祖父法激励企业减少温室气体排放，以尽量减轻其附加了碳成本的履约责任。企业也许能够投资于低成本的减排，如果通过这种方式降低的碳成本远远超过投资成本，那么企业将受益。企业进行任何投资都不会影响其获得的免费配额数量。在这种情况下，拥有大量的免费配额会使企业资产大幅增加，而成本却没有相应增加。对一个尚未采取早期行动的历史排放很高的企业来说，祖父法可能带来暴利，这些企业获得了很高的免费分配率，并仍然有大量的低成本减排机会。（2）额外的履约责任改变了企业的最优产出决策。企业可能会减少产量，这可能导致产品价格上涨。综合来看，企业可能会从更高的产品价格和获得的免费配额中受益，从而延长高碳资产的寿命，并导致减排成本上升。在欧盟碳排放权交易体系第一阶段和第二阶段，一些发电企业中就出现了上述情况。暴利可能对碳市场的长期运行产生影响，可能会削弱公众对碳交易体系的信心，尤其是如果这种情况持续未得到解决。

如果没有额外的规定，一旦企业获得了免费配额，它就可以关闭部分厂房并出售配额，以此谋取暴利。由于存在这一风险，在实施祖父法时，往往需要设施在一定程度上维持运营，以此作为获得免费配额的条件。

四是惩罚早期减排。若企业实施减排措施的时间早于祖父法确立的基准年，则早期行动者可能面临不利的形势。

五是形成进入壁垒。希望进入某个行业的企业可能处于不利地位，因为它们没有历史排放量，从而无法确定应用祖父法进行分配时的排放基准。在这种情况下，祖父法可能为新进入者设置了障碍，降低了碳市场推动减排的能力。这一进入壁垒削弱了竞争，将推迟现有企业作出减排决定，这些企业可能会选择增加排放，因为它们能够吸收额外增加的成本。进入壁垒还可能阻止拥有低排放新技术的新企业进入市场。因为为此作出任何调整可能都是不明智的，将使企业得到的配额减少。

2. 使用基于历史产出的基准法进行免费分配

基于历史产出的基准法有两个特点。首先，与祖父法不同的是，免费配额的额度取决于全行业的过程或产品层级排放强度的基准值与历史产出水平。所有采用相同工艺或生产相同产品的企业的基准值相同。其次，企业的配额量取决于企业的历史产出水平，而不是其排放量，同时还可能采取调整系数的方式来调整免费配额量。

这种方法在欧盟碳市场被采用。在总量控制下，欧盟碳市场为不同的产品制定了一系列基准值。鉴于单一产品生产过程中的数据限制或异质性，基于产品的基准值制定对行业数据有很高要求，因而同时也使用燃料投入作为备用基准。一个行业的企业/设施获得的免费配额原则上是通过设施的历史产出水平乘以基准值来计算的。一旦免费配额的数量确定，设施产出的未来变化对其所获配额的影响将极为有限（仅当产能增加时）。通过这种方式，基于历史产出的基准法不会对边际减排激励产生影响，这与祖父法类似，但与影响边际减排激励的基于实际产出的基准法（Output-based Benchmarked Allocation, OBA）相反。

这种方法的主要优点是：它对效率更高的企业有利，从而为行业内的替代提供激励。该方法增强了企业排放强度与所获配额之间的联系，相比高排放强度的企业，在碳市场实施之前即已采取碳减排行动的企业将获益更多；基准法奖励先期行动者。此外，如上所述，采用祖父法并辅以定期更新，则企业可能并无减少其排放强度的意愿，因为此举可能会减少该企业日后应获免费配额的额度。基准法能够在很大程度上解决这一难题：基准法采用覆盖整个行业的基准，而非基于某个企业的具体排放量来确定该企业未来获取免费配额的额度。因此，即便在中长期，企业仍能受益于提升生产效率以降低碳排放强度。

这种方法的缺点包括以下几个：

（1）需要计算行业碳排放强度基准。设计基准是一项数据密集型任务，并可能导致围绕分配方法的游说。此外，当存在相似产品的不同生产工艺和多产品工艺过程时（如存在用不同生产工艺生产出来的同类产品），情况会更复杂。然而，许多国家或地区成功制定基准法的实践经验表明，这些技术挑战是可以克服的。基准设定的现有原则与方法学（如根据欧盟或美国加利福尼亚州的经验）也可作为其他体系开发基准法的基础。

（2）谋取暴利的风险。由于配额分配不依赖当前产出水平，为应对碳排放的成本，不受国际竞争冲击的企业可能会抬高产品价格。尽管这种价格上涨可能在一定程度上刺激需求侧减排，但也可能导致企业从配额免费分配机制中谋取暴利，从而延长高碳资产的使用寿命，导致减排成本上升。

（3）防范碳泄漏风险的成果好坏参半。基于历史产出的基准法与祖父法的效果相似，都是配额在起始年份之后不断下降，因此真正受国际竞争冲击的行业仍可能削减产量，并被无须受制于碳价的其他国家或地区的同行夺去部分市场份额。换言之，本方法在降低碳泄漏风险方面可能不是特别有效。然而，用于计算这些基准的历史产出水平往往可以更新，这就为保持一定的生产水平和生产能力提供了一些动力。这将在一定程度上避免碳泄漏。

（4）存在价格信号扭曲的潜在可能。若基准法不能严格基于行业或产品产量，而是反映工艺、燃料或其他输入量的情况，则可能出现价格信号扭曲的情形，其严重程度与采用祖父法加上定期更新的配额分配机制相当。

（5）需要额外规定新建和关停。这就需要一种政策方法，以确保新进入者与现存企业相比不处于不利地位。免费配额是由历史产出决定的，新进入者必须购买配额才能进入市场，因此其比获得免费配额的现存企业的成本更高。关停可能导致企业有大量的免费配额可供出售，从而获得暴利。

3. 使用基于实际产出的基准法进行免费分配

基于实际产出的基准法（OBA）使用预先确定的基准排放强度（按流程或产品类型确定）计算配额。然而，与基于历史产出的基准法不同，OBA 对应于每个履约期内企业的实际产出水平（而不是固定的历史产出水平）。OBA 根据企业产出的变化调整配额分配水平，因此会改变企业面临的边际激励。也就是说，生产更多的产品将因碳负债水平增加而导致成本增加，但同时也会获取更多的免费配额。与其他形式的免费分配方法一样，有时也需作出调整，以更好地实现免费分配的目标，或使免费配额总和与碳交易体系总量保持一致。

基于实际产出的基准法的优势包括：

（1）有效应对碳泄漏风险。在基于实际产出的基准法下，每单位额外产量将直接使企业获得额外的免费配额。这一点与祖父法和基于历史产出的基准法不同，在后两项分配方法下，额外产量通常不会得到额外的免费配额。使用 OBA 时，产量增加，免费配额量也增加，可能部分或全部抵消额外的碳成本，这将在短期内降低碳泄漏的风险。此外，随着基准法的使用，企业仍有动力进行降低排放强度的投资，同时实现产能扩张。例如，玻璃制造商可以选择投资一个新的低排放熔炉，使其能够增加产量，因为任何额外的碳成本都可以通过 OBA 获得的额外配额来抵消。

（2）维持企业降低排放强度的积极性。基于实际产出的基准法维持了降低碳排放强度的积极性。降低碳排放强度有助于降低碳排放，但对获得的免费分配量却没有影响。当采用 OBA 且基准值采用行业内最先进的产品排放强度时，这种激励将最强。产品基准鼓励企业及早采取减排行动，有利于早期通过改变技术和工艺降低碳强度的企业增强其竞争优势。

（3）能够适用于新建项目。OBA 是唯一一个能够充分解决新建问题的免费分配方法。根据 OBA，新进入者可以获得与现存企业相同的配额分配。因此，在这方面新进入者相较于现存企业并不处于不利地位。

基于实际产出的基准法的劣势包括：

（1）不利于激励需求侧减排。OBA 为企业提供了每增加一单位产出而需要的额外配额。将分配与当前实际产出挂钩，相对于其他分配机制，这降低了生产的边际成本；在边际上，一个企业不会面临全部的碳价格。成本增幅越低，价格增幅就越小。低成本转移反过来又会削弱消费者改变行为的动机，企业减少排放密集型产品的消费或使用排放密集度较低的产品进行替代的动机降低。越来越多的研究表明，需求侧减排和循环经济对于实现净零排放非常重要。需求侧减排通常成本相对较低（例如，在建筑中更有效地使用钢、铝和水泥）。如果不鼓励采取这些低成本的行动，达到既定减排目标的成本可能会增加。在贸易暴露型行业，成本增加的减少可能不会对需求侧减排产生实质性影响，因为国际竞争在任何情况下都会限制价格上涨。然而，有一些政策可以与 OBA 相结合，使得既可以避免碳泄漏，又可以使需求侧的减排得到更好的激励。例如，国家或地区可以针对排放密集型产品的消费向下游收取费用，同时对生产者的实行 OBA，这将有效地转嫁通过免费配额分配而降低的碳成本，并鼓励更有效地使用工业产品。

（2）计算基准值和衡量产出水平较为复杂。OBA 和基于历史产出的基准法一样，使用历史排放强度和产出数据计算基准值。基准值的计算要求收集排放量和产出数据。建立行业基准是数据密集型的工作，使企业有可能围绕方法学进行游说。在跨行业应用基准时，通常很难确定相同的产出并确保其适配所涉行业。采用国际基准值可以减少这些问题的发生。

（3）与碳交易体系的总量可能存在相互影响。如果免费配额的总体水平很高，在 OBA 下，可能更难确保免费配额的总量保持在碳交易体系总量范围内。由于配额量随着企业当前产出水平的变化而调整，当碳市场的一个履约阶段开始时，可能并不能预期企业能获得的配额的总体水平。如果采用 OBA 增加的配额量并不能够被本应拍卖的那部分缓冲配额所吸收，则存在超过碳交易体系总量的风险，从而使碳市场的国内环境结果不那么确定。这一潜在挑战提出了设置调整系数的需求，以使配额分配与碳交易体系总量的轨迹保持一致。

四、使用抵消机制

碳减排量认证是向实施经批准的减排或清除活动的行为主体发放可交易的减排量的过程。碳市场可允许这些碳减排量被用作"抵消"，并用于履约，以代替管控对象的配额去抵消其排放。允许碳市场中的"抵消"是一个选项，它带来了一系列好处和挑战，但不是碳市场运行所必需的。尽管如此，抵消机制被大多数现有碳市场所接受。

（一）使用抵消机制的好处和挑战

1. 使用抵消机制的好处

使用抵消机制有以下几个好处：

（1）将碳价格信号扩大到未被碳市场覆盖的行业。减排量认证机制提供了一种途径，对那些由于技术、政治或其他原因而难以纳入碳排放权交易机制范围的行业形成减排激励。通过扩大一系列可用的减排机会可以提高碳排放权交易机制的经济效率。减排量认证机制还支持投资流入这些行业，并允许未覆盖行业有能力和有意愿的实体"选择参与"减排活动。通过降低履约成本，并以减排项目实施者的形式为碳市场创造一个新的、支持性的政治群体，允许抵消可能使碳市场对市场参与者更有吸引力。这反过来可能会让决策者设定一个更为雄心勃勃的配额总量，也可能会支持政策的稳定。它还能够为减排技术的投资提供激励。同时，减排量认证机制能够提升未覆盖行业的碳市场相关能力，使其更容易被纳入碳市场的范围。

（2）针对特定政策目标的能力。减排量认证机制可以以具体的经济、社会和环境共同效益为目标，包括提高空气质量、恢复退化土地、减轻贫困和改善流域管理。

当这与政策优先事项相一致时，例如国际合作或改善农村、农业或森林等地区的生计，允许在碳市场中使用抵消机制将产生一种优势。虽然所有激励减排活动的工具都会产生共同利益，但可以设计一个减排量认证机制，通过侧重于关键活动或地理位置，更容易实现具体利益。

（3）提高实施碳市场的能力。减排量认证机制可以使目前不在碳市场范围内的国内行业和其他国家或地区的项目都参与进来。它可以促进碳市场提升学习和创新能力，并为这些行业被碳市场覆盖铺平道路。在国际上，这一学习过程可以支持项目业主所在国采用碳市场。迄今为止，清洁发展机制（CDM）产生的一半以上的碳减排量来自中国，这种广泛的经验可能在中国实施碳市场的决定中发挥了作用。然而，在这两种情况下，各行业都可能抵制从减排活动获得收入（根据抵消机制）到承担排放责任（根据排放贸易机制）的转变。

2. 使用抵消机制的挑战和应对

在考虑使用抵消机制时，必须解决几个潜在的挑战。这些挑战可以分为两大类：环境保护程度和治理风险。

（1）环境保护程度

确保环境保护程度对于建立可信的减排机制至关重要。环境保护程度面临的主要挑战包括：

①建立额外性。在所有其他因素不变的情况下，如果一项活动在没有减排量认证机制的情况下无法实施，则该活动被视为额外活动。额外性是确保碳减排量质量的一个基本要素。然而，确定额外性可能面临挑战，因为它需要根据假设的情况进行评估（即在没有减排量认证机制的情况下会发生什么）。评估的难度因项目类型而异。良好做法是使用具有信息支撑的假设，并确保有足够的证据对拟议项目的额外性具有高度的信心。减排量认证机制使用一系列测试来帮助确定一项活动是否可能是额外的。

②减排逆转。一些项目活动通过碳固存或碳捕获与封存产生碳减排量。然而，有一种风险，即从这些活动中实现的减排后来可能会被无意或有意地逆转，并只提供临时（"非永久性"）气候效益。例如，为封存碳而种植的森林可能会被过早砍伐或烧毁而不重新种植，从而释放出碳。同样地，一块已经改为免耕种植的农田也可能再改为传统耕作，释放土壤碳。

③碳泄漏。减排量认证机制可以通过转移活动或市场泄漏而产生碳泄漏。转移活动可能发生，例如，在避免毁林和森林退化的项目中，为保护森林的一部分而付费并不一定能保护其他地区，可能导致森林砍伐向未受保护的地区转移。如果减排量认证机制将市场运行向更高的排放结果倾斜，例如，如果出售碳减排量的实体有动机增加产量以产生更多的减排量，导致排放量与没有抵消激励的情景相比净增加，

则可能发生市场泄漏。在另一种情况下，减少从森林中砍伐木材的活动可能会鼓励在建筑中使用排放密集型产品，如钢铁。

④气候承诺的环境保护程度。如果不遵循彻底和透明的核算程序，在碳市场管辖区以外产生的碳减排量将承担被计入项目业主地区和买方地区气候承诺的风险。这使气候承诺（如国家自主贡献）的环境保护程度面临风险。此外，通过在国际上出售碳减排量而产生的收入可能会激励项目业主地区制定宽松的气候承诺，因为项目业主地区收紧承诺可能会降低减排活动赚取收入的能力。

然而，其中许多问题可以通过在减排量认证机制的设计中建立某些先发制人的方法来解决。包括：

①额外性测试。减排量认证机制使用各种测试来评估额外性。这些评估包括评估该活动是否需要由其他相关法律、法规或要求授权；该活动的财务可行性；可能妨碍该活动实施的障碍；该活动的市场渗透率；以及各种性能测试（例如，评估该活动是否达到排放基准或导致排放量低于成熟技术下的排放量）。附加性测试可应用于个别减排活动或减排项目，如自动将活动、实践或技术类型分为附加类型（如"正面清单"），或相反地排除某些被认为不太可能是附加类型的项目。在实践中，减排量认证机制通常使用测试的组合来提供评估额外性的可靠方法。世界银行的《发展国内碳减排量机制指南》进一步描述了不同类型的额外性测试。

②保守的基准。减排量认证机制要求每个项目建立一个基准情景。这一点很重要，因为需要将基准情景排放量与项目排放量（即项目实施后项目活动的排放量）进行比较，以量化减排。因此，基准情景排放量必须是保守的，这是至关重要的，基准情景应倾向于低估排放量。高估基准情景下的排放量会夸大计算的减排量，破坏环境保护程度。即使减排量认证机制确定项目活动是额外的，情况也是如此。

③缓冲和储备。每个项目发放的碳减排量额度的一部分都截留存放在一个共同的缓冲池中，作为防止逆转、泄漏或缺乏额外性风险的一般保险。缓冲池中的减排量不能交易（至少在预定的时间内）。截留量可以基于项目特定的评估（如10%至60%的核证碳标准），也可以所有项目采用同样的标准。缓冲池中的减排量可用于"覆盖"那些储存的排放物被释放到大气中的项目（例如，如果一片森林被烧毁而不重新种植，或者如果发现即使在没有减排量激励的情况下减排也会发生的情况）。

④项目业主所在国的保证。这是国家一级的保证，承担减排项目的国家根据自己的全国减排目标保证实现这些减排。这将确保即使存在额外性或逆转的问题，项目所在国也将通过采取行动推动经济其他领域的额外减排，实现所需的任何减排。然而，这在实践中很难实施和执行。

（2）治理风险

一般治理风险包括建立和运行减排量认证机制以及与碳市场衔接方面的挑战。

这些风险包括：

①配额价格的压力。虽然购买减排量可以降低企业的履约成本，但也降低了减排以及投资于碳市场覆盖行业减排技术的激励。在欧盟碳市场中，来自清洁发展机制的低成本减排量导致低价格和过剩配额供应的积累，政策制定者随后试图减少这些配额，以增加制度的稀缺性。以上对价格的影响可以通过使用价格和供应调整措施和/或抵消使用的数量限制来解决。

②交易成本高。与减排量认证机制相关的交易成本对管理者和参与者来说都可能很高。例如，减排项目实施者面临相对较高的 MRV 成本，而管理项目的政府部门则面临一系列实施成本，例如与确认项目资格（这可能是复杂和需要较多资源的）、注册项目、认证审计员以及认证和发放减排量相关的成本。监管机构和企业在覆盖较小且可能难以测量的排放源方面的高昂成本，往往是政策制定者选择不首先在排放贸易机制下覆盖这些排放源的原因。虽然费用可能很高，但减排项目实施者能够自行选择是否加入减排量认证机制，其只有在成本效益高的情况下才会参与。这意味着成本在一个行业中的分布并不均匀，面临相对较高交易成本的行为主体可以选择不参与抵消市场。这也突出了设计低成本减排量认证机制的重要性，例如通过使用正面清单或预先核准的资格规则，使审定和核查在行政上尽可能简单。

③分配问题。减排量认证机制可能会引起资源转移到国内或国际未覆盖行业。如上所述，这种资源和潜在共同利益的转移可能与其他政策目标相一致，但在不一致的情况下可能是一个不利因素。如果将资源转移到国外，这种失调可能会加剧，也会损害国际竞争力，而且存在公平问题，例如，某些排放源被纳入抵消计划，有效地获得了减排的补贴资金，而碳市场涵盖的其他排放源却产生了排放成本。

④补贴锁定。如果碳市场打算随着时间的推移扩大其覆盖范围，允许在覆盖行业之前产生抵消，可能会使随后扩大覆盖范围更加困难。也就是说，这些行业的企业更愿意从减排活动中获得收入，而不是承担控排责任。如果碳市场允许在国外产生抵消，决策者应设法管理卖方所在地区对售卖减排量获取资金量的预期。对抵消需求的突然变化（如在碳市场中不允许抵消）可能会对项目所在国产生负面影响。

⑤对减排项目所在国的不利影响。如果设计不当，减排量认证机制也可能导致减排项目所在国的不当激励。例如，如果没有充分的保护，当地可能寻求根据重新造林准则进行造林以产生抵消收入，进而森林可能会受到不利影响。政策制定者应该确保减排量认证机制不会造成损害。

为了管理这些影响，碳市场主管机构应对抵消使用施加定量限制和定性标准。此外，减排量的成本和供应很难预测，当收集到信息时，需要对任何数量限制进行审查。

（二）减排项目的来源

1. 符合碳市场使用条件的减排量的地理范围

符合碳市场使用条件的减排量的地理范围是指潜在项目或活动被批准的位置，包括以下两种活动。

一是在管辖范围内，包括在同一行政管辖区、国家或超国家实体的碳市场未覆盖的行业内进行的减排和封存活动。如果国内减排是一个关键的优先事项，而且还可以减轻合规监测和执法方面的担忧，那么只接受管辖范围内的抵消可能更可取。此外，减排措施的所有收益均在管辖范围内。例如，在美国加利福尼亚州总量控制与交易计划中，从 2021 年履约期开始，抵消减排量使用限额内的至少一半必须来自为该州提供直接环境效益的活动。

二是在管辖范围之外，包括在行政管辖区、国家或超国家实体之外进行的减排和封存活动。接受管辖范围以外的减排量扩大了潜在的供应来源，并提供了更多的低成本减排机会。减排量认证机制可针对范围广泛的国家（如清洁发展机制）、某些区域（如气候行动保护区内的《墨西哥林业议定书》）或基于双边协定的特定行业和项目（如日本的联合减排量认证机制）。管辖范围外覆盖范围的选择将在很大程度上取决于决策者希望如何平衡提高成本效益（这将有利于较大的地理范围）与实现其他政策目标（这可能有利于较小的地理范围，将随后的资金流引向某些群体），并考虑到减排指标的环境完整性。

2. 减排量项目的管理

在考虑减排量认证机制的管理时，决策者首先需要决定是否利用外部管理的减排量认证机制（如清洁发展机制和未来其他《联合国气候变化框架公约》减排量认证机制、其他管辖区的抵消和/或自愿减排交易市场方案）；如果是，依赖程度如何。

如果政策制定者选择建立国内减排量认证机制，则需要作出一系列进一步的决定。相关国内机构（可能与碳市场管理机构相同，也可能与碳市场管理机构不同）需要制定有关减排量认证机制的规则，以满足该行政管辖区的需要。

（三）抵消控制措施

政策制定者可能会制定定性标准或定量限制，以减轻使用抵消减排量涉及的风险，或抵消对碳市场运作的影响。

1. 定性标准

一般来说，当行业、部门、温室气体或活动具备如下条件时，应考虑被纳入抵消机制鼓励的范围：（1）减排潜力（以确保纳入抵消机制会产生影响）；（2）MRV能力（确保可以测量、报告和核查减排量）；（3）低减排成本（提高成本效益）；（4）低交易成本（提高成本效益）；（5）额外性、永久性和无泄漏的高度可能性

（以确保环境保护程度）；（6）环境和社会共同利益（使这些目标得以实现）；（7）对新技术投资进行激励的潜力（通过抵消机制的激励可以吸引更多投资）。

为了实现以上目的，许多碳市场要求用于抵消的减排量满足某些定性标准。这些标准通常反映了对共同收益和分配影响的评估，以及额外性、泄漏和逆转风险。欧洲和新西兰都禁止使用大型水电项目的减排量（出于政治和环境可持续性的考虑）和工业气体销毁（出于额外的考虑）。此外，欧盟尚未接受清洁发展机制下发放的临时减排量，因此排除了某些造林和再造林项目的减排量，清洁发展机制仅将其视为临时减排量。尽管新西兰有一个奖励林业固碳的国内抵消机制，但它也不接受临时排减量，理由是它无法控制在其境外发生碳逆转的风险。

定性限制也可以看作是对被接受的项目类型的积极激励。被认为有可能有助于社会学习和转型的项目可以通过成为合格的抵消类别而得到支持。例如，深圳碳排放权交易试点面向特定的清洁能源和运输项目以及海洋碳封存。自 2013 年以来，欧盟碳市场只接受最不发达国家的新项目，因为那里的项目获得减排资金的渠道最为有限。

考虑到早期行动带来的学习益处和锁定高排放技术的风险降低，一些碳市场还选择在实施碳市场之前使用抵消来识别早期行动。中国碳交易试点接受一些在中国温室气体自愿减排机制下，通过清洁发展机制采取的早期行动所产生的减排量。其他目标包括确保环境质量、降低履约成本和产生共同效益。

2. 定量标准

政策制定者通常限制碳市场中补偿的使用，以实现特定的政策目标。例如，数量限制可能有助于实现当地减排和共同收益。虽然一吨用于抵消的碳减排量相当于一吨履约目的的配额，但当减排量的数量限制具有约束力时，它们的交易价格往往低于配额。如果企业使用的减排量达到上限，那么就不能再用减排量来履约，这导致需求和价格相对于配额价格下降。抵消减排量的数量限制也可以与价格或供应调整措施结合使用，作为价格管理工具。

最直接和常用的数量限制是限制实体的用于抵消履约义务的减排量额度。例如，在韩国碳市场，每个管控对象只能使用抵消来弥补其 10% 的履约义务。除了对管控对象的履约义务份额进行限制外，在欧盟碳排放权交易体系第二阶段和第三阶段，国际抵消减排量的使用仅限于估计总减排量的 50%。日本埼玉县还使用了与减排量相关的限制，并进一步根据实体划分了限制程度，允许工厂使用比办公室更多的减排量用于履约。

五、明确履约与监督机制

履约考核是每一个"碳交易履约周期"的最后一个环节，也是最重要的环节之一。履约考核是确保碳交易体系对排放企业具有约束力的基础，基本原理是将企业在履约周期末上缴的履约工具（碳配额或减排信用）数量与其在该履约周期的经核查排放量进行核对，前者大于等于后者则被视为合规，小于后者则被视为违规，要受到惩罚。未履约惩罚是确保碳交易政策具有约束力的保障。

对未履约企业的处罚应设定在超出实体预期的违规收益的水平。通常组合使用的处罚措施包括：

（1）公告存在违规行为的实体名称。可以发布不符合的实体的名称。在企业的声誉会受到此类声明的重大影响的行政管辖区，这会特别有用。

（2）罚款。可以采取固定数量的形式，也可以根据不符合的程度按比例设置，例如，按每吨配额缺口进行处罚。罚款的金额可以参照配额市场价格来确定。故意不服从的企业罚款高于非故意企业的罚款。

（3）配额处罚。这有助于保持环境保护程度。设施必须在一定的时间内通过从市场上购买配额或从其未来的配额中预借（通常伴随惩罚性的利率）来履约。

（4）进一步措施。持续或反复的故意违规应受到更严厉的处罚，包括承担刑事责任。此外，也可以使用碳市场以外的处罚，例如，我国的一些碳交易市场试点制度将碳市场绩效与新的建设项目批准、国有企业绩效评估、享受某些优惠金融政策的资格以及信用记录联系起来。

主管部门必须通过有公信力的惩罚制度确保履约，包括向社会公告违规行为、罚款、赔偿等措施的组合。对纳管实体来说，公告违规行为已被证明具有强大的威慑力，可以通过公开披露碳市场违法行为来加强这种威慑力量，但除此之外仍然需要一个具有约束力的处罚制度。

第三节　碳市场的价格形成和交易

一、碳市场价格形成规则

（一）配额需求和供给的影响因素

影响一个碳市场中配额供给与需求的因素多种多样，这些因素决定配额价格及其随时间变化的规律。配额的总供给量取决于以下因素：

（1）总量控制目标和与之相关的配额数量（采取免费分配、拍卖或配额储备形式）；

（2）从以往履约期结转（"储存"）或从未来履约期预支（"预借"）的配额量；

（3）抵消指标的可获得性；

（4）来自对接体系的配额的可获得性。

因此，供给量在很大程度上取决于政策制定者设置的参数。这种相关性既可直接通过设定总量来实现，又可间接通过设定与抵消指标、储存、预借或体系对接相关的规则来实现。

相比之下，碳排放配额的总需求在很大程度上取决于技术、预期、外部冲击和市场参与者的利润最大化选择。以下是确定配额需求的重要因素：

（1）照常情景（BAU）（不存在碳价的情景）下的排放水平及其与总量控制目标的关系；

（2）被覆盖行业的减排成本（受天气、经济条件、资本存量和现有技术等因素的驱动）；

（3）其他降低覆盖行业排放水平的政策的成果（如可再生能源目标或燃油经济性标准）；

（4）对未来配额价格的预期，决定了对储存的配额用于未来履约的需求，以及需要对冲的价格风险；

（5）技术变革，包括受预期驱动的变革，如对碳市场未来总量严苛性的预期和对未来配额需求的预期；

（6）外部对接的碳市场对配额的需求。

（二）价格水平与波动性

市场通过设定价格来确保在任一时间点上配额供给与需求的平衡。当处于经济强劲期和企业业务扩展期时，对产品的需求相对较高，因此相关排放量也会随之增加。这会增加基准情景下的碳排放量和实现既定总量控制目标所需的减排量。在碳市场中，潜在的经济和技术条件与碳交易体系总量相互作用，以确定价格。例如，在减排技术和其他因素相同的情况下，更快的经济增长速度将导致更高的碳价格。相反，在相同条件下，较低的经济增长速度将导致较低的碳价格，甚至可能降至零，尤其是在不允许配额储存的情况下。

对配额市场的预期也是价格形成的主要驱动因素。例如，低利率可在降低面向未来的配额投资成本的同时，增加配额跨期储存的需求；相比之下，对碳市场的未来的不确定性会降低这种需求。预期可能意味着，即使在短期内与当前生产相关的配额总需求量低于市场上可用的配额总量（供给），若存在对配额储存的需求，则配额价格仍可能大于零。预期经济形势与政策走向也十分重要，因为它们会影响固定资产与技术研发的预期投资收益率，而此类投资会在一段时期内产生回报。

各种体系设计特点使受监管实体能够应对短期价格波动。广泛的范围、跨时期的灵活性规定、定期举行的拍卖、从对接体系获得抵消指标和配额以及获得衍生工具和其他对冲产品，都有助于降低价格波动的程度及其影响。一般来说，适度的价格波动对受监管实体和政策制定者来说并不是一个严重的问题，如果有期权、期货和其他对冲产品等金融市场工具，就可以对价格的波动进行管理，就像其他商品市场一样。

促进金融部门参与二级市场对管理价格波动很重要，因为它能够提供相应的金融工具。金融部门可以协助创造对冲价格变化风险的产品，可以为受监管实体所用，如期权和期货合约。

除了价格的短期波动之外，市场可能还会经历持久且系统的价格变化：预期价格与实际价格之间存在差异，且这种差异在中长期持续存在。换句话说，这意味着价格始终高于或低于预期。

例如，经济增长和排放的快速扩张可能导致价格在很长一段时间内保持出乎意料的高水平。这可能给企业竞争力带来不利影响，如果高价格的影响不成比例地由弱势群体承担，可能会对分配产生不良影响。经济衰退或可再生能源的使用速度超出预期，可能导致价格长期相对较低。市场参与者不太可能用衍生工具完全缓冲这种中长期价格变化，因为衍生工具可能不可用，或者只能在相对较短的时间内（很少超过 3 年）可用。同样地，储存配额或预借未来年份的配额不足以缓冲价格大幅的、持续的和意料之外的上涨或下跌。

（三）建设有效的二级市场

二级市场是指配额在拍卖或免费分配后在企业之间进行交易的市场。虽然交易是由私人行为主体完成的，但政策制定者在确定市场结构和必须遵循的规则方面发挥着重要作用。碳市场设计的各个方面都会在某种程度上影响二级市场的功能，但决定谁可以参与这些市场尤为重要。碳市场下有履约义务的企业需要参与市场，但其他参与者，如金融市场参与者，可以在增加流动性和提供风险管理产品及渠道方面发挥重要作用。

1. 建设二级市场并引入投资者

金融市场在塑造一系列产品的生产和投资模式方面发挥着关键作用，在碳市场上也可以发挥同样重要的作用。金融市场的参与者可以提供流动性和支持信息流，从跨市场的价差中套利，促进有履约义务的实体进行交易，创造金融产品来管理价格和数量风险，并在某些情况下影响未来市场价格。

来自银行、投资公司和相关实体的交易员经常从事套利活动，这意味着他们可以利用碳市场和其他市场之间的价差，买入价格偏低的指标，然后卖出获利。交易员甚至可以对微小的价差加以利用以创造大规模的套利机会，为寻求交易以完成履约的实体提供配额需求或供应来源。套利过程可以减少价格波动，并更好地使碳定价结果与多个市场的基本价格驱动因素保持一致，例如，确保能源商品价格的变化反映在碳价格中。

如果金融市场参与者和其他投资者认为长期价格相对于当前价格水平过高或过

低，他们可能会在碳市场上持有长期的头寸。金融市场参与者在价格低于长期预期时买入，在价格高于长期预期时卖出，通过缩小交易价格区间减小市场的波动性。这有助于向市场提供二级市场的需求或供应来源，推动价格上涨或下跌，这也将推动跨期替代，因为履约实体可根据碳价格水平的变化增加或减少排放。

很多市场设计决策会影响二级市场的发展。这就需要采取协调一致的办法来避免不必要的交易壁垒，例如，允许配额储存以推动减排措施随着时间的推移而变化。其他设计决策也可以着眼于二级市场的发展，例如，碳排放配额登记注册系统和拍卖平台可以与二级市场交易所相结合，使交易能够以较低的成本和较高的参与度进行。碳市场的场内交易在提供风险管理服务和信息流方面发挥着重要作用。

通过为二级市场的发展创造条件并确保信息的透明流动，政策制定者可以帮助纳入企业了解供需动态，更好地管理与配额价格波动相关的风险。

政策制定者可以针对以下几个方面的市场运作提供相关信息：

（1）一个行业、企业或设施的排放水平和提供免费配额的规定；

（2）拍卖的结果和潜在的供求关系；

（3）关于在注册登记系统进行的交易的类型、数量和时间安排；

（4）PSAM 的运行及其影响；

（5）任何不当行为的证据，如市场操纵或违规行为。

向金融部门和其他参与者开放碳市场，会使碳市场的运作更像金融市场，同时需要将监管扩大到这一新的交易环节。这本身带来了一系列风险，促使欧盟等国家或地区利用现有的金融市场监管权力来监管碳市场。允许金融市场参与者进行排放配额交易或参与拍卖，会给排放权交易机制的运作带来额外的复杂性，需要对更多参与者进行更大程度的监督和管理。然而，也可以利用现有的交易商品和金融产品的法律和监管安排，这样就不需要制定新的规则。尽管如此，金融市场参与者有时还是在碳市场的试点阶段或初始运行期间不被允许参与交易。

2. 通过交易制度设计促进交易

碳市场的交易通常通过金融服务提供商进行，金融服务提供商通常充当履约实体的交易经纪人，或提供市场趋势和前景的信息。配额交易有三种方式。一是履约实体之间的直接交易；二是经纪人促成的交易（场外交易）；三是在特定平台上进行的交易所交易（场内交易）。这些方式在交易成本、灵活性和提供市场信息方面有所不同。

一般而言，履约实体之间的直接交易很少，因为确定潜在交易伙伴和商定交易条件涉及的交易成本可能很高。这种交易较为灵活，因为可以在企业之间达成交易协议；然而，交易对手风险更高，因为存在一方不遵守交易协议的风险。同样地，如果没有一个中央实体来确定和报告交易条件，这种方式就无法向更大范围的市场提供有关配额需求和供应的信息。

场外交易通常由作为经纪人和交易商的专业公司促成。这些经纪人会买卖配额，自己交易，但更常见的是充当其他企业之间交易的中间人。场外交易相对于直接交易降低了交易成本，因为与直接交易相比，经纪人可以更有效地连接买卖双方。场外交易具有灵活性，可以根据买卖双方的需要拟定个性化的交易条款；还可以持有配额或在一个独立的账户保存交易款项，直到双方完成合同义务再放款，这样可以防止拖欠。然而，定制化的交易需要匹配卖方和买方，因此很难有效地应对快速变化的市场环境。作为场外交易经纪人的专业公司决定其在交易中发布信息的程度，这意味着大盘可获得的信息往往很少。这会对市场监管产生影响，因为评估市场运行情况的信息有限。

基于交易所的交易（场内交易）发生在证券交易所或商品交易所等平台上。这些平台促进了标准化合同的交易，每小时可能有数千笔交易发生，有广大的买家和卖家参与。通过汇集买家和卖家，这些交易所提供了一个重要的价格发现来源，因为信息的差异反映在需求和供应中，即以一定价值进行买卖的意愿。因此，市场价格汇集了各种信息，并以透明的碳价格传达市场对这些配额价值的整体看法。除了促进交易外，这些现成的有关配额价格和数量的信息也支持政府对市场运作的监督。交易所还通过要求交易之前支付担保费用，以及利用清算所促进交易结算降低交易对手的风险。而且，场内交易支持发展流动性衍生品市场，通过对冲碳定价风险进行风险管理。尽管市场条件不确定，但这些风险管理产品能够锁定当前履约期之后的碳价并减少不确定性，使企业有信心投资减排技术和项目。

3. 提供风险管理工具

金融服务部门能够帮助履约企业管理风险，这些风险与交易以及生产过程的排放变化相关，特别是，随着场外或场内交易的衍生产品的发展，企业能够通过对冲未来碳价格变动来管理风险。

金融市场参与者创造了本不存在的风险管理产品，这些产品被称为衍生工具的风险管理工具。企业可以使用期货、远期、期权和掉期等产品降低价格的不确定性。期货合约通常被企业用来约定在未来某个时间点以固定价格买卖配额，通常在衍生品交易所（如洲际交易所）或能源交易所（如欧洲能源交易所）进行交易，使企业能够提前锁定未来购买配额的价格。

期货市场和其他衍生产品对企业来说很有价值，这些企业可能希望确定自己未来的碳成本。在许多行业，生产决策都是事先作出的，企业在制定产品价格时希望能够确定成本。这方面的一个例子是电力行业，其中很大一部分发电量是提前几年出售的，可以通过长期购电协议，也可以通过远期合同，远期合同一般涵盖未来2~3年。这就锁定了发电商的很大一部分收入，同时意味着为了确保一定的利润水平，发电商也可以寻求锁定成本。由于碳负债在总成本中占很大比例，发电商通常使用衍生产品来降低碳价格变化的风险。

这些期货市场还提供影响价格的渠道，未来的价格预期可以影响当前的碳价格。鉴于衍生品合约价格与现货市场价格之间存在明显联系，流动性期货市场鼓励套利。因此，衍生品的存在可以改善价格发现功能，并通过套利交易建立更有效的现货市场。这有助于推动跨期替代，因为它保证了未来配额的销售或购买。

4. 直接应对波动性和流动性的措施

除了允许金融市场中介机构参与碳市场二级市场之外，政府还可以直接管理波动性和支持流动性。中国碳市场试点推出的措施侧重于管理市场波动性，而韩国碳市场则引入做市商机制，以支持流动性。

中国的碳市场试点引入了一些额外措施来限制价格波动，包括采用熔断机制，即当价格每日涨跌幅度达到限制时（通常为10%～30%），熔断机制将停止二级市场的交易。这些措施的具体设计因试点而异。在湖北碳市场试点，价格波动由交易所直接控制，交易所将日常价格波动控制在开盘价的10%以内，一旦出现供需失衡或流动性问题，就可以进行干预。同样地，在福建碳市场试点中，当监管机构判断市场存在供需失衡，或出现流动性问题时，监管机构可以干预市场。

韩国碳市场于2019年引入做市商机制，以提高市场稳定性和流动性。该机制是在此前数年市场的流动性不强的背景下出台的，流动性不强的部分原因是免费分配的配额占了很大比例。该机制的主要目的是当市场出现短缺时为无法购买到配额的企业提供卖盘。韩国开发银行和韩国工业银行被指定为做市商，如果需要，可以动用政府持有的500万份配额来增加市场流动性。这些干预措施有助于降低价格波动，从而降低短期价格风险，增强市场信心。同样，韩国碳市场中的做市商机制有助于为寻求购买或出售配额的履约企业提供流动性。然而，这些直接干预措施也有可能导致扭曲，使价格偏离经济基本面，造成低效率，降低市场信心。

通常来说，为减少短期波动或提供流动性而进行的直接干预应是例外，不应经常出现在碳市场的运行过程中。有效的市场运作和价格发现可以通过良好的市场设计来保证，包括有雄心水平的总量、大比例的配额拍卖以及允许广泛的金融市场中介机构参与二级市场。只有当市场设计的其他方面被证明无效时，才应考虑政府的干预。

二、市场稳定机制

（一）市场的不稳定因素

在碳市场中，市场动态有时会导致价格始终远低于（在极端情况下或高于）政策制定者认为符合其长期经济或环境目标的价格，从而凸显出进行市场干预的必要性。有两个主要因素导致出现极端价格：一是伴随碳市场和其他市场的潜在不确定性而来的潜在冲击和不确定性；二是政府和市场失灵。

1. 冲击和不确定性

世界是不确定的，意外的冲击将影响碳市场的运作。对需求的冲击或对供给的冲击都可能导致价格的巨大且持久的变化，人们越来越认识到，碳市场需要应对这些冲击以保持稳健。

需求冲击是一种意外事件，它改变了碳市场覆盖实体的排放状况或减排成本，从而改变了对排放配额的需求。需求冲击通常由经济因素或意外的技术发展驱动。例如，2008 年国际金融危机和随后的经济衰退导致工业活动和排放量迅速下降，这使欧盟碳市场的配额价格从 2008 年的 20 欧元以上下降到 2009 年的 10 欧元以下。美国非常规天然气热潮在推动东北部各州电力部门重组方面发挥了关键作用，并导致区域温室气体倡议（RGGI）的排放量和需求迅速下降。目前，新冠肺炎疫情的影响以及国家或地区的政策应对导致经济活动、排放量以及排放配额需求显著下降。

冲击可能对不同行业产生不同的影响，在决定碳市场的覆盖范围时应予以考虑。例如，2008 年国际金融危机对欧洲电力和工业部门的排放量产生了较大影响，而运输等其他部门的需求和排放量变化则小得多。美国非常规天然气热潮主要推动了电力行业的减排，而电力行业是 RGGI 覆盖的唯一行业。更广泛的覆盖范围通常会降低市场受到特定行业冲击而产生的不成比例影响的风险。

排放配额供应的迅速增加也是一种冲击。例如，2009—2012 年清洁发展机制下低成本抵消指标的供应和使用规模迅速增加，新西兰碳市场和欧盟碳市场即出现了这种情况。在这种情况下，供应的迅速扩张导致市场上出现大量的履约指标，这大大降低了配额价格，在这之后主管部门才引入了对抵消指标进行严格限制的规定以稳定价格。

2. 政府和市场失灵

为限制配额价格过度波动而进行干预的潜在必要性，需要与干预市场本身造成市场扭曲的可能性相平衡。通过采用基于市场的方法进行配额分配，有助于在受监管实体之间以成本有效的方式分配减排责任。但这种分配可能会受到市场扭曲或政策干预意外影响的危害。

特别是，政策干预可能会造成未来政策发展的不确定性，从而加剧价格的过度波动或可变性。各国政府将始终保持合法地改变碳市场某些关键参数和调整碳市场相关的政策组合的能力。这些调整或对这些调整的预期，也可能导致相当大的价格变化，同时增加减排投资风险的不确定性。例如，在欧盟碳排放权交易体系的第三阶段，为平衡配额总量供需而推迟配额拍卖的政策导致相当大的价格变动。

如果措施设计合理并以可预测的方式运作，则会使 PSAM 增加的监管不确定性的程度受到限制。至少它们应该是透明的，有一个长期的视角，并有一个明确且有针对性的职权范围。如果有效实施，PSAM 可以减少监管不确定性，改善碳市场的功能，从而减少对未来监管变化的需要。计划周密、可预测的 PSAM 操作方法可以帮助稳定价格预期，而不是增大价格波动性。

尽管政策制定者尽了最大努力，但市场缺陷可能持续存在，这可能导致配额价格"过高"或"过低"，或者无法反映所有相关因素。例如，通常预期较低的配额价格会导致需求增加，因为市场参与者会寻求储存配额，以便在以后将其用于履约。这会使配额价格在短期震荡后部分自我修正。然而，如果市场参与者有系统性的高于或低于"理想"的贴现率，或缺乏战略洞察力及信息以至于无法在短期内正确评估配额，这种自我修正可能不会发生，而配额价格仍将保持在低位。监管的不确定性会加剧这种情况，这会进一步增加配额长期价值的不确定性。

主管部门需要认真考虑当地背景和政策设计，这样才能建设和运作良好的二级市场。例如，尽管存在需求，有时可能无法以具有竞争力的价格购买对冲产品；这就是所谓的"缺失市场"。缺失市场可能是由于政策选择、国家或地区内金融市场发展不充分以及特定碳市场的特点（如规模小）造成的。

影响二级市场发展的因素有很多。例如，韩国以外汇为基础的贸易缺乏流动性，这给需要配额进行履约的控排企业带来了麻烦。其他国家或地区，如新西兰，提供了活跃的场外交易，但缺乏通过标准化合同进行的交易。只有欧盟碳市场拥有基于交易所的衍生品交易，这为企业提供了长期对冲选择，甚至这些市场只进行提前几年的合约交易。虽然这种缺乏长期套期保值的情况在其他大宗商品市场也很常见，但这意味着，希望在回收期较长的项目上进行投资的企业仍然承担着很大程度的风险。

缺乏市场信息也可能导致二级市场的运行结果不完美，因为参与者将在没有所需信息的情况下进行决策。例如，在韩国碳市场中，由于企业不能确定市场的潜在需求，担心无法获得所需的配额，价格在接近履约期截止日期时飙升。这是碳市场的特殊风险，若进行高水平的免费分配，则会降低交易的需求。流动性不足可能导致二级市场的价格发现不力，如果碳市场未来的严格性缺乏明确性，则可能会加剧这种情况。这可以通过政府提供有关碳市场如何运作及其未来方向的明确信息来缓解，也可以通过金融市场中介来缓解。中介机构帮助匹配买家和卖家，为市场提供风险管理产品，并有动机提供市场信息，以增强信心和促进交易。一些国家或地区，美国如加利福尼亚州，已设法支持运作良好的二级市场。只进行有限的场内交易，部分原因是受限的免费分配促进了流动性场外交易市场的发展。

（二）对市场干预的措施

考虑到碳市场价格波动过大的风险，碳市场现在通常采用某种形式的 PSAM。

PSAM 有助于国家或地区建设一个可预测和有效的市场，该市场可以确保足够高的碳价以支持长期脱碳，但也不会因价格太高而导致成本过高。PSAM 将根据某些标准来调整市场上的配额供应。其他措施可通过"补足"受管控企业面临的成本来确保排放成本最低。

PSAM 的实施将在很大程度上取决于其设计，设计 PSAM 的方法有所不同，这取决于它们是针对低价格、高价格还是管理配额供应的数量。

1. 以高碳价或低碳价为目标

PSAM 能够针对市场中的低碳价或高碳价进行操作，或同时针对这两种情况进行操作。通常来讲，如果价格太低则减少供应，如果价格太高则增加供应。通过提高碳价的确定性，PSAM 可以帮助确定未来价格预期的界限。这有助于对低碳技术和资产的投资。通过收紧未来价格预期的界限，PSAM 能够降低价格风险，从而降低项目投资所需的回报率，因此有助于增加减排投资。

越来越多的国家或地区正在试图管理来自高碳价和低碳价的潜在风险。欧盟碳排放权交易体系、美国加利福尼亚州总量控制与交易体系、加拿大魁北克省总量控制与交易体系和美国的区域温室气体倡议都有 PSAM，分别在碳价过高或过低时寻求增加或减少配额供应。新西兰碳市场正在从只应对高价格转向同时应对低价格和高价格。中国的碳市场试点则采取了多种方式，北京碳市场试点只针对高价格，湖北和深圳碳市场试点则同时针对高价格和低价格。

2. 确定价格或供应调整的触发条件

大多数国家或地区都以价格或数量作为触发条件来制定 PSAM 的明确规则。大多数碳交易体系使用基于价格的触发条件，这使它们能够直接在价格和数量之间进行权衡。然而，欧盟碳市场采用了基于数量的触发条件。

价格触发方式有助于将配额的市场价格保持在一定范围内。这样做的好处是为企业提供了关于碳价水平和未来轨迹的更大的确定性。碳价水平对于确定一项投资在财务上是否可行以及规划未来可能影响排放水平的流程变化至关重要。通过发出底价信号，企业可以更好地计划投资，并且如果能够排除将来的极端价格变动，则与这些投资相关的风险将降低。价格触发方式的缺点包括：在政治上很难确定正确的价格范围，因为不同的行业和利益集团可能在合适的轨迹上存在分歧。此外，减排成本可能会发生重大变化，例如，燃料价格的变化，这可能会影响选择合适的价格触发条件。

数量触发方式有助于管理流通中的配额数量。在给定固定总量的情况下，数量触发的配额储备将通过在储备中增加或减少配额，并根据预定义的触发条件将其释放到市场中，以此应对外部冲击，这些触发条件中包括盈余或储存的配额数量。数量触发方式的优势在于，它保留了灵活的供应，同时规避了直接以价格为触发条件的方法在政治上的不可行性。这也使得对价格的影响更加不确定，并且使数量触发方式在实现想要的碳价时面临更大的困难。这一特点可能使其在某些政策环境下更容易实施，特别是在以价格为触发条件时面临较大政治挑战的情况下，但这种触发方式不太适合直接针对具体的价格。

价格和数量的触发机制可以设计为"软"或"硬"。软干预将增加或减少供应直至达到预定的限度，而硬干预可能无限增加或减少供应。例如，成本控制储备将以给定的价格发放配额，直到储备耗尽，而硬价格上限将以该价格提供无限的额外配额供应或履约指标。硬干预提供了更大的确定性，使价格保持在预定的范围内，并通常采用价格触发的方式。这意味着该方式在降低价格波动性方面更为有效。然而，硬干预可能会造成体系对接障碍，并可能产生巨大的财政后果。例如，如果价格长期处于低位，那么政府将承担巨大的配额购买成本。

3. 临时性和永久性供应调整

PSAM 通过增加或减少供给来改变短期内的配额供给，但是如何处理注入或移除的配额是一个问题。

作出临时性或永久性的供应调整的决定与碳交易体系总量设定和通过拍卖方式分配的配额有明确的联系。在未来的拍卖或总量中用配额的变化来抵消当前供应量变化的 PSAM 被称为供应量的临时性变化。供应的永久性变化是指当前的部分或全部供应的变化不会被未来拍卖或未来总量所抵消。对市场供应有临时性影响的PSAM 随着时间的推移使市场平稳。具有永久性供应响应的 PSAM 可以影响体系实现的雄心水平。目前，两种方式都有使用。

美国加利福尼亚州总量控制与交易体系、加拿大魁北克省总量控制与交易体系和韩国碳市场使用 PSAM 提供临时性供应响应，因为拍卖中未售出的配额将在随后的拍卖中返还给市场，而成本控制储备中的配额则来自其他年份的碳交易体系总量。自 2021 年起，加利福尼亚州总量控制与交易体系允许以价格上限增加配额供应，尽管按价格上限（如果触发）出售的额外履约配额的收入需要用于从低碳项目购买额外的等量的减排量，以确保碳市场的环境完整性。

欧盟碳排放权交易体系和美国的区域温室气体倡议的排放控制储备通过取消超额配额来永久性改变供应。这有效地增强了碳市场的雄心水平，可能会影响到整个国家或地区的排放目标。相应地，RGGI 的 CCR 来源于碳交易体系总量以外的配额，当因高需求和高价格而达到触发条件时，体系的总排放量增加。虽然临时性供应响应更容易引入，但永久性供应响应将引发更大的行为变化。

永久性供应调整对碳市场的有效雄心水平有影响。例如，以永久性减少供应为特征的 PSAM 有效地降低了累积排放量，并且可以起到增强雄心水平的作用。然而，允许永久性增加供应量的 PSAM 可能导致累积排放量的增加，从而损害国家或地区实现其减排目标的能力。因此，最好避免永久性增加供应，但永久性减少供应可在帮助各国逐步实现减排目标的雄心水平方面发挥有益作用。

4. 自主裁量的 PSAM

大多数 PSAM 基于规则预先明确了干预的要求。然而，包括韩国碳市场和中国某些碳市场试点在内的一些国家或地区的碳市场保留了自由裁量的干预措施，在干预市场的时间和方式方面保持了灵活性。

可自由裁量的 PSAM 明确可能发生干预的情况及潜在的干预方法，但不具体说明干预的确切措施。在提供灵活性的同时，如果因缺乏明确的干预标准中造成不可预测性，这种方法可能会适得其反。近年来，随着欧盟和新西兰碳市场采取了基于规则的措施，韩国碳市场正在研究转向基于规则的方式，出现了一种更加依赖基于规则的 PSAM 的趋势。总的来说，基于规则的 PSAM 为监管机构应对冲击和不可预见的事件提供了更多的确定性，因此被认为在管理过度的价格波动方面效果更好。

三、碳金融

随着全球碳市场的建立，碳金融市场应运而生。围绕碳排放权交易、碳减排项目交易以及各种金融衍生品交易，金融机构与碳排放权交易所、控排企业等市场参与主体开展了一系列碳金融创新活动。碳金融创新可以分为套期保值类金融创新、融资类金融创新、资产管理类金融创新和多元化投资类金融创新。

（一）套期保值类金融创新

套期保值交易是指在某一时间点，在现货市场和期货市场对同一种类的商品同时进行数量相等但方向相反的买卖活动。当价格变动使现货买卖上出现盈亏时，可由期货交易上的盈亏来抵消或弥补。这是在现货与期货、近期与远期之间建立一种对冲机制，以使价格风险降到最低限度。碳资产具有天然的标准化属性，需求量大、交易周期长，十分适合作为套期保值的标的物开展交易。针对碳资产进行套期保值交易，可以实现盈亏相抵，从而转移碳资产现货交易的风险。

碳套期保值交易主要有四大作用。一是有助于价格发现，比较真实地反映出供求情况，揭示市场对未来价格的预期，解决市场信息不对称问题，引导碳现货价格。二是有助于提高碳市场交易活跃度，增强市场流动性，平抑价格波动。三是有助于风险管理，为市场主体提供对冲价格风险的工具，有效规避交易风险，便于企业更好地管理碳资产风险敞口。四是有助于完善资产配置，满足不同风险偏好投资者的需求。

1. 碳期货

碳期货是指在固定的交易场所，由交易双方约定好在未来某一确定时间和确定地点，购买或者卖出碳排放权的标准化合约。这是一种以碳买卖市场的交易为基础，以碳排放权为标的，将碳排放权交易与期货相结合，为应对碳市场风险而衍生的一种金融产品。其基本要素包括交易平台、合约规模、保证金制度、报价单位、最小交易规模、最小/最大波幅、合约到期日、结算方式、清算方式等。

碳期货市场需要扎实的碳现货市场作为支撑，我国当前现货市场尚不成熟，交易品种少，交易规模小，交易价格弹性空间不足，市场主导作用发挥不充分，因而我国碳期货市场起步较晚。广州期货交易所于2021年4月正式揭牌，将在证监会的指导下逐步推进创新型碳期货产品研发，持续关注碳现货市场运行及制度建设情况，在条件成熟时研究推出碳排放权相关的期货品种。全国碳市场的启动，对于碳期货市场的推出将起到加速推动作用，有助于进一步完善碳期货及其衍生品市场的发展。

借鉴国外的碳期货发展情况，未来我国的碳期货市场发展潜力非常可观。目前欧盟的碳现货与碳期货同时存在，但碳期货市场交易量远大于碳现货市场交易量，碳期货及其衍生品目前的交易规模占碳交易规模总量的90%以上。国际上主要的碳期货产品包括欧洲气候交易所碳金融合约（ECX CFI）、排放许可期货（EUA Futures）和核证减排量期货（CER Futures）。我国已拥有全球规模最大的碳现货交易市场，有必要借助国外经验推出碳期货产品。

2. 碳远期

碳远期是指买卖双方以合约的方式，约定在未来某一时期以确定价格买卖一定数量碳配额或项目减排量等碳资产的非标准化合约。该交易方式一般为场外交易，双方协商确定合约的价格、数量和交货时间等内容，最后以实物交割方式履约。因价格确定，所以不存在价格风险，但由于监管结构较为松散，容易面临违约风险。

3. 碳期权

碳期权是指买方向卖方支付一定数额的权利金后，拥有在约定期内或到期日内以一定价格出售或购买一定数量标的物的权利。买方行权时，卖方必须按期权约定履行义务，买方放弃行权时卖方则赚取权利金。期权合约标的物包括碳排放权现货或期货，碳期权按照交易场所可分为场内期权和场外期权，按照预期变化方向可分为看涨期权和看跌期权。

4. 碳掉期

碳掉期是以碳排放权为标的物，双方以固定价格确定交易，并约定未来某个时间以当时的市场价格完成与固定价交易对应的反向交易，最终只需对两次交易的差价进行现金结算。

（二）融资类金融创新

1. 碳质押贷款

碳质押贷款是指银行向申请人提供的以申请人持有的碳资产为质押担保条件，为企业提供融资的授信业务。贷款到期后，申请人正常还款收回质押物。若申请人无法还款，其质押物将被冻结，银行可将碳资产入市交易。碳减排项目业主和碳配额持有者可将其可交易的碳资产作为主要质押品申请融资，用于支持减排项目建设或企业发展。碳质押贷款采用可交易的碳资产作为主要质押品，企业能够通过这种方式盘活未来碳资产。但目前最大的难点是如何评估未来碳资产的价值，因而需要银行积极开发碳资产评估工具，量化系统风险，灵活设置贷款额度和期限等要素。

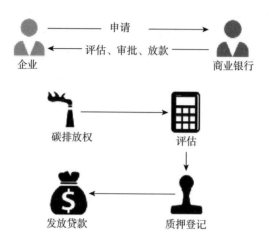

图3.3　碳质押贷款流程

2. 碳回购融资

碳回购融资是指碳资产持有者（正回购方）向碳市场参与者（逆回购方）出售碳资源，并约定在一定期限后按照约定价格回购所售碳资源，企业能够通过这种方式获得短期资金融通。这种模式既有利于帮助重点排放企业盘活碳资产，又能满足逆回购方获取碳资产参与碳交易的需求，增加交易双方获利机会，吸引更多资源参与碳交易，提升碳市场的流动性。

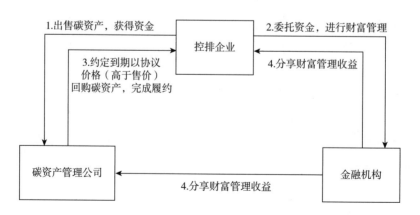

图3.4　碳资产售出回购流程

3. 碳债券

碳债券是指发行债券募集资金用于新能源项目建设，债券利率由固定利率与浮动利率两部分组成，其中固定利率部分与新能源发电收益正向关联，浮动利率部分与项目 CCER 交易收益正向关联。首先，碳债券的投向十分明确，紧紧围绕可再生能源进行投资。其次，它采取固定利率加浮动利率的产品设计，将 CDM 收入中的一定比例用于浮动利息的支付，实现了项目投资者与债券投资者对 CDM 收益的分享。最后，碳债券对于包括 CDM 交易市场在内的新型虚拟交易市场有扩容的作用，它的大规模发行将最终促进整个金融体系和资本市场向低碳经济导向下新型市场的转变。

（三）资产管理类金融创新

1. 碳托管

碳托管是指将企业所有与碳排放相关的管理工作（包括减排项目开发，碳资产账户管理，碳交易委托与执行，低碳项目投融资、风险评估等相关碳金融咨询服务）委托给专业碳资产管理机构进行集中管理和交易的活动，以达到企业碳资产增值的目的。该模式有助于整合碳资产管理工作，增加企业碳资产保值增值机会。

2. 碳保险

碳保险是指通过与保险公司合作，对重点排放企业新投入的减排设备提供减排保险，或者对 CCER 项目买卖双方的 CCER 产生量提供保险。碳保险能够为低碳技术的发展提供市场化的保障机制，有力助推低碳产业发展，以及为低碳项目建设提供长期性资金支持，发挥应对全球气候变化的积极作用。

碳保险主要有两大类型：一是林业碳汇保险，是指以天然林、用材林、防护林、经济林以及其他可以吸收二氧化碳的林木为保险标的，对林木在整个成长过程中可能遭受的自然灾害和意外事故导致吸碳量的减少所造成的损失提供经济赔偿的保险。该险种根据当地森林树种、胸径等数据，计算出蓄积量，再换算出生物量，最后根据含碳率得出固碳量。该险种以碳汇损失计量为补偿依据，将因火灾、冻灾、泥石流、山体滑坡等合同约定灾因造成的森林固碳量损失指数化，当损失达到保险合同约定的标准时，视为保险事故发生，保险公司按照约定标准进行赔偿。林业碳汇保险具有很强的政策性保险特征，通过增加二氧化碳的吸收量来达到环境保护的目的，保费来源为政府补助和对"三高"企业的惩罚金。二是碳交易信用保险，是指以碳排放权交易过程中合同约定的排放权数量为保险标的，对买卖双方因故不能完成交易时权利人受到的损失提供经济赔偿的保险。该险种是一种担保性质的保险，为碳交易的双方搭建一个良好的信誉平台，有利于碳交易市场的积极发展。

（四）多元化投资类金融创新

1. 碳基金

碳基金是指由政府、金融机构、企业或个人投资设立基金募集资金，资金一是直接参与碳市场交易；二是投资新能源项目，利用新能源项目开发 CCER 入市交易，经过一段时期后给予投资者碳信用或现金回报，有助于缓解气候变暖。

2. 碳理财

碳理财是指与碳排放权挂钩的理财产品，一般都是与国外的碳排放期货以及与碳排放有关的信托公司的结构性产品挂钩。由于碳市场的特性，碳理财产品的风险比普通的理财产品风险更高。

3. 碳信托

碳信托是指设立信托或资管计划募集资金，资金或者直接参与碳市场交易，或者投资新能源项目，利用新能源项目开发 CCER 入市交易。碳信托使碳金融的各种模式与信托融合，包括碳融资类信托、碳投资类信托和碳资产服务类信托三大类型。碳信托产品有助于增强市场流动性，同时为企业提供碳价格对冲工具，但目前个人投资者的接受度较低，信托机构的投研和专业团队能力较为欠缺。

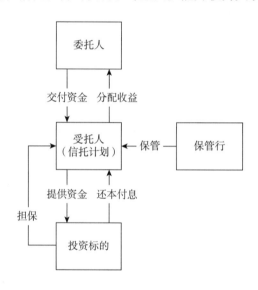

图 3.5　碳信托产品结构

四、碳市场交易监管机制

碳市场必须由严格的市场监督和执行系统管理。缺乏履约和监督将损害碳交易体系的环境保护程度和市场的基本功能，这涉及所有参与者的利益。有效的市场监督可以使市场有效运行，提升市场参与者之间的信任度。监管机构需要监管一级和二级配额市场。市场监管制度决定了参与者、交易内容和交易地点，以及关于市场完整性、波动性和防止欺诈或操纵的其他规则。市场监管工具包括清算和保证金要求、报告和披露交易头寸的要求、持有量限额以及参与、登记账户和许可证要求。

需要注意的是，监管也要保持风险控制和交易成本的平衡。一方面，监管不足和缺乏监管会带来欺诈和操纵的风险；另一方面，过度监管可能导致交易成本不断上升，限制实体获取金融风险管理工具的能力，从而限制减排措施的采用。

碳市场监管的范围包括：一是谁能够参与市场；二是谁负责监管市场；三是什么可以在市场上交易；四是哪里可以发生交易；五是影响市场安全性、波动性和防止欺诈的其他规则，包括与监管其他金融和大宗商品市场有关的规则。

这些监督规则需要针对一级市场（配额的初始分配）和二级市场（配额的任何后续交易）制定。二级市场既涉及实际配额的交易（直接"场外交易"或交易所交易），也涉及配额衍生品的交易，如未来出售配额的合同。交易所交易系统的经验表明，这些监管规则在碳市场开始交易之前就应该建立，而且遵守这些规则应受到严格监控。通过合同安排和争端解决条款，法律框架在促成市场交易和平衡配额买卖双方的合法权利方面发挥着重要作用。

与商品和金融市场一样，各级监管机构可以采取多种措施，将市场不当行为的风险降至最低，防止系统性风险，并防范操纵行为。一般来说，降低风险的方法包括：了解谁在市场上进行交易，排除有市场不当行为历史的交易员，确保参与者拥有履行其交易的财务资源，并限制参与者在市场上的持有量。实施这些保障措施的具体战略包括：

（1）支持在交易所交易。场外交易市场的交易透明度低于交易所交易的透明度，因此会导致一定程度的系统性风险。例如，一个买方在和交易对手的交易中积累了大量份额，而其中任何一方都无法履行合同义务，其结果可能导致完全的市场失灵。违规行为发生时，交易所可以通过自己的程序发挥监管作用，如会员资格中止等。交易所也可以提供有关价格、成交量、未平仓权益以及开盘和收盘区间等信息。

（2）结算和保证金要求。虽然交易所的交易总是被清算的（清算所成为交易的中央对手方），但场外交易不一定是这样。因此，监管机构越来越多地要求标准化合同的场外结算。清算所要求存款作为抵押品，以覆盖信用风险，直至头寸平仓（也称为"保证金"），这不仅大大降低了系统性风险，而且大大降低了交易对手风险。清算所降低了交易对手的风险，因为其能确保每一方都有足够的资源清算任何交易。这为交易双方提供了信心，并避开了财务上不满足风险要求或蓄意欺诈的交易者。

（3）报告和披露。在没有强制清算或交易所交易的情况下，交易储存库或中央限价交易单簿（CLOB）可以作为市场交易单的登记簿和交易档案，并以此向监管机构提供市场变动信息。

（4）持有量限制。持有量限额对一个市场参与者或一组有业务关系的市场参与者持有的配额或衍生品的总数施加限制，以降低其扭曲市场的可能性。持有量限制可以通过在登记注册系统、中央清算所或交易所内的透明度规则来实施。

（5）参与和许可要求。监管者可以选择对交易参与者以及在什么市场进行交易施加限制，并决定这些活动是否需要许可证。例如，韩国碳市场在第一阶段和第二阶段将市场参与者限制在管控对象和少数银行（做市商）的范围内。自第三阶段以来，金融中介机构已经能够参与二级市场。监管机构还可以引入资本要求，以降低系统性风险，并制定涉及与在碳交易体系中注册的参与者的业务关系的披露规则。一般来说，有更多的市场参与者将会创造一个更具流动性的市场，这是可取的。不过，核实所有市场参与者的身份及其以往的交易记录对于减少操纵和欺诈风险非常重要。

（6）利用现有的监管工具。一些行政管辖区使用与监管金融工具相同的方式管理排放配额。这种监管方式允许使用金融市场监管工具和监管制度。欧盟将碳市场配额归类为受欧盟金融监管的金融工具，受包括《金融工具市场指令》等一系列金融市场监管法律和制度的监管。考虑到金融市场监管有效性，欧盟现有的金融监管机构可以发挥市场监督作用。在美国加利福尼亚州，虽然拍卖由环境监管机构——空气资源委员会监督，但二级市场属于金融市场，这需要美国的州和联邦金融监管机构的参与。然而，一些行政管辖区，如新西兰，并未将配额定义为金融产品，但管理碳交易的法规仍然以现有的金融法规为基础。不将配额归类为金融产品可能会增加不当行为的风险。

（7）市场监测报告。报告内容涉及审查及评估拍卖和二级市场活动，以此识别和确定潜在的不当活动和违反规定的行为。这些报告的频率和细节各不相同，例如，RGGI的市场监测机构编制了一份年度报告，对定价趋势、参与水平和市场监测进行了全面总结。除每次拍卖后的监测报告外，每个季度还公布更为频繁、内容较少的价格和交易量报告。

【本章小结】

碳交易体系是经济学中的产权理论在应对气候变化工作上的实践，在具体政策制定过程中，需要结合当地排放特征、减排目标、经济结构、政治制度等基本情况，系统性地制定一套完整的制度。高质量的温室气体排放数据是碳交易体系顺利运行的基础，也是设计其他具体细则的前提。目前，广泛使用的温室气体排放量化方法主要有两种。第一种是连续监测的方法，通过直接测量烟气流速和烟气中二氧化碳浓度来计算温室气体的排放量，主要通过连续排放监测系统实现。此方法的优点是简单直观，缺点是成本高、适用场景少。第二种是基于核算的方法，是指通过活动数据乘以排放因子或通过计算生产过程中的碳质量平衡来量化温室气体排放量。其优点是成本低、适用范围广，缺点是需要大量人工计算、标准难以统一、需要采样分析等。两种方法适用的行业和场景不一样，后者应用更为广泛。

减排量核算主要采取基于核算的方法。假设在没有该减排项目的情况下，为了提供同样的服务，最可能建设的其他项目所带来的温室气体排放量（基准减排量），减去该减排项目的温室气体排放量和泄漏量，由此得到该项目的减排量。为保证排放量和减排量的准确性，无论是排放量还是减排量的核算，都应该设置规范的监测、报告与核查制度和工作流程，尽可能提高数据的准确性。

碳市场核心要素包括覆盖范围、总量目标、配额分配、抵消机制、履约监督等。碳交易体系的覆盖范围包括碳交易体系的纳入行业、纳入气体、纳入门槛标准、监管主体等。通常，覆盖的参与主体和排放源越多，碳交易体系的减排潜力越大，减排成本的差异性越明显，碳交易体系的整体减排成本也越低。但并不是覆盖范围越大越好，因为覆盖范围越大，对排放的监测、报告与核查的要求也越高，管理成本也越高，同时加大了碳交易的监管难度。主管部门需要平衡管理成本和减排收益，选择具有经济性的覆盖范围。

影响一个碳市场中配额供给与需求的因素多种多样，这些因素决定配额价格及其随时间演化的规律。供给量在很大程度上取决于政策制定者设置的配额总量，又与抵消指标、储存、预借或体系对接相关的规则等因素有关。相比之下，排放配额的总需求在很大程度上取决于技术、预期、外部冲击和市场参与者的利润最大化选择。

随着全球碳市场的建立，依托碳交易现货市场的碳金融市场应运而生。围绕碳排放权交易、碳减排项目交易以及各种金融衍生品交易，金融机构与碳排放权交易所、控排企业等市场参与主体开展了一系列碳金融创新活动，可以分为套期保值类金融创新、融资类金融创新、资产管理类金融创新和多元化投资类金融创新多种类型。

【思考题】

1. 决定是否要将某个行业纳入碳市场时，应考虑哪些因素？

2. 绝对总量与强度总量的区别是什么？

3. 各类配额分配方法分别有助于实现哪些目标？

4. 在碳排放权交易体系中包含抵消机制的主要动机是什么？它们如何影响碳市场允许的减排量类型？

5. 为什么说履约和市场监督对碳排放权交易体系很重要？

6. 哪些因素决定了排放配额以及相应价格的供给和需求？

第四章 《京都议定书》下的全球碳交易市场

【学习目标】

1. 了解《京都议定书》签署的背景和主要内容，理解《京都议定书》与《联合国气候变化框架公约》《巴黎协定》之间的关系。

2. 了解《京都议定书》提出的三种碳减排交易机制的主要内容，理解这三种交易机制的经济金融原理及其对全球碳交易市场的影响。

3. 了解《京都议定书》签署后到《巴黎协定》签约期间各国对于碳排放权交易在具体实施中的政策变化及市场反应。

第一节 《京都议定书》的由来及发展

一、《联合国气候变化框架公约》

（一）《联合国气候变化框架公约》的由来

20世纪六七十年代，大气化学家最终确定，大气中二氧化碳的浓度实际上是在不断增加的。仅1958年至1985年近三十年间，大气中的二氧化碳浓度从315ppm上升到350ppm以上。此外，随着计算机性能的提高，科学家得以构建更加复杂的气候模型对全球变暖程度进行预测。到1985年，随着对温室效应研究的不断深入，温室变暖理论在科学界得到广泛认同。同年10月，在奥地利召开的一次学术会议指出，温室气体浓度的增加很可能会导致重大的气候变化。在对温室气体问题已经充分理解的基础上，科学家和政策制定者应该积极合作，以探索有效的治理与改进政策。

就在人们对全球变暖的担忧日益加剧的同时，加拿大于1988年在多伦多主办了世界气候大会。该会议试图弥合科学家和决策者之间关于全球气候变化问题的分歧。会议的主要倡议包括：（1）到2005年，将全球二氧化碳排放量比1988年减少

20%；（2）制定一个旨在保护大气的全球范围的公约框架；（3）设立一个全球气候基金，工业化国家通过征收化石能源消耗税为该基金提供资金。

多伦多会议是全球变暖政策推行过程中的一个里程碑，作为一个非官方会议，它吸引了众多政府官员参加，使气候问题得以在政界受到重视。在多伦多会议之后，气候变化问题引起大量关注。

1988 年 9 月，气候变化问题首次在联合国大会上讨论，当时马耳他要求将"宣布气候为人类共同遗产的一部分的宣言"列入议程。马耳他的倡议得到了广泛的支持。同年 12 月，联合国环境规划署（UNEP）建立了政府间气候变化专门委员会（IPCC）。该委员会旨在协同各国对气候变化的程度、时间、潜在环境与社会经济影响等方面作出评估，并给出可靠的解决方案。

1989 年 11 月，国际大气污染和气候变化部长级会议召开。该会议是第一次专门讨论气候变化问题的高级别政治会议，有 66 个国家的代表出席。大会提出了一个普遍目标，即在足够的时间框架内，限制或减少排放，并使生态系统自然适应气候变化，将温室气体减排量增加到"与地球自然能力一致的水平"。此外，会议还建议各国采取行动，制定有效战略以控制、限制或减少温室气体排放。

1990 年 6 月，IPCC 工作组最终确定了第一份评估报告。同年 8 月，IPCC 全体会议在瑞典举行，批准了该报告并通过了一份概述声明："如果各国继续不采取任何措施，下个世纪全球气温将平均每十年上升 0.30 摄氏度——这是人类历史上前所未有的变化速度。"同年 11 月，第二届世界气候会议在日内瓦召开，发展中国家首次以平等的身份参与了讨论，并明确表示会在气候问题上作出更积极的回应，这一变化标志着气候变化问题不再单单作为环境问题被讨论，其对各国发展的影响也开始被思考。同年 12 月，联合国大会决定设立政府间谈判委员会（Intergovernmental Negotiating Committee，INC），协调各国气候谈判。在 1991 年 2 月至 1992 年 5 月期间，INC 共举行了五次会议，各国充分论述自身立场并作出相应让步后，《联合国气候变化框架公约》（UNFCCC）最终于 1992 年 5 月 9 日在纽约联合国总部通过，并于同年 6 月在巴西里约热内卢召开的联合国环境与发展会议期间开放签署。

自 UNFCCC 缔约之日起到 2019 年，全球已经有 197 个国家参与，并举行了 26 次由各缔约国参加的缔约方大会。其中，在 1995 年于柏林举行的 UNFCCC 第一次缔约方大会上，发达国家承诺在 2000 年将二氧化碳排放量恢复到 1990 年的水平。然而，各缔约方并没有就气候变化问题综合治理制定具体可行的措施。

（二）《联合国气候变化框架公约》的主要内容

《联合国气候变化框架公约》的目标是将大气中温室气体的浓度稳定在防止气候系统受到危险的人为干扰的水平上。这一水平应当在足以使生态系统能够自然地适应气候变化、确保粮食生产免受威胁并使经济发展能够可持续地进行的时间范围内实现。

1. 公约的原则

UNFCCC 规定的原则主要有四种，即公平原则、预防性原则、可持续发展原则和开放合作原则。公平原则要求缔约方应在公平的基础上，有区别地承担各自的环境责任。发达国家工业化程度高，排放量大，其应在全球气候变化应对过程中承担更多责任，而发展中国家有经济发展的需求，因此大会并未对其施加过多约束。预防性原则要求缔约方充分认识到气候变化问题的严重性以及对其预防的必要性，各缔约方要立足本国国情，积极建立有效的预防措施，以此缓解气候变化带来的不利影响。可持续发展原则要求各缔约方在制定应对气候变化的政策时，充分考虑其经济影响，努力将其融入国家发展计划中。开放合作原则要求各缔约方通过构建有利的国际经济体系促进缔约方实现可持续经济增长，增强缔约方应对气候变化问题的能力。

2. 公约的承诺

UNFCCC 的承诺包括共同承诺、附件一国家承诺和附件二国家承诺。

表 4.1　　　　　　《联合国气候变化框架公约》附件一国家和附件二国家

附件一国家	附件二国家
澳大利亚、奥地利、白俄罗斯、比利时、保加利亚、加拿大、克罗地亚、捷克、丹麦、爱沙尼亚、芬兰、法国、德国、希腊、匈牙利、冰岛、爱尔兰、意大利、日本、拉脱维亚、列支敦士登、立陶宛、卢森堡、摩纳哥、荷兰、新西兰、挪威、波兰、葡萄牙、罗马尼亚、俄罗斯、斯洛伐克、斯洛文尼亚、西班牙、瑞典、瑞士、土耳其、乌克兰、英国、美国	澳大利亚、奥地利、比利时、加拿大、丹麦、芬兰、法国、德国、希腊、冰岛、爱尔兰、意大利、日本、卢森堡、荷兰、新西兰、挪威、葡萄牙、西班牙、瑞典、瑞士、英国、美国

共同承诺要求所有缔约方考虑到它们共同但有区别的责任，而附件一国家承诺要求附件一所列的发达国家缔约方和其他缔约方履行如下原则：

（1）每一个此类缔约方应制定国家政策和采取相应的措施，通过限制人为的温室气体排放，减缓气候变化。

（2）每一个此类缔约方应在公约生效后定期就其政策和措施，以及为排放和汇的清除提供详细信息。这些信息将由缔约方在其第一次大会上以及在其后定期地加以审评。

（3）在计算各种温室气体源的排放和汇的清除时，应该参考可以得到的最佳科学知识，包括关于各种汇的有效容量和每一种温室气体在引起气候变化方面的作用的知识。

（4）每一个此类缔约方应酌情同其他此类缔约方协调为了实现公约的目标而开发的有关经济和行政手段；确定并定期审评其本身有哪些政策和做法鼓励了《蒙特

利尔议定书》未予管制的温室气体的人为排放水平更高。

附件二国家承诺要求附件二所列的发达国家缔约方和其他发达缔约方履行如下原则：

（1）附件二国家应向发展中国家缔约方提供所需的资金，包括用于技术转让的资金。这些承诺的履行应考虑到资金流量应充足以及发达国家缔约方间适当分摊负担的重要性。

（2）附件二所列的发达国家缔约方和其他发达缔约方还应帮助特别易受气候变化不利影响的发展中国家缔约方支付适应这些不利影响的费用。

（3）附件二所列的发达国家缔约方和其他发达缔约方应采取一切实际可行的步骤，酌情促进、便利和资助向其他缔约方特别是发展中国家缔约方转让或使它们有机会得到环境友好型技术和专有技术。

（4）发展中国家缔约方能在多大程度上有效履行其在公约下的承诺，将取决于发达国家缔约方对其在公约下所承担的有关资金和技术转让的承诺的有效履行，并将充分考虑到经济和社会发展及消除贫困是发展中国家缔约方的首要优先事项。

（5）在履行各项承诺时，各缔约方应充分考虑按照公约需要采取哪些行动，包括与提供资金、保险和技术转让有关的行动，以满足发展中国家缔约方由于气候变化的不利影响或执行应对措施所造成的影响而产生的具体需要和关注。需要特别关注的国家包括：小岛屿国家；有低洼沿海地区的国家；有干旱和半干旱地区、森林地区和容易发生森林退化地区的国家；有易遭自然灾害地区的国家；有容易发生旱灾和沙漠化地区的国家；有城市大气严重污染地区的国家；有脆弱生态系统包括山区生态系统的国家；其经济高度依赖矿物燃料和相关的能源密集产品的生产、加工和出口所带来的收入，以及高度依赖这种燃料和产品消费的国家；内陆国和过境国。

（三）关于《联合国气候变化框架公约》的评述

首先，UNFCCC 具有较强的公平性，充分考虑了发展中国家的发展优先事项和经济增长的必要性，免除了发展中国家的任何定量排放限制，并为它们提供了宽松的报告要求。其次，该公约确实为新的气候变化制度的产生保持了一定的灵活性，缔约方大会可以建立新的机构或改变现有机构的授权。此外，会议委员会定期审查有关碳汇的具体承诺是否充分，以便进行修正。最后，UNFCCC 为今后的工作奠定了基础。通过要求缔约方制定温室气体清单，制定国家战略和措施，并在科学研究方面进行合作，促进了缔约方对温室气体排放管控的具体规划，并为今后的谈判和决定提供了依据。

需要指出的是，UNFCCC 仍具有一定的局限性，其不足之处包括以下方面。

1. 抽象性和宽泛性

UNFCCC 的规定比较抽象和宽泛，并无具体的减排义务和详细的履约机制。抽象而宽泛的规定缺乏执行力和强制力，使 UNFCCC 存在以下问题：一是无具体规则对缔约方进行指导；二是无具体标准对缔约方的行为进行评价；三是在不履约行为发生后无具体应对措施。

2. 缔约国的不对称性

缔约国之间的不对称性表现在各个利益集团对温室气体减排的态度上。在气候公约确立时，谈判中各利益集团立场有分歧，因为各个利益集团差异很大，减排能力不同，不对称性很明显。在气候公约谈判中主要的利益集团有欧盟、伞形集团① (Umbrella Group) 和七十七国集团② (Group of 77) 以及中国。欧盟环保实力较强，清洁能源比重较大，环保技术先进，资金充足，支持较激进的减限排温室气体措施；能源消耗大国组成的伞形集团反对立即采取减排措施；七十七国集团以及中国内部意见不一，发展中国家希望减排，但不希望阻碍自身经济发展，而产油国担心会受到减排影响，能源出口量会随之下降，小岛国家受气候变化负面影响大，支持减排。

缔约国之间的不对称性还表现在减排责任的认定上。不同的减排能力决定了各国的减排责任。即使 UNFCCC 按照国民生产总值和排放能力将缔约国划分为不同组别，但是并没有明确区分温室气体的产出和输入。根据"共同但有区别的责任"原则，以中国为首的发展中国家认为发展中国家是世界的工厂，生产出来的产品多销往发达国家，也就是说产品的生产是在发展中国家，排放了大量的温室气体，而产品的最终消费是在发达国家，不能只将排放量算在发展中国家头上。但是，以欧盟为代表的附件一国家认为，应该按照产品的属地原则，在哪里生产就算在哪里排放。各个国家在全球化的生产链上处于不同地位，因此面临不同的减排核算方案。

3. 资金制度的不足

在讨论 UNFCCC 资金机制的时候，发展中国家和发达国家或地区之间的分歧比较严重。主要是因为各个国家对于环境合作成本的分摊、资金和技术支持等问题提出了不同意见。UNFCCC 提及，附件二发达国家应向发展中国家缔约方提供资金和技术支持，并且还应着重帮助易受气候变化不利影响的发展中国家，同时应当优先考虑发展中国家自身的经济发展。发展中国家认为，只有先获得资金和技术支持才能实现减排目标，而发达国家认为，发展中国家应该同发达国家一道减排，只有先减排才能给予其资金和技术支持。UNFCCC 在设立之初并未周全考虑各国切身利益，

---

① 伞形集团是一个区别于传统西方发达国家的阵营划分，用以特指在当前全球气候变暖议题上不同立场的国家利益集团，具体是指除欧盟以外的其他发达国家，包括美国、日本、加拿大、澳大利亚、新西兰、挪威，以及俄罗斯和乌克兰。因为从地图上看，这些国家的分布很像一把"伞"，也象征地球环境"保护伞"，故得此名。

② 成立于 1964 年的七十七国集团是由发展中国家组成的政府间国际组织，旨在在国际经济领域加强发展中国家之间的团结与合作，推进建立新的国际经济秩序，加速发展中国家经济社会发展进程。

因此各国在之后的气候问题谈判中始终难以达成一致。

二、《京都议定书》

（一）《京都议定书》的形成

《京都议定书》是《联合国气候变化框架公约》的补充条款，于1997年12月在日本京都通过。《京都议定书》与UNFCCC最大的区别在于：UNFCCC鼓励发达国家减排，而《京都议定书》强制要求发达国家减排，具有法律约束力。《京都议定书》于1998年3月16日至1999年3月15日开放签字，需要占1990年全球温室气体排放量55%以上的至少55个缔约方批准之后，才能成为具有法律约束力的国际公约。

1997—2001年，在实施《京都议定书》年度指标的谈判中，针对以下两个问题，欧盟和美国、日本、加拿大、澳大利亚、新西兰产生争议。一个是关于排放许可的交易条款，即允许有些国家从不需要减排的国家购买减排指标以达到减排标准；另一个是碳汇津贴，即对森林和农田提供排放信用。由于双方均不愿意让步，2000年11月在荷兰海牙举行的谈判破裂。2001年3月，该问题悬而未决，加之没有任何重要工业国家批准协议，美国布什政府宣布《京都议定书》存在"致命缺陷"，决定单方面退出气候协议。在2001年7月波恩会议上，为了使《京都议定书》得以通过，欧盟被迫在谈判中让步，最终接受了当初美国、日本等国在海牙提出的建议。

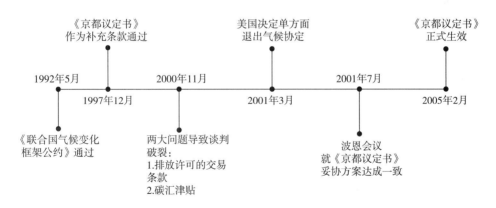

图4.1 《京都议定书》的生效过程

2005年2月16日，《京都议定书》正式生效。《京都议定书》规定工业化国家要减少温室气体的排放，降低全球气候变暖和海平面上升的危险，目标是将大气中的温室气体含量稳定在一个适当的水平，进而防止剧烈的气候变化对人类造成伤害。《京都议定书》明确规定了要求减排的六种温室气体，即二氧化碳（CO_2）、甲烷

（CH₄）、氧化亚氮（N₂O）、氢氟碳化物（HFCs）、全氟碳化物（PFCs）和六氟化硫（SF₆）。2005 年底，在加拿大蒙特利尔举行了《京都议定书》第一次缔约方会议，确立了《京都议定书》第一承诺期。

（二）第一承诺期的主要内容

《京都议定书》要求在 2008—2012 年第一个承诺期内，全球温室气体排放量在 1990 年的水平上减少 5.2%。其中，欧盟国家应减少 8%、美国应减少 7%、日本应减少 6%、澳大利亚和冰岛分别可以增加排放 8% 和 10%。

为保证减排目标的顺利实现，《京都议定书》建立了详细的履约机制，包括基本规则体系、动议程序、应对措施、激励措施和惩罚措施等。其中，基本规则体系规定了缔约方应该遵守的基本要求，并规定了在何种条件下将受到何种惩罚，具体由行为主体、行为规则和行为后果组成。应对措施主要指履约判定体系，内容是对于当事方的履约情况进行信息收集、分析，从而判定当事方是否存在不履约的情况。

《京都议定书》中的主要义务是附件一国家所需承担的具体减排义务，这也是"共同但有区别的责任"原则在条约中的体现。需要承担不履约后果的是未履行上述减排义务的附件一国家，而对其他缔约方则不作强制性要求。

《京都议定书》的治理机制为自上而下，为发达国家制定了有法律约束力的强制减排目标，包括定量的减排标准以及为实现减排标准而制定的市场机制。为此，《京都议定书》建立了旨在促进缔约方遵守约定的三个灵活履约机制，即国际排放贸易机制（International Emission Trading，IET）、联合履约机制（Joint Implementation，JI）和清洁发展机制（Clean Development Mechanism，CDM）。其中，国际排放贸易机制允许发达国家将超额完成的减少排放单位转让给缔约方中的其他发达国家；联合履约机制是指缔约方中的发达国家针对某些符合条约规定的项目进行合作，一国实现的排放单位可以转让给另一国家；清洁发展机制是指发达国家可以通过资金和技术支持等方式在发展中国家境内开展项目合作，由此产生的减少排放单位可以用作抵消部分该发达国家的减排义务。三种灵活机制的出现可以更好地促进缔约方履行责任，而对于不积极履行责任的缔约方，《京都议定书》监督执行委员会有权暂停其碳排放资格。

（三）第二承诺期的主要内容

2012 年 11 月 26 日，《联合国气候变化框架公约》第十八次缔约方大会暨《京都议定书》第八次缔约方会议在卡塔尔多哈召开，达成《京都议定书》第二承诺期各项安排。《京都议定书》第二承诺期从 2013 年开始，要求发达国家到 2020 年其平均二氧化碳减排强度为在 1990 年基础上减少 18%。第一承诺期确定的三个碳市场机制继续运行，但不参加第二承诺期的国家将不能利用这些机制，并限制第一承诺期剩余减排信用带入第二承诺期。

《京都议定书》第二承诺期划分为两个阶段：第一阶段（2013 年至 2020 年），以欧盟为主的 38 个发达国家将继续在《京都议定书》下承担具有法律约束力的温室气体减排义务，并向发展中国家提供资金、转让技术和支持能力建设，以帮助发展中国家采取应对气候变化的行动。美国、日本、加拿大、俄罗斯、新西兰等国家将在《联合国气候变化框架公约》下（但在《京都议定书》之外）采取"自下而上"的自愿的温室气体减排行动，这些减排行动不具有法律约束力。发展中国家将在发达国家及国际机构的援助下，采取自愿的减排和适应气候变化的行动。第二阶段（2020 年以后），全球将在同一个法律框架下采取应对气候变化的具有法律约束力的行动。在联合国的主导下，这些行动将在 2013 年至 2015 年通过谈判确定。可以预计，2020 年以后发达国家将需要在现有减排温室气体义务的基础上，进一步提高减排目标，而发展中国家则可能需要承担温室气体限排义务。

第二节 国际排放贸易机制

一、国际排放贸易机制的概况与原理

（一）国际排放贸易机制概况

1. 国际排放贸易机制定义

国际排放贸易机制是《京都议定书》确立的一种灵活减排机制，允许发达国家把温室气体排放配额作为一种商品进行交易。交易一方凭借购买合同向另一方购买一定数量的温室气体减排量，以实现其减排目标。交易标的被称为 AAU（Assigned Amount Unit），一单位 AAU 代表一吨二氧化碳，运行机制如图 4.2 所示。

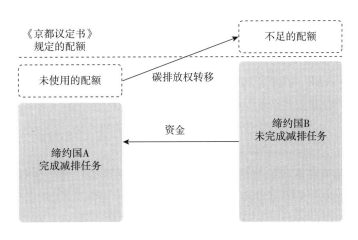

图 4.2 国际排放贸易机制示意图

国际排放贸易的基本内涵：为了实现温室气体限排或减排目标，通过规定有关国家温室气体的排放限额，并在尽可能广泛的范围内建立温室气体排放配额贸易市场，进行温室气体排放配额贸易，以通过市场机制实现温室气体减排成本最小化，从而实现温室气体减排的目标，缓解气候变暖对人们的不利影响。

2008—2012 年为《京都议定书》第一承诺期。从 2008 年开始，每个有减排承诺的国家根据在基准年的排放量和各自的减排目标，会被分配对应的 AAU 数量（第一个五年承诺期内允许排放的二氧化碳吨数），并在 2012 年末，每个国家必须交出足够的 AAU 以支付其五年的排放量。《京都议定书》允许缔约方交易 AAU，排放量高于规定目标的国家可以从有盈余的国家购买 AAU，以便按时履行减排义务。

2. 排放监控

《京都议定书》要求各国使用可比较的方法编制其温室气体排放清单。与国内系统不同，国际贸易体系涉及大量无法直接测量且需要估计的排放源。仅能源部门的二氧化碳统计质量就因国家而异。《京都议定书》提出了两种不同的方法，分别是参考方法与部门方法。

参考方法基于化石燃料消费的总体水平（生产加进口减去出口）对燃料的非能源使用进行调整，根据不同燃料的排放系数计算排放量（单位燃烧燃料的二氧化碳公斤数），而部门方法则依赖更详细的逐个部门级别的能源消耗观察和调查。这两种方法并不总是表现出相似的趋势。1990 年至 1998 年间，参考方法显示附件二国家的排放量总体下降了 3.3%，而采用部门方法则下降了 2.3%。以 1998 年的数据为例，两种方法产生了 1.4 亿吨二氧化碳的差异。在国家一级层面可能会出现更大的差异。例如，法国的二氧化碳排放量增长在参考方法下为 1.9%，而在部门方法下为 8.4%，但是解释这些差异十分困难。即使在统计数据比较完善的地方，实际排放量的不确定性仍然存在。

3. AAU 注册系统

为了跟踪每个国家必须持有的 AAU，《京都议定书》建议各国设立国家登记处以跟踪各国 AAU 的持有情况。每个国家从其最初的 AAU 开始登记，然后向上或向下调整以反映 AAU 的购买和销售情况。国家登记册以电子记录的形式记录 AAU——类似于股票或股份记录证书系统。每个 AAU 都将贴上标签以识别原产国（签发方或卖方），并带登记序列号及其被列入登记册的日期。交易不会更改此基本信息，因此 AAU 可以始终追踪到原始卖家。

AAU 转移将直接在国家登记处之间进行登记。注册表还将包含有关交易中合作伙伴的信息。例如，A 国可以将其从 B 国获得的 AAU 出售给 C 国，并且该信息将被记录。这将用于跟踪 AAU，因为它们可能会被多次交易。此外，联合国气候变化框架公约秘书处保存从一个登记处到另一个登记处的所有交易日志，以确保 AAU 不会被多次使用。

注册系统将与 AAU 的商业交易分开，它是一种簿记工具，而不是交易平台。商业交易将在交易所进行或通过双边协商交易（并单独记录）。注册机构只会在达成一致后记录交易，但不会记录价格信息，以便为系统中的私营部门参与者保密。

4. 违规行为的责任认定

准确监测排放量和通过有效的登记系统来记录 AAU 交易都是必不可少的过程，它们是《京都议定书》为参与国际排放贸易机制而设定的最低要求。因此，商定一个统一的国际规则并依此实施监管是十分必要的，然而每个国家的国情不同，每个国家的监管制度也大不相同。一些国家的制度比其他国家更加严格，即 AAU 可能更容易从执法相对温和的国家获得。例如，如果某个国家对违规行为的罚款低于 AAU 的销售价格，那么可能会导致该国的 AAU 在国外大量销售。也就是说，一个国家交易的 AAU 数量可能超过其被分配的数量（这个问题被称为"超卖"）。《京都议定书》提供了这一问题的解决思路，它规定每个国家必须持有足够数量的 AAU 以满足其排放目标。换言之，如果出现超卖，卖方要承担责任。下面介绍处理超卖的不同制度。

（1）基于买方责任的制度。如果买方从最终不合规的卖方那里获得 AAU，则所购买的 AAU 可能会贬值甚至取消（这两个选项旨在恢复国际排放贸易机制的环境完整性）。支持买方责任的主要论据是，它为买方评估卖方是否合规创造了强大的动力。如果卖方的减排前景不明朗，其 AAU 将贬值，因为它们不合规。各国需要区分不同国家的 AAU，因为 AAU 具有不同的价值。例如，来自乌克兰的 AAU 可能与来自匈牙利的 AAU 的价值不同。根据买方责任，买方在同意购买之前需要知道 AAU 的原产国。从商业和经济的角度来看，由于要产生额外的交易成本，基于买方责任的制度可能很复杂，而且可能效率低下。

（2）基于卖方责任的制度。买家不用关心 AAU 的来源，仅依据价格进行交易。就其本身而言，该制度难以防止超卖现象发生。但是，如果参与方大规模超卖，国际排放贸易机制的潜在好处也将受到损害，因为该机制不会向市场传递有效的价格信号——超卖很严重，价格就会被人为压低，并且排放贸易的实用性和相关性可能会受到影响。当然，被识别的超卖卖家可能会被购买国列入黑名单并禁止与其交易。相对而言，因为卖方有责任，买方可以将 AAU 用于其自身的合规需求，而不管卖方的情况如何，这可能会促进形成一个更有效且不那么繁琐的市场。

卖方责任可能不足以限制超卖风险，而买方责任可能过于繁琐，并给买方带来不适当的压力。当然，也可考虑让买卖双方都承担责任，即卖方将对超卖的 AAU 负责，而买方也将失去部分获得的 AAU。

（二）国际排放贸易机制的经济学原理

《京都议定书》规定，如果一个工业化国家经过努力超额完成了它所承诺的减排目标，便允许其将多减排的限额部分出售给某个排放量超过限排目标的工业化国家。同时，国际排放贸易限于附件一国家之间进行。由于附件一国家之间的边际减排成本存在差异，边际减排成本较高的国家愿意从市场上购买减排量，以节约成本，而边际减排成本较低的国家愿意出售减排量，以增加收益。通过国际排放贸易，可以使附件一国家之间边际减排成本趋于相等，并等于排放市场的价格，从而使附件一国家作为一个整体实现总减排成本最小化。

图 4.3 的纵轴代表边际减排成本或价格，横轴代表二氧化碳减排量。假定市场由 1、2、3 三个附件一国家组成，交易在它们之间进行。它们的边际减排成本分别为 MAC_1、MAC_2、MAC_3。根据《京都议定书》的减排义务，需要减排的数量分别为 OC、OB、OA。二氧化碳减排量的市场价格为 p。由于 p 低于国家 1 减排 OC 时的边际减排成本，因此，它在国内减排 OF 数量并从市场上购买 FC 数量的排放权是有利可图的。同样，国家 2 在国内减排 OE 数量并从市场上购买 EB 数量的排放权是有利可图的。对于国家 3 而言，市场价格 p 等于它减排二氧化碳数量为 OD 时的边际减排成本，因此它愿意出售 AD 数量的排放权。如果 AD = EB + FC，排放权市场供需平衡，交易得以进行。

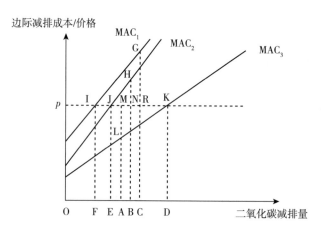

图 4.3　国际排放贸易机制的成本有效性示意图

从图 4.3 可知，完成《京都议定书》的减排义务，附件一国家 1、2 节约的成本分别为 △GIR、△HJN 的面积，附件一国家 3 增加的收益为 △LMK 的面积，社会总福利增加。

收益的分配随着市场价格的变化而变化，生产者剩余一般属于减排量的供给者，消费者剩余属于减排量的需求者。附件一国家可以通过节能减排或者购买配额的方式完成履约。通过减排行为使自身实际碳排放量小于配额的国家，可以将盈余出售以获得经济激励。实际碳排放量多于配额的国家，需要通过购买配额的方式满足减排目标，排放成本的上升会刺激其向低碳转型的决心。在实际运行中，随着碳减排量的供给和需求的变化，市场价格将发生变化。价格浮动的过程就是调节碳减排量供求关系的过程，即优化排放权配置的过程。碳交易市场以排放权的交易价格为信号，通过市场对资源的配置作用，引导和激励附件一国家开展节能减排。

二、AAU 的交易情况分析

（一）AAU 的交易条件与市场参与主体

1. AAU 的交易条件

只有符合以下条件的国家才可以出售或者购买 AAU：

（1）必须是《京都议定书》的缔约方，必须将减排承诺转化为具有法律效力的排放配额；

（2）拥有排放监测系统和 AAU 的国家登记册；

（3）必须在其国家登记册中拥有盈余才能销售 AAU。

《京都议定书》的规则允许各国将盈余的 AAU 结转到下一个承诺期，但是只有满足上述条件的国家才允许结转。换句话说，只有在规定的承诺期内作出承诺的国家才有权将 AAU 结转到下一个承诺期，而那些原本属于第一承诺期但决定不在第二承诺期继续履行承诺的国家将无法进行 AAU 交易。加拿大已退出《京都议定书》，它不能参与 AAU 的后续交易；俄罗斯不同意第二承诺期的目标，它也无法在下一阶段销售其盈余。

2. AAU 市场的参与主体

AAU 交易主要发生在政府层面，购买的 AAU 可用于履行《京都议定书》中的减排义务，但私人实体之间的交易也大量存在。在宏观层面上，国际排放贸易是以国家为单位进行温室气体排放配额的交易，但在实际经济活动中，企业是经济活动的主体，实际产生温室气体排放的是企业实体，因此温室气体减排目标能否实现最终要落实到企业实体上。在经济活动中进行实际生产经营活动的企业，若其温室气体排放量超过分配配额，就需要从国际排放贸易市场上购买。例如，日本政府允许个别企业从其他国家购买 AAU，以满足日本自愿碳排放权交易体系（Japan Voluntary Emissions Trading Scheme，JVETS）下的减排要求。

中介机构也会参与 AAU 的交易，因为其意识到国际排放贸易市场有巨大的发展潜力。虽然中介机构本身并不需要温室气体排放配额，但可以从有排放余额的国家买进温室气体排放配额再出售给另外一个需要配额的国家，从中赚取价差。例如，Camco 是一家碳抵消项目开发商和聚合商，其于 2010 年 4 月从匈牙利购买了 AAU，并转售给一家参与 JVETS 的日本公司。

（二）AAU 的交易数据

1. 交易概述

AAU 交易由联合国托管的国际交易日志进行跟踪。这个日志是公开的，但它只记录国家之间的交易，未包括交易的详细信息，并且 AAU 交易的条款和条件通常是保密的，所以获取 AAU 的交易明细十分困难，故所有的数据均是根据市场公开交易的估计值。

通常，市场价格由供需状况决定，但 AAU 市场呈现出不同的特点，即交易量大且零星发生，且买方和卖方之间没有格式化的合同，交易通常需要几个月的时间来协商。一般认为，在 AAU 市场中买家偏好决定价格。

AAU 的第一笔交易发生在 2008 年，截至 2012 年 9 月总共发生了 56 笔公开交易，签订了 4.21 亿单位的 AAU 交易合约。所有市场上公开的 AAU 交易都是在绿色投资计划（Green Investment Scheme，GIS）框架下进行的，即卖方政府同意将销售收入用于投资环境保护项目。

2. 历史成交量与成交价格

2008 年的 AAU 交易量大约为 2300 万单位，其中匈牙利在 2008 年 9 月向比利时政府出售了 200 万单位，11 月向西班牙政府出售了 600 万单位。除匈牙利政府外，斯洛伐克政府于 2008 年 11 月向某私人企业出售 1500 万单位。

2009 年达成了 16 笔 AAU 交易，AAU 交易总量为 14000 万单位，达到了交易量峰值。其中，捷克为最大卖方，参与了 4 笔交易，卖出约 6900 万单位，占总售出量的 49%。日本为最大买方，共采购约 10900 万单位，占同年总购买量的 78%，其中政府部门采购了 7200 万单位，私人部门采购了 3700 万单位。但是在 2009 年达到 AAU 年交易量峰值后，2010 年 AAU 交易量大幅减少，总交易量约为 4000 万单位，之后的 2011 年，AAU 交易量也只有约 6800 万单位。

2012 年上半年总共达成 3 笔 AAU 交易。爱沙尼亚 1 月向日本民间买家出售了 150 万单位，捷克 5 月向日本民间买家出售了 1250 万单位，保加利亚向奥地利出售了 600 万单位。根据世界银行 2013 年公布的《碳市场现状与趋势》，2012 年 AAU 交易量翻了一番，约为 15000 万单位。2008—2012 年 AAU 交易量如图 4.4 所示。

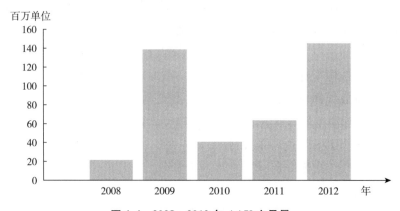

图 4.4　2008—2012 年 AAU 交易量

（资料来源：Climate Strategy）

2008—2011 年间，AAU 的交易价格在 4 ~ 15 欧元之间徘徊，呈现出持续下降的趋势。人们所知的第一笔 AAU 交易发生在 2008 年秋季，即全球经济衰退前夕，成交价格为 14 欧元。2009 年，除了两笔交易外，所有交易的成交价格估计为 10 欧元。2010 年，AAU 的成交价格在 7 ~ 10 欧元之间。在全球价格水平开始上涨、欧洲生产和排放速度放缓之后，AAU 的价格开始与碳交易市场上其他资产类别的价格一起下滑。2011 年末，AAU 的价格在 4 ~ 6 欧元之间，大多数合同都在每单位 6 欧元左右成交。2012 年早些时候，AAU 的价格为 2 ~ 3 欧元，到 2012 年年中降至 2 欧元以下，年底仅为 0.5 欧元。

3. 第一承诺期交易回顾

（1）AAU 余额

第一承诺期 AAU 余额为 126.37 亿单位，若包括退出《京都议定书》的加拿大，净盈余将上升至 131.27 亿单位，这一数字比预计的 0.11 亿单位高出了三个数量级。按国家划分的第一承诺期 AAU 主要盈余国及缺口国如表 4.2 所示。

表 4.2　　　　　　　　　AAU 主要盈余国及缺口国　　　　单位：百万吨二氧化碳

国家	AAU 盈余	国家	AAU 缺口
俄罗斯	5873.1	冰岛	3.0
乌克兰	2593.5	瑞士	8.5
波兰	751.5	加拿大	502.5

（2）AAU 市场的主要交易方

从卖方视角看，俄罗斯、乌克兰与波兰是 AAU 的主要盈余国，但由于俄罗斯国内政策与政治的原因，作为最大盈余方的俄罗斯没有在第一承诺期内参与 AAU 的交易。乌克兰是继俄罗斯之后最大的 AAU 盈余持有者，其在 2009 年成功达成了两项关于 AAU 的交易协议，但是之后由于政治丑闻和温室气体报告违规等原因被暂停交易 5 个月，这严重影响了乌克兰进一步的 AAU 销售。

截至 2012 年底，最活跃的 AAU 卖家是欧盟的新成员国，约占 85% 的市场份额。其中，捷克在 2012 年 5 月完成 1250 万单位的 AAU 交易，已经达到了 AAU 的销售目标。但在供给远远大于需求的情况下，卖方整体销售前景不容乐观。例如，因丑闻与乌克兰被排除在同一报告期之外的罗马尼亚于 2012 年 7 月才恢复 AAU 的交易，而立陶宛自 2011 年 12 月以来一直处于暂停交易的状态。此外，爱沙尼亚仍然有大约 2500 万单位的 AAU 需要出售。图 4.5 展示了第一承诺期所有参与 AAU 销售的市场主体按销售量进行划分的情况。

AAU 的买方主要是日本政府、日本私营企业以及欧盟的西欧成员国。在 AAU

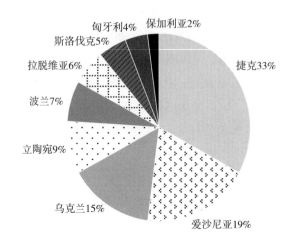

图4.5 第一承诺期内所有 AAU 销售主体的销售量占比情况

(资料来源：Climate Strategy)

供给过剩、价格持续走低的情况下，买方国家根据新的排放和经济增长预测重新考虑其购买计划。例如，奥地利政府估计其在《京都议定书》框架内的 AAU 缺口为3200万单位，该缺口可以通过政府的信用采购计划购买 AAU 来弥补。瑞士宣布增加50%的采购计划，使总采购计划达到1500万单位。同时，一些国家在重新考虑了自身排放情况后，认为可能需要比之前预期更少的碳信用额。例如，卢森堡政府估计需要1300万～1400万单位，而不是最初的1800万～2000万单位。图4.6展示了第一承诺期内所有参与 AAU 采购的市场主体的购买量占比情况。

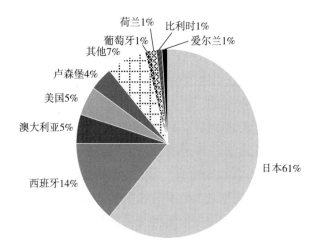

图4.6 第一承诺期内所有 AAU 购买主体的购买量占比情况

(资料来源：Climate Strategy)

（3）第一承诺期之后的交易状况

2012 年后 AAU 交易规模逐渐缩小，交易仅仅为了完成第一承诺期的减排目标。自 2012 年多哈会议以来，对于将 AAU 从第一承诺期结转到第二承诺期提出了严格限制。缔约方仍在按照第一承诺期的承诺购买和出售 AAU，因为缔约方必须在规定年份交出相当于其目标的 AAU 数量。尽管 2012 年后仍允许 AAU 交易，但从此时开始少有交易达成，交易也随之暂停。

（三）AAU 交易的局限性

1. 绿色投资计划框架下的 AAU 交易

（1）绿色投资计划

在 2001 年马拉喀什（Marrakech）会议最终确定《京都议定书》规则期间，俄罗斯推动制定了一项名为绿色投资计划（Green Investment Scheme，GIS）的补充条款。该计划建议将销售 AAU 取得的收入用于投资环境保护或减少温室气体排放的项目。这一计划又可以分为"硬性"绿色投资计划（Hard GIS）和"软性"绿色投资计划（Soft GIS）。

"硬性"绿色投资计划旨在提供可测度以及可量化的减排计划，并将销售 AAU 的收入直接投资于这些减排计划。例如，爱沙尼亚执行的"硬性"绿色投资计划将贸易收入直接投资于完善区域供热网络、改造锅炉房、提高工业能效和改善公共交通等项目。

"软性"绿色投资计划允许将销售 AAU 的收入投资于普通基金而非直接投资于某些特定项目，这些被投资的普通基金旨在投资于减少或吸收排放的活动或项目。"软性"绿色投资计划旨在支持减少温室气体的活动，其主要形式包括能效提高项目和减少排放项目的贷款担保以及鼓励客户参与产生较少温室气体的活动。通过"硬性"和"软性"绿色投资计划销售的 AAU 被称为"绿色 AAU"。

（2）绿色投资计划对 AAU 交易的影响

尽管绿色投资计划意在提高对于环境保护项目的投资，但是各国在关于什么是可以被普遍接受的绿色投资计划的公开声明和行动上并不一致。例如，乌克兰曾考虑"软性"绿色投资计划，但是此前曾表示只接受"硬性"绿色投资计划。同样地，匈牙利此前曾表示只支持"硬性"绿色投资计划，但后来宣布可能会在预算危机时销售 AAU，以弥补财政赤字而非用于减排项目。尽管匈牙利后来恢复了原来的立场，但也引起了外界对绿色投资计划执行效力的疑虑。

尽管绿色投资计划是讨论的一部分，但《京都议定书》并未强制要求实施绿色投资计划，因此，绿色投资计划实施与否主要取决于买方和卖方的偏好。一些买家（如日本）公开表示，其只支持在绿色投资计划框架下的 AAU 交易，即交易"绿色 AAU"。但该声明并不清晰，因为该声明未指定绿色投资计划的类型。即便指定了绿色投资计划的类型，也未明确说明"硬性"绿色投资计划和"软性"绿色投资计划的评价标准以及如何监测和验证等问题，这也降低了整个声明的可信度，并且由于 AAU 的交易不对外公布，外界也无从得知双方交易的细节以及具体执行效果。

综上所述，各方对绿色投资计划的理解和界定未达成共识以及 AAU 交易细节的非透明化，加大了外界对 AAU 交易双方的绿色投资计划的执行效力与最终结果的怀疑，使得最终的减排效果远远低于预期。

2. AAU 的超额供给

除了绿色投资计划框架下的问题外，使用过剩的 AAU 可能也无法达到政府间气候变化专门委员会建议的减排量。该委员会评估了与人为气候变化风险相关的技术和社会经济信息，认为与工业化前的水平相比，为了实现将全球气温升高控制在 2 摄氏度以内的目标，大气中的温室气体浓度需要保持在 450ppm 二氧化碳当量以下。该委员会估计，为了实现这一目标，发达国家到 2020 年的减排量需要在其 1990 年排放量的 25% ~40% 之间，而发展中国家到 2020 年的减排量需要在其 1990 年排放量的15% ~30% 之间。若将盈余的 AAU 纳入 2012 年后的温室气体减排框架中，则发达国家只需将其排放量削减 1990 年水平的 6% ~11% 即可实现其目标，这些微薄的削减幅度与该委员会建议的 25% ~40% 的削减幅度相差甚大，使得实际的减排效果低于预期。

此外，2009 年哥本哈根气候大会期间，众多专家指出巨额排放权盈余并非来自技术革新的减排活动，而是由外部政治和经济冲击造成的，这并没有从源头上减少温室气体的排放。与此同时，很多非政府组织也反对承担减排义务的国家购买排放权冲抵自己的减排义务，这使得碳排放权配额的交易存在一定的争议。

三、日本参与 AAU 国际贸易案例分析

（一）交易背景

日本是世界上经济高度发达的工业化国家之一，这决定了日本同时也是能源消费大国。然而，日本是一个化石资源贫乏的岛国，其能源消费主要依靠进口。1973 年，日本能源结构中 94% 是化石能源，其中石油占比达 75.5%。大量的化石能源消耗势必排放大量温室气体。自 1990 年《京都议定书》签订以来，日本二氧化碳排放量持续上升。根据《京都议定书》的规定，日本在第一承诺期的减排目标是在 1990 年排放基础上减少 6%。但在《京都议定书》生效后的两年中，2005 年和 2006 年排放反而比 1990 年分别增长了 8% 和 6.4%，并且之后温室气体排放量呈现不断上升的态势。

日本环境省曾考虑利用约束性措施限制国内企业的排放量，但是受到本国产业界的强烈反对难以付诸实施。而且，日本已经是世界上能耗比最低的国家之一，在短期内通过技术创新进一步节能降耗空间不大。在这种情况下，利用《京都议定书》设立的市场化机制购买碳排放权成为必然选择。

图 4.7 日本温室气体排放图

（资料来源：CSMAR）

（二）交易过程

考虑到国内温室气体排放现状和履行减排承诺的需要，日本政府 2004 年设立了"碳权基金"推进碳交易，总额约 2 万亿日元。根据日本政府的计划，2008—2012 年将从国外购买 1 亿吨的碳排放权指标，这一计划促使日本成为当时国际碳排放权交易市场最大的买主之一。从参与具体方式来看，国际排放贸易机制（IET）和清洁发展机制（CDM）是日本参与国际碳交易的主要方式。

在 IET 机制下，日本始终把中东欧国家作为碳交易的主要伙伴。20 世纪 90 年代以来，随着苏联解体和东欧政治经济格局的演变，俄罗斯、乌克兰、波兰、捷克等中东欧国家重工业都出现了不同程度的萎缩，这导致温室气体排放量也随之大幅滑落，远低于《京都议定书》分配的配额。因此，这些国家手里都拥有大量的排放配额盈余，从而成为国际碳交易市场的主要卖方。

2007 年 12 月，日本首先与匈牙利签订了碳交易备忘录。该备忘录虽然未对碳排放权的交易量和交易价格作出明确规定，但是该备忘录为日本利用 IET 机制进一步开展国际碳排放权贸易奠定了坚实的基础。匈牙利不仅是日本的第一个碳交易伙伴，而且也是世界上第一个根据《京都议定书》设立的市场机制交易碳排放权配额的国家。此后，日本政府陆续与乌克兰、拉脱维亚、波兰等中东欧国家开展合作，就碳排放权配额交易问题积极磋商。

（三）交易结果分析

《京都议定书》于 2005 年正式生效，若要完成第一承诺期（2008—2012 年）的减排目标，日本温室气体排放量需在 2005 年的基础上下降 13.8%。其中，计划通过日本国内企业的减排活动下降 8.4%，通过森林吸收源下降 3.8%，余下 1.6% 通过碳交易机制来完成。

以日本2005年排放量基数（12.61亿吨）计算，1.6%的目标要求日本在第一承诺期内购买总计约1亿吨二氧化碳当量。在与乌克兰、捷克达成交易前，日本通过清洁发展机制和联合履约机制达成的签约量为2500万吨，加上这两笔AAU交易，日本政府达成计划中需要通过京都机制完成的部分已经基本完成。以2007年为例，日本国内的温室气体排放量（以二氧化碳换算）约为13.71亿吨，与《京都议定书》中规定的基准年1990年相比高8.7%，创历史新高。因此，日本一直在寻求以较低的成本实现其减排目标的方式，包括利用清洁发展机制、联合履约机制以及购买AAU等多种方式。相比较于单个CDM项目和JI项目漫长的开发周期和较小的减排量，直接购买大量AAU无疑是成本较低的。

虽然日本在利用国际排放贸易机制开展碳排放权配额交易方面取得一定成果，但是日本通过国际排放贸易机制实现减排义务并非长久之计。一方面，随着气候变化问题日渐突出，以中东欧国家为代表的国际碳交易市场的主要卖家也开始着手制定更严格的减排目标，并将本国的碳排放权配额作为稀缺资源而愈发惜售。这必然会导致国际排放贸易机制下的碳交易量呈现供给量减少、价格上升、抑制需求的趋势。

在2009年12月哥本哈根气候大会上，各国对是否限制拥有巨额排放权盈余的国家在2012年后继续出售多余的碳排放权额度存在分歧。会场之外，很多非政府组织也反对承担减排任务的国家通过购买碳排放权额度来冲抵自己的减排义务。碳排放权配额盈余的出现主要是某些国家产业结构的变化和萎缩导致的，因此，此类信用额通常被称为"热空气"。这一类排放权盈余虽然能够在《京都议定书》规定的灵活交易机制下进行交易，但是它们并不是能源替代或减排活动带来的产业结构革新的结果，这一类排放权盈余是否能真正实现温室气体减排有待商榷。

第三节　联合履约机制

一、联合履约机制的概况与原理

（一）联合履约机制概况

1. 联合履约机制定义

联合履约机制（Joint Implementation，JI）规定附件一国家之间可以进行项目合作，转让方扣除部分AAU，转化为减排单位（Emission Reduction Unit，ERU）给予投资方，投资方可利用ERU实现减排目标。一单位ERU代表一吨二氧化碳。正如"联合履约"的名称所示，一个JI项目的减排应由两个附件一国家"联合"实现。

参与联合履约机制的双方都是有排放上限的国家，因此由 JI 项目产生的每个 ERU 都必须从东道国的一个 AAU 转换过来，从而使参与国的总体排放上限保持在同一水平上，其运行方式如图 4.8 所示。

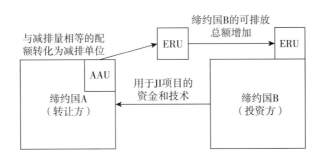

图 4.8 联合履约机制运行方式

联合履约机制是附件一国家之间以项目为基础的一种合作机制，目的是帮助附件一国家以较低的成本实现其温室气体减排承诺。减排成本较高的附件一国家通过该机制在减排成本较低的附件一国家实施温室气体的减排项目，投资国可以获得项目活动产生的减排单位，从而用于履行其温室气体减排承诺，而东道国可以通过项目获得一定的资金或有益于环境的先进技术，从而促进本国的发展。

联合履约意味着行为主体（国家或企业）不仅在本国或本国工厂减少或限制温室气体排放，而且与其海外伙伴一起减少或限制温室气体排放。该机制在一定程度上鼓励那些拥有技术优势的行为主体出于降低减排成本的考虑，在其他国家投资减排项目，在满足其经济利益的前提下，提高了被投资国的减排能力，实现共赢。

2. 联合履约机制的实施过程

总体而言，联合履约项目的实施分为以下几个步骤：

（1）发现潜在项目。项目发起人首先分析在其组织或经营范围内是否存在实行联合履约项目的机会。这项工作包括分析既有投资计划和分析项目开发提案，以确定是否存在减少温室气体排放的潜能。除此之外，最为重要的是要分析通过该项目的实施，是否可以减少温室气体的排放，项目所在国家是否符合资格要求。

（2）项目的可行性分析。估算该项目可能减少的温室气体排放的数量。项目实施产生的减排额度的计算应以不存在该项目时本应发生的情况假设（基准）为基础。

（3）项目的批准。根据《京都议定书》的规定，联合履约项目必须得到相关缔约方的批准。在项目参与人为经授权的法律实体的情形下，其需要首先获得东道国的批准，然后再获得其所在的本国的批准。

（4）项目实际执行和监测。

（5）减排单位的核查和发放。

JI 项目的开发有两种不同的程序。程序 1 （Track1，通常被称为简化程序）允许一个国家确定 JI 项目提案和验证减排，并在不受联合履约机制监督委员会（Joint Implementation Supervisory Committee，JISC）监督的情况下发行 ERU。符合程序 1 规定的国家可以自由地设置本国 JI 项目的开发流程，这将造成不同国家在确定 JI 项目和发行 ERU 方面的严格程度上存在差异的风险。

程序 2 （Track 2）涉及 JISC 对 JI 项目的确定、减排的验证和 ERU 发布的国际监督。JISC 会选择其认可的独立实体（Accredited Independent Entities，AIE），确定候选 JI 项目是否符合《京都议定书》规定的要求以及相应的实施准则，并跟踪验证其减排情况。作为一个监督机构，JISC 可以要求对 JI 项目的资格与减排效力进行审查。程序 2 的设立最初是为了帮助那些获取程序 1 资格困难的转型经济体。尽管大多数国家，包括乌克兰和俄罗斯早在 2008 年就有资格实行程序 1，但在实践中，大多数国家表示愿意遵守程序 2，即遵守 JISC 的核查程序，将减排量或清除量的增加作为附加核查项目。

（二）联合履约机制的经济学原理

联合履约机制的有效性体现在其能帮助项目资助国降低边际减排成本，而这一结论是建立在假设削减的边际成本在东道国和投资国之间有所不同。图 4.9 显示了最基本的情况。东道国的边际减排成本曲线为 MAC_h，投资国的边际减排成本曲线为 MAC_d。MAC_h 从左到右读取，MAC_d 从右到左读取。投资国需要削减的碳排放总量为 OX，若全部在自己国家减排，需要花费的总成本为 △OXW 的面积。现在通过联合履约机制，东道国帮助投资国减排 OY，花费的成本为 △OYZ 的面积，这也是投资国支付给东道国的费用。显然，如果所有的减排都集中在投资国，与 △OXW 的总成本进行比较，通过对东道国减排项目的投资能为投资国降低 △OZW 的成本。

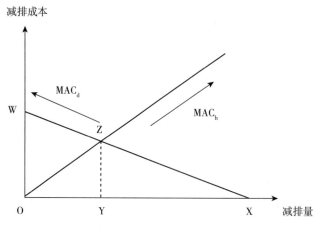

图 4.9　联合履约项目中的成本节省示意图

二、ERU 的交易情况分析

联合履约机制旨在鼓励附件一国家对边际减排成本低的经济部门进行投资。麦肯锡对温室气体减排成本曲线的研究表明，俄罗斯、波兰和捷克等国家的减排机会比德国和英国的减排机会多得多。事实上，到 2012 年 1 月 31 日，大多数 JI 注册项目位于转型经济体，乌克兰、捷克、保加利亚和俄罗斯在注册项目数量方面处于领先地位。然而，西欧也举办了一些项目，法国和德国是最活跃的参与者。有趣的是，这两个国家的大多数 JI 项目都与硝酸生产过程中排放的氧化亚氮有关——该行业从 2013 年开始被纳入欧盟碳排放权交易体系。大多数国家依照程序 1 注册 JI 项目，唯一的例外是立陶宛，它选择程序 2，而乌克兰则在两种程序下都注册了 JI 项目。

JISC 批准的第一个 JI 项目于 2000 年由波兰获得，第一批 ERU 于 2008 年发行，此后 ERU 的发行呈指数级增长，直到 2013 年才趋于稳定。ERU 的价格从 2010 年的超过 12 欧元降至 2013 年初的不到 0.10 欧元，并长期处于 0.50 欧元以下。这种急剧下降是因为来自联合履约机制的 ERU 和来自清洁发展机制的核证减排量（Certified Emission Reduction，CER）的供应远超需求。需求低迷的原因包括欧盟碳排放权交易体系对 ERU 和 CER 的使用设置了上限，此外，由于经济放缓，欧盟各国政府放宽了对国内未纳入欧盟碳排放权交易体系行业的减排要求。截至 2012 年 1 月 31 日，共有 314 个 JI 注册项目，这些项目在第一承诺期的温室气体减排潜力是 3.3 亿吨二氧化碳。

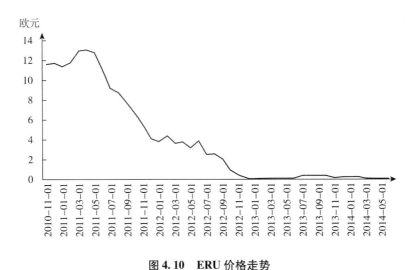

图 4.10 ERU 价格走势

（资料来源：Stockholm Environment Institute）

（一）ERU 的供给情况

ERU 供给发展迅猛，仅 2010 年底到 2012 年 1 月其供给量由 2500 万单位逐步累积到 1.19 亿单位。这些增长大部分来自最大的 ERU 供应国——乌克兰和俄罗斯，根据 UNEP 数据，目前它们总共占 ERU 发行总量的 90% 以上（见图 4.11）。这一份额是它们各自在项目注册数量方面登记份额的两倍。需要指出的是，虽然捷克注册了大量 JI 项目，但其发行的 ERU 很少，这是因为这些项目中的大多数都是小规模的"捆绑 JI"。在西欧国家中，只有法国和德国发行了大量 ERU。

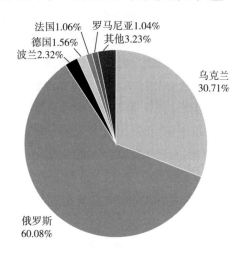

图 4.11 ERU 发行国及其份额

（资料来源：Stockholm Environment Institute）

从项目类型来看，已发行 ERU 的主要项目类型包括能源行业效率提升、三氟甲烷和氧化亚氮的销毁、能源分配和碳捕获（见图 4.12）。值得一提的是，温室气体逃逸项目占已发行 ERU 的 50.1%。从项目的部门细分中可以看到联合履约机制具有较强的环境效益：许多项目即使不再能产生碳信用，但仍能使温室气体

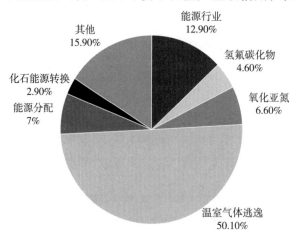

图 4.12 联合履约项目类别及其 ERU 份额

（资料来源：Stockholm Environment Institute）

排放"永久地"减少。以能源行业效率提升为例，在工业或电力部门提升能源效率的项目往往涉及升级设备的长期投资，能源效率的提升能够提升涉及部门整体减排能力。

（二）ERU 的需求情况

ERU 的主要买家是荷兰、瑞士和丹麦，2008—2010 年发行的 ERU 中超过 70% 是由这三个国家或其代表购买的。来自 JI 项目的碳信用的最大投资者是私人公司，如 Vema Vitol（瑞士）、Gobal Carbon（荷兰）。一些公司购买 ERU 是为了合规，而另一些公司则只是代理项目开发人员购买或出售它们。

在 2008—2010 年发行的约 2500 万单位 ERU 中，有 200 万单位由日本购买，而剩下的 2300 万单位（超过 90%）由欧盟碳排放权交易体系的参与国购买并用于欧盟减排目标的达成，这表明联合履约机制在很大程度上成为欧盟碳排放权交易体系中私营部门的抵消机制，而不是各国遵守《京都议定书》的工具。这一现象的形成本质上就是近水楼台先得月，即欧盟碳排放权交易体系管辖范围内的私营部门更容易利用洲际交易所（Intercontinental Exchange，ICE）等进行交易，进而获得相应单位的 ERU 来满足其排放需求。

三、联合履约项目经济效益最大化：以乌克兰为例

截至 2014 年，乌克兰批准了 440 个 JI 项目，有 217 个项目产生了 ERU。乌克兰最大限度地发挥了这种灵活性机制的潜力，并成为最大的 ERU 供应商。以下几个因素帮助该国实现了这一结果。

（1）政治支持。政府和企业迅速了解了联合履约机制和碳贸易的经济优势，并为 JI 项目的设立提供强大的政治支持，并在 2006 年迅速建立了第一个法律框架。很明显，乌克兰无法将其所有盈余 AAU 转化为 ERU，因此政府决定采取所有可能的机制来利用 AAU 盈余，包括联合履约机制、绿色投资计划和国际排放贸易机制。

（2）透明框架。2008 年，乌克兰成立了一个专门的行政机构——国家环境投资机构，它承担了与 JI 程序有关的所有责任。这也促成了国内碳专业知识与人才的储备。项目整体的生态系统变得简单而透明，项目参与者只需与一个统一的管理机构打交道，大大提升了 JI 项目的开发效率。

（3）投资激励。从 ERU 的定量发行到特定类别项目优先级的设定，乌克兰政府建立了一个高效运转的项目生态系统，鼓励项目开发者提交所有具有潜力的项目。此外，在 2008 年 1 月 1 日之前，将 AAU（从第一承诺期开始）授予 JI 的"早期信用"项目，为开发人员申请 JI 提供了额外的激励。截至 2011 年底，乌克兰使用该计划发行了 3000 万单位 AAU。"早期信用"也被其他有盈余的国家采用，如保加利亚、罗马尼亚、捷克和波兰。

（4）碳业务的私密性。ERU 的价格、数量和其他合同条款并不要求强制披露，参与 JI 项目的各方可以自由谈判。这种做法一方面降低了透明度，另一方面阻止了国家对碳贸易的过多干预。

上述因素有助于创造一个有利的投资环境，进而引发了商业部门对 JI 项目的浓厚兴趣，同时导致项目的快速发展和 ERU 发行的增长。截至 2014 年，乌克兰发行的 ERU 达 50312 万单位，是 JI 市场上最大的参与者。此外，乌克兰开始与欧盟就 2012 年后乌克兰 JI 项目在欧盟碳排放权交易体系产生的碳信用的资格进行谈判。该国还研究国内碳市场，并获得了世界银行的第一笔拨款，以便为必要框架的初步研究和开发提供资金，这说明乌克兰将碳交易作为其国家战略的一部分。

乌克兰为我们展现了一个国家如何最大限度地利用碳市场机制攫取经济效益的例子。联合履约机制还为乌克兰创造了有利的投资环境，并帮助乌克兰成为碳信用的主要供应国之一。

第四节　清洁发展机制

一、清洁发展机制的概况与原理

（一）清洁发展机制定义

清洁发展机制（Clean Development Mechanism，CDM）是《京都议定书》中引入的灵活履约机制之一。核心内容是允许发达国家通过在发展中国家进行减排项目投资以获得减排额，其规定的减排单位为 CER，一单位 CER 代表一吨二氧化碳。根据《京都议定书》第十二条的规定，清洁发展机制的目的是协助未列入附件一的缔约方实现可持续发展和有益于《联合国气候变化框架公约》的最终目标，并协助附件一所列缔约方实现遵守其量化的限制和减少排放的承诺。清洁发展机制的运行方式如图 4.13 所示。

（二）清洁发展机制的实施细节

为保障清洁发展机制的客观、有效和透明性，清洁发展机制执行理事会规定，CDM 项目的开发和实施需要遵守严格的申请、认证及监测流程。图 4.14 展示了清洁发展机制的项目申报及认证流程，包括：

（1）项目开发主体为申请 CDM 项目准备提案，内容包括经营实体（Operational Entity，OE）信息、项目可行性分析、项目概念书（Project Idea Note，PIN）、项目设计文件（Project Design Document，PDD）、买家意向函等。

（2）承办该项目的发展中国家相关负责机构对项目提案给予批准，并论证该项目的减排意义。

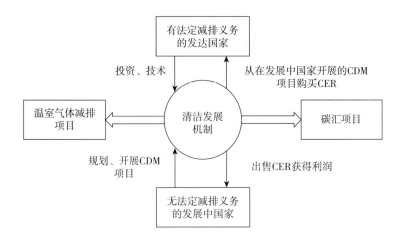

图 4.13 清洁发展机制运行方式

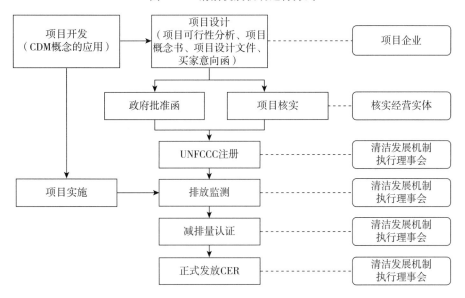

图 4.14 清洁发展机制的项目流程图（以中国为例）

（3）由具有特定资质的指定经营实体（Designated Operational Entity，DOE）审核该项目提案书中的相关信息。

（4）清洁发展机制执行理事会负责监督批准项目注册。

（5）项目开发机构负责监测项目实施过程中的减排情况，并向特定认证机构提供书面碳减排监测报告。

（6）具有特定资质的第三方认证机构验证减排量，且通常而言，本环节中进行碳减排验证的第三方机构与之前项目注册验证时所选择的第三方机构一般不能相同。

（7）由清洁发展机制执行理事会监督 CER 的发放。

（8）该项目开发商向附件一国家或企业出售已认证的碳减排量。

（三）政策法规

1. 国外 CDM 相关政策法规

清洁发展机制不但具有抑制温室气体排放的功能，而且能为参与国带来巨大商机，各国纷纷完善与该机制相关的法律法规，以期与国际接轨。

欧盟于 2004 年颁布了一个连接指令（EU Linking Directive），允许其成员国用 CDM 项目获得的 CER 来抵消其减排量，这一指令成功将《京都议定书》下的清洁发展机制纳入欧盟碳排放权交易体系中。

日本采取了一系列措施促进 CDM 的发展。第一，设立了"日本京都机制促进项目"，使政府单位和民营机构相结合，充分发挥民间机构的作用；第二，提供充足资金支持，对 CDM 项目的实施机构提供补贴和贷款；第三，注重人才培养，与东道国合作设 CDM 人才培养赞助项目；第四，帮助实施单位制作项目设计文件；第五，建立京都机制信息平台，通过互联网提供日本及东道国的信息。

巴西政府分别于 2003 年 9 月 13 日和 2005 年 8 月 2 日出台了一号决议和二号决议对 CDM 相关问题进行了规定。这两项决议为 CDM 项目在巴西的实施提供了法律保障。为了促进 CDM 项目交易，巴西政府于 2005 年建立了巴西碳排放权交易市场并建立了相应的 CDM 信息平台。巴西国家经济社会发展银行还建立了一个 CDM 投资基金——巴西可持续发展基金以解决 CDM 项目的资金问题。

发达国家和发展中国家在 CDM 项目交易中处于不同的地位，因此两者在国内针对 CDM 采取的政策法规存在差别。发达国家颁布的政策法规更注重 CDM 项目的质量、人才培养、资金支持，以保证 CER 的获取。发展中国家颁布的政策法规则相对宽松，更注重项目对当地经济和社会的贡献。

2. 中国 CDM 相关政策法规

中国政府于 1998 年 5 月 29 日批准加入《联合国气候变化框架公约》，2002 年 8 月 30 日批准了《京都议定书》。在碳排放治理方面，中国起步虽然较晚，但发展迅速，现已形成了相关的法规及一整套运行程序。

CDM 涉及的法律法规范围很广，不仅涉及能源方面的法规（如《可再生能源法》《节约能源法》《清洁生产促进法》），而且涉及环境保护方面的法规（如《环境保护法》《大气污染防治法》）。但中国目前 CDM 专门性的法规只有两部，即《清洁发展机制项目运行管理办法》和《清洁发展机制基金管理办法》。其中，《清洁发展机制项目运行管理办法》规定了 CDM 项目的参与资格、项目的国内审批手续、项目的实施以及后续的监督和检查程序，为 CDM 项目在中国开展提供了法律依据。《清洁发展机制基金管理办法》则对基金的治理结构、基金的来源和使用以及基金的监督进行了规定。这两个办法构建起了 CDM 在中国实施的法律框架，为 CDM 的发展奠定了基础。

（四）清洁发展机制的经济学原理

气候变化是一个全球性的问题。由于温室气体在大气中的均匀混合，温室气体排放的位置并不重要。因此，投资减排成本更低的国家能提高减排的成本有效性。发展中国家不受减排目标的约束，且其项目实施成本较低，清洁发展机制正是利用了这一点。与 JI 机制类似，当一个发达国家在一个发展中国家投资经认证的减排项目时，它可以通过在减排成本较低的国家创造减排来提升效率，在实现减排目标的同时也增加了整体的社会福利，相关经济学原理可参见图 4.9。

二、CER 的交易情况分析

（一）CER 国际市场交易情况

自 2004 年 11 月 18 日起，包括中国在内的不少发展中国家向清洁发展机制执行理事会提交了 CDM 项目注册申请，截至 2005 年 12 月 24 日，经清洁发展机制执行理事会正式批准注册的 CDM 项目共 57 项，涉及 20 个发展中国家。已通过注册签发的 CER 总计 2207 万单位，按 2005 年 12 月 22 日国际市场 CER 收盘价计算折合 4.69 亿欧元。

自 CDM 机制实施以来，不少发达国家积极向发展中国家寻购 CER，英国、法国、日本、荷兰等 11 个工业发达国家加入了争购全球 CER 资源的行列。在 2005 年签发的 2207 万单位 CER 中，2090 万单位被上述 11 个国家定购，成交率超过 95%。

从 2006 年起，中国 CDM 项目开始爆炸式增长。从注册数据看，2005 年中国 CDM 项目仅成功注册 3 个，到 2006 年 CDM 项目注册数量迅速增加到 33 个，至 2012 年顶峰时，年度 CDM 项目注册量已达到 1819 个。这也为 CDM 项目在中国的没落埋下了隐患。

2008 年国际金融危机爆发，欧洲经济低迷，碳排放量减少，二级市场 CER 的交易价格不断下跌，从超过 20 欧元最低跌到 3.32 欧元（见图 4.15）。国家发展改

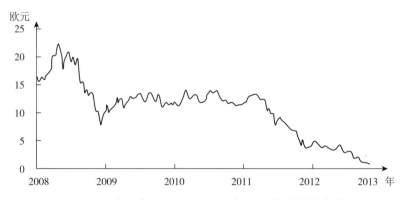

图 4.15　欧盟碳市场 2008—2013 年 CER 期货价格走势

（资料来源：Wind 数据库）

革委为了保证国内 CDM 项目产生的 CER 不被低价售卖，对不同项目设置了每吨 8 ~ 10 欧元的最低限价，作为项目核准时的指导价格。事实上，在碳市场价格走势较好的情况下，买卖双方利益一致，CDM 交易比较活跃。一旦 CER 价格跌至低于合同价格时，就会给相对弱势的国内 CDM 卖方带来相关风险，例如国际买方要求压低价格并重新拟定合同或直接拒绝履行合同。

2013 年之后，中国 CDM 项目急剧减少，原因包括：一是由于欧盟碳交易市场在 2011 年之后受实体经济不振、社会生产缩减、能耗下降的影响持续低迷，对 CER 需求下降。同时国际上 CER 的不断签发导致供给过剩，供大于求造成 CER 的价格迅速跌落。二是《京都议定书》第一承诺期于 2012 年底结束，EU-ETS 第二阶段也于同年结束。欧盟规定 2013 年后将严格限制减排量大的 CDM 进入 EU-ETS，只接受最不发达国家新注册的 CDM 项目，并且不再接受中国、印度等国家的 CER。根据欧洲期货交易所的数据，2013 年 7 月 22 日至 23 日 CER 的换手量为零，月交易总量也维持在 2008 年 3 月以来的最低点。欧盟的发电站和航空公司已经购买的 CER 足够使用到 2020 年。欧盟碳市场的需求乏力导致中国的 CDM 项目失去了最大的市场。2017 年 6 月北京海淀北部区域能源中心（燃气热电联产）项目成为中国最后一个注册的 CDM 项目。

（二）CCER 交易情况分析

在 CDM 项目发展受限的情况下，中国建立了国内的自愿减排碳信用交易市场。2012 年，国家发展改革委印发《温室气体自愿减排交易管理暂行办法》和《温室气体自愿减排项目审定与核证指南》两个关键文件，国内的减排项目重启在国内的注册。2015 年，中国自愿减排交易信息平台上线，交易国家核证自愿减排量（Chinese Certified Emission Reduction，CCER）。2017 年，CCER 项目备案暂停，但存量 CCER 仍可继续交易。

表 4.3　　　　　　　　　2013—2016 年全国碳市场 CCER 交易情况

年份	场外交易			场内交易		
	成交量（吨）	成交额（元）	成交均价（元）	成交量（吨）	成交额（元）	成交均价（元）
2013	0	0	—	0	0	—
2014	0	0	—	0	0	—
2015	21213922	301239192	14.2	8881094	52825559.6	5.95
2016	12170914.79	92235231.62	7.58	3925259	18504630.09	4.71
合计	33384836.79	393474423.62		12806353	71330189.69	

资料来源：碳交易网。

2020 年，CCER 市场交易活跃，全国总成交量为 6370 万吨，较 2019 年大幅增长 47%。其中，上海、广东 CCER 市场成交继续保持活跃态势，分别成交 2102 万吨与 1274 万吨；天津 CCER 市场 2020 年活跃度显著增加，成交 1911 万吨。每个碳交易市场试点的 CCER 抵消规则不同，使得 CCER 在不同地区的价值不同，目前交易仍以线下协商为主，价格在 10~30 元之间浮动。以上海碳交易市场试点为例，2020 年上海 CCER 市场成交均价较上年同期大幅上涨，可履约 CCER 均价为 20.35 元，同比增长 175.76%，其中长三角可履约 CCER 均价为 24.86 元，同比增长 299.14%。CCER 成交均价持续增长的主要原因是主管部门自 2017 年 3 月停止 CCER 项目签发，市场上交易的均为存量 CCER，可履约 CCER 数量逐年减少，造成价格上涨。

从上海环境能源交易所的数据来看，CCER 的挂牌价格虽然中期偶有波动，但整体上从 2015 年的 16~20 元涨到 2019 年的 25~30 元。需要说明的是，挂牌价的上涨并不意味着 CCER 价格上涨，因为有大量的 CCER 是协议价成交，其成交价格大大低于挂牌交易价格。

截至 2021 年 3 月，全国 CCER 市场累计成交 2.8 亿吨。其中，上海 CCER 市场累计成交量持续领跑，超过 1.1 亿吨，占比为 41%；广东排名第二，占比为 21%；北京、天津、深圳、四川、福建 CCER 累计成交量为 1200 万~2600 万吨，占比为 5%~9%；湖北市场交易量不足 800 万吨，占比约为 2%，重庆市场累计成交量为 49 万吨，占比很小。

三、呼和浩特西区集中供热 CDM 项目案例

（一）项目的基本情况

为了促进城市供热管理规范化，为供热、用热双方合法维权提供保障，呼和浩特市于 2006 年 10 月 15 日正式出台了《呼和浩特市城市供热管理条例》。供暖问题是呼和浩特市存在多年并迫切需要处理的一个问题，它主要表现为：分散锅炉房不仅造成了能源的浪费，而且污染严重；分散小锅炉具有数量多、容量小、低效的特点，煤炭消耗量很大但消灶除尘的效率却很低，加之排烟方式为低空排烟，致使供暖期的供暖质量低下；许多分散锅炉房经营企业体制繁杂，一部分公司片面追求经济利益；此外，相关设备老化、配套设施残缺严重，同时缺乏维修和管理。这些问题致使供热质量差，对空气质量造成严重影响，且增加了二氧化碳的排放量。

呼和浩特市富泰热力股份有限公司是呼和浩特市西区集中供热工程项目（以下简称项目）的投资者（以下简称项目业主），并且负责开发该项目。

项目将新建两座大型集中供热锅炉房，通过新建集中供热一次管网为市区供热，总供热面积可达 1007 万平方米（其中，现有建筑 660 万平方米，新建建筑 347 万平方米），供热负荷总量为 553.7MW 左右。项目工程包括新建两座 4×70MW 的链条炉排热水锅炉房，敷设长度为 37.51 千米的一级供热管网，新建 76 座换热站，并替换现有热效率很低的分散式老锅炉及孤立区域供热管网。

项目建设投资包括银行贷款和企业自筹两种方式，前者投资额约为 1.83 亿元，后者约为 1.76 亿元。项目通过引入新的一次集中供热系统，由新建的两个大型集中供热锅炉房通过新建集中供热一次管网为市区供热，拆除、停运现有的 164 台燃煤小锅炉后，每年可减少二氧化碳排放量约 18 万吨，从而大幅度降低燃煤对呼和浩特市造成的环境污染。

（二）项目的开发流程

依据 CDM 项目流程的开发顺序，本项目的开发主要分为项目鉴别、签订项目碳交易合同、项目设计、主管部门批复、买家所在国签发批准函、第三方独立核查机构进行项目评审并出具技术报告、审定合格后提交清洁发展机制执行理事会项目注册，以上七个步骤按顺序进行。项目注册以后要实施和监测项目，核查其节能减排量，之后该项目的核证减排量（CER）方可签发。

项目业主（也是项目卖家）在项目鉴别流程中耗时 6 个月。CDM 减排项目的可行性鉴定是项目开展的基础。根据清洁发展机制执行理事会专门公布的 AM0058 方法学，集中供热主热网是以高能效热电联产（或锅炉）作为主热源的，用其来取代低效率的分散式小型锅炉供热网，可以减少化石燃料消耗量。项目业主对碳减排交易的认识有限，在与碳买家的接触中需要不断学习和培训，因此拉长了项目开发周期，增加了项目的隐性交易成本。

在确定了项目可开发性后，2011 年 9 月 16 日，项目业主与碳买家 PEONY 洽谈二氧化碳购买协议。PEONY 注册地为卢森堡，是一家由比尔·盖茨—梅琳达基金发起并投资、专门在中国从事国际碳减排交易的专业公司。协议的签订约定了碳交易合同生效的前提，即 PEONY 同意购买该项目自计入期开始之时至 2012 年 12 月 31 日止的项目产生的全部合同 CER 的总量，并且 PEONY 有 2012 年后所产生的部分或全部 CER 的优先购买权。项目正式投产后的年净减排量如表 4.4 所示。

表 4.4　　碳减排量表

年份	年减排量估计值（吨二氧化碳）
2010	184505
2011	184505
2012	184505
2013	184505
2014	184505
2015	184505
2016	184505
2017	184505
2018	184505

根据清洁发展机制的要求，CDM项目需要同时取得东道国以及附件一国家的项目批复函。因此，为了节约时间成本，项目业主在买家的帮助下同时取得了国家发展改革委的批复函及买家注册国卢森堡的项目批复函。而通常情况下，批复函的取得需要2~3个月。

与此同时，双方也开始聘请第三方技术咨询公司依据本项目符合的方法学的要求完成CDM项目设计书的制作。业主需要提供项目原始资料，包括项目锅炉明细、供热边界、一次管网铺设图、相关的所有设备采购招标文件、采购协议以及发票、环境评估报告、项目立项审批报告等。根据项目业主提供资料的准确性，项目设计书一般情况需要3~5个月才能完成。

项目设计书完成后要由特定的第三方检查机构对CDM项目进行审查与核对，评定项目业主提交的项目活动是否合格。若审查合格，CDM项目就具备向清洁发展机制执行理事会提交项目注册申请的资格。核定并签发关于该项目的减排量CER时，要以CDM项目注册为前提。联合国气候变化框架公约组织工作人员数量有限，而申请注册项目却很多，所以项目申请注册能否通过需要排队等候工作人员进行讨论。

第五节 《京都议定书》的后续发展

一、从《京都议定书》到《巴黎协定》

《京都议定书》在很多方面都是一项复杂而具有开创性的协议。它的核心成就是确定了对每个工业化国家温室气体排放具有法律约束力的量化限制。此外，对经合组织主要国家的量化承诺要求也远远强于预期，而且《京都议定书》还列入各种碳排放权的国际转让机制，使其在降低减排成本的同时，促进发达国家与发展中国家在技术、经济、环境领域的合作。

从各缔约国履行条约的情况看，大部分缔约方都能基本履约。然而，由于《京都议定书》的减排目标较高且减排义务具有强制性，发达国家难以按照要求完成减排任务，也没有完成条约规定的对发展中国家的援助任务。根据联合国开发计划署（United Nations Development Programme，UNDP）《2007/2008人类发展报告》，在《京都议定书》下，欧盟承诺的平均减排为8%，而实际减排为2%左右；加拿大的减排目标是6%，实际排放量却提高了27%；日本的减排目标是6%，实际排放量反而提高了8%。

（一）《京都议定书》的局限性

《京都议定书》虽然在气候变化国际立法发展历史中具有里程碑的意义，但也存在明显的不足和局限性。正如2014年政府间气候变化专门委员会（IPCC）第五次报告所指出的，虽然具有法律约束力的《京都议定书》在实现 UNFCCC 所确立的目标和原则的道路上迈出了第一步，但并没有实现应该实现的目标，没有达到应该达到的环境成效标准。

（1）世界上最主要的温室气体排放国没有被纳入强制减排中。美国作为碳排放大国并没有批准《京都议定书》。同时，世界上经济快速发展的几大发展中国家的温室气体排放量已经超过许多发达国家，而它们也没有被包括在条约中被要求实现强制减排目标。

（2）由于《京都议定书》只有有限的附件二所列国家需要履行强制减排承诺，这就会增加这些国家生产高碳排放商品（服务）的生产成本。从国际贸易角度来说，企业有可能将这些高碳排放产业转移到一些不用强制减排的国家以降低生产成本，从而导致碳泄漏现象。

（3）《京都议定书》的短期性可能会影响私营部门对低碳减排技术的投资。《京都议定书》第一承诺期只有 5 年，它的相对短期和未来前景的不确定性对私营企业的低碳减排投资有消极影响。而要有效刺激私营部门对低碳经营模式的投资，国际气候变化条约需要给市场一个长期的价格信号。

为进一步应对气候变化，197 个国家于 2015 年 12 月 12 日在巴黎召开的 UNFC-CC 第二十一次缔约方大会上通过了《巴黎协定》。相比于《京都议定书》，《巴黎协定》从一开始就赢得 186 个 UNFCCC 缔约国的支持，相当于覆盖了全球 96% 的温室气体排放量。从条约的参与度来看，《京都议定书》被《巴黎协定》取代具有必然性。事实上，《京都议定书》在 2020 年被《巴黎协定》正式取代。

（二）《巴黎协定》的关键内容

1. 确立了全球长期目标

《巴黎协定》确立的一个大目标是将全球平均升温控制在工业革命前水平以上 2 摄氏度以内，争取控制在 1.5 摄氏度以内。为实现该目标，《巴黎协定》提出了要"尽快达到温室气体排放的全球峰值"，并且"在 21 世纪下半叶实现温室气体源的人为排放与清除之间的平衡"，也就是到 21 世纪下半叶实现全球温室气体净零排放。

2. 国家自主贡献

国家自主贡献，就是各国根据各自经济和政治状况自愿作出的减排承诺，并随时间推移而逐渐增加。同时要求在核算预期的国家自主贡献（Intended Nationally Determined Contribution，INDC）时，"应促进环境完整性、透明性、精确性和完备性"，以增强透明度，保障国家自主贡献的准确性。

3. 每 5 年进行一次全球盘点的升级更新机制

《巴黎协定》引入"以全球盘点为核心，以 5 年为周期"的升级更新机制。从 2023 年起，每 5 年对全球行动总体进行一次盘点，总结全球减排进展及各国 INDC

目标与实现全球长期目标排放情景间的差距，以进一步促使各方更新和加强其 INDC 目标及行动和支持力度，加强国际合作，实现全球应对气候变化长期目标。

4. 重申"共同但有区别的责任"原则

"共同但有区别的责任"原则一直是《联合国气候变化框架公约》的指导原则之一，直接体现在减排责任和出资义务方面。《巴黎协定》明确规定，"发达国家缔约方应当继续带头，努力实现全经济绝对减排目标。发展中国家缔约方应当继续加强自身的减缓努力，鼓励根据各自国情，逐渐实现全经济绝对减排目标。"在资金问题上，《巴黎协定》还规定，"发达国家缔约方应为协助发展中国家缔约方减缓和适应两方面提供资金，以便继续履行 UNFCCC 下的现有义务"，并"鼓励其他缔约方自愿提供或继续提供这种资助"，明确了发达国家为发展中国家适应和减缓气候变化出资的义务。

5. 强调经济发展的低碳转型

《巴黎协定》"强调气候变化行动、应对及影响与平等获得可持续发展与消除贫困有着内在的关系"，实现"气候适宜型的发展路径"，把应对气候变化与保障粮食安全、消除贫困和可持续发展密切结合起来，实现多方共赢的目标。

6. 采用"阳光条款"

《巴黎协定》的一个亮点是被非政府组织称为"阳光条款"的有关透明度的协议。各国根据各自经济和政治状况自愿提出"国家自主贡献"减排承诺，接受社会监督，各国都要遵循"监测、报告与核查"的同一体系（该体系会根据发展中国家的能力给予一定的灵活性），定期提供温室气体清单报告等信息，并接受第三方技术专家审评。增强体系透明度，帮助发展中国家提高透明度，鼓励各国自愿行动，夯实互信基础。

（三）《京都议定书》与《巴黎协定》的比较

1. 治理机制

《京都议定书》的治理机制是自上而下的，它通过一种自上而下的方式为附件二国家制定了有法律约束力的强制减排目标，包括定量的国家减排标准和为帮助其实现减排目标而制定的市场机制。这种方式旨在通过减排目标来督促各国采取符合本国国情的减排措施，从而达到全球减排的共同目标。

《巴黎协定》最终采用的是以自下而上为主、兼有自上而下成分的混合型治理机制。其中，自下而上治理机制主要体现在《巴黎协定》依靠缔约国提交的国家自主贡献目标来开展全球温室气体减排，每个缔约国减排多少、采取什么样的形式减排由各缔约国根据自身能力和特点来决定。

2. 法律形式

《巴黎协定》与《京都议定书》在履约和核心条款的精准度上有显著不同，集中体现在《巴黎协定》最为核心的国家自主贡献的减排条款不具有强制法律约束力，其采用的法律语言是"倡议性的"而非"强制要求性的"，并且涉及国家自主贡献目标等条款在规定上是不精确的，甚至是刻意模糊的。

例如，《巴黎协定》第四条第二款规定："各缔约方应编制、通报并持有它打算实现的下一次国家自主贡献。缔约方应采取国内减缓措施，以实现这种贡献目标。"根据这样的规定，缔约方应采取相应的减排措施，但这样的执行并非强制性的，而更多的是基于自愿和自身能力进行。在减排的具体结果是否符合其订立的自主贡献目标，以及如果不能实现目标是否有惩罚措施方面，《巴黎协定》没有进一步的规定。换言之，《巴黎协定》在国家自主贡献等核心条款上的法律约束力更多的是程序上的而非实质性的。《巴黎协定》虽然规定了缔约方行为上的义务，即缔约方承诺就减排、适应、融资和能力建设等方面采取措施并报告相关信息，但是并没有结果上的义务，即缔约方并没有实现国家自主贡献承诺目标的强制结果义务。

3. 履约机制

法律履约机制的强制约束力是与条约本身的法律约束力不同的概念，两者也不互为条件。《京都议定书》是既有法律约束力又有履约机制的条约，而《巴黎协定》虽是具有法律约束力的协定，但是并没有真正有效地惩罚非履约行为的履约机制。《巴黎协定》采取非对抗的、非惩罚性的方式，一些美国学者就认为《巴黎协定》应该保持这样的非强制履约机制，只有如此，《巴黎协定》才可能被美国国会批准，迎来更大程度的支持，避免出现《京都议定书》被美国拒绝批准的情况。虽然《巴黎协定》没有强制履约机制，但是该协定为促进条约的有效执行设立了透明度标准和定期回顾机制。

4. 法律基本原则

《京都议定书》体现了国际环境法的诸多原则，特别是"共同但有区别的责任"原则。基于这一原则，《京都议定书》在发展中国家和发达国家的减排目标问题上区别对待。考虑到发展中国家和发达国家在全球气候变化问题上的历史责任不同，它只要求附件二国家（主要是发达国家）遵循强制减排目标，而发展中国家则可以自愿决定自己的减排目标。

《巴黎协定》在减排这一核心问题上不再区分发达国家和发展中国家，要求所有缔约方都要依据各自能力提交国家自主贡献。从这个意义来说，《巴黎协定》的"共同但有区别的责任"已非《京都议定书》中的"共同但有区别的责任"，其重点是在新加上的"各自能力"原则上。

（四）《巴黎协定》的影响

（1）建立一套"自下而上"设定行动目标与"自上而下"的核算、透明度、履约规则相结合的体系。《巴黎协定》在促进包容性和实现全面参与上取得的成功是空前的。"自下而上"设定行动目标有利于激发各国积极性，根据国家发展阶段、国家能力和历史责任，自主确定行动目标，有助于实现应对气候变化行动的全球覆盖；"自上而下"的核算、透明度、履约规则确保各国有一个通用的对话、行动进展跟踪平台，有助于各国交流行动经验，开展评估与自我评估，提高行动力度，综合评估全球行动力度与进展。

（2）引入"以全球盘点为核心，以5年为周期"的升级更新机制，确保行动与目标的一致性。缺乏动态升级更新机制是全球气候治理体系过去面临的重要问题，《巴黎协定》一个重要成果就是为解决各国"自主贡献"力度不足、难以实现温控目标的问题专门建立盘点机制，即从2023年开始，每5年对全球行动总体进展进行一次"促进性"盘点。这一机制又被气候专家形象地称为"齿轮"机制。

（3）将"1.5摄氏度温控目标"引入全球气候治理的目标中，体现了空前的气候治理力度。《巴黎协定》在UNFCCC的基础上，进一步将"2摄氏度温控目标"升级为"1.5摄氏度温控目标"，表示要"把全球平均气温较工业化前水平升高控制在2摄氏度之内，并努力将气温升幅控制在1.5摄氏度之内"。这是"1.5摄氏度温控目标"首次成为全球共识，展现了国际社会对加强全球气候治理的殷切期待。同时，首次明确要"使资金流动符合温室气体低排放和气候适应型发展的路径"，这为实现全球减缓目标与适应目标指明了努力方向，也体现了近年来在绿色金融等国际治理议题方面的进展。

（4）解决资金问题在《巴黎协定》中取得重大进展，其被放在更加关键的位置。"使资金流动符合温室气体排放和气候适应型发展的路径"，成为与减缓目标和适应目标并列的《巴黎协定》三大目标之一。《巴黎协定》将《京都议定书》中发达国家向发展中国家提供资金支持，演变成了所有国家都要考虑应对气候变化的资金流动，模糊了资金支持对象，也考虑了各国国内资金流动。同时，《巴黎协定》还将资金支持的提供主体扩展到了所有发达国家，而不仅仅是UNFCCC附件二中的发达国家，并且规定鼓励其他缔约方自愿或继续向发展中国家提供资金支持。

（五）《巴黎协定》的不足之处

1. 发达国家减排责任相对弱化

在巴黎气候大会上，发达国家拒绝接受量化减排责任，最后各方根据"国家自主贡献"的原则自愿作出减排承诺。也就是说，《巴黎协定》构建的全球气候治理体系具有政治不确定性的特征，它能否有效执行取决于各国领导人的政治意愿。部分学者认为这一协定并不具有法律强制力，难以实现它所确定的全球减排目标。

2. 发达国家出资义务难以落实

发达国家为发展中国家的减缓与适应行动提供资金支持，是发达国家在《联合国气候变化框架公约》下应尽的义务。《巴黎协定》实际上弱化了发达国家的减排和出资责任，这种责任由《京都议定书》规定的"必须"变为现在的"自愿"，且未能对发达国家设定量化出资目标。尽管《巴黎协定》重申了《联合国气候变化框架公约》确立的"共同但有区别的责任"原则，但发展中国家在巴黎气候大会上与发达国家就此展开的谈判实际上是"退让"了。

3. 仍未解决应对气候变化的全球协同行动问题

《巴黎协定》前全球气候治理在结构上已形成了以 UNFCCC 机制为核心，分散化、网络化的制度体系，在主体上走向以主权国家为主、公共主体和私人主体多元化"共治"，在过程上体现了科学研究、政治安排、市场行为三个环节的循环互动。虽然参与主体不断增加，气候治理主题也被嵌入许多多边、双边议题中，私营企业和非政府组织的行为日益活跃，但其解决全球协同行动、释放减排需求、形成有效减排供给、防止碳泄漏的能力非常有限，难以应对气候变化危机的严峻形势，应继续努力推动其创新转型。

二、全球碳交易市场现状

（一）欧洲：欧盟碳排放权交易体系——全球交易量最大的碳交易市场

欧洲是应对气候变化的领导者，其碳排放权交易体系领跑全球。2020 年 12 月在布鲁塞尔举行的欧盟首脑会议上，欧盟商定温室气体减排新目标，即到 2030 年将欧盟区域内的温室气体排放量比 1990 年减少 55%，与前期减少 40% 的目标相比降幅显著提高，并提出在 2050 年实现"碳中和"。

欧盟应对气候变化的主要政策工具——欧盟碳排放权交易体系起源于 2005 年，是依据欧盟法令和国家立法建立的碳交易机制，是世界上参与国最多、交易量最大、最成熟的碳排放权交易市场。从市场规模看，根据路孚特（Refinitiv）对全球碳交易量和碳价格的评估，欧盟碳排放权交易体系的碳交易额达到约 1690 亿欧元，占全球碳市场的 87%。从减排效果来看，截至 2019 年，欧盟碳排放量相比 1990 年减少了 23%。

欧盟碳排放权交易体系已经走过三个发展阶段，当前处于第四阶段，并且随着时间推移各项政策逐渐趋严。第四阶段已废除抵消机制，同时开始执行减少碳配额的市场稳定储备机制，一级市场中碳配额分配方式也从第一阶段的免费分配过渡到50% 以上进行拍卖，并计划于 2027 年实现全部配额的有偿分配。由于欧盟碳排放主要来源于能源使用、工业过程及航空业，故欧盟碳市场覆盖行业主要为电力行业、能源密集型工业以及航空业。温室气体覆盖范围也从二氧化碳增加为二氧化碳、氧化亚氮、全氟碳化合物。

（二）亚洲：韩国碳排放权交易体系——一颗冉冉升起的新星

高度依赖化石能源进口的韩国是东亚第一个开启全国统一碳交易市场的国家。近几年韩国碳排放权交易体系发展势头良好。从全球范围来看，韩国碳排放量排名靠前，2019 年韩国碳排放量居世界第七位，且整体排放呈波动上涨趋势。2020 年12 月 30 日，韩国向联合国气候变化框架公约秘书处提交了"2030 国家自主贡献"目标，即争取到 2030 年将温室气体排放量较 2017 年减少 24.4%，2050 年实现碳中和，将以化石燃料发电为主的电力供应体制转换为以可再生能源和绿色氢能为主的能源系统。

从排放来源看，韩国碳排放主要来源于化石燃料燃烧，占比达 87%，其碳交易体系覆盖了 74% 的韩国碳排放，同时覆盖行业范围也较广，主要包括电力行业、工业、国内航空业、建筑业、废弃物行业、国内交通业、公共部门等。但从减排效果来看，韩国碳减排效果并不明显，2019 年韩国碳排放量相比 2005 年增长了 28%，相比 2017 年减少了 1%。

韩国碳排放权交易体系已经走过两个发展阶段，当前处于第三阶段。韩国碳排放权交易体系第三阶段的主要变化包括：（1）配额分配方式发生变化，拍卖比例从第二阶段的 3% 提高到 10%，同时标杆法的覆盖行业范围有所增加；（2）在第二阶段实施做市商制度的基础上，进一步允许金融机构参与抵消机制市场的碳交易，企图进一步提高碳交易市场的流动性，同时也将期货等衍生产品引入碳交易市场；（3）行业范围扩大，纳入国内大型交通运输企业；（4）允许控排企业通过抵消机制抵扣的碳排放上限从 10% 降到 5%。

韩国碳交易市场有着完备的碳市场法律体系、多样化的市场稳定机制，但由于碳市场建立时间较短，故存在碳市场机制设置相对宽松、市场流动性不高等问题。韩国的碳市场法律体系由《低碳绿色增长基本法》《温室气体排放配额分配与交易法》《温室气体排放配额分配与交易法实施法令》《碳汇管理和改进法》及其实施条例、碳排放配额国家分配计划等构成，保障了韩国碳排放权交易体系的顺利运行。2020 年，韩国推出"绿色新政"，计划到 2025 年投入 114.1 万亿韩元（约合 946 亿美元）的政府资金，以摆脱对化石燃料的严重依赖，并推动以数字技术为动力的环境友好产业的发展，包括电动和氢动力汽车、智能电网和远程医疗等。

（三）北美洲：美国加利福尼亚州总量控制与交易计划——北美最大的区域性强制市场

美国加利福尼亚州总量控制与交易计划已成为北美最大的区域性强制碳交易市场。北美尚未形成统一的碳市场，尽管区域温室气体倡议是第一个强制性的、以市场为基础的温室气体减排计划，但加利福尼亚州总量控制与交易计划后来居上，成为全球最严格的区域性碳市场之一。加利福尼亚州最早加入了美国西部气候倡议（Western Climate Initiative，WCI），在 2012 年使用 WCI 开发的框架独立建立了自己的总量控制与交易体系（现仍属于 WCI 的重要组成部分），并于 2013 年开始实施。

尽管美国在气候变化议题上态度反复，但环保意识较强的加利福尼亚州是美国环保政策的先行者。加利福尼亚州总量控制与交易体系的建立基于 2006 年加利福尼亚州州长签署通过的《全球气候变暖解决方案法案》，该法案提出 2020 年的温室气体排放要恢复到 1990 年的水平，2050 年的排放要比 1990 年减少 80%；2016 年提出要确保 2030 年的温室气体排放量在 1990 年的水平上降低 40%，2050 年的排放量在 1990 年的基础上减少 80% 以上；2017 年则提出将加利福尼亚州总量控制与交易计划延长至 2030 年；2018 年明确加利福尼亚州将于 2045 年实现碳中和，减排目标逐渐趋严。

从总排放量看，尽管近十年一直处于下降趋势，但美国 2019 年总排放量仍列全球第二位。而加利福尼亚州作为美国经济综合实力最强、人口最多的州，排放量自然不低。根据加利福尼亚州空气资源委员会的数据，2012 年加利福尼亚州温室气体排放总量（不含碳汇）为 4.59 亿吨二氧化碳当量，在全美各州中位居第二。同时，根据国际能源网的数据统计，在能耗强度上，加利福尼亚州仅次于得克萨斯州排名第二，人均能耗排名第四。

从排放来源看，加利福尼亚州碳排放主要来源于交通运输，占比为 44% 左右，工业过程的排放占近四分之一，仅次于交通运输。加利福尼亚州碳交易体系包含的温室气体种类较全，几乎覆盖了《京都议定书》下的温室气体类型。从覆盖行业范围来看，主要包括电力行业、工业、交通业、建筑业。从减排效果看，加利福尼亚州空气资源委员会的数据显示，加利福尼亚州从碳市场建立后排放一直处于递减趋势，在 2017 年温室气体排放量已略低于 1990 年的水平。

加利福尼亚州总量控制与交易体系在 WCI 框架下已与加拿大魁北克省碳交易市场、安大略省碳交易市场对接，当前已处于第四阶段。从 2021 年起，加利福尼亚州碳市场迎来以下变化：（1）对碳价设立了价格上限；（2）抵消机制中对核证碳信用配额的使用有进一步限制，比如使用非加利福尼亚州项目的碳减排量进行抵消的比例受到限制，不得超过抵消总额的 50%，同时使用抵消配额最高比例上限在 2021—2025 年从 8% 下降为 4%；（3）配额递减速率进一步增加。

加利福尼亚州总量控制与交易计划成功兼顾了碳减排与经济发展两个看似不相容的发展目标，这得益于完备的碳交易机制体系以及配套的绿色产业激励政策。2020 年世界资源研究所发布的《美国的新气候经济：美国气候行动的经济效益综合指南》显示，2005—2017 年加利福尼亚州与能源相关的二氧化碳排放减少了 6%，而地区生产总值增长了 31%。同时该报告中还提到，自加利福尼亚州 2013 年实行总量控制与交易计划以来，加利福尼亚州地区生产总值平均每年增长 6.5%，而美国 GDP 每年增长 4.5%，同时，投资于气候友好项目给经济社会带来的人口健康、气候减排的效益是其成本的 5 倍。

在配额分配上，加利福尼亚州为原本已遭受贸易冲击的工业部门免费发放配额，缓解企业减排压力，同时为配电企业（非控排企业）免费发放配额，平抑电价上涨，减弱碳减排对经济发展的负面影响。在价格管控上，拍卖最低价限制、政府配额预留策略、政府公开操作策略、价格遏制控制策略等对碳价稳定起到了重要作用。并且，加利福尼亚州在总量控制与交易体系的基础上叠加了绿色产业激励政策，包括可再生能源（太阳能、风能）和低碳能源系统的激励政策，不仅包括强制性激励政策（如对发电清洁化、能耗效率、可再生能源额度等的定量要求），也包括经济激励政策（如加利福尼亚州太阳能计划、政府加大对氢能的投资等，资金一部分来自总量控制与交易计划中通过拍卖碳配额获取的收入）。

（四）大洋洲：新西兰碳排放权交易体系——大洋洲碳减排的"坚守者"

新西兰碳排放权交易体系历史悠久，是继澳大利亚碳税被废除、澳大利亚全国碳市场未按计划运营后，大洋洲剩下的唯一的强制性碳排放权交易市场。新西兰碳排放权交易体系2008年开始运营，是到目前为止覆盖行业范围最广泛的碳市场，覆盖了电力、工业、国内航空、交通、建筑、废弃物、林业、农业等行业，且纳入控排的门槛较低，控排气体总量占温室气体总排放量的51%左右。

作为较早开始运营的碳市场，新西兰碳市场的减排效果并不明显。从总量看，新西兰不属于主要碳排放国，但人均排放量高于中国，同时温室气体排放一直处于上升趋势，2019年排放相比1990年增长46%。从排放来源看，新西兰近一半的温室气体排放来源于农业，其中5%来源于生物甲烷，主要原因在于新西兰是羊毛与乳制品出口大国。根据路透社的数据，乳制品出口占其出口总额的20%，同时新西兰人口近500万，牛和羊的存栏量分别为1000万头和2800万只，这也是新西兰的减排目标将甲烷减排进行单独讨论的原因。

新西兰碳排放权交易体系于2019年开始进行变革，以改善其机制设计和市场运营，并更好地支撑新西兰的减排目标。第一，在碳配额总量上，新西兰碳交易市场最初对国内碳配额总量并未进行限制，2020年通过的《应对气候变化修正法案》首次提出碳配额总量控制（2021—2025年）。第二，在配额分配方式上，新西兰碳市场以往通过免费分配或固定价格卖出的方式分配初始配额，但在2021年3月引入拍卖机制，同时政府选择新西兰交易所和欧洲能源交易所来开发和运营其一级市场拍卖服务。此外，法案制定了逐渐降低免费分配比例的时间表，将减少对工业部门免费分配的比例，具体为在2021—2030年间以每年1%的速度逐步降低，在2031—2040年间降低速率增至2%，在2041—2050年间增至3%。第三，在排放大户农业减排上，之前农业仅需报告碳排放数据并不要求履行减排责任，但新法案表明计划于2025年将农业排放纳入碳定价机制。第四，在抵消机制上，一开始新西兰碳交易市场对接《京都议定书》下的碳市场且抵消比例并未设置上限，但于2015年6月后禁止国际碳信用额度的抵消。未来新西兰政府将考虑在一定程度上开启抵消机制并重新制定抵消机制的规则。

三、《京都议定书》对中国的启示

(一) 中国的减排成本现状

我国各区域经济发展程度不一,不同区域的减排空间和实施成本差异较大,合理估算二氧化碳的边际减排成本,不仅能够直观反映区域碳减排的潜力与成本,促进区域环境协同治理,而且有利于优化全国的碳减排成本。如图 4.16 所示,随着我国经济不断发展,边际减排成本较高的省份逐渐从中部向东南沿海转移,形成边际减排成本最高的第一梯队,同时边际减排成本次高的第二梯队聚集在中部地区,其

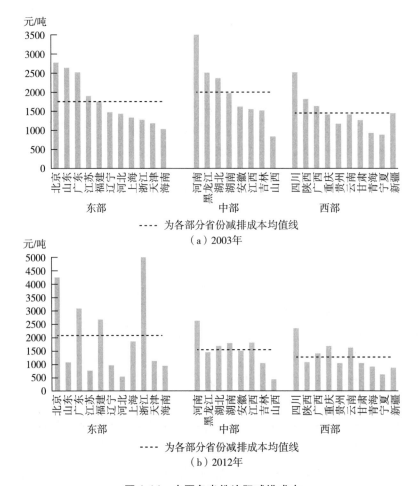

图 4.16　中国各省份边际减排成本

[资料来源:杨子晖,陈里璇,罗彤. 边际减排成本与区域差异性研究 [J].
管理科学学报,2019,22 (2):1–21]

余省份组成第三梯队。此外，各省份边际减排成本的渐进演变也反映了我国经济发展模式的变化，第三产业逐渐成形并聚集在东南沿海，相应地，这些地区也成为全国边际减排成本最高的地区。其最终结果是，边际减排成本与经济发展程度成正比，即经济越发达，要减排一单位的温室气体所要付出的经济代价越大。

从图 4.16（b）可知，2012 年我国各区域减排成本呈现出"东部 > 中部 > 西部"的特征。由此可见，西部成为最具碳排放量出售潜力的地区。一方面是其减排成本低于东部和中部的整体水平；另一方面则是其经济发展较慢、碳排放量较小。按照比较优势理论，西部省份更适合成为我国碳排放权交易市场的出售方，而东部地区则更可能成为交易配额的购买方。

（二）三种交易机制的启示

如前文所述，我国碳减排成本随区域变动差异明显，西部地区的减排成本明显低于中部与东部地区。理论上，经济发达的东部省份应在碳交易市场上购入西部地区出售的排放额，进而降低我国整体的减排成本。我国 CCER 的注册地主要在西南、西北省份，但绝大部分交易发生在上海、广东等东部经济发达省份（见图 4.17），说明部分企业具有通过碳交易市场来降低减排成本的意愿。

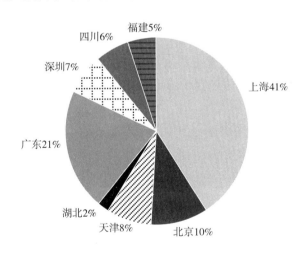

图 4.17 我国碳交易市场试点 CCER 项目累计成交量占比

（资料来源：中国自愿减排交易信息平台）

《京都议定书》提供了三种碳交易机制，即国际排放贸易机制、联合履约机制和清洁发展机制，CCER 实际上是中国版的清洁发展机制，那么有一个简单的推断，即国际排放贸易机制与联合履约机制是否同样能够在中国焕发新生？

国际排放贸易机制的本质是依据一个地区的历史排放量设定其未来的排放额，并允许不同地区之间直接交易排放额。虽然《京都议定书》下的国际排放贸易机制并未取得明显的效果，但核心原因在于议定书的缔约方在商议之初就存在巨大分歧。

排放额的设定本质上是各方妥协的结果，而中国凭借其强有力的中央政府，在配额设定上可以做得比《京都议定书》的缔约方更好，即在对各省经济与环境效益综合评估的前提下，对各省设定约束力更强且更加科学的排放额。由于西部的发展与东部相比较慢，其可能存在富余的排放指标，东部省份可以直接向西部省份购买排放额以满足其减排目标。

就联合履约机制而言，其本质是允许不同地区之间开展项目合作，经济发达地区获得项目产生的碳信用，而经济落后地区享有项目带来的经济、科技、环境收益。国际上该机制的实施伴随着绿色投资计划的协作，我国政府具有强有力的监管能力，可以通过设置特定部门协助不同省份之间进行项目投资，进而确保联合履约项目的环境完整性。

【本章小结】

根据交易对象特点的不同，可以将碳交易市场分为基于配额的碳交易市场和基于项目的碳交易市场。其中，基于配额的碳交易市场，其原理为总量控制交易，即在总量管制下，管理者对每个参与主体（相关企业或机构）按一定的原则对碳排放权配额进行初始分配，得到配额的参与主体在碳交易市场上自由交易碳排放权，从而形成碳配额的价格。而基于项目的碳交易市场，其原理是一个碳减排项目的实施能够产生可供交易的碳排放量指标（产生碳信用额），这种排放量指标通过专门机构核证后，就可以出售给那些受排放配额限制的国家或企业，以履行其碳减排目标。

1997年12月，在日本召开的《联合国气候变化框架公约》缔约方第三次会议通过的《京都议定书》不仅为发达国家规定了具有法律约束力的温室气体减排目标，而且提出了国际排放贸易机制、联合履约机制和清洁发展机制三种灵活减排机制。其中，国际排放贸易机制就是基于配额的碳交易机制，而联合履约机制和清洁发展机制则是基于项目的碳交易机制。

从历史和现实的交易情况来看，虽然直接基于国际排放贸易机制的AAU和基于联合履约机制的ERU逐渐退出了历史舞台，但基于配额的碳交易市场在多个国家得到了快速发展（如欧盟碳排放权交易体系）。更为重要的是，《京都议定书》提出的三种碳交易机制对中国碳交易市场的建设和发展具有重要的借鉴意义。

最后需要特别指出的是，无论是《联合国气候变化框架公约》最初的版本，还是作为其补充条款的《京都议定书》，抑或是2015年签署的《巴黎协定》，都或多或少存在不足和局限性。总体而言，《京都议定书》奠定了应对气候变化国际合作的法律基础，这是人类历史上首次以国际法的形式对特定国家的特定污染物排放量作出具有法律约束力的定量限制，具有里程碑意义。

【思考题】

1. 《京都议定书》在正式生效之前经历了多轮谈判，美国政府甚至一度宣布单方面退出。请从博弈论的角度分析发达国家在碳减排中的利益分歧和合作机制。

2. 在碳排放权定价机制中，最常见的是碳税和碳排放权交易机制。请查阅资料，通过与碳税进行比较后分析碳排放权交易机制的优势，并采用科斯定理对碳排放权交易机制的经济学原理作进一步的解释。

3. 请从"现货—期货"的角度分析《京都议定书》提出的国际排放贸易机制、联合履约机制、清洁发展机制三种碳交易机制之间的区别和联系。

第五章　欧盟碳交易市场

【学习目标】
1. 掌握欧盟碳排放权交易体系的定义、产生背景和建立过程。
2. 理解欧盟碳排放权交易体系的构建、运行等经验。
3. 把握欧盟碳排放权交易体系在不同阶段的发展和创新。
4. 思考欧盟碳排放权交易体系对中国的启示。

第一节　欧盟碳排放权交易体系的产生与发展

一、欧盟碳排放权交易体系产生背景

欧盟作为工业化发展较快的国家联盟，相比于世界其他国家和地区，其二氧化碳排放量较大。为应对气候变化，欧洲从 20 世纪 90 年代开始就关注能源消耗和温室气体排放所产生的气候问题，并设计减排制度。其理论源于 1920 年庇古的《福利经济学》，后来科斯给予了发展，戴尔斯（J. H. Dales）于 1968 年首次将这种思想应用于污染领域。1986 年，《单一欧洲法令》（Single European Act，SEA）确立了欧洲政治合作机制和单一欧洲市场，为欧盟应对气候变化提供了法律基础。1992 年欧盟委员会提议实施面向整个欧洲统一的碳能源税，但由于各国担心碳税侵蚀财政主权，加上产业界的普遍反对，碳税方案于 1997 年胎死腹中。1997 年在日本京都召开的《联合国气候变化框架公约》第三次缔约方大会上通过的国际性公约为各国的二氧化碳排放量提供了标准[1]：（1）规定了发达国家的减排义务：全球主要工业国家的工业二氧化碳排放量在 2008—2012 年比 1990 年的平均排放量低 5.2%；（2）提出三大灵活履约交易机制：联合履约机制（JI）、清洁发展机制（CDM）、国际排放贸

---

[1]　http://baike.baidu.com/view/41423.htm.

易机制（IET）。1997 年签订的《京都议定书》更加明确了强制减少温室气体排放的方向。

为实现减排目标，欧盟内部在 1998 年签订《责任分担协定》，确定了欧盟 15 国的减排责任和目标。同年，欧盟委员会发布了《气候变化：后京都议定书的欧盟策略》，正式建议建立欧盟碳排放权交易机制（European Union Emissions Trading System，EU-ETS），并推动了欧盟为构建碳排放权交易体系而积极探索的脚步：1999 年，丹麦开始控制发电厂的温室气体排放量；2002 年，英国试运行相关交易体制……许多积极的探索为欧盟碳排放权交易体系的形成积累了丰富的经验，并为日后不断创新改革打下了坚实的基础。

表 5.1　　　　　　　　　　　欧盟碳排放权交易体系相关政策

名称	法案	规定
欧洲气候变化项目（ECCP）	2000—2004 年 ECCP	推动对 EU-ETS 运行政策与措施的研究，力求制定对环境有效、成本最低的辅助政策。
	2005 年 ECCP	在推动温室气体减排的同时，促进经济增长，尽可能创造就业机会，建立特别工作小组。
欧盟排放权交易体系（EU-ETS）	2003/87/EC	规定体系的实施时间、阶段时间、行业、气体种类。
	2008/101/EC	航空业被纳入 EU-ETS。
	2009/29/EC	增加 2020 年的减排目标、扩大行业覆盖范围、修正交易方案、促进拍卖制度发展。
低碳政策相关指令和规定	280/2004/EC	温室气体监测与汇报的相关指令。
	2005/166/EC	
	2010/778/EU	
	406/2009/EC	对若干未纳入 EU-ETS 行业的排放进行治理。
	2009/31/EC	碳捕获与封存指令。
	1998/70/EC	能源与交通行业的相关指令；对交通行业排放逐年加大的问题予以解决；推动绿色交通的发展；促进新型清洁能源的利用。
	1999/94/EC	
	2009/30/EC	
	443/2009	
	1014/2010	
	510/2011	

资料来源：碳交易网，http://www.tanjiaoyi.com/article-14443-3.html。

二、欧盟碳排放权交易体系的建立与发展

（一）欧盟碳排放权交易体系的建立

《京都议定书》规定了联合履约机制、清洁发展机制、国际排放贸易机制三种

碳交易机制，为了实现《京都议定书》中 2008—2012 年将温室气体排放量比 1990 年减少 8% 的目标，21 世纪以来，欧盟诸多条例的签署加速了 EU-ETS 的建立：2000 年，《温室气体绿皮书》论证了欧洲共同体内部温室气体排放权交易体系的相关政策和措施，标志着二氧化碳排放权交易正式纳入治理气候问题的政策体系；2001 年，《排放交易指令》正式将合作构建碳排放权交易体系提上议程，随后经过多番审议和修订向大众公布了一个较为完善的修订草案；2003 年，欧洲议会和欧盟理事会通过碳交易指令（Directive 2003/87/EC），立法建立了欧盟范围内的排放贸易体系，并将 EU-ETS 直接与《京都议定书》的灵活机制对接，同时创立了"欧盟排放许可"（European Union Allowance，EUA），使欧盟碳排放权受到法律体系保护；2004 年颁布了联合指令（Directive 2004/101/EC），将 EU-ETS 与《京都议定书》的联合履约机制和清洁发展机制衔接起来；同年 12 月引入了"国家登记簿"，以《关于标准、安全的注册登记系统的规定》为内容，通过国家电子登记注册系统来追踪碳排放权交易，并以碳交易指令（Directive 280/2004/EC 和 2216/2004/EC）为法律保障。2005 年，欧盟碳排放权交易体系正式启动。

（二）分阶段的实施方式

欧盟碳排放权交易体系是国际碳排放权交易体系的先行者，在不断探索和改革的过程中趋于成熟，纵观其发展历程，大致可以分为三个阶段：2005—2007 年为第一阶段；2008—2012 年为第二阶段，作为该体系的过渡期；2013—2020 年为第三阶段，也是发展阶段；随着碳交易在全球的繁荣，2021 年又进入了繁荣发展的新阶段[1]。在发展的过程中，欧盟对碳排放权交易体系进行了不断修正和扩充：2008 年颁布了指令（Directive 2008/101/EC），规定从 2012 年开始将航空碳排放量纳入欧盟碳排放权交易体系，并对所有进出欧盟的航班收取碳税；2009 年进一步延伸了欧盟碳排放权交易体系，颁布的指令（Directive 2009/29/EC）中提出了第三阶段的配额及配额拍卖机制。

表 5.2 　　　　　　　　EU-ETS 三个阶段配额分配机制的变化

项目	第一阶段：2005—2007 年	第二阶段：2008—2012 年	第三阶段：2013—2020 年
总体目标	试验阶段，检验 EU-ETS 的制度设计，建立碳交易市场平台	履行《京都议定书》承诺的 8% 的减排目标	在 2020 年完成碳排放量比 2005 年降低 21%
减排目标	完成《京都议定书》承诺减排目标的 45%	在 2005 年的基础上减排 6.5%	在 1990 年的基础上减排 20%
总量设定	22.36 亿吨/年	20.98 亿吨/年	18.46 亿吨/年
管制国家	27 个成员国	27 个成员国	30 个成员国

---

① 欧盟委员会网站，http：//ec. europa. eu。

续表

项目	第一阶段：2005—2007 年	第二阶段：2008—2012 年	第三阶段：2013—2020 年
管制行业	电力、石化、钢铁、建材（玻璃、水泥、石灰）、造纸	新增航空业	新增化工行业和电解铝行业
管制温室气体	只有二氧化碳排放	只有二氧化碳排放	新增氧化亚氮和全氟碳化物
交易机制	碳交易、清洁发展机制	碳交易、清洁发展机制、联合履约机制	碳交易、清洁发展机制、联合履约机制
拍卖比例	最多 5%	最多 10%	最少 30%，2020 年达到 70%
分配方法	祖父法	祖父法	基准法
新进入者配额分配	基准法免费分配，"先到先得"原则	基准法免费分配，"先到先得"原则	基准法免费分配，每年递减 1.74%
跨期储存和借贷	不允许	允许跨期储存，不允许跨期借贷	未定

资料来源：根据欧盟网站资料整理，http：//ec. europa. eu。

随着欧盟的扩大，目前 EU-ETS 已覆盖 30 个国家，并在现货交易的基础上形成了碳期货、碳期权等衍生品交易，形成了全方位的碳排放权交易体系。欧盟计划未来通过双边或多边协定与其他国家或区域的"总量控制与交易"（Cap-and-Trade）的减排机制对接，建立经合组织（OECD）国家间抑或跨大西洋的欧美碳交易机制，进而建立全球碳交易体系。目前 EU-ETS 与京都机制的关系如图 5.1 所示。

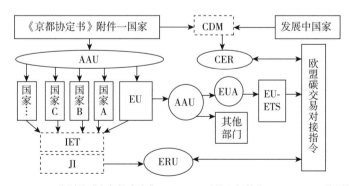

注：AAU、EUA 分别是《京都议定书》、EU-ETS 下的配额单位，CER、ERU 分别是清洁发展机制和联合履约机制的减排单位。1AAU＝1EUA＝1CER＝1ERU＝1 吨二氧化碳。

图 5.1　EU-ETS 与京都机制的关系

［资料来源：公衍照，吴宗杰. 欧盟碳交易机制及其启示［J］.
山东理工大学学报（社会科学版），2013，29（1）］

（三）欧盟碳排放权交易体系的客观基础

回顾 EU-ETS 的建立过程，其成功建立得益于自身特点，但也离不开整个国际市场的发展需求。[①]

首先，欧盟的生态环境和地理位置独特促使其建立环境治理体系。欧洲的平均海拔高度仅 300 多米，整体地势以平原为主，是全球地势较低的大洲。在温室气体的影响下，无论是人还是其他生物都面临巨大挑战，生态系统也将面临沉重打击。在环境日益恶化的现实面前，欧洲应对灾难的成本将远高于全球其他地区。此外，欧盟各成员国面积偏小且数量众多，生态体系十分脆弱，某一成员国的生态环境和周边成员国息息相关，诸多客观条件促使欧盟各国积极推动并鼎力支持 EU-ETS 的建立。

其次，欧盟可通过 EU-ETS 提升在国际社会的地位。近年来，全球环境问题日益加重，欧洲在一体化建设的过程中提升了综合实力，同时提高了参与国际事务的积极性。在美苏两极格局被打破后，欧盟更加强调世界格局的多元和民主，在许多国际事务中积极响应联合国的号召，成为国际社会中重要的国家团体。欧盟在节能减排技术的研发、对低碳政策的大力扶持、在全球气候变化领域中的积极探索，使得欧盟拥有了比常规政治领域更多的话语权，同时欧盟也走上了复兴的道路。

最后，欧盟具有先进的低碳技术。欧盟作为全球经济技术较为发达的地区，低碳技术和专利数量居世界前列。在全球能源技术市场中，欧盟的主要发达国家（英国、德国、法国、意大利等）拥有的低碳技术数量远超其他国家，占全球的 50% 左右[②]。在遏制全球气候变暖的过程中，欧盟必将作为推动世界低碳技术的重要一环，欧盟可以通过提高进口商品的环保标准来有效改善进出口贸易逆差局势。通过建立 EU-ETS，欧盟可以将现有的低碳技术化为直接的经济利益。

三、欧盟碳排放权交易体系的运行机制

EU-ETS 采用总量控制与交易原则，根据《京都议定书》规定的市场机制，欧盟在限制温室气体排放总量的基础上，通过买卖行政许可的方式进行减排。欧盟内部成员国受制于 EU-ETS 规定的国家排放上限。在此上限内，各成员国将本国碳排放额度分配给本国企业。各行业企业可以用分配得到的欧盟排放许可（EUA）和基于清洁发展机制（CDM）获得的核准减排额度（CER）履行减排承诺。除了分配到的排放量以外，还可以购买额外的额度，以确保整体排放量在特定的额度内。超额

① 万方. 欧盟碳排放权交易体系研究［D］. 吉林大学，2015.

② 薛彦平. 欧盟新能源产业与中欧新能源合作［J］. 全球科技经济瞭望，2014，29（6）：1-7.

排放的企业将受到处罚，而配额有剩余的企业则可以保留排放量以供未来使用，或者出售给其他企业。EU-ETS 主要运行机制及特征如下。

（一）国家分配计划

国家分配计划（National Allocation Plan，NAP）是欧盟各成员国和欧盟整体排放总量控制目标的体现，是欧盟碳排放权交易体系的核心。它规定了一个国家的碳排放总量上限，同时列出被覆盖的排放实体清单，分配每个排放实体年度排放许可配额。欧盟碳排放权交易法案中规定，欧盟成员国必须制定国家分配计划。计划体现了对碳排放权的需求，各成员国要设置自己国家的温室气体排放限额，且要在计划中阐明可分配排放权的分配方法。原则上，各国的排放限额需要与《京都议定书》的减排目标保持一致。

在制度流程上，成员国需要在每期开始前 18 个月向欧盟委员会提交 NAP，计划提交后三个月内，欧盟委员会将根据该国计划是否符合标准决定全部或部分接受。如果成员国的 NAP 遭到拒绝，该国必须在规定的时间内进行修改并重新上报，直到通过为止。在实际操作过程中，2004 年 3 月在欧盟 15 国实施 NAP，新增的另外 10 国将于同年 5 月实施。大部分成员国能够在最后期限内完成 NAP。

目前存在无偿分配和拍卖制度两种分配方法。无偿分配又称为免费分配，成员国基于其历史排放额或者某个标准决定其原始分配额，但在该分配原则下，污染高的行业反而有更高的排放权，破坏了制度的初衷。在此基础上衍生出拍卖制度，政府可以根据拍卖所得获取税收，再将收入回流至环保项目等目标领域中。在 EU-ETS 的第一阶段采用免费的分配方式，至少 95% 的配额无偿发放，第二阶段免费比例下降至 90%。

（二）分权治理模式

欧盟各成员国的经济状况、内部经济结构和法制环境存在较大差异，如果强行要求各国统一分配方法，将引发部分国家的抵制，从而会延缓整个碳排放权交易计划的顺利实施。因此，为了在满足欧盟整体减排要求的同时平衡各成员国的利益，EU-ETS 给各成员国较大的制定减排方案的权力。按照 NAP 的制度设计，成员国应按照《京都议定书》所规定的减排目标客观透明地制定本国分配计划。配额在分配到每一生产单位的过程中，成员国应充分考虑到生产活动产生的实际排放量，保证分配到各生产单位的配额低于其生产活动所需的排放额度。

（三）对接兼容机制①

EU-ETS 允许其成员国在规定的范围内使用 CER 等非欧盟碳排放权交易体系的配额来抵消碳排放额，从而实现《京都议定书》的 CER 与欧盟碳排放权交易体系的

---

① 何少琛.欧盟碳排放交易体系发展现状、改革方法及前景［D］.吉林大学，2016.

EUA 对接。当前，碳排放权交易对接有两种形式：（1）直接对接，即相关国家政府通过谈判建立碳排放权配额分配渠道。直接对接要求履约国家有相似的政策工具和减排成本，从而保证在行动上有高度的一致和较强的信任，否则会产生套利活动。（2）间接对接，基于 CDM 体系内核定的减排量，以 CER 履行减排责任，从而实现对接。间接对接要求控制好项目核准减排量的最优比例，即 CDM 项目中能够以 CER 抵消碳排放的额度。否则，CER 过多会使企业减少对 EUA 的需求，扰乱整个 EU-ETS 中的碳价。

在实践过程中，第一阶段有效结合了 CER 和 EUA 两大体系，一方面通过国家分配计划实现 EUA 的分配和交易，同时允许成员国根据一定的比例利用 CDM 项目得到 CER。这样的对接机制使欧盟内承担减排责任的发达国家通过 CDM 机制与发展中国家合作减排，充分体现了 EU-ETS 的开放性。

（四）国家登记系统

欧盟依托一个"轴与条幅"① 式的系统来记录碳排放权交易，该系统由一个核心登记系统和 25 个国家登记系统组成。其中，欧盟委员会独立记录有关发行、交易和取消限额的事项，负责任命中央管理委员会。中央管理委员会主要监督每个成员国的登记系统，确保没有不法行为，并对违规行为进行处理。每个成员国都有自己的国家登记系统，系统需要准确记录相关碳排放权的发行、持有、转移、取消限额等，目前共有三个电子登记账户。

（五）核查监督与处罚制度

监测、报告与核查制度缘起于 2003/87/EC 指令，欧盟在 2004 年发布了温室气体排放监测与报告指南，该制度是 EU-ETS 获取配额数据的重要来源，同时也有效地支撑了整个 EU-ETS 的有效运作。碳排放量的核查制度能够有效保证碳排放权交易的公信力，在欧盟碳排放权交易法案中提供了核查制度应当考虑的一系列标准。例如，明确规定了成员国的监测方法及上传数据的精确性，以及行业报告的完整和统一性。

在前两个阶段，为了保证 EU-ETS 的良好运行，欧盟各成员国需要每年向欧盟委员会递交一份财政规划报告书（Community Independent Transaction Log，CITL），其中详细说明了配额分配、登记系统运行、监督报告、确认核查等信息。作为反馈，欧盟委员会在年度报告递交后需要发布一个面向成员国间分配、登记系统操作、核准及承诺的报告书，对各成员国注册内容以及各国账户之间的往来交易情况进行核查，通过核证后方可开展后续交割，从而确保欧盟委员会和各个成员国之间的联系。在第三阶段改进了制度上的规范性和统一性，《2009 年修改指令》决定自 2013 年

---

① 高婕. 欧盟碳排放权交易机制分析［D］. 吉林大学，2013.

起，直接由欧盟统一确立区域内的碳排放总量，并授权欧盟委员会制定统一的监测和报告条例，控排企业在对自身一年排放量进行监测的基础上，将有关信息及情况汇总成碳排放报告，由第三方机构核查后方可在碳排放权交易市场交易，并由欧盟委员会对核查者及核查事项进行统一规定。

上一自然年度没能遵守欧盟碳排放权交易法案的成员国需要在下一年 4 月 30 日支付超额排放的处罚，缴纳超出排放权的罚金并受到通报等。欧盟 2003/87/EC 法案中对超额排放的处罚标准是：第一阶段对超额排放的罚款为每吨 40 欧元，从第二阶段开始升至每吨 100 欧元，罚款的标准金额远超过配额的同期市场价格。

同时，法案还规定，排放超标而被惩罚的企业不能被豁免在下一年份中提交相同数量超额排放的配额的义务，即下一年度中仍需要加大节能减排的力度，不仅不能购买超量排放的部分，在下一年度发放配额时还会将该部分注销。根据该条款，被罚款企业在下一年的排放配额会更少。因此，理性的企业会格外注意从而避免被罚款。当遭遇不可抗力因素使得行业面临不可避免的高排放量时，欧盟委员会可以向行业发行多余的但不能够交易的配额。

第二节 欧盟碳排放权交易体系的第一阶段

为保证在实施过程中的可控性，欧盟循序渐进地推进实施碳排放权交易体系。2005 年 1 月 1 日至 2007 年 12 月 31 日是欧盟碳排放权交易体系的试验阶段，在此期间欧盟并不急于实现交易机制的减排作用，而是尝试构建市场运作方式、交易体制建设、配额分配方式等制度和建立配套基础设施，通过试验阶段实践结果来调整EU-ETS 的各项规划，在积累经验后再将交易机制投入运行。

一、欧盟碳排放权交易体系第一阶段的基本特征

（一）配额分配方式

第一阶段计划分配的欧盟排放许可（EUA）的上限被设定在 66 亿吨二氧化碳，德国分配了总量的 25%，英国、波兰和意大利各拥有近 10%。各国再通过制定国家分配计划将减排目标层层分解到行业和企业。

（二）涵盖的气体和产业

在该阶段，所选择交易的温室气体中并没有全部囊括《京都议定书》提出的六种气体，而是将《京都议定书》中规定的温室效应最强且容易计量的二氧化碳作为第一阶段唯一的交易商品，有利于 EU-ETS 对交易进行追踪和反馈。

在第一阶段，参加交易的部门主要集中于重要行业的大型排放源，涵盖的二氧化碳排放量约占欧盟总量的 46%，涵盖的部门包括燃料消耗（电力、供暖和蒸汽生

产)、石油提炼、钢铁、建筑材料（水泥、石灰和玻璃等）、纸浆和造纸。覆盖的产业主要是能源和生产性产业，包括能源行业、石油冶炼行业、钢铁行业、水泥行业、玻璃行业、陶瓷业、造纸业及其他内燃机功率在 20MW 以上的企业，同时对能够纳入体系的企业设置了入门标准。其中，电力和供热行业得到近 55% 的配额，矿产（水泥、玻璃和陶瓷）、金属（炼钢厂）行业各获得约 12%，石油和天然气行业共得到 10% 左右。

（三）配额限制及处罚

EU-ETS 在第一年展开了约 72 亿欧元的 362 万吨二氧化碳的排放权交易，为了避免造假事件的发生，欧盟委员会邀请了第三方认证机构对各成员国的年排放数据进行审核，超额排放的企业将面临每吨 40 欧元的处罚。同时，EU-ETS 第一阶段规定未使用的碳排放额度不能带入第二阶段。

二、欧盟碳排放权交易体系第一阶段的发展成就

欧盟碳排放权交易体系自 2005 年 1 月 1 日正式实施以来，总体上得到了国际社会的肯定。国际排放贸易协会（International Emission Trading Association，IETA）主席兼首席执行官 Dirk Forrister 曾评价欧盟碳排放权交易市场有着很好的起步，为国际碳排放权交易市场的发展起到了示范作用。总的来说，EU-ETS 在第一阶段取得的成绩是多方面的。

（一）形成了碳排放的登记，有效扩大了市场规模

第一阶段的成效主要体现为碳市场的规模有效扩大。登记的许可持有者数量的增加，加速了即期市场的发展。市场的流动性显著增强。电力部门作为最大的温室气体排放部门，处于早期交易的核心地位。银行、基金以及其他商品交易者在市场中也日益活跃。作为全球碳交易市场的巨头，欧盟碳排放权交易市场的交易额和交易量逐年成倍增加，相比于全球市场，欧盟碳排放权交易市场规模呈现"爆炸式"增长。

表 5.3　　　　　　　2005—2007 年全球及欧盟碳排放权交易市场情况

单位：百万吨二氧化碳，百万美元

项目	2005 年		2006 年		2007 年	
	交易量	交易额	交易量	交易额	交易量	交易额
EU-ETS	321	7908	1104 （243.93%）	24436 （209.00%）	2061 （84.68%）	50097 （105.01%）
全球碳市场	710	10864	1745 （145.77%）	31235 （187.51%）	2987 （71.17%）	64035 （105.01%）

注：括号内为年增长率。

资料来源：碳交易网，http://www.tanjiaoyi.com。

在市场规模扩大的同时，二氧化碳减排量增加。根据世界银行的统计，欧盟在2005 年的二氧化碳排放总量为 4 亿吨，截至 2007 年 12 月底，欧盟的二氧化碳排放量减少了 1.2 亿 ~ 1.3 亿吨。其中，减排量最大的是受欧盟碳排放权交易体系约束的电力部门，仅在 2005 年一年中，其碳排放量减少了 0.54 亿吨，2006 年更进一步，减少了 0.99 亿吨。

（二）推动了全球行动的一致性，对伞形国家形成压力

EU-ETS 的运行对伞形国家形成压力，进而加快促成全球的一致行动：（1）欧盟碳金融产业的先行起步使得欧盟的碳价格成为国际碳市场的指导性价格，欧元在国际碳市场占据了主导性地位，具有至高的定价权；（2）欧盟作为积极的先行者，把握了气候问题的政治话语权，占据了道德制高点。相反，美国在气候问题上的消极态度受到了国际舆论的谴责，在政治关系中处于被动地位。

（三）探索了《京都议定书》的实现路径，开创了碳交易的新局面

EU-ETS 第一阶段的运行挽救了面临失败的《京都议定书》，开创了碳排放权交易体制的新局面。从设计机制看，《京都议定书》单方面要求发达国家设定强制减排目标的做法有失公平（中国、印度等碳排放量高的发展中国家不需要承担强制减排任务），从而影响全球减排的综合成效。而欧盟先行设立碳排放权交易机制，取得了国际碳排放权交易市场的先行者地位，大幅降低了实现《京都议定书》承诺减排的成本。

三、欧盟碳排放权交易体系第一阶段的不足之处

欧盟碳排放权交易体系经历了第一阶段的发展，尽管在减排和市场建设方面取得了不小的成就，但在发展中暴露出的问题也反映出欧盟碳排放权交易体系内在的结构缺陷。基于实验目的和利益平衡的需要，欧盟碳排放权交易体系在第一阶段管控涵盖的气体、行业、企业范围相对狭窄，同时初期缺乏可靠的排放预测数据，加之成员国和业界对经济成本的担忧，使得该体系在设计上存在一些结构缺陷，主要体现在以下几个方面[①]。

（一）国家分配计划的内在缺陷

在 EU-ETS 第一阶段，总量设定采用"自下而上"的方式。欧盟强烈希望通过建立碳排放权交易体系来实现其气候政策目标，然而，成员国普遍担心这种新机制对产业竞争力带来不利影响。作为让步，欧盟将体系的部分管理权力让与成员国，借此换取各成员国对设立体系的支持。国家分配计划就是这种权力让与的体现，欧

---

① 熊灵，齐绍洲. 欧盟碳排放交易体系的结构缺陷、制度变革及其影响［J］. 欧洲研究，2012，30（1）：51 - 64 + 2.

盟成员国保留了对温室气体减排责任总量的设定主权。

欧盟虽然设计了碳排放权交易体系的结构，但各成员国配额的排放总量限制，以及国内管辖的设施得到的可排放数量是由各国自己决定的。因此，试验期内的总量设置属于自愿行为，各成员国提交的排放总量大多参考了往年的排放水平，而后在提交给欧盟委员会的国家分配计划中详细说明相关的信息。欧盟委员会对这些分配计划作出评价后，决定其是否符合 EUA 规定的标准，欧盟委员会在审核国家分配计划时进行了减量，总减量幅度为成员国提交总量的 4.3%。在该阶段，EUA 的分配采取的是根据被管辖设施的历史排放水平免费发放的方式。同时又规定，该阶段中各成员国每年最多可以拍卖 5% 的排放许可。这种自下而上的总量设定框架给予各成员国充分的自由，加之 EU-ETS 机制在成立之初缺乏可靠的排放预测数据，以及成员国和业界对执行成本的担忧，致使配额发放的总量远超过企业真实的碳排放量。

在实际制定配额计划时，成员国总会倾向于保护与政府有关联企业的利益，而这些企业往往就是碳排放权交易中的主要企业。另外，各设施温室气体历史排放数据的严重缺失，阻碍了配额限值的有效制定，因此导致各成员国出现超量配额。

（二）覆盖气体和行业范围过窄

欧盟碳排放权交易体系对温室气体种类的覆盖面太窄，行业的涵盖范围较小。第一阶段覆盖的气体种类只有二氧化碳，其他五种温室气体没有被正式纳入 EU-ETS。且第一阶段纳入的行业部门有限，仅有 45% 的二氧化碳排放量纳入交易体系中，事实上二氧化碳排放量最多的交通部门并未受到交易体系的制约。

（三）分散设定导致超量配额

让各成员国有较大的自主裁量权，虽然解决了交易开始阶段的不少问题，加快了 EU-ETS 的实施，但随着时间的推移，这种"自下而上"的分配方式也暴露出越来越严重的问题。各成员国基于本国利益考虑，通常会多报排放配额需求，欧盟委员会虽然会对一些国家分配计划进行小幅调整，但总体上对各成员国的分配计划均予以接受，最终出现了配额总量的大量剩余，许多国家在第一阶段末剩余配额量甚至高达数千万吨。从剑桥大学研究人员 Michael Grubb 在 2006 年发表的一份研究报告可知，2005 年欧盟总实际排放额比规定的排放许可量低约 6280 万吨二氧化碳，在 23 个成员国中，只有奥地利、爱尔兰、意大利、斯洛文尼亚、西班牙和英国出现了信用短缺的局面。德国作为欧盟内部最大的温室气体排放国，其信用额度过度分配了 4.5%，并在期末出现了大量配额盈余；钢铁、陶瓷、造纸行业分别获得高于实际排放量 18%、18%、19% 的许可配额。

2006 年的排放量数据表明，尽管过剩程度没有 2005 年那么大，但 2006 年也是一个配额过剩的市场。随着电力和供热行业在该阶段套期保值任务的完成，连同不能储存碳信用额的规定，导致 2006 年配额价格持续下降的趋势，加上 2008 年国际金融危机导致大量企业减产，降低了对碳排放配额的需求，配额价格不断刷新新低，以至于最后趋于零。①

（四）拍卖份额过小

配额的分配方式不科学。第一阶段的免费分配比例过高，有偿拍卖的比例过低。在该阶段中，成员国中只有丹麦、匈牙利、立陶宛、爱尔兰尝试了拍卖制度，且采用拍卖分配的比例仅分别占该国全部分配的 5%、2.5%、1.5%、0.75%。在第一阶段中，每年 EU-ETS 平均分配的 EUA 大约为 22 亿吨二氧化碳，而通过拍卖方式分配的 EUA 仅为 300 万吨二氧化碳。

（五）配额无法跨期储存

跨期储存是指欧盟允许在一定时间内将清缴后的剩余配额进行储存和预支，扭转交易市场在不同阶段被割裂的局面。用政策手段限制 EUA 供应量可以有效弥补因时间间隔造成的供给曲线垂直的情况，从而调节碳价过高的风险并增强供给弹性。

在 EU-ETS 第一阶段，允许同一阶段内排放配额的储存和借贷，不同阶段之间则不允许储存和借贷。EU-ETS 每年 2 月发放该年度的配额，但是上年度的排放配额在 4 月提交，这种时间差在流程上为配额的借贷创造了条件，即企业可以用当年分配的配额抵消其上一年的碳排放。在第一阶段的 2006 年底，碳配额的价格没有大幅度下降的原因，就是这两年的配额在同一阶段的 2007 年还可以使用。相反，2007 年 3 月碳市场价格曾跌到每吨 0.1 欧元的极值水平，主要原因就是第一阶段剩余的大量配额不能再储存到第二阶段使用，完全失去了价值。配额不能跨期储存使得第一阶段和第二阶段完全分割，因此，配额市场失去了时间上的连续性。

此外，配额不能储存也使企业丧失了早期减排的动力。前两阶段之间配额不能跨期储存和借贷是在当时实际情况下的必然选择——EU-ETS 前两阶段配额分配计划由各个成员国自己制定，各国为了自身利益将配额总量设定得过于宽松，如果第一阶段富余的配额可以储存到第二阶段继续使用，会有大量第一阶段超额发放的配额被带入第二阶段，这势必导致第二阶段配额供给继续过剩，从而严重打压配额二级市场的价格。同时，过低的配额价格也会极大地打击企业节能减排的积极性，而这背离了欧盟委员会的初衷。

（六）价格波动剧烈

第一阶段碳排放许可的过度分配（Over-allocation）使得碳排放权最初的取得成本极低，加之数量过多，不足以形成激励机制。许多企业不根据实际需要申请，不

---

① 杨志，陈军. 应对气候变化：欧盟的实现机制——温室气体排放权交易体系［J］. 内蒙古大学学报（哲学社会科学版），2010，42（3）：5-11.

是为了生产经营需要，而是为了获得利益不择手段地获得更大的碳排放配额。2005—2006 年，虽然欧盟碳排放权交易体系成为全球碳价最高的碳交易市场，交易价格由 2005 年初的 7 欧元/吨一度攀升，在同年秋季价格涨破 20 欧元/吨，在 2006 年 4 月飙升至 31 欧元/吨。然而在 2006 年 4 月底，欧盟各成员国公布了 2005 年的国家报告，各国减排量远超减排目标，使得价格出现了较大波动，跌至 8 欧元/吨。其主要原因在于许多国家的温室气体排放量低于预期值，信用过度造成许可供过于求。且排放配额的市场价格仍然过低，即使在价格冲到 31 欧元/吨，许多电力部门仍然宁愿使用燃煤而不是清洁的燃气。这与 EU-ETS 设立的初衷相悖，对碳排放权的无偿分配实际上变成了变相补贴。此后，碳价一路走低至 2007 年 3 月的 0.1 欧元/吨。[①]

第一阶段交易价格涨跌剧烈的原因主要归结为以下两点：（1）该阶段中碳价和天然气与煤炭的价差息息相关。当天然气供给不足导致价格上升时，企业会选择其替代品也就是煤炭，进而推高煤炭的价格。（2）EU-ETS 的市场设计中免费分配方式引起广泛争议，各国在每年 4 月下旬被强制要求公布上一自然年度的实际碳排放量，因此市场主体的不同预期推动了碳价的剧烈波动。

同时，持有配额的小规模交易者数量较多导致市场流动性不足。虽然第一阶段排放配额的价格由于供过于求一度崩溃，但实际上过量的配额很大程度上由小公司持有，并没有在市场上交易。这是在 2005 年实际排放数据公布后，排放配额的价格没有跌到零的一个原因。因此，排放配额没有稀缺性，影响了 EU-ETS 第一阶段的运行。[②]

第三节　欧盟碳排放权交易体系的第二阶段

一、欧盟碳排放权交易体系第二阶段的产生

第二阶段从 2008 年 1 月 1 日至 2012 年 12 月 31 日，平行于《京都议定书》的第一承诺期。在这一阶段，EU-ETS 的运行方式仍然采用配额制，但是各成员国的免费额度调减至 NAP 申请额度的 90%，碳排放总量设置为在 2005 年的水平基础上减少 6.5%。

在第二阶段的减排设计中，评估办法强调以下三个方面：对京都承诺的实现、排放量的增长、减排潜力。欧盟委员会首先考虑的是尽量缩短其时间过程、充分考虑其市场竞争力、强调加入碳储存（Banking）概念，以便为 EU-ETS 带来市场活力和连续性，旨在鼓励排放者根据其现实状况和对未来碳价格的预期进行额外减排；

---

① 中国经济网：http://www.ce.cn。
② 高天皎. 碳交易及其相关市场的发展现状简述 [J]. 中国矿业，2007（8）：86-89.

其次，EU-ETS 涵盖的会员国排放设施的范围扩大；最后，把航空业排放量也纳入减排体系，即从 2011 年开始计入欧盟内部飞机的碳排放量，从 2012 年开始，考虑所有在欧盟起飞和降落的飞机的碳排放量。

二、欧盟碳排放权交易体系第二阶段的发展与创新

（一）欧盟碳排放权交易体系在第二阶段的发展

1. 配额跨期储存

EU-ETS 第二阶段的发展过程并非一帆风顺，曾因为外界经济环境和内部管理制度的缺陷而产生一定波动：一方面，第二阶段初期，2008 年国际金融危机爆发对 EU-ETS 的正常运转产生明显冲击，2009 年欧洲经济衰退降低了企业购买排放配额的积极性，出现了大量二氧化碳配额剩余，排放配额的市场价格出现剧烈下滑；另一方面，相对宽松的配额总量导致市场配额供给过度，加剧了碳排放权价格的一路下滑。

为了避免出现类似第一阶段注销配额导致价格暴跌的情况，EU-ETS 允许配额跨期储存——可以将第二阶段没有用完的配额转移到第三阶段，使不少企业在 2012 年逢低买入配额，从而对第二阶段末碳市场价格起到了支撑作用①。此外，第二阶段充分借鉴了前期的失败经验，对本阶段内进行配额跨期储存方面的政策管控更加细化，减少了企业对碳资产进行管理时的不确定性与风险，企业也可以结合自身的减排情况科学把握未来碳排放权交易市场运行，合理分配使用碳配额，推动碳排放权价格趋于均衡价格，从而促进碳排放权价格机制不断完善。能够看到，配额总量结构性调整的效果和未来 EU-ETS 市场的稳定运行紧密相连。

2. 严格限制各国配额

第一阶段存在的历史排放数据不足等问题，在第二阶段得到了很好解决，成员国也有了更加充足的时间准备各自的国家分配计划。同时，成员国在进行总量设定时也必须与各自的京都减排义务挂钩，即在第二阶段内国家分配计划批准的配额总量越多，未来占用的京都配额越多，在非涵盖部门出现京都配额短缺的可能性越大。

鉴于气候变化问题日趋严重，第二阶段对各国排放量的限制更为严格。在第二阶段，欧盟委员会将各成员国上报的排放总量上限下调了 10.4%，并最终将 EUA 的最大排放量控制在 20.98 亿吨二氧化碳当量。此数量相比 2005 年的 EUA（调整至第二阶段标准）减少了 1.30 亿吨二氧化碳当量（6.0%），相比 2007 年的 EUA（调整至第二阶段标准）减少了 1.60 亿吨二氧化碳当量（7.1%）。

3. 价格机制初步形成

相比于前一阶段，EU-ETS 在第二阶段的价格机制已经初步形成，价格信号准

①　孙悦. 欧盟碳排放权交易体系及其价格机制研究［D］. 吉林大学，2018.

确反映市场排放供需状况，是碳排放权交易体系有效配置环境资源的前提。在第二阶段，越来越多的企业、银行、其他机构陆续加入，排放权交易市场的价格准确度越来越高。第一阶段的不确定性逐渐消除后，排放权的价格与造纸、钢铁产业的产量存在显著的正相关关系。这说明价格信号已能准确反映碳排放权的供给与需求状况，即产量越大，排放权的需求就越多，排放权的价格就越高；同时也说明，排放权价格已经影响到企业的生产决策，企业如果不采取减排措施或降低产量，则需要承担更多的减排成本。

从具体表现来看，2008 年上半年平均碳价为 20 欧元/吨，至同年 7 月回升至 30 欧元/吨。但自 2008 年下半年开始，碳价再次走低，在 2009 年 2 月下跌至 10 欧元/吨，而后稍有回升，2010 年徘徊于 14～15 欧元/吨之间[①]。在此阶段碳价经历了一定起伏，受到欧洲经济周期的影响较大。从 2008 年下半年起，欧洲经济受到欧债危机的影响加速衰退，制造业整体产量低迷，碳排放需求量大幅降低，从而使碳排放权价格一路走低且短时间难以回升。这样不仅会大幅缩减可用于低碳经济建设的碳交易收益，而且会削弱工业企业的节能减排技术创新积极性。可以说，欧洲经济衰退是 EU-ETS 发展过程中的严峻考验。

同时，在该阶段市场交易量快速增长，在全球碳排放权交易中的比重由 2005 年的 45% 增加至 2011 年的 76%[②]。此外，在这一阶段中几个全球主要的气候能源交易所迅速发展，参与交易的主体趋于多样化，这激励了欧洲金融机构的参与热情，提高了市场整体的活力和流动性。

此外，EU-ETS 对过度排放的企业制定了严格的惩罚措施：（1）对违规行为的惩罚从 40 欧元/吨上升到 100 欧元/吨。在第二阶段伊始，曾经由于各国所制定的 NAP 过高，有的甚至高于基年的排放水平，缺乏真正的环境效果，欧盟委员会曾在一次会议中否决了多国提案，如德国被要求削减提案的 6%，拉脱维亚和立陶宛分别被要求削减 57% 和 47%，表明了欧盟委员会严格约束碳排放量的决心，防止出现类似第一阶段的崩盘局面。（2）即使缴纳了罚款，在下一年度仍然需要提交同等数量超额排放的许可。这项加强性的手段不仅明确了处罚措施，而且提高了欧盟内部各成员国的执行力，保证了 EU-ETS 的信用和良好运行。[③]

以上惩罚措施能够顺利运行是建立在严密的排放监测与报告制度基础上的。在 EU-ETS 体系内的相关企业必须认真监测其二氧化碳排放情况，在每个自然年结束后，报告其当年二氧化碳排放情况。企业出具的报告不仅要符合欧盟委员会的法律

---

① 薛彦平. 欧盟资本市场的基本特点与发展趋势 [J]. 国外社会科学，2009（4）：92－101.

② Linacre N. Kossoy A. Ambrosi P. State and Trends of the Carbon Market 2011 [R]. Washington D. C. : The World Bank，2011.

③ 郝海青. 欧美碳排放权交易法律制度研究 [D]. 中国海洋大学，2012.

和政策规定，而且需要经过具有资质的独立第三方核验机构的认证，再通过特定的程序公示企业报告和第三方核验结果，进而接受公众和非政府环保机构的监督。

（二）欧盟碳排放权交易体系在第二阶段的创新

在最终修改的第二阶段 NAP 中，配额多集中在较发达的国家——德国占 22%，英国占 12%，波兰占 10%，意大利占 9%，西班牙占 7%，五国共占据总配额的 60%，且原欧盟 15 国的排放设施承担了 2008—2012 年大部分减排任务。相比 2005 年的排放量校正值下降了 8.7%，相比 2007 年的排放量初始值下降了 9.4%。相比之下，新欧盟 12 国则被允许在 2005 年的基础上增加 3.6% 的排放量，相比 2007 年排放量初始值增加了 2.9%。[①]

表 5.4　　　　　　　　　欧盟成员国的第二阶段国家分配计划一览

成员国	计划上限（百万吨二氧化碳当量/年）	允许上限（百万吨二氧化碳当量/年）	计划上限的调整（%）	配额份额（%）	以第二阶段标准校正 2005 年排放量（百万吨二氧化碳当量/年）	2005 年排放量的调整（%）	清洁发展机制/联合履约机制的上限（%）	清洁发展机制/联合履约机制最大需求（百万吨二氧化碳当量/年）
奥地利	32.8	30.7	-6.40	1.50	33.8	-9.00	10.00	3.1
比利时	63.3	58.5	-7.60	2.80	60.6	-3.40	8.40	4.9
保加利亚	67.6	42.3	-37.40	2.00	40.6	4.20	12.60	5.3
塞浦路斯	7.1	5.5	-23.00	0.30	5.1	7.50	10.00	0.5
捷克*	101.9	86.8	-14.80	4.10	82.5	5.20	10.00	8.7
丹麦	24.5	24.5	0.00	1.20	26.5	-7.50	17.00	4.2
爱沙尼亚*	24.4	12.7	-47.80	0.60	12.9	-1.60	0.00	0
芬兰	39.6	37.6	-5.10	1.80	33.5	12.20	10.00	3.8
法国	132.8	132.8	0.00	6.30	136.4	-2.60	13.50	17.9
德国	482	453.1	-6.00	21.60	485	-6.60	20.00	90.6
希腊	75.5	69.1	-8.50	3.30	71.3	-3.10	9.00	6.2
匈牙利*	30.7	26.9	-12.40	1.30	27.4	-1.90	10.00	2.7
爱尔兰	22.6	22.3	-1.20	1.10	22.4	-0.30	10.00	2.2
意大利	209	195.8	-6.30	9.30	225.5	-13.20	15.00	29.4
拉脱维亚	7.7	3.4	-55.50	0.20	2.9	18.30	10.00	0.3
立陶宛*	16.6	8.8	-47.00	0.40	6.7	32.30	20.00	1.8
卢森堡	4	2.5	-36.70	0.10	2.6	-3.80	10.00	0.3
马耳他*	3	2.1	-29.10	0.10	2	6.10	—	—

① 叶斌. EU-ETS 三阶段配额分配机制演进机理［J］. 开放导报，2013（3）：64-68.

续表

成员国	计划上限（百万吨二氧化碳当量/年）	允许上限（百万吨二氧化碳当量/年）	计划上限的调整（%）	配额份额（%）	以第二阶段标准校正2005年排放量（百万吨二氧化碳当量/年）	2005年排放量的调整（%）	清洁发展机制/联合履约机制的上限（%）	清洁发展机制/联合履约机制最大需求（百万吨二氧化碳当量/年）
波兰*	284.6	208.5	−26.70	9.90	209.4	−0.40	10.00	20.9
葡萄牙	35.9	34.8	−3.10	1.70	37.2	−6.40	10.00	3.5
罗马尼亚	95.7	75.9	−20.70	3.60	70.8	7.20	10.00	7.6
斯洛伐克*	41.3	32.6	−21.10	1.60	27	20.80	7.00	2.3
斯洛文尼亚	8.3	8.3	0	0.40	8.7	−4.60	15.80	1.3
西班牙	152.7	152.3	−0.30	7.30	195.6	−22.10	20.00	30.5
瑞典	25.2	22.8	−9.50	1.10	21.3	7.00	10.00	2.3
荷兰	90.4	85.8	−5.10	4.10	84.4	1.70	10.00	8.6
英国	246.2	246.2	0.00	11.70	281.9	−12.70	8.00	19.7
欧盟27国总计	2325.3	2082.7	−10.40	99.30	2213.8	−5.90	13.40	278.3
原欧盟15国总计	1636.5	1568.8	−4.10	74.80	1717.9	−8.70	14.50	227
新欧盟12国总计	688.9	513.8	−25.40	24.50	496	3.60	10.00	51.4
列支敦士登	—	0		0.00	—	—	8.00	0
挪威	—	15		0.70	18	−16.70	20.00	3
欧盟及欧洲经济区总计	—	2097.7	—	100	2231.8	−6.00	13.40	281.3

注：*代表正在考虑以法律措施对抗欧盟委员会的成员国。

可以看出，在很多方面，第二阶段 EU-ETS 的设计都反映了欧盟委员会尝试改进其设计元素的意图。EU-ETS 的新特点体现出在主要成员国间公布碳交易的真实成本与保持各成员国间的竞争力之间的矛盾。在第二阶段，EU-ETS 增加了电力行业的职责，规定电力行业在该阶段不能免费得到所有的配额；同时增加了各国的拍卖配额，成员国可以拍卖的配额由 5% 增加至 10%。

1. 决策方式逐渐统一

如前所述，第一阶段采用分散化决策模式，欧盟总配额由成员国配额加总确定，各国自行制定 NAP 并经欧盟委员会批准后实施。各国对减排成本的担心，以及缺乏完善的排放数据（尤其是微观数据），使各国高估经济增长而过度分配配额，是后来碳价格崩溃的重要原因。

在吸取经验后，欧盟委员会强化了各国在第二阶段决策中的主导作用，收紧了配额总量，而且根据一个统一和透明的预测模型、基于 2005 年的核证排放数据来分配配额，批准后的各国配额相对 2005 年核证排放量减少 6.5%，27 国的 NAP 比原计划平均减少 10.5%。尽管欧盟委员会在配额分配中起到主导作用，但没有完全改变各国自主确定国家分配计划的决策模式，也没有消除欧盟委员会与各国之间围绕配额分配产生的纷争。

2. 减排范围扩大

第一阶段的减排范围主要针对较大的排放源限控，且仅限于二氧化碳，占欧盟温室气体排放总量的 40%~45%，主要涉及能源密集型部门，其中电力部门承担了大部分减排责任，因其易于监测，减排潜力大，也不会受到来自欧盟之外的竞争，且能将碳价格转嫁到下游。

在第二阶段中，2008 年欧盟议会批准将 2012 年前所有在欧盟起落的航班纳入交易体系，进而逐步将交通运输行业其他企业纳入。从 2013 年开始，EU-ETS 减排范围扩大到包括氨水和铝生产所排放的氧化亚氮、全氟碳化物，并涵盖碳捕获与封存设施，不包括排放量小于 25000 吨二氧化碳当量、发电量低于 35MW 的设施等。

3. 补偿机制优化

碳补偿机制属于灵活机制，指的是减排主体可利用外部减排手段降低减排成本，通常做法是个人或组织向二氧化碳减排事业提供相应资金，以冲抵自身的二氧化碳排放量。同时，补偿机制也称为项目机制，即通过投资减排项目实现的减排额（清洁发展机制下的 CER 或联合履约机制下的 ERU）冲抵自身排放以达到履行减排义务的目的。在补偿机制下的项目既可以来自国内非碳交易机制覆盖部门，即国内补偿项目；也可以来自非强制减排国家，即国际补偿项目（如 CDM）。由于对欧盟成员国内碳补偿存在争论，欧盟碳交易连接指令并未准许使用国内碳补偿，但可以使用来自 CDM 和 JI 的补偿信用（第一阶段只有 CDM，JI 开始于第二阶段），各国能够决定自身的补偿信用的限制数量。由于第一阶段 CDM 和 JI 产生的碳信用非常有限，特别是配额的过度分配和碳储存受限，以及当时的实施条件不足，企业并没有利用这些机制。

第二阶段，为避免使用补偿信用对配额价格造成的影响，也为了鼓励内部减排，欧盟委员会对 EU-ETS 下的 CDM 和 JI 补偿信用的进口数量和项目的质量进行了限制：（1）就数量而言，2006 年 11 月，欧盟委员会确定了各国使用补偿信用数量的计算方法、部门适用规则和减排设施使用补偿信用的数量标准，欧盟使用 CDM 和 JI

的总量最多为减排努力（Reduction Effort）的 50%[①]，规定第二阶段每个排放设施使用补偿信用的数量不低于其配额的 10%；（2）就质量而言，除了对森林业、核电项目以及一些大型水电项目进行限制外，欧盟委员会并没有对 CDM 项目的质量进行进一步限制。

4. 拍卖比例增加

第二阶段的拍卖比例有所增加，欧盟成员国中有 10 个国家采用了拍卖的配额分配方式，其中，丹麦的拍卖比例增加到 10%。但只要有坚持采用免费分配方式的国家，终将导致欧盟碳交易市场整体的配额价格降低，因其不利于采用拍卖方式的国家内部企业参与市场竞争，从而将削弱采用拍卖方式的积极性。

三、欧盟碳排放权交易体系第二阶段的不足之处

（一）祖父制引起市场不公平

在 EU-ETS 前两阶段，排放设施的免费配额是以历史排放水平的祖父制（Historical Grandfathering）为依据，这就意味着，污染者主要根据其历史排放量就能获得免费的排放权，不同国家相同设施的配额可能相差甚远。根据历史排放水平免费发放配额，鼓励了高排放企业，历史排放量越高获得免费分配配额越大，历史排放量越低反而获得免费分配配额越小。这相当于奖励了在基准期排放量大的那些企业，却惩罚了本该受到奖励、提前采取减排措施、在基准期排放量较小的先进企业。

祖父制导致巨大的分配效应，各国配额分配标准存在的差异在欧盟内部也造成了竞争性扭曲。那些可以将碳成本向外转移的企业，可以通过免费配额去补偿那些已经向外转移的碳成本，从而赚取"意外收益"，使事实上的净收益增加，而那些未能转移碳成本的企业就不能从相同的补偿机制中获益。最明显的就是能源企业以碳成本为理由提高电价，将碳成本向外转移，再通过免费配额获取了大量利润。尽管有些成员国曾试图将排放基准制（Benchmark）作为排放设施免费分配配额的依据，但最终未能完全推开。

祖父制还引起了政府的信息不对称。政策的制定依赖一定的信息，而确定历史排放量所依赖的信息主要来自排放企业。如果让排放企业将这些信息披露出来，企业可能要求给予其相应的优惠，如相应的补偿措施，或者减轻措施的执行力度。这些企业通过信息的优势地位获得利益，导致市场不公平，打破了市场的良性发展。不公平的情况继续发展则会进一步影响体系的公信力，最终成为体系发展的桎梏。

---

① 见 2006 年欧盟委员会 725 号通报。

（二）补偿机制导致负向激励

在补偿机制方面，EU-ETS 第二阶段的核证排放量仅比 2005 年低 6.5%，但 EU-ETS 允许使用的碳补偿预算为欧盟总配额（ETS 部门和非 ETS 部门总配额）的 13%，达到 14 亿吨二氧化碳当量。补偿信用不仅替代了内部减排，而且使欧盟增加排放相当于机制要求的减排量。有些项目如销毁三氟甲烷等工业气体类的补偿项目，却导致为获取减排信用而扩大三氟甲烷排放的负激励。

（三）抵消机制的数量限制过于宽松

虽然《京都议定书》中明确规定的三种碳交易机制中清洁发展机制（CDM）和联合履约机制（JI）的市场规模较小，但两者均能产生排放信用抵消额度。CDM 下实现的核证减排量（CER）在二级市场上由发展中国家的项目供给主体向发达国家碳排放权紧缺的企业出售，可以被发达国家用于履行各自承诺的减排量或限排量；JI 下实现的减排单位（ERU）可以在发达国家之间转让。两者与配额价格均具有一定的相关性——CDM 和 JI 项目的供给量与配额价格之间存在负相关性：碳排放权交易价格高于各减排单位价格，碳减排市场上的需求方将在二级市场上购买 CER 或 ERU，参与到 CDM 和 JI 项目中。

EU-ETS 第二阶段建立了与《京都议定书》项目机制的对接，允许使用 CDM 和 JI 产生的信用来抵消排放。然而，成员国对抵消机制的数量限制非常宽松，欧盟允许使用的信用总量高达 1352.5 百万吨二氧化碳当量，平均每年 270.5 百万吨二氧化碳当量，占到配额总量的 13.7%。如果信用使用达到抵消机制上限，第二阶段年度排放将比第一阶段核证排放量增加 3.8%，也就是 83.9 百万吨二氧化碳当量。[①]

（四）新入和终业规则不完善

在前两阶段，为了公平地对待已进入者和新进入者，同时避免成员国在吸引新投资竞争中处于不利地位，EU-ETS 为新进入者预留并免费分配排放配额，同时没收停业的设施原先分配的排放配额。但在实际操作中，这些规则也带来"激励倒错"问题，抑制了对低碳技术的投资，反而保留了老旧无效率工厂的运转。

首先，变相补贴了高污染企业。对于新进入者而言，各成员国都建立了新进入者储备，以便分配给碳排放权交易体系覆盖下的新进入企业。但新进入的碳密集设施将免费获得比低碳设施更多的配额，导致新进入者缺乏足够的激励投资清洁低碳技术，这与碳排放权交易体系反映碳排放的社会成本、鼓励低碳技术投资的创立逻辑相悖。

其次，面临竞争扭曲的风险。各成员国的新进入者分配规则没有协调统一，不同国家对本国新进入者给予的补贴数量差异巨大。有数据显示，以类型和规模均相

---

① 孙悦. 欧盟碳排放权交易体系及其价格机制研究［D］. 吉林大学，2018.

同的新建循环发电厂为例，假设年发电为 2400 千兆瓦时，在德国可获得免费配额价值高达 1500 万欧元，而在瑞典则无法获得免费配额。对停业设施配额的处理规则，反而激励企业继续运转那些无效率的设施，从而得以保留排放配额。这种情况不仅会对碳排放权交易体系本身造成影响，还会削弱相关行业在不同国家的竞争力，不利于行业的健康发展。[①]

第四节　欧盟碳排放权交易体系的第三阶段

一、欧盟碳排放权交易体系第三阶段的产生

欧盟碳排放权交易体系第三阶段从 2013 年 1 月 1 日延续到 2020 年 12 月 31 日。随着欧盟碳排放权交易体系的推进，全球碳排放的减少并未达到预期效果。前两阶段暴露出来的问题，促使欧盟对第三阶段的制度进行了全面调整。2009 年，欧盟通过了《改进和扩大欧盟温室气体排放配额交易机制的指令》，确立了第三阶段的新制度，欧盟以自主承诺方式制定了应对气候变化的总体规划，对未来不同阶段的减排目标进行了设定，直接影响了 EU-ETS 后续各阶段的配额总量设置。

欧盟委员会提出了 2020 年气候与能源一揽子组合方案，在总量设定方面，欧盟采取集中决策和自上而下的总量设定模式。欧盟委员会在 2010 年先后颁布了指令（Decision 2010/384/EU 和 Decision 2010/634/EU），详细规定了总量设置的具体事项。根据指令，配额总量的设定基于成员国在 2008—2012 年的平均排放水平。其中要求排放总量每年以 1.74% 的速度下降，以确保 2020 年温室气体排放量比 1990 年降低 20%。通过基期换算，即以 2005 年为基期水平减排 14%，该目标由 EU-ETS 涵盖产业部门和 ETS 之外的未涵盖排放源共同完成，进而减排目标为在 2005 年基期水平基础上减排 21%。在未涵盖领域，欧盟根据共同努力决定（Effort Sharing Decision，ESD）设定了第三阶段平行期间内 10% 的减排目标，并由 28 个成员国自行采取其他减排措施。2014 年秋，欧盟正式通过了 2030 年气候与能源政策框架，设定了 2020 年至 2030 年的减排目标，总量设置将比 2005 年水平减少 43%。

同时，总量设置的集中决策模式还需要解决总量在成员国之间的分解问题，在指令（Decision 2009/29/EC）中规定了总量分解方案：（1）配额总量的 88% 作为成员国基本份额，成员国的基期数值将以 2005 年核证排放量或 2005—2007 年三年的平均排放量取较大值作为参照；（2）配额总量的 10% 用于欧盟内部的团结发展，由

---

① 杨志，陈军. 应对气候变化：欧盟的实现机制——温室气体排放权交易体系 [J]. 内蒙古大学学报（哲学社会科学版），2010，42（3）：5—11.

经济较发达的西欧成员国对经济相对欠发达的东南欧成员国进行份额追加；（3）剩下的2%份额用于对波罗的海成员国关闭早期俄式核电站超额完成京都减排义务的早期行动奖励。

总的来说，第三阶段的突出特点是：（1）制度结构从高度分权走向协调统一，成员国享有的许多权力被集中到欧盟层面，使得EU-ETS从一个松散联盟升级为更加统一的单一体系；（2）总量目标从不确定变为确定，不仅从制度上根除了"囚徒困境"，而且向市场发出了清晰的信号；（3）拍卖将成为配额分配的基本方法，即使免费发放也采用基准法，这将大大提高EU-ETS的经济效率，增强了体系的透明度。

二、欧盟碳排放权交易体系第三阶段的发展

欧盟碳排放权交易体系通过实践证明了市场机制在治理环境问题上的显著成果。虽然蕴含了许多复杂的政治经济问题，但的确在一定程度上缓解了全球变暖的趋势，为其他国家建立温室气体排放权交易机制提供了可以借鉴的经验。EU-ETS覆盖地域之广、涵盖国家之多、囊括气体体量之大，均远超其他国家或地区的排放权交易机制，其本身就是成功的典范。而且，在政治、经济方面展开的博弈和探索，为将来建立全球范围内的碳排放权交易体系提供了丰富经验。

（一）逐步确立以拍卖为主的配额分配制度

经过5年的实践，EU-ETS掌握了各行业和企业大量排放特征，并建立了完善的企业碳排放数据库，已经具备为不同产品设置碳排放基准的数据基础，这是改变分配模式最为关键的前提条件。三个阶段配额分配方法由"免费分配为主，拍卖分配为辅"逐步向"拍卖分配为主，免费分配为辅"过渡。免费分配则由祖父法转变为基准法，体现了由简单到复杂、由无偿到有偿，最终实现"排放者付费原则"的思路。同时，企业已经逐渐树立了碳排放需要付费的观念，欧盟委员会更加坚定了将效率作为分配的首要原则。

在第三阶段，配额的免费分配方式逐步从基于历史排放量的祖父法过渡到基于排放效率标准的基准法。基准法蕴含的基本理念是：平等看待生产相同产品的设施，碳排放较多的企业不会因此获得更多配额，从而鼓励企业提高碳使用效率。在该阶段，配额分配的权力从成员国集中到欧盟层面，欧盟担心立即转入完全拍卖会导致碳泄漏和沉淀成本问题，因此建立了以下针对既有设施的过渡性措施。

1. 既有设施的过渡

采用基准法继续免费发放部分配额，行业基准值为行业中碳效率最高的10%设施排放的平均值，且要具体到产品层次上，目标设施的全额配额即为基准值与设施产出量的乘积。因此，大部分获得免费配额的排放设施仍需购买部分配额。这不仅

减少了竞争性扭曲，也激励企业尽早采取减排措施。然而，免费配额并非全额发放，既有设施可以按照发放比例的不同分为三类：第一类为电力设施，发放的比例为零，即不能获得免费配额；第二类为面临碳泄漏行业的设施，在第三阶段将获得全额配额的100%；第三类为其他设施，在2013年免费获得全额配额的80%，随后每年等量减少，到2020年只有全额配额的30%免费发放，用以补偿设施的沉没成本。

2. 拍卖比例的过渡

前两阶段的配额基本是免费发放的，第一阶段的免费发放比例为95%，第二阶段的免费发放比例为90%。从第三阶段起，除免费发放的配额外，50%以上的配额将分配给各成员国拍卖。其中88%将分配给所有成员国，分配的比例类似于各国第一阶段的排放量占比；将10%以促进内部团结和经济发展为目的分配给特定的成员国，这些国家多为收入相对较低的东欧国家；剩余2%用于奖励早期减排的国家，即在2005年排放量比议定书基准年排放量低20%以上的成员国。

各国国内部门的配额分配：电力部门自2013年起所有的配额都要拍卖，对部分国家电力行业的照顾作为例外，在第三阶段允许这些国家将本国分配到的拍卖配额免费发放给电力行业，免费配额在2013年不得超过历史排放量的70%，随后逐步递减，到2020年为零。其他部门（包括民用航空业）在2013年拍卖比例为20%，2020年提高到70%，2027年将实现完全拍卖。拍卖收入的使用由成员国自行决定，但至少50%用于气候变化项目。经过实践，配额拍卖的方法有效地解决了免费配额带来的管理成本以及市场扭曲。

（二）减排范围的持续扩大

EU-ETS覆盖国家范围从第一阶段、第二阶段的27国增加到第三阶段的30国，覆盖行业范围和气体种类也不断增加。

按照《京都议定书》的规定，温室气体种类应包括二氧化碳、甲烷、氧化亚氮、氢氟碳化物、全氟碳化物、六氟化硫等，包括能源、工业、溶剂和其他产品的使用、农业和废物五大类及其项下26小类的不同领域。与《京都议定书》规定的内容相比，EU-ETS在前两阶段覆盖的范围明显较窄。

在第三阶段，为增加减排机会和降低管理成本，对覆盖范围进行了扩大和优化。新纳入的行业包括两类：一类是纳入之前未覆盖的行业活动，包括石油化工制品及其他化学品、氨、铝等；另一类是通过取消原有部分覆盖行业的限值而纳入的行业活动，包括石膏、有色金属、白云石煅烧等。新纳入的行业使覆盖的温室气体种类从二氧化碳扩大到氧化亚氮和四氟化碳，覆盖的排放量增加约100百万吨二氧化碳当量，约为第二阶段配额的4.6%。覆盖范围的优化主要体现为排除小型设施和技术单位。为节约管理成本，第三阶段允许成员国排除年排放少于2.5万吨的小型设施，这类设施大约有6300个，每年可以为设施经营者节约管理成本0.13亿~0.95

亿欧元，管理当局也可节约 0.126 亿～0.4 亿欧元。同时，在计算设施有关热输入值时，将额定热输入值在 3MW 以下的技术单位排除，这可排除约 800 个设施。

不同行业和企业碳减排成本存在差异是碳交易市场存在的前提。碳市场覆盖的交易主体越多，覆盖行业减排成本的差异越大，减排机会和交易机会也就越多，企业降低减排成本的可能性就越大，整个交易体系可实现的温室气体减排成本降低的效果也就越显著。根据欧盟的规划，未来还将继续扩大 EU-ETS 的覆盖范围，也在考虑 EU-ETS 与其他碳交易市场的对接，以使得碳交易市场容量更大、流动性更强。

（三）统一新入与终业对低碳技术的激励

新进入者机制针对新增投资，终业规则针对企业关闭后的碳配额问题。

在前两阶段中，出于公平性方面的考量，若现有企业可获得免费配额而对新进入企业收费则涉及歧视，所以新进入者配额完全免费，而且以排放基准为分配依据，为新进入者预留的配额平均为配额总量的 3% 左右。在实践过程中，由于各国标准缺乏规则协调，所以差别很大。

企业关闭时对原有配额的处理方法也不统一，如瑞典、荷兰允许继续持有到交易周期结束；也有国家借鉴德国的"转让规则"（Transfer Rule），将原有配额转到另一个不适用新进入者规则的新建投资上。大多数国家担心拥有配额的企业关闭后可能到另外一成员国投资，通常要求企业关闭时将配额交回并转为新进入者的配额储备。

为消除规则的不统一，第三阶段的新进入和退出指令对此作出了统一规定：（1）对新进入者作出了明确的界定，排除了电力部门，并应当满足以下条件之一：2011 年 6 月 30 日后首次获得温室气体排放许可证的生产单位、已获得许可证的生产单位中在生产过程中加入了欧盟委员会新纳入的温室气体的、2011 年 6 月 30 日后生产单位符合"重大扩张"标准的，"重大扩张"程度必须是至少提高 10% 的生产力或者是由于提高生产力而引起温室气体排放大量增加；（2）单独划出欧盟内配额总量的 5%，作为"新进入者储备"，这是为新进入者预留配额的最高上限；（3）明确限制了新进入者储备的使用，鼓励和支持碳捕获与封存项目的建设，其中 3 亿吨配额的拍卖收入用于鼓励碳捕获、碳封存技术和可再生能源等示范项目，截至 2020 年的新进入者储备剩余由成员国拍卖；（4）分配的方法将与同类既有设施的过渡措施保持一致，例如，新进入电力设施不能获得免费配额；（5）第三阶段退出规则统一规定，停止运行的设施将不能获得免费配额。相比祖父法，基准法能有效避免企业为获得免费配额而继续运行那些无效率的设施，这为退出规则的制定提供了便利。

另外，欧盟委员会承诺在 EU-ETS 第三阶段中，新进入者储备中有 3 亿吨配额将提供给 12 个碳捕获与封存（CCS）示范性项目，以帮助其发展。作为一项鼓励机制，成员国将相等市场价值的配额免费发放给这些项目的经营者，而这些生产单位不需要放弃因碳捕获与封存而获得的配额。长期持续的减排要通过企业不断开发节能环保新技术实现，CCS 及新能源是目前国际上与低碳、减排相关的最为前沿的技术，而美国一直在这两个领域处于领先地位。欧盟委员会采取该项措施明确对 CCS 和新能源领域进行激励，为欧盟内企业开发减排技术提供政策导向，经济上的刺激将使这两个领域的技术出现新的发展，增大欧盟在这两大领域的技术上取得突破的可能性。

（四）严格限制抵消机制

EU-ETS 在前两个阶段的抵消机制过于宽松，这进一步加重了碳交易市场供给过剩的问题，在正常的经济环境下，EU-ETS 有利于实现欧盟和发展中国家的共赢。然而，在前两个阶段为企业设定了宽松的抵消机制，允许欧盟使用基于 CDM 和 JI 的核定减排量超过 1300 百万吨二氧化碳当量，占碳配额总量的 13.7%。

第三阶段将延续抵消机制，但由于后京都气候协议尚未达成，CDM 和 JI 项目的信用处理成为棘手问题。EU-ETS 允许第二阶段剩余的信用转换为第三阶段配额，包括截至 2012 年已产生的信用和 2013 年前完成项目注册而在 2013 年后产生的信用。对于 2013 年后的国际项目，在没有达成国际气候协议的情况下，第三阶段只认可最不发达国家的 CDM 项目和与欧盟签订了双边协议国家的项目。而一旦国际气候协议达成，EU-ETS 将只接受签署该协议国家的信用。此外，第三阶段将允许成员国向其境内未被 EU-ETS 覆盖的减排项目签发配额或信用。鉴于第二阶段抵消机制的数量限制过于宽松，第三阶段力图进行严格控制。对于既有设施，允许使用的上限为该设施在第二阶段允许使用额度中尚未使用的部分。考虑到部分国家第二阶段上限较低，指令允许这些国家的设施使用不低于其第二阶段配额数量 11% 的抵消信用。对于新进入的设施和行业，允许使用的信用应不低于其排放量的 4.5%。在欧盟整体层面，允许使用的信用总量不能超过第三阶段全部减排量的 50%。

（五）更加灵活的补偿机制

第三阶段根据前两个阶段的经验对补偿信用作出了新的限制：（1）在补偿信用的数量上，排放者可使用的数量为第二阶段配额的 11%，但总体上欧盟第三阶段的 CER/ERU 使用量为减排量的 50% 以下；（2）在补偿信用的质量上，从 2013 年起禁止有关三氟甲烷和氧化亚氮的补偿项目；CDM 项目须来自最不发达的发展中国家，而且这些国家须 2020 年前与欧盟签订双边协定或参加了新的国际减排协定。

碳补偿的项目经过发展和演变后种类繁多，比如植树造林、研发可再生能源、增加温室气体吸收等。另外，碳补偿计划既支持大规模项目，也支持社区计划。

三、欧盟碳排放权交易体系第三阶段的创新

（一）深化统一的总量决策方式

鉴于前两个阶段国家分配计划在设定排放配额总量中出现的问题，欧盟决定从第三阶段开始，将设定排放配额总量的权力集中至欧盟委员会，由其制定欧盟整体的排放配额总量，向市场发出积极的碳价格信号，保证碳价格的稳定，刺激企业对减排技术进行研发和投资。

2020 年，欧盟单方面承诺整体减排目标比 1990 年下降 20%，在其他主要经济体积极减排的情况下可将目标提高至 30%。整体减排目标需在被 EU-ETS 覆盖的行业和未覆盖行业之间划分，这样才能确定 EU-ETS 配额总量。在第一阶段、第二阶段成员国自行制定 NAP 时，为照顾本国行业利益，往往划分给覆盖行业的减排责任反而比未覆盖行业更低。这种划分不仅显失公平，而且在经济上缺乏效率，因为一般而言，未覆盖行业减排成本相比覆盖行业要高。为了使减排成本最低，第三阶段将欧盟整体减排责任按照效率原则在两者之间进行划分，即两者承担的减排责任刚好使两者的边际减排成本相等。以欧盟承诺的 2020 年目标计算，欧盟整体排放水平相比 2005 年需下降 14%，其中覆盖行业需减排 21%，而未覆盖行业仅需减排 10%。EU-ETS 年度配额总量的确定，还需将这 21% 的减排责任在年份之间划分。第三阶段采取的方式是首先确定 2013 年初始总量，这将根据 2008—2012 年间签发配额总量的年均水平来确定。此后每年签发的配额总量呈线性递减趋势，即每年总量下降 1.74%。

（二）纳入设施排放量的门槛增加

EU-ETS 前两阶段纳入设施门槛值标准设定较低，功率超过 2 万千瓦的设施即被纳入，很多工业企业，只要它们使用了锅炉，就很容易达到 2 万千瓦这个门槛值。对于不同规模的排放源，管理机构均需按照同样的标准核查其排放量，并为其分配配额和开立账户，管理成本并无多大差异。为了降低碳交易系统的运行管理成本，在第三阶段的机制设计中，欧盟允许温室气体排放量在过去连续 3 年均低于 2.5 万吨的设施暂时退出交易体系。只需要根据它们所用燃料的排放系数计算并申报年排放量，而且降低了对其排放监管的要求。这一调整虽然涉及 4200 个设施，约占 EU-ETS 全部排放设施的三分之一，但其排放量只占 EU-ETS 总排放量的约 0.7%。由于管控设施的大幅度减少，EU-ETS 得以把相对有限的管理资源集中到大型排放设施上，从而提高整个交易系统的运行效率。

小排放生产单位数量众多但排放量却相对较少，将这些小排放生产单位纳入碳排放权交易体系进行管理，对成员国来说是一项很重的负担。因此，欧盟委员会决定对小排放生产单位采取变通措施，从 2013 年起，各成员国在采取相应措施保证其减排的前提下，可依法将小排放生产单位排除在外，不再强制将其纳入碳排放权交

易体系。

（三）引入碳泄漏和碳价格机制

碳泄漏是指如果不同地区（国家）减排约束不同，减排约束严格地区的投资将转向减排约束较弱的地区，既减少当地的投资和就业，又使目标地碳排放增加。碳泄漏问题的存在不利于欧盟各国执行严格的减排约束，前两个阶段虽然实践中存在很大争议，但交易指令并未作出规定。第三阶段的新指令对碳泄漏风险进行了界定，并在258 个制造业部门中确定了存在碳泄漏风险的 164 个部门（Commission Decision 2010/2/EU）。但面临碳泄漏风险的部门排放设施获得的免费配额不能超过第一阶段其排放量所占的比重，按照年 1.74% 逐渐递减，配额逐年收紧，使减排更具有可预期性。

碳市场的价格同样存在失灵。第一阶段的配额价格出现暴涨暴跌，以及国际金融危机爆发以来需求降低导致第二阶段配额价格低迷，无疑削弱了对低碳技术投资的激励。鉴于此，第三阶段的新指令引入了两个机制以稳定碳交易市场：（1）如果配额市场存在内幕交易和市场操纵，成员国可要求欧盟委员会提出建议以对配额市场加以保护；（2）如果市场价格过度波动，配额价格持续 6 个月三倍于前两年的平均价格，而且已背离市场基本面，可允许成员国提前拍卖待拍卖的配额，或将新进入者储备中多达 25% 的余额拍卖。

四、欧盟碳排放权交易体系变革带来的影响

欧盟碳排放权交易体系在第三阶段对制度作出的重大变革，是对前两个阶段运行中暴露出的问题的回应，修正了主要的结构设计缺陷。虽然修订的新指令并未一次性解决所有问题，但新机制对欧盟内外产生了重大影响。

（一）EU-ETS 变革对欧盟成员国的影响

首先，实现整体气候政策目标的可能性增大。在第三阶段欧盟委员会统一制定并实施排放总量限额，按其承诺将通过线性递减的方式对每年减排的比例进行严格控制，以保证实现其减排目标。同时，相比于之前的免费分配，逐渐扩大拍卖方式的比重更能使各成员国获得收益，增强各成员国实施碳排放权交易政策的意愿。这两种核心制度的实施，表明了欧盟委员会对实现整体气候政策目标的意愿以及克服困难的决心，使欧盟实现其整体气候政策目标的可能性明显增强。

其次，有效增强了体系中价格机制的稳定性。以拍卖方式分配配额，可以有效地避免在体系运行初期出现的价格大幅震荡的情况，避免人为原因导致的价格波动。随着拍卖配额机制的完善，配额的价格趋于稳定，价格更好地反映市场供需之间的关系。同时，欧盟统一限额保证了欧盟范围内发放配额数量的确定性，欧盟按既定比例逐年降低排放配额，配额的需求者以及投资排放配额的第三方可以更好地预测市场发展趋势，促进长期投资。

再次，在降低行政管理成本的同时减少了体系运行阻力。随着小排放单位被排除在强制交易之外，欧盟各成员国在运行监管体系时付出的行政管理成本随之降低。而且采取欧盟统一配额以及拍卖分配配额的方式都使收集信息的成本大幅降低，拍卖分配配额取得的收益给予各成员国，成员国将这些收入补贴到其行政管理的费用中，降低了各国的行政管理成本。在这些方面的共同作用下，行政管理成本的降低使碳排放权交易体系在各成员国的稳定性和可行性增强。

最后，促进了低碳技术革新。EU-ETS 在第三阶段对碳捕获以及新能源等技术革新项目给予特别支持，这些制度安排有利于促进欧盟内相关技术的发展，为这些技术提供补贴和资金支持。同时，欧盟委员会对发展这些新技术的积极态度，有利于增强投资者投资新技术的信心，促进新技术的发展。

（二）EU-ETS 变革对欧盟外部国家的影响

首先，EU-ETS 间接纳入了欧盟外部的国家。由于 2012 年将航空领域强制纳入交易体系之中，所有进出欧盟领域范围的商业航班都需要使用配额并在体系中交易，海事航运等其他多个领域也将在未来被纳入体系中，这意味着欧盟外的国家也间接被欧盟碳排放权交易体系涵盖。如果只单方面地在体系中强制纳入他国相关行业，那么必然招致许多国家的反对，特别是经济利益受损国家的反对。

另外，与京都项目减排机制对接产生多重溢出效应。在 EU-ETS 第三阶段，欧盟委员会将《京都议定书》规定的 CDM 项目和 JI 项目减排信用与碳排放权交易体系对接，等量代替减排配额。这一机制的实施和拓展在欧盟范围内实现了《京都议定书》三大机制的对接，使更多国家特别是发展中国家接受欧盟碳排放权交易体系，从而为其下一步采取更多涉及欧盟外国家的措施奠定基础；另外，欧盟委员会通过这一措施还可以谋取国际碳排放权交易市场的主动权，特别是市场的定价权。项目减排信用一般依附某个碳排放权交易系统，欧盟是全球交易量最大的碳排放权交易市场，当 EU-ETS 与项目减排信用对接后，其他国家将不得不参照欧盟的价格购买减排信用，这有助于欧盟在未来的国际气候谈判中获得优势，使欧盟在应对气候变化行动中处于领导地位。

（三）EU-ETS 变革对碳减排的影响

目前对全球平均气温持续升高原因的研究普遍认为是以二氧化碳为主的温室气体排放过量导致，根据欧盟统计局对欧盟整体温室气体排放的统计数据的分析，主要来自工业产业（含能源与电力行业）的生产排放。自 2005 年 EU-ETS 正式生效以来，欧盟工业行业的二氧化碳排放量呈现持续下降趋势。以 2005 年正式生效的时间点为分界，其前后十年的二氧化碳排放趋势由逐步上升走向了逐年下降[①]。碳排放

---

① 万方. 欧盟碳排放权交易体系研究［D］. 吉林大学，2015.

强度标志着国民生产总值的二氧化碳排放量，一般而言，碳强度指标随着技术的进步和经济的增长逐年下降，该指数的高低表明该国整体能源利用效率的程度，也能够一定程度上衡量对全球变暖等环境问题造成的影响。

国外关于 EU-ETS 对碳减排的影响观点大致可分为以下几种：（1）EU-ETS 对碳减排产生了积极影响。Denny Ellerman 等根据对 2005—2006 年排放数据的分析，认为 EU-ETS 促成了一定数量的减排，只是由于初始分配的配额过多导致减排效果并不明显。[①] 另外，在 2007 年至 2010 年的企业调查中，始终有大约 50% 的受访企业表示 EU-ETS 促使企业更好地进行碳减排，且认为 EU-ETS 是具有成本效应的方法。（2）EU-ETS 对碳减排产生了负面影响。该种观点主要针对欧盟各国的政策重叠而提出。因为要实现气候政策目标，各国的政策手段难免发生相类似的现象。比如实行能源税或排放税的行业在 EU-ETS 体制内反而增加了整体减排成本，减少了环境效益。此外，得出该结论的原因还包括配额的过量分配，不同地域之间的差异性导致的不公平、国家分配计划的不确定性等，这些都阻碍了对碳减排的激励。

（四）EU-ETS 变革对企业竞争力的影响

由于 EU-ETS 直接给企业带来额外的碳成本及管理费用，包括申请配额的费用，注册、监管、验证的费用，寻找减排项目信息的费用，以及控制碳风险的费用等，这些额外的成本削弱了企业的竞争力，大多数学者都认为 EU-ETS 对企业的竞争力产生了负面影响。关于影响的程度，不同学者的观点有所不同：（1）有学者认为 EU-ETS 相比于其他减排手段的负面影响很小。乌尔里希·奥本多夫等通过环境税及其他手段将 EU-ETS 机制下的情景与其他管制下的情景进行对比，认为 EU-ETS 机制能够表现出更积极的就业影响力，其存在的负面影响微乎其微[②]。（2）有学者认为 EU-ETS 的负面影响在不同行业和企业间有差别。当采用古诺的寡头模型分析 EU-ETS 机制对不同能源密集型行业（如水泥、造纸、钢铁、铝、石油）的影响时，研究者发现会削弱钢铁和水泥行业的市场占有率，铝行业甚至会发生停产，但其他行业有望获得利润。

伴随着业界对 EU-ETS 机制研究的深入，欧盟委员会也注意到了其对企业和行业竞争力的负面影响，并在第三阶段进行了修正。例如，在第三阶段，排放量少于 1 万吨的企业可以退出交易机制，这有效地解决了中小企业在 EU-ETS 机制下成本费用负担过重的问题。

---

① Denny Elerman, Barbara K. Buchner, Over-Allocation or Abatement? A Preliminary Analysis of the EU-ETS Based on the 2005—2006 Emissions Data [J]. Environment and Resource Economics, 41, 2008: 267 – 287.

② Ulrich Oberndorfer, Klaus Rennings, Bedia Sahin. The Impacts of the European Emissions Trading Scheme on Competitiveness and Employment in Europe——A Literature Review [J]. Mannheim: Center for European Economic Research, 2006: 35 – 37.

第五节　欧盟碳排放权交易体系对中国的启示

在我国，碳排放权交易制度的实践被作为参与国际气候治理、减缓气候变化工作的主要契合点。作为发展中国家，我国是《联合国气候变化框架公约》和《京都议定书》的缔约国，根据"共同但有区别的责任"原则暂不承担强制减排义务，但随着我国经济高速发展，温室气体排放量猛增，我国已经成为温室气体排放大国，承受了来自国际社会日益增加的减排压力。

作为地区性碳减排机制，EU-ETS 虽有其特殊性，但从其机制设计和演进来看，为包括中国在内的其他国家提供了很多宝贵的经验，对于我国的国家级温室气体排放权交易及总量设定具有借鉴意义。我国在建立和发展碳排放权交易市场的过程中应注意几个主要方面。

一、分阶段建立碳排放权交易机制

根据 EU-ETS 的经验，体系的建立是一个循序渐进的过程，我国也结合了实际情况，分阶段逐步建立我国的碳交易市场体系。

首先，在第一阶段面向全国主要地区，实施碳排放权交易试点，为接下来的实践积累经验，为建立全国性碳排放权交易市场奠定基础。2011 年 10 月，国家发展改革委办公厅发布《关于开展碳排放权交易试点工作的通知》，文件指出为落实"十二五"规划关于逐步建立国内碳排放权交易市场的要求，决定在北京、天津、上海、重庆、湖北、广东、深圳七个省市开展碳排放权交易试点。从 2013 年开始，我国先后在上述地区以及 2016 年增加的福建省共八个省市正式启动了试点交易工作，同年 6 月 18 日，在深圳市碳排放权交易市场，深圳市能源集团有限公司向广东中石油国际事业有限公司和汉能控股集团有限公司各售出一万吨碳排放配额，达成了我国首笔碳排放权交易。截至 2020 年 12 月 31 日，全国共完成碳交易总量 4.45 亿吨，交易总额 104.31 亿元，交易额整体呈现上升趋势，各地交易市场纳入的行业虽有所差异，但普遍均包括电力、热力、石化、钢铁等碳排放量较高的产业，从各地碳交易情况看，广东、湖北、深圳累计成交量位列前三，广东、湖北、北京累计成交额位列前三。[①]

第二阶段，形成全国统一的碳排放权交易市场，以自愿方式为主，并逐步扩大纳入强制减排交易的行业和企业。我国碳交易市场体系历时七年的发展，在 2021 年 7 月 16 日，全国碳排放权交易在上海环境能源交易所正式启动，全国碳市场采用

---

① 数据来源于"全国能源信息平台"网站。

"双城模式"，将交易中心设置在上海，碳配额登记结算中心设置在武汉。全国碳排放权交易市场首个交易日碳配额开盘价为 49 元/吨，碳排放配额挂牌协议交易成交量 410.4 万吨，成交额达到 2.1 亿元，收盘价为 51.23 元/吨。交易启动初期，市场仅在全国发电行业重点排放单位开展配额现货交易，共计 2162 家单位（包括其他行业自备电厂）参与交易，年排放二氧化碳近 45 亿吨，这预示着我国碳排放权交易市场将成为全球规模最大的碳市场。

第三阶段，我国碳交易市场可逐渐扩大涵盖范围和领域，逐步过渡到与欧盟碳交易市场类似的完全强制性碳排放权交易市场。第二阶段、第三阶段作为从自愿交易向强制性交易的过渡阶段，可以先通过免费配额的方式运作，减少实施中的阻力，逐步增加拍卖比例。其后的阶段，逐步完善交易制度、扩大纳入强制交易的行业范围、增加拍卖比例、增强监督力度，实现市场的正常运行。可以预见，伴随我国工业规模的不断发展和进步，以及"双碳"政策的有序推进，我国交易碳市场必将表现出交易总量增长、交易品种增多、交易群体扩大的良好趋势，2030 年全国碳交易市场的交易量或达到千亿吨级别，这无疑将给衍生金融创造良好的市场空间。

二、建立健全相关法律法规

法律是约束公民自觉遵守规定的强制性手段，碳交易市场的建立需要一整套法律框架支撑，从而保证碳排放权交易市场的合法运作。欧盟的经验值得中国借鉴学习，欧盟在构建 EU-ETS 的过程中有一套完整的法律支撑，《联合国气候变化框架公约》和《京都议定书》为体系提供了国际法依据，而欧盟碳排放权交易指令则提供了详尽的法律基础。除此之外，欧盟还颁布了一系列指令、规则、决定等，将体系的各项制度细化，使其更具有操作性。我国在建立碳排放权交易体系的过程中，也逐步建立了相应的法律制度体系。

我国在 2007 年颁布了首个应对全球变暖的国家计划，也是首个综合性的政策性文件，即《中国应对气候变化国家方案》；2012 年出台了《温室气体自愿减排交易管理暂行办法》《节能减排综合性工作方案》，2018 年修正了《循环经济促进法》等，2020 年 12 月 25 日生态环境部部务会议审议通过《碳排放权交易管理办法（试行）》。①

总的来说，我国碳交易的发展还处在初级阶段，各个方面都不完善，相关法律法规应当根据市场情况逐步制定并完善，对碳交易过程中的相关问题作出明文规定，首先在国家层面，我国应在考虑《联合国气候变化框架公约》、哥本哈根气候大会、

---

① 部分信息和数据来源于"东方财富网"，https：//baijiahao.baidu.com/s？id＝1662026064734790455&wfr＝spider&for＝pc。

"巴厘岛路线图"等国际碳减排行动的基础上，制定专门针对碳排放权分配的法律法规、各阶段计划，为碳排放权分配提供法律依据和指导，保障碳排放权分配在全国有序开展；其次在省市地方层面，根据国际碳减排行动及国家层面的法律法规和计划，结合地方特点，制定地方碳减排具体措施和各阶段计划，从而形成中央规范碳排放权分配、地方落实碳减排的一体化法律体系。

三、设置合理的减排范围与目标

在减排范围方面，从机制运行管理成本来看，我国碳交易机制启动之初，在减排范围的选择上，重点是易于监测核查的高排放的电力、冶金、建材、化工等部门，主要控制二氧化碳，条件成熟后再扩展到其他部门和气体；在减排目标方面，理论上我国应当实行以总量控制为基准的减排目标，但是鉴于我国经济发展的实际，以总量控制为目标并不意味着绝对总量控制，应当为未来一定时期经济增长留有足够的配额（新进入者配额储备），因此应当借鉴欧盟对新增投资和已有投资的排放进行分别处理的方法，对原有排放设施实行总量控制，新增设施在预留配额的基础上通过提高技术门槛的方式进行减排。

总量结构设计是总量设定的重要一环，总量中应当包括既有分配配额和储备配额，其中，储备配额机制是总量结构设计的必要组成部分，也是进行事后总量调整的主要手段。欧盟的做法是，在配额总量设置中划出 5% 作为新进入者储备（NER），专门用于产能增加的排放配额需求，针对外部性冲击和过量分配导致的总量设定结构性问题，EU-ETS 则提出了市场稳定储备机制（MSR）方案。NER 和 MSR 机制共同构成了第三阶段之后欧盟总量设置"一体两翼"式储备机制的组成部分。

我国未来碳排放权交易机制中的总量结构设计将面对比欧盟更加复杂的局面，储备配额占配额总量的比例设定便是一个棘手的问题。比例设置过低可能导致履约期内产能增加所需配额供不应求，造成经济增量部分的排放成本提高；如果比例设置过高，则会在履约期总量固定的前提下，挤压既有排放源能够获得的配额数量，不利于碳排放权交易机制的减排成本控制。

四、协调国家统一市场和地方独立管理

中国是劳动密集型国家，地大物博且煤多油少。在我国工业化进程中主要以煤炭为主要燃料，二氧化碳排放量相对较多。目前世界正倡导节能减排，主要是减少以二氧化碳为主的温室气体排放，要实现我国的减排承诺，必须在全国范围内进行整体调控。我国幅员辽阔、省份众多，碳排放权交易市场完全由中央政府统一管理是不现实的，特别是涉及企业排放配额分配、监督管理等工作，这些更需要地方政

府落实执行。欧盟体制为我国解决这一问题提供了思路，即建立统一市场并实行地方管理，各省市的排放总量要经过中央政府批准，对碳排放权交易的管理分为省级和国家两个层面进行，所有配额在全国统一市场上进行交易。在这一过程中应合理分配中央与地方之间的权力，妥善处理碳排放权交易市场带来的经济利益分配问题。

同时，建议在各省之间实行"共同但有区别的责任"原则。中国各个地区在经济发展和温室气体排放量存在巨大的差异，这就有必要在不同地区实行"共同但有区别的责任"原则。我国政府可以制定相关政策鼓励企业主动参与碳交易，建立减排企业信用累计制度，并可以优先获得财政、金融等方面的政策支持，通过强化企业对未来减排的预期来激励企业参与碳交易的自主性，同时可以帮助减排企业树立良好的品牌形象和社会形象。欧盟委员会制定了多项措施保护东欧国家的相关产业，给予其一定的过渡期以适应碳成本增加带来的负担，使其不会在短时期内受到过度的冲击，这些制度同样可以被中国碳排放权交易市场采用。

五、建立合理的碳补偿机制

碳排放权交易市场是碳金融市场的基础，只有在排放权交易市场完善的前提下，碳金融产业才会随之发展。碳补偿机制能够降低减排成本，推动非碳交易机制覆盖部门的减排，这是减排目标和减排成本之间合理平衡的一个关节点。我国应该建立相应的国内碳补偿机制，尽快推出碳补偿的标准，确定项目范围、项目合格性标准，以及减排主体使用补偿数量的限制，在发挥碳补偿降低减排成本作用的同时，应避免碳补偿对减排主体内部减排的过度替代。为此，还要培养相关人才、发展相关的中介组织。

六、设计公平、透明的配额分配机制

配额分配机制是我国碳交易机制设计的难点，EU-ETS 机制中的分配方法与方式值得我国借鉴。欧盟采用免费与拍卖两种分配方式相结合的策略对碳排放权进行分配，该设计可以通过调整免费配额与拍卖配额的比例对市场碳排放权价格进行调节，同时对体系内排放受控企业的减排压力进行弹性调控。两者各有优点：免费配额可以有效减少排放受控企业的成本压力，拍卖配额能够有效促进碳排放权的使用价值最大化。

如果将行政区域作为配额分配单元，将会引发配额分配是否公平的问题，中央和地方以及不同地区之间将围绕配额分配展开博弈，从而带来巨大的行政成本，而各地区可能通过限制配额流通阻碍全国统一碳交易市场的运行。我国可以借鉴欧盟在后京都时代对 EU-ETS 覆盖部门与 EU-ETS 未覆盖部门分别进行碳排放权分配的做法，进而将国家整体碳排放权分为"重点排放企业碳排放权"与"基本碳排放权"

两种，由中央政府分别向省市分配；省市将得到的两种碳排放权分别在地区内进行细分，这有利于充分考虑重点排放企业和地区基本碳排放的需求，使分配更加科学。

除行政分配方法外，CDM 机制、JI 机制等为我国重点排放企业碳排放权分配提供了很好的样本。从欧盟对其分配机制的设定中能够看出，在 EU-ETS 机制构建之初，欧盟规定，在第一阶段中企业获得的碳排放配额不能带入下一阶段使用或出售，使得整个交易体系的市场适应性得到提升，体系内各排放受控企业获得了宝贵的适应周期。同时，EU-ETS 的供求机制也按照 EU-ETS 阶段性的发展进行调整，通过 CDM 机制和 JI 机制的引入，在欧盟参与国与第三方国家之间建立了纽带，使市场排放配额的供应源多样化。除此之外，我国在探索碳交易市场发展的过程中，要逐步利用碳税、技术标准、国际合作、省际合作、企业间合作等多样化碳排放权分配方法，提高分配结果的科学性，优化碳排放权资源配置，提高碳减排效率。

因此，应借鉴欧盟第三阶段基于行业排放基准分配配额的方法，将行业排放基准作为免费配额的依据，直接将配额分配给具体的排放设施，这样能够做到公平、透明和统一，避免无偿分配配额带来的各种扭曲和不合理分配效应，有利于统一的碳交易市场的建立。当然，随着碳交易市场的实践，我国也应当逐渐增加配额拍卖比例，最终实现配额完全拍卖，消除免费分配配额的弊端。

从配额免费还是付费的角度来看，当前八个碳交易市场试点中有六个试点通过拍卖的方式进行配额的发放，但拍卖方式发放的配额占比较低；而且，只有广东试点碳配额的拍卖是针对具体行业初始碳配额的分配，其他试点设置拍卖的目的是便于政府进行市场调控。从初始配额分配计算方法来看，除了重庆碳试点"一刀切"使用历史排放法外，其他试点均针对不同行业或生产过程设置不同的计算方式，如电力、热力一般采用标杆法。

七、设计好新入和退出规则

由于行业新进入者不存在沉没成本，应该特别鼓励其采用低碳技术，至少不能低于行业技术的平均水平。因此，对于新进入者可以选择采用基准法的方式分配配额，基准可以设定为所在行业既有设施的平均水平。对于退出者，为了避免继续运行无效率的设施，可以考虑采用"转让规则"，即允许老设施关闭时将配额转让给新设施。

在 EU-ETS 机制下，新进入者储备中有 3 亿吨配额提供给了 12 个碳捕获与封存示范性项目，这是一项鼓励刺激机制，成员国能够将相等市场价值的配额免费发放给项目经营者。我国碳交易市场也可以通过政策明确激励新能源领域投资，从而为企业的技术开发提供导向，通过经济刺激发展新能源领域技术，引导新进入企业在技术上取得更加重要的突破。

在 EU-ETS 的三个阶段，欧盟均将一定比例的配额分配给各国的配额储备，以此对新进入企业进行配额分配，一方面使得总量控制得到保证，确保了配额的稀缺性；另一方面保证了新进入企业的发展权。我国目前正处于高质量发展阶段，每年都会诞生一大批新企业，如果我国在未来借鉴欧盟的总量控制与交易原则，就需要为新进入企业留有足够的配额，以保证新进入企业的发展权利。

【本章小结】

碳交易市场指碳衍生品交易的场所，欧盟是最早成立碳交易排放机制的经济体，其碳交易市场的发展也较为成熟。本章从 20 世纪 90 年代欧洲开始设计减排制度开始，到《京都议定书》的签订及每个阶段形成的时间轴，从理论上对欧盟碳排放权交易体系的定义、产生背景和建立过程进行了综合性概述。第一节主要对 EU-ETS 每个阶段进行客观描述；第二节至第四节梳理了 EU-ETS 分别在三个阶段中的产生、发展、创新。包括但不限于欧盟每个阶段出台的一系列政策法规、涵盖的行业及气体种类、在不断发展过程中改革的具体措施及演进的方向，为全面了解碳排放权交易体系的运行机制及其特殊的制度体系提供了理论基础。

本章分析了欧盟碳排放权交易体系的影响，并分别对欧盟成员国和欧盟区域外国家、对行业及企业的影响进行了多维度分析；考虑到欧盟碳排放权交易体系虽然作为地区性碳减排机制，有其特殊性，但它是最早成立的碳排放权交易体系，其碳交易市场的发展也较为成熟，在机制设计和演进方面，为包括中国在内的其他国家提供了很多宝贵的经验，对于我国的国家级温室气体排放权交易及总量设定具有借鉴意义。

【思考题】

1. 简述 EU-ETS 发展的三个阶段。

2. 不同阶段下的 EU-ETS 包含的减排气体和行业都有哪些？通过这些变化体现出怎样的演进思路？

3. 经过三个阶段的发展，EU-ETS 具有怎样的特点？

4. 在配额分配问题上，你认为拍卖制和祖父制有哪些不同？相比之下，拍卖制的先进性体现在哪些方面？

5. 对于 EU-ETS 对中国碳交易市场发展的影响和启示，除了本章提到的几点外，你认为还有其他哪些？

第六章　中国区域性碳交易市场试点

【学习目标】

1. 了解中国整体及各区域性碳交易试点政策的发展历程。
2. 掌握中国区域性碳交易试点的管理架构。
3. 了解中国区域性碳交易试点的制度设计。
4. 熟悉中国区域性碳交易试点的价格形成机制。
5. 理解中国碳交易试点价格特征及形成原因。
6. 掌握中国区域性碳交易试点的减排效果及启示。

第一节　中国区域性碳交易试点政策

一、中国区域性碳交易试点的政策演进

（一）碳交易政策的概念

碳交易政策是各国为了促进本国碳交易的发展而制定的符合本国国情的相关规定。碳交易是一种市场机制，被用来降低全球二氧化碳排放量，用于提高全球温室气体减排。《联合国气候变化框架公约》的第一个附加协议，即《京都议定书》，针对以二氧化碳为代表的温室气体减排，将市场机制当成新的方式，即将二氧化碳排放权当成一种商品，进行二氧化碳排放权的交易，简称碳交易。碳交易的基本原理：合同的一方向另一方支付以获得温室气体减排额，买方可以将购得的减排额用于减缓温室效应，从而实现其减排的目标。二氧化碳在要求减排的六种温室气体里是最大宗，因此交易将每吨二氧化碳当量作为计算单位。

作为国际碳交易市场的核心组成部分，碳交易机制可以起到指导市场运行、规范市场行为的作用。与传统市场上流通的商品不同，碳资产最初并不是一种可交易的产品。但是，按照《京都议定书》的相关要求，发达国家排放的二氧化碳、甲烷、氧化亚氮、氢氟碳化物、全氟碳化物和六氟化硫六种温室气体数量要在前一年

的基础上减少，这为碳资产价值的实现提供了契机。一方面，发达国家已经度过传统的工业化发展阶段，在产业结构优化、能源利用效率及能源结构方面采用了大量的高新技术，其进一步节能减排的成本高涨；另一方面，许多发展中国家仍处于工业化发展初期，能源利用效率普遍不高，在减排空间和成本方面具备发达国家所不具备的优势。这也意味着，相同数量的减排额在发达国家和发展中国家之间不仅会存在成本上的差异，而且表现为价格上的差异。因此，作为碳交易市场的供给方和需求方，发达国家和发展中国家之间的碳交易成为可能。

碳排放权交易市场是由法律政策创设的市场，法律强制力是碳排放权交易市场建立、运行的基础，各地碳排放权交易立法明确了碳排放权交易制度的运行框架和基本规则，对碳排放权交易的强制力和约束力进行了规定。在碳排放权交易法律政策的指导下，各试点建立了相应的管理架构，明确了相关部门和参与方职责，有效推进了碳排放权交易在所辖区域内的运行工作。碳排放权交易试点体系的建设涉及面广，操作环节多，程序复杂。完备的碳排放权交易市场体系需要在整体的法律法规体系保障和管理架构的基础上，对交易体系的覆盖范围、总量目标、配额分配、MRV 机制、抵消机制以及履约机制等内容进行明确规定；同时，还需建设登记、交易、市场调节等配套的支持工具等。只有以上各方面要素建设完备并协调有力，才能保证碳排放权交易试点工作顺利启动，并保障碳排放权交易试点顺利运转。虽然碳排放权交易试点体系建设的整体思路大同小异，但由于各地区的政治、经济条件不同，发展阶段、产业结构不同，各地区开展碳排放权交易试点工作的进度有先有后，内容各有特色。2013 年，深圳、上海、北京、广东、天津五个碳排放权交易试点先后启动碳排放权交易。湖北和重庆碳排放权交易市场于 2014 年上半年启动。2016 年底福建省碳排放权交易市场也完成启动。

（二）碳交易政策发展历程以及对应政策

1. 中国整体碳交易政策发展历程及对应政策

随着我国经济的腾飞，我国能源消费数量也在不断攀升，温室气体排放量也在迅速增长。由于我国是发展中国家，《京都议定书》并未给我国在 2012 年之前设置强制性减排义务，但这只是给我国一个缓冲期，目的是为我国后续全面开展碳减排工作做好准备。早在 2013 年我国人均碳排放量就已超过欧盟，之后我国的碳排放总量仍在攀升，成为碳排放大国之一。我国在"十二五"规划中明确指出，未来五年要逐步建立起全国性碳排放权交易市场。

2011 年 10 月，北京、天津、上海、重庆、湖北、广东和深圳七个省市开展碳排放权交易试点工作，这七个省市落实国家制定的碳排放权交易的各项制度，评估、核算出我国大气环境可容纳温室气体的最大容量，为将来建立统一的碳排放权交易市场积累经验。2013 年，深圳碳排放权交易市场正式启动，成为国内首个试点碳市场。其后，其他碳排放权交易试点工作相继开展，七个省市出台一系列政策法规，对碳排放总量设定、分配方法和监督都有所规定。2014 年，国家发展改革委出台《碳排放权交易管理暂行办法》。同年 11 月《中美气候变化联合声明》发表，中国计划于 2030 年左右实现碳达峰，并尽量争取时间点提前，这表明我国应对气候变化的决心。2015 年中美发布《中美元首气候变化联合声明》，重申我国碳减排目标，且宣布出资 200 亿元人民币设立"中国气候变化南南合作基金"。2016 年，我国加入《巴黎协定》，再次重申碳达峰、碳中和目标。2016 年末福建碳排放权交易市场启动，这是国内第八个碳交易试点。该试点"起步晚、起点高"，2016 年初步建成时建立了以《福建省碳排放权交易管理暂行办法》为核心、以《福建省碳排放权交易市场建设实施方案》为总纲、以七个配套管理细则为支撑的"1 + 1 + 7"政策体系。截至 2017 年，我国前七个碳排放权交易试点取得了不错的成绩，为我国接下来建设全国统一的碳交易市场积累了丰富的经验。2017 年，全国统一的碳排放权交易市场建设正式启动。之后我国统一的碳排放权交易市场建设步伐加快，为了使配套法规跟上碳排放权交易市场建设步伐，2019 年，生态环境部印发《碳排放权交易管理暂行条例》（征求意见稿），向全社会征求意见。2020 年 11 月，生态环境部办公厅发布《全国碳排放权交易管理暂行办法（试行）》（征求意见稿）。2020 年 12 月 25 日生态环境部部务会议审议通过《碳排放权交易管理办法（试行）》，并于 2021 年 2 月 1 日施行。

表 6.1　　　　　　　　　　　　国家碳交易政策发展情况一览

时间	文件名称	内容
2011 年	《关于开展碳排放权交易试点工作的通知》	决定在北京、天津、上海、重庆、湖北、广东和深圳七个省市开展碳排放权交易试点
2014 年	《碳排放权交易管理暂行办法》	正式发布国家层面碳市场建设政策，明确了全国碳市场建立的主要思路和管理体系
2016 年	《关于切实做好全国碳排放权交易市场启动重点工作的通知》	提出拟纳入全国碳排放权交易体系的企业名单，对拟纳入企业的历史碳排放进行核算、报告与核查等
	《"十三五"控制温室气体排放工作方案》	提出启动运行全国碳排放权交易市场
	《国家生态文明试验区（福建）实施方案》	支持福建省深化碳排放权交易试点
2017 年	《全国碳排放权交易市场建设方案（发电行业）》	发电行业启动全国统一碳市场
2019 年	《碳排放权交易管理暂行条例》（征求意见稿）	向全社会征求意见

时间	文件名称	内容
2020 年	《全国碳排放权交易管理暂行办法（试行）》（征求意见稿）	向各机关团体、企事业单位和个人征求意见和建议
	《碳排放权交易管理办法（试行）》	在应对气候变化和促进绿色低碳发展中充分发挥市场机制作用，推动温室气体减排，规范全国碳排放权交易及相关活动

2. 碳交易各试点的政策发展历程及对应政策

（1）深圳碳排放权交易试点于 2013 年 6 月 18 日启动。深圳市人大常委会于 2012 年 10 月通过地方性法规《深圳经济特区碳排放管理若干规定》，授权深圳市政府开展碳排放权交易工作，规定了管控单位的减排义务。在人大立法的基础上，《深圳市碳排放权交易管理暂行办法》于 2014 年 3 月 14 日以深圳市人民政府令的形式发布。《深圳市碳排放权交易管理暂行办法》自 2014 年 3 月 19 日起施行，为配额管理、量化、报告、核查与履约、碳排放权登记、碳排放权交易和监督管理提供了法律依据。《深圳经济特区碳排放管理若干规定》和《深圳市碳排放权交易管理暂行办法》共同组成了深圳碳排放权交易的纲领性文件。

在纲领性文件的基础上，深圳市还出台了一系列配套政策，对核算、核查、交易、抵消机制、行政处罚等具体环节进行了规范。深圳是首个以地方性法规形式出台碳排放权交易纲领性文件的试点，同时也是法律最完备、对管控单位约束力最强的碳排放权交易试点。深圳试点主要文件清单如表 6.2 所示。

表 6.2　　　　　深圳碳排放权交易试点主要文件

时间	文件名称
2012 年 10 月	《深圳经济特区碳排放管理若干规定》
2012 年 11 月	《组织的温室气体排放量化和报告规范及指南》《组织的温室气体排放核查规范及指南》
2013 年 6 月	《深圳排放权交易所现货交易规则（暂行）》《深圳排放权交易所会员管理规则（暂行）》
2013 年 12 月	《深圳排放权交易所现货交易规则（暂行）》《深圳排放权交易所会员管理规则（暂行）》（第一次修订版）
2014 年 3 月	《深圳市碳排放权交易管理暂行办法》
2015 年 6 月	《深圳碳排放权交易市场抵消信用管理规定（暂行）》
2015 年 12 月	《〈深圳市碳排放权交易管理暂行办法〉行政处罚自由裁量权实施标准》

（2）上海碳排放权交易试点在 2013 年 11 月 26 日启动。2013 年 11 月 18 日，以上海市人民政府令的形式公布《上海市碳排放管理试行办法》。这是上海碳排放权交易试点的纲领性文件，于 2013 年 11 月 20 日起施行。上海是首个以政府令的形式正式发布管理办法的碳排放权交易试点，管理试行办法属于地方政府规章，上海未

对碳排放权交易试点进行人大立法。管理试行办法为上海碳排放权交易在配额管理、核查与配额清缴、配额交易和监督管理等方面提供了法律依据。在配套政策方面，上海还通过了核算、核查、配额分配、交易、抵消机制等方面的制度文件，上海试点主要文件清单如表6.3所示。

表6.3   **上海碳排放权交易试点主要文件**

时间	文件名称
2012 年 7 月	《上海市人民政府关于本市开展碳排放交易试点工作的实施意见》
2012 年 12 月	《上海市温室气体排放核算与报告指南（试行）》及九个行业温室气体排放核算与报告方法
2013 年 11 月	《上海市碳排放管理试行办法》
2013 年 11 月	《上海市 2013—2015 年碳排放配额分配和管理方案》
2013 年 11 月	《上海环境能源交易所碳排放交易规则》及五个相关业务细则（《碳排放交易会员管理办法》《碳排放交易结算细则》《碳排放交易信息管理办法》《碳排放交易风险控制管理办法》和《碳排放交易违规违约处理办法》）
2014 年 1 月	《上海市碳排放核查第三方机构管理暂行办法》
2014 年 3 月	《上海市碳排放核查工作规则（试行）》
2015 年 1 月	《关于上海市碳排放交易试点期间有关抵消机制使用规定的通知》
2015 年 3 月	《上海环境能源交易所碳排放交易信息管理办法（试行）》
2015 年 6 月	《上海环境能源交易所借碳交易业务细则（试行）》
2017 年 2 月	《上海碳配额远期业务规则》
2020 年 6 月	《上海市 2019 年碳排放配额分配方案》

（3）北京碳排放权交易试点于 2013 年 11 月 28 日启动。2013 年 11 月 22 日，北京市发展改革委以印发《关于开展碳排放权交易试点工作的通知》及一系列技术文件的形式，对试点启动工作进行了部署。2013 年 12 月 27 日，北京市人大常委会通过《关于北京市在严格控制碳排放总量前提下开展碳排放权交易试点工作的决定》，该决定为北京碳排放权交易试点提供了碳排放数量控制、碳排放配额管理、碳排放权交易、碳排放报告核查及处罚等方面的法律依据，特别是关于处罚的规定保证了碳排放权交易试点工作的法律约束力。2014 年 5 月 28 日，根据以上决定，北京市人民政府印发了《北京市碳排放权交易管理办法（试行）》。北京成为深圳之后第二家既有人大法律支撑，又有管理办法的试点。另外，北京市除了像其他试点一样发布关于碳排放核算、核查、配额分配、交易的制度文件外，还有专门的场外交易细则、行政处罚自由裁量权规定、公开市场操作办法等文件，是制度设计最为细致的试点。北京试点主要文件清单如表6.4所示。

表 6.4　　　　　　　　　　　　北京碳排放权交易试点主要文件

时间	文件名称
2013 年	《关于开展碳排放权交易试点工作的通知》 《北京市碳排放配额场外交易实施细则（试行）》 《北京环境交易所碳排放权交易规则（试行）》 《关于北京市在严格控制碳排放总量前提下开展碳排放权交易试点工作的决定》
2014 年	《北京环境交易所碳排放权交易规则配套细则（试行）》 《关于发布行业碳排放强度先进值的通知》 《规范碳排放权交易行政处罚自由裁量权的规定》 《北京市碳排放权交易管理办法（试行）》 《北京市碳排放权交易公开市场操作管理办法》 《北京市碳排放权抵消管理办法（试行）》 《关于进一步开放碳排放权交易市场加强碳资产管理有关工作的通告》 《关于推进跨区域碳排放权交易试点有关事项的通知》
2015 年	《北京市碳排放报告第三方核查程序指南（2015 版）》 《北京市碳排放第三方核查报告编写指南（2015 版）》 《交通运输企业（单位）配额核定方法（2015 版）》
2016 年	《节能低碳和循环经济行政处罚裁量基准（试行）》 《关于公布碳市场扩容后 2015 年度新增重点排放单位名单的通知》 《关于合作开展京蒙跨区域碳排放权交易有关事项的通知》 《关于北京市 2016 年碳排放权交易有关事项补充的通知》
2017 年	《关于非履约机构开立北京市碳排放权交易注册登记账户有关事项的通告》 《北京市 2017 年碳排放第三方核查机构和核查员名单》
2018 年	《关于公布 2017 年北京市重点排放单位及报告单位名单的通知》 《关于重点排放单位 2017 年度配额核定事项的通知》
2019 年	《关于调整机动车自愿减排量抵消比例的通知》
2020 年	《关于做好 2020 年重点碳排放单位管理和碳排放权交易试点工作的通知》

（4）广东碳排放权交易试点在 2013 年 12 月 16 日举行了首次配额拍卖，于 2013 年 12 月 19 日正式启动碳排放权交易试点交易。2014 年 1 月 15 日，以广东省人民政府令的形式公布《广东省碳排放管理试行办法》，于 2014 年 3 月 1 日起实施。广东是上海之后第二个以政府令的形式正式发布管理办法的碳排放权交易试点。广东同上海一样未对碳排放权交易试点进行人大立法。在该办法公布之前即 2013 年 11 月 25 日，广东省发展改革委印发《广东省碳排放权配额首次分配及工作方案（试行）》，公布纳入企业名单、配额总量、配额分配方式和时间表，并对 12 月启动的试点工作进行了总体部署。另外，广东还发布了交易、配额分配与管理、报告与

核查等方面的配套政策。广东试点主要文件清单如表 6.5 所示。

表 6.5　　　　　　　　　　广东碳排放权交易试点主要文件

时间	文件名称
2012 年	《广东省碳排放权交易试点工作实施方案》
2013 年	《广东省碳排放权配额首次分配及工作方案（试行）》 《2013 年度广东省碳排放权配额核算方法》 《广州碳排放权交易所（中心）碳排放权交易规则》 《广州碳排放权交易所（中心）会员管理暂行办法》
2014 年	《广东省碳排放管理试行办法》 《广东省企业碳排放信息报告与核查实施细则（试行）》 《广东省企业二氧化碳排放信息报告指南（试行）》 《广东省企业碳排放核查规范（试行)》
2015 年	《广东省发展改革委关于碳排放配额管理的实施细则》 《广东省发展改革委关于企业碳排放信息报告与核查的实施细则》 《广东省企业二氧化碳排放信息报告指南（2014 版)》 《广东省企业碳排放核查规范（2014 版)》 《广东省重点企（事）业单位温室气体排放报告工作实施方案》 《广东省 2015 年度碳排放配额有偿发放方案》
2017 年	《广东省民航行业 2016 年度碳排放配额分配方案》 《广东省造纸行业 2016 年度碳排放配额分配方案》 《广东省白水泥企业 2016 年度碳排放配额分配方法》 《广东省发展改革委关于碳普惠制核证减排量管理的暂行办法》 《碳排放权交易风险控制管理细则（2017 年修订)》
2018 年	《广州碳排放权交易中心国家核证自愿减排量交易规则》（2018 年、2019 年两次修订） 《广州碳排放权交易中心碳排放配额交易规则》（2018 年、2019 年两次修订） 《广州碳排放权交易中心广东省碳普惠制核证减排量交易规则》（2018 年、2019 年、2020 年三次修订）
2019 年	《广东省碳排放配额托管业务指引（2019 年修订)》 《广州碳排放权交易中心广东省碳排放配额回购交易业务指引（2019 年修订)》 《广东省 2019 年度碳排放配额分配实施方案》

（5）天津碳排放权交易试点于 2013 年 12 月 26 日启动。2013 年 12 月 20 日，天津市人民政府办公厅印发《天津市碳排放权交易管理暂行办法》，该办法自发布之日起施行并定期更新发布，最新一版于 2020 年 6 月 1 日发布，新版主要对原办法中因机构转隶后产生的管理职能变化进行了修改和明确。2013 年 12 月 24 日，天津市发展改革委印发了《关于开展碳排放交易试点工作的通知》，部署关于碳排放监测、报告报送和配额管理的具体工作安排，并发布了五个行业碳排放核算指南、排放报

告编制指南、配额分配方案和抵消机制相关方案。但天津市未发布具有法律性质的人大地方性法规或政府令形式的管理办法。天津试点主要文件清单如表 6.6 所示。

表 6.6　　　　　　　　　　天津碳排放权交易试点主要文件

时间	文件名称
2013 年 2 月	《天津市碳排放权交易试点工作实施方案》
2013 年 12 月	《天津市碳排放权交易管理暂行办法》
2013 年 12 月	《天津市发展改革委关于开展碳排放交易试点工作的通知》以及天津市五个分行业碳排放核算指南、《天津市企业碳排放报告编制指南（试行）》《天津市碳排放权交易试点纳入企业碳排放配额分配方案（试行）》
2013 年 12 月	《天津排放权交易所碳排放权交易规则（试行）》
2015 年 7 月	《天津市发展改革委关于天津市碳排放权交易试点利用抵消机制有关事项的通知》
2018 年 5 月	《天津市碳排放权交易管理暂行办法》
2019 年 12 月	《天津市生态环境局关于我市碳排放权交易试点纳入企业 2019 年度配额安排的通知》
2020 年 6 月	《天津市碳排放权交易管理暂行办法》

（6）湖北碳排放权交易试点在 2014 年 3 月 31 日举行了首次配额拍卖，于 2014 年 4 月 2 日正式启动碳排放权交易试点交易。2013 年 2 月 18 日，湖北省人民政府印发《湖北省碳排放权交易试点工作实施方案》，明确了湖北省碳排放权交易的重点工作、部门分工、保障措施和进度安排。2014 年 4 月 4 日，以湖北省人民政府令的形式发布《湖北省碳排放权管理和交易暂行办法》，为配额分配和管理，碳排放权交易，监测、报告与核查，激励和约束机制提供了法律依据。在上述法律基础上，湖北省相继出台了监测、报告与核查以及抵消机制、交易等具体环节的配套政策。湖北试点主要文件清单如表 6.7 所示。

表 6.7　　　　　　　　　　湖北碳排放权交易试点主要文件

时间	文件名称
2013 年	《湖北省碳排放权交易试点工作实施方案》
2014 年	《湖北省碳排放权配额分配方案》
	《湖北省碳排放权管理和交易暂行办法》
	《湖北省工业企业温室气体排放监测、量化和报告指南（试行）》
	《湖北省温室气体排放核查指南（试行）》
	《湖北碳排放权交易中心配额托管业务实施细则（试行）》
	《湖北碳排放权交易中心碳排放权交易规则（试行）》
2015 年	《关于 2015 年湖北省碳排放权抵消机制有关事项的通知》
	《湖北省碳排放配额投放和回购管理办法（试行）》
	《湖北省碳排放权出让金收支管理暂行办法》

续表

时间	文件名称
2016 年	《关于修改〈湖北省碳排放权管理和交易暂行办法〉第五条第一款的决定》
	《湖北省应对气候变化和节能"十三五"规划》
2017 年	《湖北碳排放权交易中心碳排放权交易规则（2016 年第一次修订）》
	《湖北碳排放权交易中心碳排放权现货远期交易规则》
	《湖北碳排放权交易中心碳排放权现货远期交易履约细则》
	《湖北碳排放权交易中心碳排放权现货远期交易结算细则》
	《湖北碳排放权交易中心碳排放权现货远期交易风险控制管理办法》
2020 年	《湖北省 2019 年碳排放权配额分配方案》

（7）重庆市碳排放权交易试点在 2014 年 6 月 19 日启动。2014 年 3 月 27 日，重庆市人民政府常务会议通过《重庆市碳排放权交易管理暂行办法》，并于 2014 年 4 月 29 日发布。作为重庆市碳排放权交易的纲领性政策文件，该暂行办法不具有法律性质，仅是单纯的政府文件，约束能力相对较低。2014 年 5 月 28 日，重庆市发展改革委发布了《重庆市碳排放配额管理细则（试行）》，并发布通知公布 2013 年度碳排放配额总量；该配额管理细则规定了重庆市碳排放权交易试点的覆盖范围、配额总量设定方法、配额方法、抵消机制和履约等制度框架。同天，重庆市发展改革委还发布了三个核算和核查的制度文件。重庆试点主要文件清单如表 6.8 所示。

表 6.8　重庆碳排放权交易试点主要文件

时间	文件名称
2014 年 4 月	《重庆市碳排放权交易管理暂行办法》
2014 年 5 月	《重庆市碳排放配额管理细则（试行）》
2014 年 5 月	《重庆市工业企业碳排放核算和报告指南（试行）》
2014 年 5 月	《重庆市企业碳排放核查工作规范（试行）》
2014 年 5 月	《关于下达重庆市 2013 年度碳排放配额的通知》
2014 年 5 月	《重庆联合产权交易所碳排放交易细则（试行）》及四个相关业务管理办法（《重庆联合产权交易所碳排放交易结算管理办法》《重庆联合产权交易所碳排放交易信息管理办法》《重庆联合产权交易所碳排放交易风险管理办法》和《重庆联合产权交易所碳排放交易违规违约处理办法》）
2017 年 3 月	《重庆联合产权交易所碳排放交易细则（试行）》 《重庆联合产权交易所碳排放交易结算管理办法（试行）》 《重庆联合产权交易所碳排放交易风险管理办法（试行）》 《重庆联合产权交易所碳排放交易信息管理办法（试行）》 《重庆联合产权交易所碳排放交易违规违约处理办法（试行）》

（8）福建省碳排放权交易试点于 2016 年 12 月 22 日启动。2016 年 8 月中共中央办公厅、国务院办公厅联合印发的《国家生态文明试验区（福建）实施方案》明确提出支持福建省深化碳排放权交易试点。福建省委省政府要求福建省在 2016 年底前初步建成具有福建特色的碳市场。自 2016 年 9 月以来福建省人民政府及福建省发展改革委先后颁布实施《福建省碳排放权交易管理暂行办法》及《福建省碳排放权交易市场建设实施方案》，出台了《福建省碳排放配额管理实施细则（试行）》《福建省 2016 年度碳排放配额分配实施方案》等八个配套文件。根据《福建省碳排放权交易市场建设实施方案》，2016 年福建省碳市场覆盖电力、钢铁、化工、石化、有色金属、民航、建材、造纸、陶瓷九个行业，并首个采用了国家颁布的碳核查标准和指南。福建试点主要文件清单如表 6.9 所示。

表 6.9　　　　　　　　　　　福建碳排放权交易试点主要文件

时间	文件名称
2016 年 8 月	《国家生态文明试验区（福建）实施方案》
2016 年 9 月	《福建省碳排放权交易管理暂行办法》
2016 年 9 月	《福建省碳排放权交易市场建设实施方案》
2016 年 12 月	《福建省碳排放配额管理实施细则（试行）》
2016 年 12 月	《福建省 2016 年度碳排放配额分配实施方案》
2017 年 5 月	修改《福建省碳排放权交易规则（试行）》
2017 年 12 月	《海峡股权交易中心碳排放权交易业务会员管理办法（2017 年修订）》
2020 年 8 月	修改《福建省碳排放权交易管理暂行办法》

总的来讲，各试点立法基于中国现行立法体制，省、直辖市、计划单列市等有地方立法权，具体形式可以分为以地方人大条例或地方政府规章（政府令）的方式发布。两者间最大的区别在于，地方人大条例可以在国家授权范围内设立较高的处罚额度，而地方政府规章只能在允许的限度内设立处罚额度。人大立法的优点是约束力强，但程序复杂，通过难度大；政府规章的优点是相对容易通过，但处罚力度相比人大立法要弱。

从各试点实践看（见表 6.10），采取人大立法结合管理办法形式的有深圳、北京，采用单一管理办法的有广东、上海、湖北、天津和福建。值得注意的是，北京人大通过的是"决定"，有别于深圳人大通过的"若干规定"。由于重庆和天津的立法层级较低，对市场参与者的约束力度较小，因而其市场运行情况明显较差，特别是重庆履约期进展较慢。在管理办法方面，上海、湖北、广东、福建、深圳公布的是政府令，北京、天津、重庆则是市政府文件。

表 6.10 　　　　　　　　　　　　国内碳排放权交易试点立法情况一览

区域性试点	文件名称	内容
深圳	《深圳经济特区碳排放管理若干规定》	结合深圳经济特区实际规定的碳排放安排。
	《深圳市碳排放权交易管理暂行办法》（深圳市人民政府令第 262 号）	规范本市行政区域内碳排放交易及其监督管理活动。
	《关于对未按时足额提交配额履约的碳排放权交易管控单位进行处罚有关事宜的公告》	明确未履约的管控单位的处罚警告及措施。
上海	《上海市碳排放管理试行办法》（上海市人民政府令第 10 号）	关于上海市碳排放管理的目的、适用范围、配额管理、碳排放核查与配额清缴、配额交易、监督和法律责任等方面的内容。
北京	《关于北京市在严格控制碳排放总量前提下开展碳排放权交易试点工作的决定》	北京将实行碳排放总量控制，实施碳排放配额管理和碳排放权交易制度，政府可以适时采取回购等方式调整碳排放总量。
	《北京市碳排放权交易管理办法（试行）》	北京市碳排放各项标准。
	《规范碳排放权交易行政处罚自由量裁权的规定》	北京市发展改革委在法定行政处罚权限内，将自主决定对碳排放权交易违法行为是否给予行政处罚、给予何种行政处罚以及给予何种幅度行政处罚。
广东	《广东省碳排放管理试行办法》（广东省人民政府令第 197 号）	广东省碳排放的管理及要求。
天津	《天津市碳排放权交易管理暂行办法》（津政办发〔2013〕112 号）	天津市关于碳排放权交易实施的暂行准则。
湖北	《湖北省碳排放权管理和交易暂行办法》（湖北省人民政府令第 371 号）	湖北省碳排放权交易的管理及要求。
重庆	《关于碳排放管理有关事项的决定（征求意见稿）》	重庆市碳排放权交易的纲领性政策文件。
	《重庆市碳排放权交易管理暂行办法》（渝府发〔2014〕17 号）	结合"十二五"计划，重庆市对于碳排放的规范准则。
福建	《福建省碳排放权交易管理暂行办法》（福建省人民政府令第 176 号）	规范本省行政区域内碳排放权交易及其监督管理活动。

　　建立法律法规是碳排放权交易市场有效运行的前提，也是市场公信力的来源。因此，为碳排放权交易市场建立一套完善的法律法规体系，将各项要素设计以法律、法规和政府公文的形式确定下来，是碳排放权交易市场顺利运行的重要保障。

　　在全国碳排放权交易市场建设过程中，主管部门应推动国务院以国务院令的形式发布碳排放权交易管理办法，在条件成熟时推动人大立法，并利用产品市场规制（Product Market Regulation，PMR）等项目的研究成果，加快出台各项细则，确保碳排放权交易市场相关法律政策具有一定的强制力。

二、中国区域性碳交易试点的管理架构

在法律的基础上，八个试点省市构建了各自的管理架构。各试点的管理架构基本相同，机构转隶后，各省市生态环境厅（局）为各自辖区内的碳排放权交易主管部门。

深圳市生态环境局是深圳市碳排放权交易工作的主管部门，下属的应对气候变化处负责具体工作执行。主管部门主要履行下列职责：制定碳排放权交易相关规划、政策、管理制度并组织实施；负责提出碳排放权交易的总量设定以及配额分配方案；确定碳排放权交易的管控单位并监督其履约；监督碳排放权交易相关主体的碳排放权交易活动；建立并管理碳排放权注册登记簿和温室气体排放信息管理系统；统筹、指导、协调碳排放权交易工作。深圳市住房建设、交通运输等部门负责本行业碳排放权交易的管理、监督检查与行政处罚。深圳市市场监督管理部门负责制定工业行业温室气体排放量、报告、核查标准，组织对纳入配额管理的工业行业碳排放单位的碳排放量进行核查，并对工业行业碳核查机构和核查人员进行监督管理。深圳市统计部门负责组织对纳入配额管理的工业行业碳排放单位的有关统计指标数据进行核算，并对统计指标数据核查机构进行监督管理。深圳各区政府和财政、金融、经贸信息、科技创新、税务、环境保护、规划国土、交通运输、水务等职能部门在各自职责范围内负责碳排放权交易相关管理工作。深圳排放权交易所负责制定并执行碳排放权交易规则，为能源及环境权益现货及其衍生品合约交易提供交易场所及相关配套服务；为碳抵消项目提供咨询、设计、交易、投融资等配套服务。

上海市生态环境局是碳排放管理工作的主管部门，负责对上海碳排放管理工作进行综合协调、组织实施和监督保障。上海市节能监察中心履行《上海市碳排放管理试行办法》规定的行政处罚职责。上海环境能源交易所负责制定并执行碳排放权交易规则，从事组织节能减排、环境保护与能源领域中的各类技术产权、减排权益、环境保护和节能及能源利用权益等综合性交易以及履行政府批准的环境能源领域的其他交易项目和各类权益交易鉴证等。上海市经济信息化、建设交通、商务、交通港口、旅游、金融、统计、质量技监、财政、国资等部门按照各自职责，协同开展碳排放权交易相关管理工作。

北京市生态环境局在机构转隶后负责北京市碳排放权交易相关工作的组织实施、综合协调与监督管理。北京市统计、金融、财政、园林绿化等行业主管部门按照职责分别负责相关监督管理工作。北京环境交易所负责制定碳排放权交易规则及其配套细则，对交易参与方、交易信息、交易行为进行监督和管理。

广东省生态环境厅在机构转隶后负责全省碳排放管理的组织实施、综合协调和监督工作。广东各地级以上市人民政府负责指导和支持本行政辖区内企业配合碳排放管理相关工作。广东各地级以上市发展改革部门负责组织企业碳排放信息报告与核查工作。广东省经济和信息化、财政、住房城乡建设、交通运输、统计、价格、质监、金融等部门按照各自职责做好碳排放管理相关工作。广州碳排放权交易所（中心）负责制定并执行广东省碳排放权交易规则，对交易场所、交易品种、交易方式、交易程序等具体环节进行监督管理。广东省发展改革委根据全国碳排放权交易试点要求和本省实际，为保持工作连续性，从相关高校、机构抽调人员组成"广东省碳排放权管理和交易工作小组"开展相关工作。

天津市发展改革委是天津碳排放权交易管理工作的主管部门，负责对交易主体范围的确定，配额分配与发放，碳排放监测、报告与核查及市场运行等碳排放权交易工作进行综合协调、组织实施和监督管理，并明确有关机构具体负责本市碳排放权交易的日常管理工作。天津市经济和信息化、建设交通、国资、金融、财政、统计、质监和证监等部门按照各自职责做好相关工作。天津排放权交易所负责碳排放权交易相关规则的制定和执行，为温室气体、主要污染物和能效产品提供电子竞价和交易平台，为合同能源管理（EPC）项目及节能服务公司提供推介、融资、咨询等综合服务，为清洁发展机制（CDM）项目以及区域、行业、项目的低碳解决方案提供咨询服务。

湖北省生态环境厅是湖北碳排放权管理的主管部门，负责碳排放总量控制、配额管理、交易、碳排放报告与核查等工作的综合协调、组织实施和监督管理。湖北省经济和信息化、财政、国资、统计、物价、质监、金融等有关部门在其职权范围内履行相关职责。湖北碳排放权交易中心负责碳排放权交易规则的制定及执行，对交易标的、交易方式、市场参与人、结算、信息披露等交易环节进行监督管理。

重庆市生态环境局作为重庆应对气候变化工作的主管部门，负责碳排放权的监督管理和交易工作的组织实施及综合协调。重庆市金融办作为重庆交易场所的监督管理部门，负责碳排放权交易的日常监管、统计监测及牵头处置风险等工作。重庆市财政局、市经济信息委、市城乡建委、市国资委、市质监局、市物价局等部门和单位按照各自职责做好碳排放权交易相关管理工作。重庆碳排放权交易中心负责重庆碳排放权交易的规则制定及执行，负责碳排放权交易活动各个环节及参与方的监督管理。

福建省、设区的市人民政府发展改革部门是本行政区域碳排放权交易的主管部门，负责本行政区域碳排放权交易市场的监督管理。省人民政府金融工作机构是全省碳排放权交易场所的统筹管理部门，负责碳排放权交易场所准入管理、监督检查、风险处置等监督管理工作。省、设区的市人民政府经济和信息化、财政、住房和城乡建设、交通运输、林业、海洋与渔业、国有资产监督管理、统计、价格、质量技术监督等部门按照各自职责，协同做好碳排放权交易相关的监督管理工作。根据碳排放权交易主管部门的授权或者委托，碳排放权交易的技术支撑单位负责碳排放报送系统、注册登记系统的建设和运行维护等相关工作。海峡股权交易中心是集股权交易市场、资源环境交易市场、金融资产交易市场于一体的地方性交易场所。

表6.11为国内碳排放权交易试点管理架构汇总情况，不同的碳排放权交易立法实践表明，碳排放权交易试点作为新生事物，各地政府只能根据本地特点及相关条件，采取不同的策略。

表6.11   **国内碳排放权交易试点管理架构情况一览**

区域性试点	主管部门	交易场所
深圳	深圳市生态环境局	深圳排放权交易所
上海	上海市生态环境局	上海环境能源交易所
北京	北京市生态环境局	北京环境交易所
广东	广东省生态环境厅	广州碳排放权交易所
天津	天津市发展和改革委员会	天津排放权交易所
湖北	湖北省生态环境厅	湖北碳排放权交易中心
重庆	重庆市生态环境局	重庆碳排放权交易中心
福建	福建省发展和改革委员会	海峡股权交易中心

第二节　中国区域性碳交易试点制度设计

一、中国区域性碳交易试点覆盖范围与配额总量设定

（一）试点覆盖范围

碳排放权交易体系的覆盖范围包括碳排放权交易体系的纳入行业、纳入气体、纳入标准等。选择碳排放权交易体系纳入行业标准包括排放量和排放强度较大、减排潜力较大、较易核算等。因此，电力、钢铁、石化等排放密集型的工业行业往往是优先考虑的对象。纳入的温室气体类型最常见的是二氧化碳，其次是《京都议定书》第一承诺期规定管制的其他五种温室气体——甲烷、氧化亚氮、全氟碳化物、六氟化硫和氢氟碳化物。我国八个碳排放权交易试点覆盖范围的比较见表6.12。

表 6.12   国内碳排放权交易试点覆盖范围比较

区域性试点	温室气体种类	直接排放	间接排放
深圳	二氧化碳	燃烧化石燃料或者生产过程中产生的碳排放	因使用外购电力、热、冷或者蒸汽产生的碳排放
上海		化石燃料燃烧排放、过程排放、废弃物焚烧排放、基于物料平衡法计算的部分工序排放等	外购电力排放和外购热力排放
北京		固定设施和公共电汽车客运、城市轨道交通、企业移动设施化石燃料燃烧导致的和/或工业生产过程和/或废弃物处理的碳排放	耗电设施消耗隐含的电力生产时化石燃料燃烧的二氧化碳间接排放
广东		法人厂界区域和运营控制范围内产生的碳排放	外购电力、热力的生产而造成的碳排放
天津		化石燃料燃烧排放和工业生产过程中的排放	因生产或经营活动引起的，由其他企业持有或控制的排放源产生的碳排放
湖北		企业拥有或控制的排放源的温室气体排放	企业消耗的外购电力的生产造成的排放
福建		燃烧化石燃料或者生产过程中产生的二氧化碳	建筑、交通等行业企业
重庆	二氧化碳、甲烷、氧化亚氮、氢氟碳化物、全氟碳化物和六氟化硫	企业持有或控制的碳排放源产生的二氧化碳	企业活动导致的，出现在其他企业持有或控制的碳排放源产生的二氧化碳

我国八个碳排放权交易试点纳入行业比较见表 6.13。

表 6.13   国内碳排放权交易试点纳入行业比较

区域性试点	纳入行业
深圳	电力、热力、水务以及电子设备制造业等工业行业和建筑
上海	工业行业：钢铁、石化、化工、有色金属、电力、建材、纺织、造纸、橡胶、化纤； 非工业行业：航空、港口、机场、铁路、商业、宾馆、金融、水运
北京	电力、热力、水泥、石化、其他行业、服务业和交通运输业
广东	电力、水泥、钢铁、石化、造纸、民航
天津	电力、热力、钢铁、化工、石化、油气开采、建材、造纸、航空
湖北	电力、热力及热电联产、汽车和其他设备制造、有色金属和其他金属制品、钢铁、玻璃及其他建材、水泥、化工、石化、食品饮料、化纤、造纸、医药、陶瓷制造和通用设备制造、水的生产与供应

区域性试点	纳入行业
重庆	电力、电解铝、铁合金、电石、烧碱、水泥、钢铁
福建	电力、钢铁、化工、石化、有色金属、民航、建材、造纸、陶瓷

我国八个碳排放权交易试点 2013—2019 年纳入企业数量比较见表 6.14。

表 6.14　　　　　国内碳排放权交易试点历年纳入企业数量比较　　　　单位：家

区域性试点	履约企业数量						
	2013 年	2014 年	2015 年	2016 年	2017 年	2018 年	2019 年
深圳	635	635	636	811	808	794	636
上海	191	190	310	368	381	381	313
北京	415	543	551	947	943	903	843
广东	184	184	186	244	246	249	242
天津	114	112	109	109	109	107	113
湖北	—	138	167	236	344	338	373
重庆	242		233	237		197	
福建	119			274			

通过对八个试点覆盖范围、纳入行业及企业数量的对比分析，可以得出，中国碳排放权交易试点覆盖范围的设计和确定具有以下几个特点。

1. 温室气体种类

大部分试点初期只考虑二氧化碳一种温室气体，重庆是唯一一个纳入六种温室气体的试点。这是一种简化的处理方式，符合先易后难的试点阶段性特点。深圳在核算指南中尽管也把其他温室气体纳入核算范围，但在实际操作中，在试点第一阶段只核算二氧化碳。未来不排除各试点地区扩大管制气体种类的可能性。

2. 管控对象

纳入对象是法人而不是排放设施。中国碳排放权交易试点纳入对象是法人，这主要是从管理角度考虑，与现有的包括能源管理体系在内的一系列管理制度相匹配，在中国现有制度框架下便于明晰责任主体，更容易被政府和企业接受。只有北京在明确法人界限外，细化至了排放设施层级，大部分行业的排放来源皆为固定设施，只有交通运输业将固定设施和移动设施共同作为排放源。

3. 直接排放和间接排放

八个试点均同时纳入直接排放和间接排放。所谓间接排放，是指在能源消费端根据企业消耗的电力或热力计算出的排放量，即对排放下游同时进行管控。这是因为部分试点地区经济结构以服务业为主，直接排放量较小，如果不考虑间接排放的话，碳排放权交易市场规模较小，影响市场运行效果，而且如果纳入行业占试点整体排放的比重过小，也会降低政策实施的必要性。此外，我国电力改革仍在推进中，电价的市场机制化程度较低，尚无法将碳排放的成本进行消费端转移。未来在电力市场足够成熟时，间接排放成本可以通过价格机制由最终使用者承担，间接排放可以陆续退出。

4. 覆盖行业

八个试点在选择碳排放权交易体系覆盖行业时，主要考虑排放量和排放强度较大、减排潜力较大、较易核算等因素。因此，电力、钢铁、石化等排放密集型的工业行业成为各试点优先考虑的对象。但由于经济结构的不同，各试点的覆盖行业也各有侧重。北京和上海的服务业占经济总量的比重较大且排放量占比较高，因此在设计覆盖行业时，将服务业纳入碳排放权交易体系。深圳、广东、天津、湖北、重庆和福建也根据自身工业发展情况，覆盖了不同的细分行业。各试点覆盖范围年度变化不大，深圳 2014 年新增建筑业；北京 2016 年将其他工业行业变更为其他行业，新增交通运输业；上海 2016 年后纳入了港口、水运企业及部分建筑；湖北 2015 年将电力热力拆分成电力、热力及热电联产两个行业，新增陶瓷制造、通用设备制造业，2018 年新增水生产和供应行业；广东于 2016 年新增造纸和民航两个行业；福建于 2017 年将能源消费总量达 5000 吨标准煤以上（含）的工业企业，以及建筑、交通等行业企业纳入碳排放权市场交易。

5. 纳入门槛

在确定覆盖行业的基础上，各试点为有效控制碳排放，尽可能覆盖主要排放单位，根据自身经济发展情况与碳排放情况，对各自的纳入门槛进行了不同的设计。广东、天津和重庆的纳入门槛均为 20000 吨二氧化碳当量。作为工业大省的湖北，在试点初期其纳入门槛较高，为综合能源消费量 6 万吨标准煤及以上的企业，2016 年湖北省在此基础上将符合国家碳市场纳入条件的企业，即将石化、化工、建材、钢铁、有色金属、造纸和电力七大行业中 2013—2015 年间任意一年综合能耗 1 万吨标准煤以上的企业纳入，2017 年起将所有行业企业的纳入门槛降低为综合能耗 1 万吨标准煤。深圳主要以加工工业为主，所以其纳入门槛较低，仅为 3000 吨二氧化碳当量。北京在前期运行良好的基础上，2016 年将纳入门槛调低至 5000 吨二氧化碳当量，将更多的企业纳入碳排放权交易体系。根据福建省 2013 年至 2015 年中任意一年综合能源消费总量达 1 万吨标准煤以上（含），即排放约达 2.6 万吨二氧化碳当量的企业法人单位或独立核算单位碳排放核查结果，最终共纳入电力、钢铁、化工、石化、有色金属、民航、建材、造纸、陶瓷九大行业的 277 家企业；地域分布上，九个地市均有企业被纳入，其中泉州市居多，占总数的 40.43%；行业分布上，除国家规定的八大行业外，福建省陶瓷行业作为特色行业被纳入碳交易，企业数达119 家，占比达 42.96%。

总体来看，北京试点纳入企业最多，2019 年度碳交易管控单位达 843 家；上海试点纳入行业最多，包括工业行业，即钢铁、石化、化工、有色金属、电力、建材、纺织、造纸、橡胶、化纤，以及非工业行业，即航空、港口、机场、铁路、商业、宾馆、金融等；重庆试点纳入气体最多，覆盖六种温室气体。不同碳排放权交易试点的纳入范围能够反映出不同试点的工业生产结构及重工业发展水平。

碳排放权交易试点在纳入范围方面为全国碳排放权交易市场的建设和完善提供了丰富的经验。中国地域广阔、行业众多、排放情况差异巨大，尽管目前国家已发布 24 个行业核算指南，但在全国碳排放权交易市场运行的初级阶段应如何更有效地解决覆盖地区、覆盖行业、纳入的温室气体种类以及纳入门槛的问题，主管部门面临不小的挑战。全国碳排放权交易市场目前仅将电力行业纳入全国碳排放权交易体系，考虑到统计核算的操作难易度，也仅将二氧化碳纳入核算范围。随着碳排放权交易市场相关经验的累积和 MRV 体系的完善，应考虑逐步增加其他温室气体种类，扩大参与交易的行业和企业的范围。

6. 覆盖范围实施保障和障碍

覆盖范围直接影响碳市场的规模、MRV 的难度、碳市场这一政策工具的成本有效性等，因此覆盖范围既是碳市场管理障碍的影响因素，也是企业参与的影响因素。

覆盖范围设计的有效性的保障在于完备准确的排放和减排成本数据。同时，考虑到我国在实施碳试点之前较差的数据基础，其有效性的障碍和挑战也在于数据完备性和准确性方面。覆盖范围的设计对数据的要求不单单包括排放量，还包括行业的减排成本等，以识别减排潜力较大、减排成本较低的减排对象和减排方式，保证碳市场政策的成本有效性。因此，必须对覆盖的行政范围内的排放单位或排放设施有完备的排放数据和减排成本数据，这样才能对覆盖范围有准确的界定，包括覆盖行业和纳入门槛等。

因此，选择恰当的覆盖范围对于数据基础较差的试点来说存在一定的挑战。覆盖范围直接影响了管控对象的数量和管控难度，以覆盖行业和纳入门槛最为显著。以北京和上海为例，其服务业所占比例较高，为使碳市场具有一定的规模以保障市场交易的活跃程度，两个试点均纳入了商业、服务业等行业的大型公共建筑等。但是，北京除了纳入商用的大型公共建筑，也纳入了机关和事业单位的大型建筑，这给履约带来了很大的难度。从纳入门槛来看，北京和深圳两个试点的纳入门槛较低，虽然保证了碳市场的规模，但纳入的排放单位数量较多，需要核查的对象较多，需要花费较多的人力物力保障履约，因此会在一定程度上降低政策的成本有效性。

在企业参与的挑战方面，覆盖行业的选择直接影响了企业参与的成本。对排放量和排放强度较大的行业来说，参与碳市场的直接成本较高；对排放量和排放强度相对较小的行业来说，减排空间较小、排放特征复杂，参与碳排放核算报告、核查报告等组织管理的人力物力等间接成本要远高于直接成本。因此，从经济性来说，覆盖行业的选择应倾向于排放量和排放强度较大、减排潜力较大的行业，并且应当有完备的、适用性较高的核算指南等，这样才能提高碳市场的成本有效性。

八个试点根据本地温室气体排放特点和减排目标，有针对性地选定了覆盖范围，既可以保证对本地碳排放的有效覆盖，也可以保证对所纳入排放量的有效管控，以实现预期的减排目标。

（二）配额总量设定

配额总量的多寡决定了配额的稀缺性，进而直接影响碳排放权交易市场的配额价格。配额总量越多碳配额价格越低，配额总量越少碳配额价格越高。如果配额总量高于没有碳排放权交易政策的照常排放，那么碳排放权交易市场将会因配额过量而价格低迷。配额总量的设置一方面应确保地区减排目标的实现，另一方面应低于没有碳排放权交易政策下的照常排放，配额总量与照常排放的差值代表了需要作出的减排努力。各试点配额总量设定情况如表 6.15 所示。

表 6.15　　　　　　　　国内碳排放权交易试点配额总量情况对比

区域性试点	事先设置配额总量	配额调整	配额调整数量限制	绝对配额总量公布
深圳	√	√	√	
上海	2016—2019 年√	√		
北京		√		
广东	√	2014—2017 年√	2014—2017 年√	√
天津		√		
湖北	√	√	√	√
重庆	√	√	√	2015—2017 年√
福建	√	√	√	

1. 事先确定配额总量

事先确定配额总量试点的有广东、湖北、深圳、重庆，上海于 2016—2019 年也有事先确定配额总量，其中明确公布绝对配额总量数据的有广东、湖北和重庆。深圳尽管没有公布配额总量确切数据，但根据其制度设计配额总量不会超出其预先设置的范围。但因四个试点公布的数据有限，无法对配额总量与实际发放情况进行比较。

在事先确定配额总量的试点中主要有两种总量构成分类：一是不需要对配额分配数量进行调整，配额总量为绝对值，只有广东 2013 年度配额是这种情况。二是需要对配额分配数量进行调整，但调整数量有明确限制时，配额总量也为绝对值，如深圳、重庆、湖北和广东除 2013 年度以后配额的设计。各试点事先确定配额总量情况如表 6.16 所示。

表 6.16 事先确定配额总量试点对比

区域性试点	配额总量			总量构成
深圳	未公布			预分配配额、调整分配的配额、拍卖配额、新进入者储备配额、价格平抑储备配额。
广东	时间	配额总量（亿吨）	控排企业配额（亿吨）	储备配额（亿吨）	配额总量包括控排企业配额和储备配额，储备配额包括新建项目企业配额和市场调节配额。
	2013 年	3.88	3.5	0.38	
	2014 年、2015 年	4.08	3.7	0.38	
	2016 年	4.22	4	0.22	
	2017 年、2018 年	4.22	3.99	0.23	
	2019 年	4.65	4.38	0.27	
上海	2016 年配额总量 1.55 亿吨；2017 年配额总量 1.56 亿吨；2018 年、2019 年配额总量 1.58 亿吨。			直接发放和储备配额。
湖北	2014 年配额总量 3.24 亿吨；2015 年配额总量 2.81 亿吨；2016 年配额总量 2.53 亿吨。			配额总量包括年度初始配额、新增预留配额和政府预留配额。
重庆	2013 年配额总量 1.25 亿吨；2014 年配额总量 1.16 亿吨；2015 年配额总量 1.06 亿吨。			企业自主申报配额和补发配额。
福建	未公布			既有项目配额、新增项目配额和市场调节配额。

　　深圳的配额构成包括预分配配额、调整分配的配额、拍卖配额、新进入者储备配额、价格平抑储备配额五个部分，其中后两种储备配额数量根据配额总量确定。由于深圳的预分配配额每三年分配一次，且要求调整分配时，增发的配额数量不能超过扣减的数量，即调整后的配额数量不会超过预分配的配额数量，因此深圳的三年免费配额数量的上限其实已经确定，即等于当年预分配配额数量之和。深圳增发的配额不能超过扣减的配额数量，因此实际配额总量不会超过预分配配额总量。

　　广东根据"十三五"控制温室气体排放总体目标、合理控制能源消费总量目标，以及国家和本省的产业政策、行业发展规划和经济发展形势预测，确定年度碳排放配额总量。配额总量包括控排企业配额和储备配额，储备配额包括新建项目企业配额和市场调节配额。控排企业配额和储备配额都被设定了数量限制。

湖北根据"十三五"期间国家下达的单位生产总值二氧化碳排放下降目标和经济增长趋势的预测，确定年度碳排放配额总量。湖北配额构成包括初始配额、政府预留配额和新增预留配额，后两者配额数量根据配额总量确定。

重庆有明确的三年配额总量控制上限（以既有产能 2008—2012 年中最高年度排放量之和作为基准配额总量，2015 年前，按逐年下降 4.13% 确定），允许对实际排放量与申报量差值超过 8% 的部分进行调整，即如果排放量超过申报量的 8%，必须扣减，反之可以增发。事后调整的补发配额数量受到配额总量控制上限的限制，如果补发配额数量不足的话，每笔调整按占补发配额数量的权重补发。

福建配额总量设定和分配方法依据全国碳市场的思路，覆盖范围以国家规定的八大行业为主，核算方法与报告采用国家标准；充分借鉴其他试点省市的先进经验，有效规避率先试点地区出现的数据标准不统一、交易波动较大等问题；立足福建省实际，创新推出福建林业碳汇交易模式，率先推出碳市场信用信息管理，率先纳入陶瓷行业，研究制定适合的核算标准及配额分配方法。

2. 事后确定配额总量

上海、北京和天津没有提前确定的绝对配额总量。这三个地区需要进行配额调整，且未对调整数量进行限制，因此配额总量具有可调节的特点，每年的配额总量等于完成配额调整后的分配配额加上新增设施配额加上拍卖配额（如有）。其中，上海和北京、天津不同的地方在于上海预分配配额的总数是确定的，但调整量不确定，所以其总量仍未不确定。2016 年度，福建省针对以下两种情况实行配额奖励：一是重点排放单位在 2010 年至 2012 年间，实施了节能技改或合同能源管理项目，且得到国家或本省有关部门按节能量给予资金支持的；二是采用历史强度法或历史总量法分配的重点排放单位，在 2010 年至 2012 年间实施工业煤改气项目，且改造前煤炭消费量占总能源消费量 50% 以上的。2016 年度，共 77 家企业申请奖励，最终 51 家企业获得配额奖励。

3. 配额总量设定保障和障碍

总量确定直接影响试点碳市场配额稀缺程度，进而影响碳市场的有效性。与覆盖范围相近，配额总量设定有效性的保障和挑战均主要来自排放和减排成本数据基础方面。

在试点阶段，尤其是试点设计运行初期，大多数试点采用"自下而上"的方式确定配额总量。

从实践来看，八个试点中，目前只有湖北和广东公布了明确的总量上限，其他试点都没有公布。湖北 2019 年的配额总量为 2.70 亿吨，广东 2013—2019 年的配额总量分别为 3.88 亿吨（2013 年）、4.08 亿吨（2014 年）、4.08 亿吨（2015 年）、4.22 亿吨（2016—2018 年）和 4.65 亿吨（2019 年）。同时，这两个试点还预留了相当数量的配额用于拍卖及市场调节，而且用于拍卖的配额最终不一定全部进入市场。对于没有明确设定总量上限的六个试点，影响其市场中排放指标稀缺性的"实际总量"自然可视为所有纳入企业获得的免费配额和有偿配额之和。目前，所有试点对依据实际产量或排放量分配配额的方法都有应用，使用范围包括新建企业/设施及部分行业的既有企业/设施。在这种情况下，企业的免费配额数量需要事后调整，因此"自下而上"测算的碳市场总量也具有事后调整的特点。此外，很多试点预留了一定数量配额用于可能的市场调节，也会影响碳市场的"实际总量"。例如，为促进企业顺利履约，上海、深圳在2013年履约期末针对配额不足的企业进行了定向拍卖。

综上所述，八个试点的总量设计形式虽然与传统意义的"总量上限"存在一定差距，但是从实践效果来看是有效的，并且适应碳市场实施的实际环境的。

二、中国区域性碳交易试点的监测、报告与核查制度

碳排放权交易的基本原理是要求每一吨排放量都必须有配额与其对应。因此，排放量数据的准确性是碳排放权交易体系赖以存在的根基。而碳排放的监测、报告与核查（MRV）体系是确保排放数据准确性的基础，因此MRV的实施效果对碳排放权交易政策的可信度至关重要。

为了维护碳排放权交易体系的正常运行，需要保证在碳排放权交易体系运行过程中所有排放数据的真实性，这不仅仅是公平性的一种体现，而且能进一步保证各主体减排责任的准确性。通过前面的讨论可以知道，碳排放权是一种无形的商品，考虑到碳排放权市场的复杂性，每一年的排放数据都由各个排放主体自觉提供，为了保证数据的真实性和准确性，需要引进独立的第三方监控和核证机构。

首先，一套完善的监控和核证机制需包含合法化、专业化的核证主体和专业化的技术人才。核证主体和相关的技术人员需在国家法律法规的要求下制定合理的排放监控标准、减排量核算方法等配套机制。同时要加强对监控和核证技术人员的资质认证，进一步规范核证主体的合法性和专业化。

福建不仅仅是第八个碳交易试点，更是国家碳核查标准和指南及碳排放配额分配方法的践行者和排头兵。因此，福建碳交易市场的建设和运行，对于全国碳交易市场，尤其是电力、水泥和电解铝之外其他行业而言，更具有借鉴价值。

其次，落实核证机制的必要性和强制性。目前国外通常的做法是将每一年碳排放权的配额转让和核证机制相结合，在全国范围内设立一个核证时间期限，如果在期限之前没有进行相关核证，排放主体将不能进行下一步碳排放权配额的转让。随着今后碳排放权交易市场的不断成熟，可以考虑将每一年碳排放权的初始免费配额和核证机制相关联，同样设定一个时间期限和相关的评价标准，如果在期限之前没

有进行核证或者没有通过核证要求，排放主体将不能获得碳排放权的免费分配。

三、碳市场配额初始分配机制

碳排放配额分配是碳排放权交易制度设计中与企业关系最密切的环节。碳排放权交易体系建立以后，配额的稀缺性将导致形成市场价格，因此配额分配实质上是财产权利的分配，配额分配方式决定了企业参与碳排放权交易体系的成本。

配额分配的类型可以分为免费分配和有偿分配两类。免费分配即配额以无偿的方式分给企业，常用的免费分配的方法包括历史法和基准法，前者根据历史排放发放配额，历史法经常会出现的问题是"鼓励落后"，即过去减排控排做得并不好的企业由于其历史排放高而得到了更多的配额；后者根据一定的基准发放配额，这种分配方式可以做到"鼓励先进"，但对于基准的设计和数据基础的科学性和准确性要求很高。配额的有偿分配分为拍卖和固定价格出售两种，前者由购买者竞标决定配额价格，后者由出售者决定配额价格。

（一）有偿分配

截至 2020 年 8 月，深圳、上海、湖北、广东和天津对配额进行了有偿分配，且都采用拍卖形式。北京虽然出台了有偿分配的相关规定，但并未进行有偿分配。

深圳规定采取拍卖方式出售的配额数量不得低于年度配额总量的 3%，深圳市政府可以根据碳排放权交易市场的发展状况逐步提高配额拍卖的比例，管控单位和碳排放权交易市场的投资者都可以参与配额拍卖。2014 年 6 月，深圳举行了首次拍卖，但要求参与拍卖的必须是"2013 年度实际碳排放量超过 2013 年度实际确认配额的管控单位"，只针对超排企业，其他管控单位和投资者不能参加，底价为 35.43 元/吨。

上海根据碳排放控制目标以及工作部署，采取免费或者有偿的方式，通过配额注册登记系统，向纳入配额管理的单位分配配额。2020 年 8 月，上海环境能源交易所组织实施了 2019 年度配额有偿竞价发放，竞卖底价为 2020 年第二季度所有交易日挂牌交易的市场加权平均价 39.61 元/吨，本市纳入配额管理的单位和上海环境能源交易所碳排放权交易机构投资者均可参与竞买。

湖北于 2014 年 3 月进行了首次配额拍卖，竞买底价为 20 元/吨，竞买人资格为纳入湖北省碳排放权交易试点范围内的控排企业、机构投资者。2019 年 11 月，湖北针对 2018 年度政府预留配额举行了拍卖，拍卖分两批进行，第一批面向 2018 年度履约有缺口的纳入企业，第二批面向纳入企业和交易机构，拍卖基价均为 24.48 元/吨。

北京规定未来将举行定期的配额拍卖，每年定期拍卖和以市场调节为目的的临时拍卖的数量之和不超过年度配额总量的 5%。竞买人包括重点排放单位及其他自愿参与交易的单位，即投资机构可参与配额拍卖。每次拍卖前，将根据市场情况设定保留价格，单个履约单位和非履约单位可申请竞买的配额数量分别不得超过该次拍卖总量的 15% 和 5%。

天津于 2019 年 6 月举行了首次碳配额拍卖，并设置了拍卖底价。同时规定竞买人只能为试点纳入企业中履约存在缺口的企业，且竞买量不得超过其年度配额缺口量。此外，竞买人所购配额只能用于当年的履约，不能用于市场交易。

广东的有偿分配实现了常态化，是八个试点中有偿分配落实程度最高的试点。2013—2019 年度的配额拍卖规则对比见表 6.17，规则主要有以下几个变化：（1）电力企业的免费配额下降到 95%，说明广东拍卖使用的力度在加大，2015 年及其后电力企业有偿配额比例仍为 5%，其他企业为 3%。（2）拍卖设置政策保留价，政策保留价按照竞价公告日的前三个自然月广东碳市场配额挂牌点选交易加权平均成交价计算。（3）拍卖周期逐渐变化，2014 年配额拍卖固定为每季度一次，2015—2016 年延续这一规则，2017 年后则不设定固定拍卖次数。（4）控排企业参与拍卖方式从强制变为自愿，这是最核心的变化。广东省针对 2013 年的配额，要求控排企业通过有偿配额发放平台购买有偿配额；同时新建项目企业购买项目足额有偿配额后，才能通过配额注册登记系统得到免费配额。从 2014 年起，广东省配额有偿发放以竞价形式进行，企业可自主决定是否购买。（5）从 2014 年开始，配额拍卖开始允许投资机构参与。

表 6.17　　　　　　　　　广东省 2013—2019 年度配额拍卖规则对比

项目	2013 年	2014 年	2015 年	2016 年	2017 年	2018 年	2019 年
控排企业参与	强制	自愿					
控排企业有偿配额比例	3%	电力企业 5%，其他企业 3%					
投资机构参与	不允许	允许					
拍卖底价	60 元/吨	25 元/吨、30 元/吨、35 元/吨、40 元/吨	不设底价	不设底价	不设底价	不设底价	设政策保留价
拍卖次数	7 次	4 次（初定）	4 次	4 次	不定期	不定期	不定期
拍卖数量	1162.5469 万吨①	800 万吨	800 万吨	200 万吨	200 万吨	200 万吨	500 万吨
拍卖周期	不确定	每季度一次			不定期		

国内碳交易试点有偿分配对比见表 6.18。

---

① 广东 2013 年配额累计拍卖 11123339 万吨，最后一次未拍出量为 502130 万吨，合计 11625469 万吨。由于广东 2013 年未提前公布拟拍卖配额总量，以此数代替。

表 6.18 国内碳排放权交易试点有偿分配比较

项目	深圳	上海	湖北	广东	北京	天津
参与资格	实际碳排放量超过年度实际确认配额的管控单位	纳入配额管理的单位和上海环境能源交易所碳排放权交易机构投资者	控排企业、机构投资者	控排企业，2014年起允许机构投资者参与	重点排放单位、机构投资者	控排企业
拍卖底价	有					
拍卖时间	履约前		日常		不确定	

试点进行有偿分配目的并不相同，深圳的一次拍卖和上海2014—2019年的有偿分配均出现在前一年度配额履约之前，同时竞买人资格都是排放量超过配额的企业，其目的是减少企业实际排放量与排放配额之间的差额，减轻企业的履约压力，保障履约的顺利进行。2020年8月，上海首次进行非履约拍卖，允许机构投资者参与拍卖。湖北和广东在拍卖时间和参与者资格上没有明确的保障履约倾向，其目的是提高市场流动性，保障市场的正常运行。北京尚未进行有偿分配工作，目的尚不明确。

（二）免费分配

1. 深圳

根据《深圳市碳排放权交易管理暂行办法》，深圳的配额分配以行业基准法为主，基准年为2009年至2011年。

（1）工业企业：配额分配方法根据管控单位的性质分为两类。第一类为单一产品行业，包括电力、燃气、水务等，这些行业的企业年度目标碳强度为所处行业基准碳排放强度或自身的历史碳强度，生产数据为产量（如发电量、供气量、供水量等）。第二类为其他工业行业企业，其年度目标碳强度采取同一行业内企业竞争性博弈的方式确定，生产数据为工业增加值。预分配时，取预期产量/产值；最终分配时，取实际产量/产值。

（2）建筑：深圳市建筑的配额分配，按照建筑功能、建筑面积以及建筑能耗限额标准或者碳排放限额标准确定。

2. 上海

根据《上海市2013—2015年碳排放配额分配和管理方案》，2013—2015年度碳排放配额分配采取历史排放法和行业基准法。上海对于采用历史排放法分配配额的企业，按照试点企业2009—2012年排放边界和碳排放量变化情况选取历史排放基数，一次性向其发放2013—2015年各年度配额；对于采用行业基准法分配配额的企业，根据其各年度排放基准，按照2009—2011年正常生产运营年份的平均业务量确定并一次性发放其2013—2015年各年度预配额。纳入配额管理的单位按照行业基准法取得预配额的，登记管理机构根据主管部门的通知，于每年3月15日前将有关预配额的调整事项通知纳入配额管理单位，并于3月31日前对预配额和调整后配额的差额部分予以收回或补足。根据《上海市 2016 年碳排放配额分配方案》，2016 年碳排放配额分配采取行业基准法、历史强度法和历史排放法，对于采取历史强度法分配配额的企业，历史强度基数一般取企业各类产品 2013—2015 年碳排放强度（单位产量碳排放）的加权平均值；对于采用历史排放法分配配额的企业，历史排放基数一般取 2013—2015 年碳排放量的平均值。此后，2017—2019 年的配额分配方案与 2016 年的配额分配方案相似，仅基准年的选取向后滚动一年。2020 年 6 月发布的《上海市 2019 年碳排放配额分配和管理方案》对电网和供热行业配额计算的相关参数进行了轻微调整。

3. 北京

根据《北京市重点碳排放单位配额核定方法》，水泥、石化、其他服务业、其他行业（电力供应、水的生产和供应及其他发电行业除外）适用基于历史排放总量的配额核定方法，既有设施排放配额为企业 2016—2018 年碳排放总量均值乘以控排系数。热力生产和供应行业，其他行业中电力供应、水的生产和供应及其他发电行业适用基于历史排放强度的配额核定方法，基准年为 2016—2018 年。控排系数根据全市"十三五"地区生产总值平均增速目标、各相关行业碳强度下降目标、各行业碳排放历史平均水平和年均增幅设置。交通运输业采取历史总量与历史强度相结合的配额核定方法。火力发电行业、企业新增设施碳排放配额核定方法为行业基准法，按所属行业碳排放强度先进值进行核定。

4. 广东

广东每一年度颁布一次本年度的配额分配实施方案，并对配额核定的部分方法进行调整。广东纳入碳排放管理和交易范围的初始行业是电力、钢铁、石化和水泥四个行业，以生产流程、机组或产品为核算对象，主要采用行业基准法和历史排放法，并且针对控排企业的配额设置年度下降系数。广东的基准年是动态调整的，为配额年度前 3 年。电力行业的燃煤热电联产机组 2013—2014 年采用历史排放法，从 2015 年起改为行业基准法。从 2014 年起，行业基准法将配额分为预发配额和核定配额，预发配额的依据由历史平均碳排放量改为前一年度的实际产量，再按当年生产情况对产量进行修正后核定最终的配额，并对预发配额进行多退少补。2016—2017 年增加了造纸和民航两个行业。

5. 天津

根据《天津市生态环境局关于我市碳排放权交易试点纳入企业 2019 年度配额安排的通知》，天津碳排放权交易市场将企业年度碳排放配额分为基本配额、调整配额两部分。基本配额、调整配额属于既有产能配额，当新的生产设施造成排放重大变化时，企业可申请配额调整，符合配额调整条件且通过第三方核查的纳入企业可获得调整配额。天津配额分配完全免费，电力热力行业（含发电、热电联产、供热、供电企业）、建材行业、造纸行业企业采用历史强度法分配，其他企业采用历史排放法分配（2019 年度基准年为 2018 年）。此外，对于因启用新增生产设施产生排放的纳入企业，该部分碳排放量不计入当年的履约排放量，也不再发放新增设施配额。

6. 湖北

自碳交易市场启动以来，湖北每年都会出台配额分配方案，主要配额核定方法有历史排放法和行业基准法，但在基准年的选取和核定方法覆盖行业方面略有区别。2014 年，除电力行业之外的工业企业都采用历史排放法，电力行业采用历史排放法和基准法相结合的方法；2015 年，水泥、电力、热力及热电联产行业采用行业基准法，其他行业采用历史排放法；2016 年，水泥、电力及热电联产行业采用行业基准法，玻璃及其他建材、陶瓷制造行业采用历史强度法，其他行业采用历史排放法。2017 年分配方法与 2016 年相同。《湖北省 2018 年配额分配方案》与之前相比，将热力及热电联产行业由原先的行业基准法改为历史强度法，并对历史排放法的具体计算公式进行进一步完善；2019 年方法与 2018 年一致，并明确新增的水生产和供应行业企业采用历史强度法。

7. 重庆

重庆的配额申报法是中国试点中最特殊的设计。简言之，重庆不预先分配配额给企业，而是等到一年结束之后让企业自行申报自己所需的配额，只要确保申报总量不超过年度配额总量控制上限，则按申报量分配配额；且企业只要最终的排放量不超过申报量的 8%，就不对配额进行调整。重庆的配额总量控制上限设置非常宽松，试点期间总排放量很难超过年度配额总量控制上限。因此，在这种分配方法下，企业只要按照实际需求进行申报就能获得足够满足履约的配额量。

8. 福建

福建 2016 年重点排放单位配额免费分配，采用基准法、历史强度法、历史总量法等计算方法。其中，发电、水泥、电解铝、平板玻璃等行业重点排放单位采用基准法分配配额，电网、铜冶炼、钢铁、化工、原油加工、乙烯、纸浆制造、机制纸和纸板、航空旅客运输、航空货物运输、机场、建筑陶瓷等行业重点排放单位采用历史强度法，日用陶瓷及卫生陶瓷等行业重点排放单位采用历史总量法。2016 年度的配额于 2016 年 12 月发放初始配额，2017 年 5 月发放调整配额。

四、中国区域性碳交易试点的抵消机制

在目前的碳排放权交易体系设计中，通常引入抵消机制，即允许企业购买项目级的减排信用来抵扣其排放量。引入抵消机制的目的，一是降低排放企业的履约成本，二是促进未纳入碳排放权交易体系范围内的企业通过减排项目实现碳减排，相当于通

过市场手段为能够产生减排量的项目提供补贴。各试点的抵消机制设计如表 6.19 所示。可以看出，各试点都有项目类型、地域、时间等各种形式的限制。

表 6.19   国内碳排放权交易试点抵消机制设计具体内容

区域性试点	信用类型	限制比例	项目类型限制	地域限制	时间限制	清缴要求
深圳	CCER	不超过年度排放量的10%	CCER 主要产生于现存或计划中的可再生能源及新能源项目、清洁交通项目、海洋碳汇项目、林业碳汇项目、农业减排项目	无	无	未作特殊规定（履约截止时间为 6 月 30 日）
上海	CCER	不超过该年度分配配额量的5%	无	无	2013 年 1 月 1 日后实际产生的减排量	6 月 15 日前提交清缴申请及相关材料（履约截止时间为 6 月 30 日）
北京	CCER、节能项目碳减排量、林业碳汇项目碳减排量	不超过当年核发配额量的5%	CCER 项目：氢氟碳化物、全氟碳化物、氧化亚氮、六氟化硫气体项目及水电项目除外	CCER：京外CCER不得超过企业当年核发配额量的2.5%[①]	CCER：2013 年 1 月 1 日后实际产生的减排量	提交抵消申请及相关材料，主管部门在 5 个工作日内完成审核（履约截止时间为 6 月 15 日）
			节能项目：暂不考虑外购热力相关的节能项目；未完成国家、本市或所在区县上年度的节能目标的单位实施的节能项目除外	节能项目：来自北京市辖区内	节能项目：2013 年 1 月 1 日后签订合同的合同能源管理项目或 2013 年 1 月 1 日后启动实施的节能技改项目	同配额

---

① 优先使用来自河北省、天津市等与北京市签署应对气候变化、生态建设、大气污染治理等相关合作协议地区的 CCER。

续表

区域性 试点	信用类型	限制比例	项目类型限制	地域限制	时间限制	清缴要求
北京	CCER、节能项目碳减排量、林业碳汇项目碳减排量	不超过当年核发配额量的5%	—	碳汇项目：来自北京市辖区内	碳汇项目：碳汇造林项目用地为2005年2月16日以来的无林地；森林经营碳汇项目于2005年2月16日之后开始实施	同配额
广东	CCER	不超过年度排放量的10%	二氧化碳、甲烷减排项目（二氧化碳、甲烷占项目减排量的50%以上）；水电项目以及煤、油和天然气（不含煤层气）等化石能源的发电、供热和余能（含余热、余压、余气）利用项目除外	70%以上的CCER来自广东省省内项目	pre-CDM项目除外	6月10日前提交抵消申请及相关证明材料（履约截止时间为6月20日）
天津	CCER	不超过年度排放量的10%	pre-CDM项目和水电项目除外	无	无	未作特殊规定（履约截止时间为5月31日）
湖北	CCER〔其中，已备案减排量100%可用于抵消；未备案减排量按不高于项目有效计入期（2013年1月1日至2015年5月31日）内减排量60%的比例用于抵消〕	不超过年度初始配额的10%	非大、中型水电类项目〔（单个）水库总库容大于等于0.1亿立方米，装机容量大于等于50MW的项目〕产生，即仅包括小型水电项目	长江中游城市群（湖北）区域的国家扶贫开发工作重点县	无	须在湖北登记系统登记（由项目业主提交申请、主管部门审核登记、抵消后由项目业主在国家登记系统注销）

续表

区域性试点	信用类型	限制比例	项目类型限制	地域限制	时间限制	清缴要求
重庆	CCER	不超过审定排放量的8%	非水电项目〔具体包括：（1）节约能源和提高能效；（2）清洁能源和非水可再生能源；（3）碳汇；（4）能源活动、工业生产过程、农业、废弃物处理等领域减排〕	无	减排项目应当于2010年12月31日后投入运行（碳汇项目不受此限）	未作特殊规定（履约截止时间为6月20日）
福建	CCER、FFCER	不得高于当年经确认的排放量的10%，其中重点排放单位用于抵消的林业碳汇项目减排量不得超过当年经确认的10%，重点排放单位用于抵消的其他类型项目减排量不得超过当年经确认排放量的5%	CCER项目：二氧化碳、甲烷气体项目及水电项目除外	FFCER仅在本省行政区内产生	FFCER项目应在2005年2月16日之后开工建设	福建省林业厅受理申请材料后，在网站公示5个工作日，并在30个工作日内会同省碳交办，组织专家对申请材料进行评审

（一）政策文件

大部分试点有关抵消机制的规定都体现在作为纲领性文件的管理办法中，只有北京颁布了单独的抵消机制管理办法，上海和湖北则对抵消机制的使用出台了相关通知。各试点抵消机制相关政策文件见表6.20。

表 6.20　　　　　　　　国内碳排放权交易试点抵消机制相关政策文件

区域性试点	政策文件
深圳	《深圳市碳排放权交易管理暂行办法》 《深圳碳排放权交易市场抵消信用管理规定（暂行）》
上海	《上海市 2013—2015 年碳排放配额分配和管理方案》 《关于本市碳排放交易试点期间有关抵消机制使用规定的通知》 《关于本市碳排放交易试点期间进一步规范使用有关抵消机制使用规定的通知》
北京	《北京市碳排放权抵消管理办法（试行）》
广东	《广东省碳排放管理试行办法》 《广东省发展改革委关于碳排放配额管理的实施细则》
天津	《天津市碳排放权交易管理暂行办法》 《天津市发展改革委关于天津市碳排放权交易试点利用抵消机制有关事项的通知》
湖北	《湖北省发展改革委关于 2017 年湖北省碳排放权抵消机制有关事项的通知》 《湖北省生态环境厅关于 2018 年湖北省碳排放权抵消机制有关事项的通知》
重庆	《重庆市碳排放配额管理细则（试行）》
福建	《福建省碳排放权抵消管理办法（试行）》

（二）抵消指标类型限制

各试点均引入中国本土的核证自愿减排量（CCER），即允许控排单位在完成配额清缴义务的过程中，使用一定数量的 CCER 抵扣其部分排放量。北京除了 CCER 外另有创新，设计了节能项目碳减排量和碳汇项目碳减排量两个本地的减排信用。其中，节能项目允许非北京市控排企业对其节能技改项目、合同能源管理项目或清洁生产项目产生的节能量对应的碳减排量进行开发，这种创新设计为节能量交易、合同能源管理、碳排放权交易等节能减排市场机制之间的联系创造了新思路；碳汇项目减排量则是利用 CCER 碳汇项目机制，即允许未经 CCER 备案的本地碳汇项目预签发 60% 进入北京碳排放权交易市场，允许其之后再进行追加备案。

（三）使用比例限制

使用比例方面，从 5% 到 10% 不等。北京和上海的 5% 最为严格，其次是重庆的 8%，其他试点为 10%。另外，使用比例的基数各地也有所不同，主要有排放量和配额量两大类，配额量还分为初始配额和核发总配额两种。

（四）项目类型限制

各试点均对各项目类型有限制。北京、广东、重庆、湖北、天津和福建试点均不允许使用水电项目，其中湖北只限制小型水电项目。北京禁止工业气体（氢氟碳化物、全氟碳化物、二氧化氮、六氟化硫）项目；与之相对应，广东要求只能使用二氧化碳、甲烷占项目减排量 50% 以上的项目。另外，广东还限制除煤层气外的化石能源的发电、供热和余能利用项目。

（五）项目区域限制

北京、湖北、广东、天津和福建有本地化要求。湖北本地化要求最高，最初要求100%本地，后增添了长江中游城市群（湖北）区域的国家扶贫开发工作重点县。广东的本地化要求为70%以上。北京的本地化要求为50%，其中，与北京市开展跨区域合作的河北省承德市的项目当作北京本地项目认定，不仅CCER项目优先，而且可出售碳汇项目和节能项目。2015年第一季度在北京碳排放权交易市场上交易数万吨的碳汇项目即来自承德。

（六）项目时间限制

项目或减排量时间方面，北京、上海、广东、重庆和福建有限制。北京和上海对减排量时间有要求，必须是2013年1月1日后产生的。由于国家登记系统无法识别每单位减排量对应的时间信息——每批次减排量签发只有起止时间的信息项；这个规则在执行上需要解决在限制时间前后跨期签发的减排量能否使用的问题。针对该问题，上海在2015年4月特地发通知明确规定跨期项目不能使用，即所有核证减排量均应产生于2013年1月1日后[①]；北京很可能也如此执行。重庆对项目时间有限制，项目必须是2011年后投运的。广东尽管没有明确时间限制，但由于禁止pre-CDM项目（即申请签发CDM项目注册之前减排量的CCER项目）的使用，实际上杜绝了绝大部分早期项目，形同时间限制。

第三节　中国区域性碳交易试点的市场特征与效果

一、中国区域性碳交易试点价格形成机制

价格机制是影响碳交易市场功能发挥的核心机制，完善的价格机制是保证碳交易市场稳定发展的重要条件。碳排放权交易的推出，必须保证碳交易市场的总体价格稳定，防范碳价格剧烈波动带来的市场风险。欧盟碳排放权交易体系在运作过程中就遭遇到碳排放权价格剧烈波动的风险。碳排放权价格的波动不仅给碳交易的投资者带来重大损失，而且给碳基金以及碳排放权使用企业的生产经营带来负面影响，不利于经济和社会的稳定。因此，研究碳排放权价格的形成机制，设计稳定碳排放权价格的调控机制以及配套政策，是我国区域性碳交易试点发展的重要一环。

（一）我国碳排放权交易价格形成机制

图6.1为以碳政策设定为起点的中国碳价形成机制。目前国际现行的碳政策主

---

① 上海市发展改革委《关于本市碳排放交易试点期间进一步规范使用抵消机制有关规定的通知》，2015年4月21日。

要包括碳总量交易机制、碳抵消机制、碳税机制及碳金融机制。欧盟、美国加利福尼亚州、韩国、新西兰碳市场以及中国八个碳交易试点等均采用碳总量交易机制。碳抵消机制包括 CCER 及林业碳汇抵消两个方面，一般采用期货交易。碳税机制是碳政策中的另一种高效手段，目前在欧洲国家应用最为广泛，能够在一定程度上降低市场失灵造成的效率损失，优化资源配置。碳金融机制是预防碳价过度变动对控排企业造成风险的一种定价政策，如采用碳期货、碳期权、碳基金等。

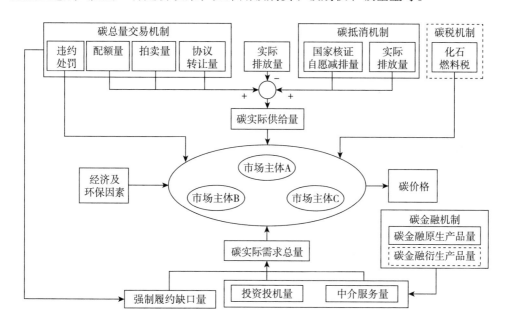

图 6.1　中国碳价形成机制

（资料来源：吴慧娟，张智光 . 中国碳市场价格特征及其成因分析：
高低性、均衡性与稳定性［J］. 世界林业研究，2021，34（3）：123 – 128）

中国碳试点中的碳价主要采取总量交易机制以及少量（比例低于10%）的碳抵消机制。在总量交易机制下，首先确定市场配额总量，当主管部门确定碳市场配额总量及年度减排目标后，配额分配规则将在较大程度上决定配额初始价格和行业配额缺口。在免费配额分配下，控排单位不承担获取初始配额的成本，配额价格主要由二级市场的供需关系决定；碳排放权经一级市场产生后，进入二级市场，碳排放权便在履约企业之间根据供需关系交易形成碳排放权交易价格。运行碳排放权交易的二级市场称为碳交易市场。在引入有偿配额分配后，控排单位通过拍卖等一级市场交易形成的价格也将对二级市场定价产生影响。

其次，控排单位获取的配额进入二级市场形成交易价格。控排单位等市场参与者在配额价值评估、用途等方面认知不同，在市场信息掌握、分析能力等方面也存在差异，使得不同市场参与者价格预期有差别，促使其发现潜在的交易对手、达成符合双方意愿的交易。同时，各碳市场参与者之间的互动、交易等行为也对其他参与者下一步交易选择产生影响，不断调整其对市场实际情况的判断，推动碳市场不断趋于均衡状态，形成相对有效的配额价格。此外，配额面临着 CCER 等具有较高同质性商品的竞争，CCER 的市场准入量及交易成本将对配额市场定价产生一定的影响。

最后，碳市场的配额价格还将受到政策等市场外因素的影响。政府"有形的手"往往具有行政强制性，在决策过程透明度相对较低的情况下，市场难以对政策调整方向形成准确预期，若政策调整力度较大，抗风险能力差的参与者可能承受严重亏损。为降低政策风险的影响，碳市场参与者可能选择更为谨慎的交易策略，不会主动寻求交易，进而影响市场流动性与均衡价格。在政策变动明确后，碳市场参与者会根据新的政策框架调整碳资产配置与配额价格预期，并尽快达到新的市场均衡。

目前，碳税机制在中国尚未采用。它通过向市场内控排主体征收一定比例的燃料税促使企业减少化石燃料使用，转向通过技术革新提高单位能耗产能或直接使用清洁能源来减少碳排放。众多研究表明，碳税机制与碳总量交易机制相结合产生的效率远高于仅采用单一机制。除此之外，利用碳金融产品价格预见功能的碳价形成机制在我国也并未充分利用，特别是碳衍生产品的开发应用更是寥寥无几。

（二）碳交易价格的影响因素

商品交易价格受到多种因素影响，如政府干预、市场环境、供求关系等。古典经济学中的价格市场理论认为，商品价格由供求关系决定，并围绕商品自身价值上下浮动。碳排放权在出现之初作为一种公共资源，与其他普通商品不同，它由政府部门根据履约企业的排放情况分配。虽然以二氧化碳为代表的温室气体不是商品，本身不具有价值，但其受到政府部门规定的限制，使碳排放权成为一种稀缺的商品，不但具有排他性，而且可以在市场上进行交易，形成供给与需求，进而产生了碳价格。碳排放权的供给方通过让渡碳排放配额获取一定的经济补偿，需求方通过支付费用以获取相应的碳排放配额，维持正常的生产经营活动，这样碳排放权便具备了交换价值。碳价格体现了供求双方对碳排放权的价值判断，也从侧面反映了企业和社会的碳减排成本，是碳交易市场中的关键因素。从经济学原理的角度分析，影响碳交易价格的主要因素包括企业碳减排的边际成本、供求双方市场力量的变化以及政府管制。影响市场交易者对碳排放权的需求因素主要包括能源价格、经济发展水平、传统金融市场、宏观政策、天气因素和减排技术；供给侧驱动因素包括配额总量、总量切分、配额分配方式以及配额调整等；市场制度因素是指对碳价产生影响的相关制度因素，如交易制度、惩罚制度、抵消制度等。

1. 碳减排的边际成本

企业碳减排的边际成本是由企业的减排技术内生决定的，与企业生产产品时采用的设备、工艺和能源结构有关。在确定的减排目标下，企业碳减排的边际成本会随着减排技术的提高而不断降低，在图 6.2 中表现为向下倾斜的直线。在理想状态下，碳交易机制可以驱动资源在企业之间进行优化配置，通过碳交易价格的指引，高减排成本的企业从低减排成本的企业处购买碳排放权，直至碳交易价格与社会平均成本相同。从另一角度讲，碳交易价格就是市场对社会平均成本的反映，碳价格曲线与社会平均成本曲线重合。此外，碳交易价格会随着减排技术的提高而降低，但其变化幅度与企业的减排成本相比较为平缓。

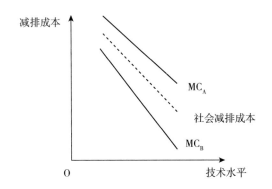

图 6.2　企业碳减排成本与社会碳减排成本

（资料来源：张青阳. 中国碳市场价格变动研究［D］. 广东省社会科学院，2016）

2. 供求关系变化

碳排放权是在市场上进行交易的一种商品，碳价格的变动趋势适用于经典的供给与需求理论：当其他条件保持不变时，随着碳排放权供给的增加，碳交易价格会逐渐下降；随着碳排放权需求的增加，碳交易价格会不断上升。变化情况如图 6.3 所示。

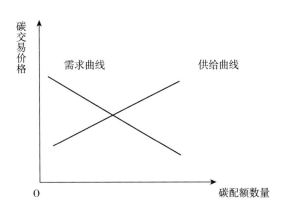

图 6.3　碳交易价格与供求关系

（资料来源：张青阳. 中国碳市场价格变动研究［D］. 广东省社会科学院，2016）

从需求侧看，碳排放权需求指的是由于生产活动产生的对碳排放配额的需求。工业、电力等行业是高耗能部门，将导致大量温室气体排放，因此应将工业、电力、交通、建筑等纳入的重点控排企业[①]。研究碳排放权的需求，需要从影响碳排放权的需求方的因素入手，强制性减排企业的二氧化碳实际排放量是决定该企业是否需要从碳市场购买碳排放权配额的最重要因素。二氧化碳的实际排放量由以下几个因素决定：第一，经济因素。社会经济的发展速度决定了生产部门的耗能需求。经济高速发展将会带来生产部门的高耗能活动，促使能源消耗的上涨，社会的碳排放激增。而当一国经济下行时，经济萧条带来大规模的生产减少甚至停产，使得高耗能企业的碳排放大幅减少。第二，能源因素。以煤炭、石油、天然气等为代表的化石能源的消耗是产生二氧化碳的主要原因。能源价格的因素会影响能源的使用量，进而影响二氧化碳的排放量。当新能源的价格更具优势时，耗能企业将转向清洁能源，从而降低二氧化碳排放，反之，则会更多使用传统能源，大幅增大碳排放量。第三，政策因素。碳市场的总量计划与分配计划由政府决策机构制定。同时，政府部门需要发布和实施相关政策、措施，具体而言，需要对碳市场中的交易标的、交易主体、交易规则等设立标准。在碳市场探索初期，政策因素是影响碳排放的重要因素。需求侧驱动因素对碳排放权价格的作用机理为：需求侧驱动因素—碳排放权需求—交易行为—交易价格。各因素影响过程如图 6.4 所示。

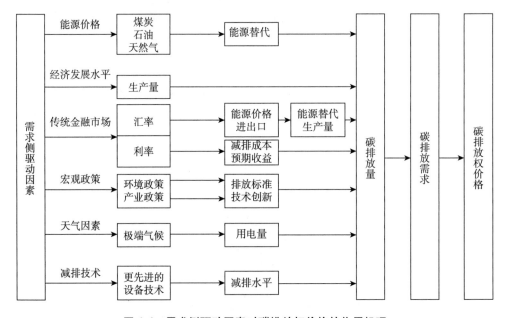

图 6.4　需求侧驱动因素对碳排放权价格的作用机理

（资料来源：路京京. 中国碳排放权交易价格的驱动因素与管理制度研究［D］. 吉林大学，2019）

---

① 陆敏，苍玉权. 国际碳价波动与中国能源价格相关性研究［J］. 价格理论与实践，2018（5）：39 – 42.

（1）能源价格。能源价格是碳排放权价格的重要驱动因素之一。企业的能源消费主要为煤炭、石油和天然气，随着能源相对价格的变动，企业可在不同的能源间进行转换，即存在能源替代效应。单位煤炭、石油和天然气的碳排放量依次降低，燃烧一单位煤炭的排放量是燃烧一单位天然气的两倍，因此，煤炭属于高碳能源，石油和天然气属于较清洁能源。假设企业的碳排放权供给和其他影响因素均不变，当煤炭的相对价格上涨时，企业为降低成本会降低煤炭的消费量、增加清洁能源的使用量，此时企业的碳排放量降低，对碳排放权的需求降低，导致碳排放权价格下跌；如果天然气的相对价格上涨，那么企业将更倾向于使用煤炭作为生产燃料，由于煤炭的单位排放量较高，企业的碳排放量会增加，对碳排放权的需求继而增大，使得碳排放权价格上涨。然而，对于非能源密集型的企业如服务业而言，能源相对价格对其碳排放的影响会减弱。一方面，总体化石能源价格上涨导致的能源节约效应将导致能源总体需求降低，进而导致碳排放权需求的减少；另一方面，低碳与高碳能源价格相对变动导致的能源替代效应将导致碳排放权需求的变动，当低碳能源（如天然气）价格相对高碳能源（如煤炭）价格上涨时，高碳能源需求上涨，进而导致碳排放权的需求增加和碳价格上涨；反之，碳价格将下降。

（2）经济发展水平。碳排放权价格与宏观经济的发展水平密切相关，经济增长是影响碳价的长期因素。对一般工业企业来说，当经济迅速增长时，企业为适应市场必然增大其生产量，进而使得碳排放权需求增加、碳价上涨；反之，当经济萧条时，企业选择降低生产量甚至关停生产线，其排放量降低，对碳排放权需求降低甚至降为零，导致碳价下跌。与能源价格的影响类似，经济增长对非能源密集型的企业影响也较弱。

（3）传统金融市场。如果将金融市场看成一个整体，其各部分的资产必然存在着一定的相关关系，一个市场的价格波动会传导至其他金融市场，这就是金融市场间的波动溢出效应。波动溢出效应的思想最早由 Ross 在 1989 年提出，金融市场的溢出效应可能存在于国家和地区间，也可能存在于同一地区不同金融资产之间。碳金融产品具备金融资产属性，因此，理论上会受到传统金融市场的冲击影响。与其他市场类似，碳排放权价格的变动还受到投机力量的影响，而这会进一步加剧碳市场的波动。

（4）宏观政策。国家的环境政策对碳排放权价格存在一定的影响，比如国家颁布了更加严格的环保标准，企业现有的排放量无法达标，在短期内无法改进设备、升级减排技术，其必须从碳市场购买一定的排放权，这将推动碳价的上涨。此外，产业政策也在一定程度上影响碳排放权价格，如果国家对某一产业进行结构调整，迫使企业改良生产设备、加强技术创新，则会有效提升企业的减排能力，使得排放需求降低，但技术升级耗时较长，因此产业政策对碳交易的影响需经历长期的过程。

（5）天气因素。极端气候、极端温度等天气因素主要是通过能源渠道作用于碳排放权价格，如夏季的极端高温（冬季的异常寒冷）会使得制冷（制热）设备的使用量增加，增加电力负担，进而产生更多的用电需求和排放需求，导致碳价上涨。

（6）减排技术。碳价格还受到替代能源技术发展状况的影响。绿色新能源技术的迅速发展会减少对化石能源技术的依赖，进而导致碳排放权需求的减少及碳价格降低。减排技术直接影响企业的碳排放量。假设企业的生产量与排放量之间存在函数关系，当减排技术提升时，生产单位产品的碳排放量减少，企业的碳排放权需求降低，碳价下降。

从现实交易情况来看，近些年国际碳交易市场上碳排放权价格的不断上涨，可能与政府不断调高碳减排目标有关。随着提升生态环境质量的诉求不断增加，政府设置温室气体排放的限制越来越多，这减少了市场上碳排放权的供给，加剧了碳排放权的稀缺程度，从而推动碳交易价格上涨。

从供给侧看，供给侧驱动因素是通过影响碳配额的供给进而对碳排放权价格产生影响的因素，主要包括配额总量、总量切分、配额分配以及配额调整等。碳市场是政府建立并主导运行的特殊金融市场，市场中的配额供给方为政府，因此，政府的配额管理制度将显著影响碳排放权价格。在地区控排企业数量一定的情况下，地区配额总量的设定将从根本上影响碳排放权价格，总量设定较高时，市场配额的供给较为充裕，碳价水平较低；总量设定较低时，市场配额的供给紧缩，碳价水平将走高。当地区配额总量一定时，配额的分配和管理将成为碳价的主要影响因素，如分配方式、免费配额和拍卖配额的比例等因素都将影响碳排放权价格。

影响碳排放权的供给方的因素主要有两个：第一，政府预测。当政府预测高于排放单位实际排放量时，导致供过于求，碳排放权供给过剩；反之，政府预测低于排放单位实际排放量时，排放单位排放量无法得到满足，碳排放权供给不足，碳排放权价格在二级市场上涨。第二，能源利用效率。随着技术发展的进步，能源利用效率低的履约企业将加大技术研发和引进力度，进而增加能源的利用效率，促使企业向碳市场提供多余碳排放权配额，降低碳价。

碳市场是一个以国际减排协议或国家相关减排法规为基础建立起来的市场，其产品的稀缺性是通过设立碳减排目标人为创造的。因此减排政策法规的调整、减排目标的设置及调整、配额分配方案的改变都将对碳市场的配额供给产生直接影响，进而导致碳价格的波动。另外，国家对碳减排成本信息掌握不完全会导致期初碳配额供给过量或不足。从静态角度看，这将导致某一时间点均衡碳价格的巨大不确定性；从动态角度看，随着时间的推移，减排成本真实信息会逐步释放，若在新的阶段参与者认识到减排成本并不如期初认为的那样高（低），虽然此时配额供给不变，但这时碳价格仍会大幅降低（提高）。因此，事前与事后对减排成本信息认识的不同将直接导致碳价格在不同阶段的差异，即碳价格的波动，而碳市场建立之初（如欧盟碳排放权交易体系第一阶段）往往伴随着碳价格的大幅波动。图 6.5 从碳市场的供需关系角度分析碳价的形成。

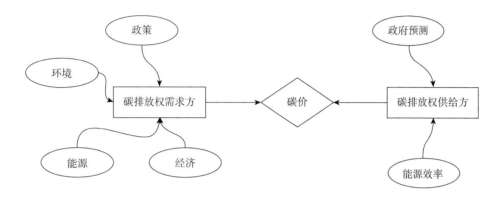

图 6.5　碳排放权价格的形成

（资料来源：夏雪．我国碳排放权交易价格与原油期货价格的动态相关性实证研究［D］．

重庆工商大学，2021）

（1）政府管制。碳排放权作为一种特殊的商品，是在世界各国应对全球气候变暖的进程中产生的，受法律和相关框架的约束和保障，并不是企业和厂商自发的主动需求，因此，政府部门管制在碳交易市场上的影响和意义远远大于其他商品市场。

总体来说，政府管制对碳交易价格的影响有三个方面。第一，由于碳交易市场的建立基于政府的法律和政策，政府对碳交易市场体系的维护和保障至关重要，碳交易价格与政府对违规者的惩罚力度直接相关。如果政府的管制政策执行力度不够，不能对未达成碳减排的企业进行惩罚，或者惩罚力度不足以对其产生震慑影响，则不但会使未达标企业逃脱惩罚，还会造成其他企业模仿，引发市场体系的崩溃，导致碳交易价格直线下降；如果政府严格执行对碳交易市场的管制，则碳交易价格会稳定在反映社会碳减排成本的正常水平。第二，政府可以通过对配额总量的控制来影响碳交易价格。作为碳配额的发放者，政府在碳交易市场体系中扮演着最终供给者的角色，可以根据管制的宽严程度，通过碳配额总量改变碳交易市场的供求关系，以影响碳交易价格。第三，政府可以对碳交易价格设置最高价格和最低价格。为了防止碳交易价格剧烈波动对市场产生不利的影响，政府有时会对碳交易价格进行调控，设置价格的上下限。此外，相关的市场制度，如交易制度，惩罚制度，抵消机制，储存与借贷制度以及监测、报告与核查制度等都会对碳排放权价格产生影响。

（2）突发事件的影响。上述因素对碳排放权价格的影响一般为短期冲击或长期的滞后影响，而突发事件对碳价的影响往往是瞬时冲击，在极短时间内造成碳价剧烈波动，然后随着时间的推移影响逐渐减弱。影响碳排放权价格的突发性事件主要有三类：一是重要信息发布，如市场配额供给信息的公布、分配方式的改变以及减排目标的变化等。根据研究[1]，欧盟碳排放权交易体系中的两次价格大幅波动均与各国政府有关配额供给信息的公布存在密切关联，第一次是配额的过度发放，第二次是政府发布未来将降低配额发放的信息。二是利用市场制度缺陷进行的负面操作，如碳交易中的旋木诈骗、排放权剽窃等行为，这类事件会对碳交易产生消极影响，严重时会扰乱价格运行机制，影响交易者的预期和情绪，威胁碳交易体系的稳定性和有效性。三是经济危机的影响。2007 年美国次贷危机后，国际金融危机开始蔓延，受此影响，2008 年 7 月欧盟碳排放权价格大幅下跌，直到 2011 年危机的影响逐渐消退，价格才开始缓慢上升。

碳排放权交易作为一种市场机制，其价格是判断碳排放权交易有效性的重要标志，碳价越稳定越能促进企业进行长期的碳排放权交易，形成成熟的交易市场和稳定的运行环境，实现碳排放权交易市场的稳定发展。在碳市场的交易初期，政府会设置价格的下限，宏观调控碳交易市场使得碳价保持相对稳定，以支撑碳市场稳健运行。在碳市场的形成初期，影响碳交易价格的因素过多，有必要进行碳价调控。虽然政策因素会淡化市场机制的作用，但碳交易的目的就是让政府以较低成本实现减排、倒逼产业能源消费改革。在碳交易市场运行初期，碳价波动起伏较大且无规律，这表明在受到外界的冲击之后，市场作用无法调控价格走势，导致碳价产生大幅波动，碳交易市场不能发挥控制碳排放量的作用。因此，对碳交易市场的价格进行调控需要分析能够影响碳价变化的各类冲击。价格调控机制可以从经济、能源、政治三个方面对我国碳价进行调控，经济因素多指市场环境的改变以及市场经济的趋势；能源和政治方面可以由政府出面进行调控，这是我国进行碳交易市场价格调控的主要手段。

二、中国区域性碳交易试点价格特征及成因分析

（一）中国碳市场价格特征：高低性、均衡性与稳定性

中国碳市场价格呈现总体偏低、均衡性差、稳定性弱的特征。剖析中国碳价形成机制可以发现，碳政策缺失或过于宽松、林业碳汇抵消占比过低、经济过度依赖高能耗产业及环保投入不足等是形成目前碳价特征的关键原因。

1. 全球横向比较：中国碳价总体水平偏低

根据价格理论，在完全竞争的市场中，碳价应等于边际减排成本。根据中国碳排放网公布的数据，2018 年中国碳减排成本为每吨 300 元左右，而八个试点的碳均

---

① Alberola E, Chevallier J, Chèze B. Price Drivers and Structural Breaks in European Carbon Prices 2005—2007 [J]. Energy Policy, 2008, 36 (2): 787 – 797.

价仅为 4.38 美元/吨，最高的北京市场也不过 9 美元/吨。不仅如此，中国碳价也显著低于国际水平。根据世界银行公布的 2018 年 4 月挂牌碳价数据，瑞典市场碳价最高，达 139 美元/吨；中国市场碳价最低，中国市场碳均价不及瑞典市场的 1/10，价格过低对化石能源消费起不到约束作用，使得进行碳减排的企业没有动力进行技术革新、产业转型来实现绿色高效生产。

2. 国内横向比较：中国碳价空间均衡性较差

中国碳交易价格还存在均衡性差的问题，即区域差异显著。从 2013—2020 年八个试点的碳交易价格变动趋势可见，各试点碳价差距较大：北京最高，每吨均价不到 60 元，最高时超过 100 元/吨；重庆最低，2017 年每吨平均不到 5 元。北京、上海、深圳碳市场价格基本处于较高水平，其中北京市场常年遥遥领先于其他市场，其他两个市场则出现过一段时间的碳价低迷期。湖北市场碳价常年处于中等水平，但累计交易量最高，市场活跃度较好。重庆、天津、广东碳市场则常年碳价低迷，交易量也较低，碳市场缺乏活力。福建碳市场第一年碳价较高，其后便降至 20 元/吨以下，处于中低水平。

3. 成交均价差异较大，波动情况不一，稳定性较弱

从理论上讲，价格的波动呈现收敛性才合理，即指随着时间推移价格的波动由较为剧烈转为在一个较为稳定的值上下或较小范围内波动。但总体来看，各试点碳市场配额成交价格存在较大差异，日成交均价波动情况不一，但大多经历了开市碳价较高—前期价格走低—后期碳价回调的过程，其中北京碳市场价格明显高于其他试点碳市场（见图 6.6）。市场启动初期深圳碳市场价格最高，2013 年 10 月曾一度

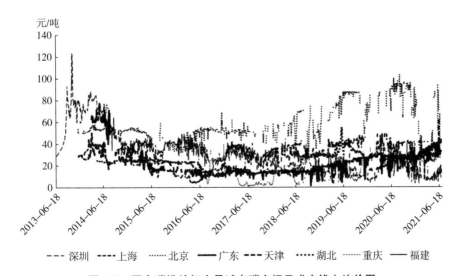

图 6.6　国内碳排放权交易试点碳市场日成交线上均价图

（资料来源：Wind 数据库）

突破 120 元/吨，随后开始走低，大部分时间在 20~40 元/吨之间波动，2019 年甚至降至 10 元/吨以下。广东、上海碳市场也分别于 2014 年、2015 年经历了碳价下行过程，上海碳市场价格在 2016 年年中甚至一度降至七个试点碳市场最低（5 元/吨以下），后逐渐回升。福建碳市场启动初期碳价相对较高，平均价格仅次于北京和上海，随后则持续走低。北京碳市场价格在 2015 年经历短暂下跌后总体呈上升态势，2020 年均价突破 90 元/吨；同期，上海碳市场均价约为 40 元/吨，福建碳市场均价不足 20 元/吨，其他五个碳市场均价多在 20~30 元/吨之间，北京与其他试点市场碳价差距进一步拉大[①]（见图 6.7）。

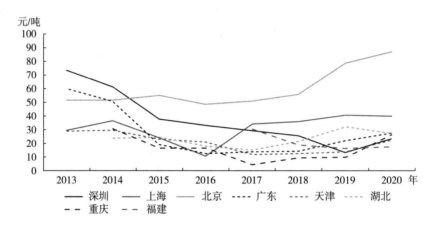

图 6.7　国内碳排放权交易试点碳市场年成交线上均价图

（资料来源：Wind 数据库）

深圳、广东和天津碳排放权交易市场历史价格波动范围较大。特别是深圳和广东碳排放权交易市场价格出现明显的下跌：广东碳价跌幅最大，开市价 60 元/吨，进入第二个履约期已经跌至 14~17 元/吨；深圳碳价 2014 年上半年持续稳定在 60~80 元/吨，2014 年下半年开始连续数月下跌，最后稳定在 40 元/吨左右。

上海、湖北和北京碳价波动相对较小，不过价格区间不同。北京是所有碳排放权交易试点中唯一碳配额价格持续稳定在 30 元/吨以上的，除了第一个履约期最后阶段冲高到 70 元/吨以上外，其他时间大多在 32~55 元/吨之间波动。上海碳价在 2015 年底波动有所加大，进入第二个履约期后价格下滑到 9.5 元/吨，成为各试点最低的成交价格，但之后价格在 40 元/吨左右（见图 6.8）。

① 孙文娟，张胜军，孙海萍. 试点碳市场发展现状及对全国碳市场的启示 [J]. 国际石油经济，2021，29（7）：1-8.

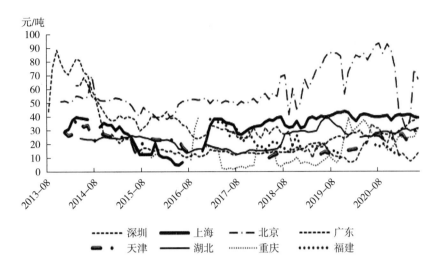

图6.8　国内碳排放权交易试点碳市场月成交线上均价图

(资料来源：Wind 数据库)

(二) 中国碳市场价格特征成因分析

1. 碳价总体水平低的成因

碳价的高低会直接影响企业碳减排的积极性，过低的碳价会严重打击企业的减排积极性。面对低碳价，企业宁愿通过购买排放权完成履约任务，也不愿主动通过技术革新来降低排放量，这不仅会阻碍国内绿色新兴技术的开发，而且会使发达国家通过项目合作以较低的成本将碳排放转嫁给中国。

相比国外碳市场，导致碳价低的关键原因是中国碳政策的缺失及力度过弱。未利用碳税政策、未结合应用碳金融衍生机制，并且总量交易机制中政策设定较为宽松、市场机制不完善、林业碳汇抵消占比不高是造成碳价低迷的重要原因。在总量交易机制中，中国对配额进行拍卖的比例远低于国际碳市场，仅约为5%，基本依靠免费分配，市场交易的积极性相对不足，加之较低的惩罚力度和纳入强制减排的最低年排放量标准（门槛水平）设定过高导致纳入的企业数量有限，使得市场交易量下滑、碳价格随之下降。在碳抵消机制中，比起国外市场，中国的林业碳汇抵消占比极低，项目审批通过率低，使得碳市场更加缺乏活力，碳价愈发难以提升。碳税机制是活跃碳市场、将碳价提高至减排成本的重要手段，碳价较高的国家都已实行碳税机制，如瑞典、瑞士、芬兰、挪威、法国等。此外，中国碳价低迷的重要原因还与碳金融机制尚未开发应用有关。实践表明，欧盟碳市场的期货价格能很好地预测及防范碳价风险，其碳价显著高于中国。

2. 碳价均衡性差的成因

作为一种特殊商品，碳排放权价格应符合"一价定律"。随着碳金融市场中各种投资工具的出现，碳价的均衡性可能会被打破，各试点的碳价差距也会引发投机套利，阻碍中国碳市场的稳定发展。各试点价格差距过大会打击企业节能减排的积极性，不符合公平原则，也容易导致地区间碳泄漏的发生。

造成中国碳价均衡性差的关键原因在于各试点交易规则差异大、经济发展水平及第二产业占比不同，各地区投机交易量的差异、各地区环保投入额的差异以及各试点环保投入及能源结构差异较大（见表 6.21）。首先，各试点交易规则设计、限价力度及抵消机制数量存在差异。纳入强制减排的最低年排放量标准（门槛水平）决定了各试点控排的覆盖范围，其差异反映了减排政策宽松度的不同。执行规则的严格程度也有所不同，重庆、天津等市场配额基本上全部无偿发放，而其他市场部分配额需要通过拍卖才能获得，且规定的比例不等。各试点对于逾期未完成减排约定企业征收的违约金也不同。试点中限定价格的标准越高、批准的抵消项目越少的地区，碳交易价格越高。其次，经济发展越是依靠第二产业的地区，其碳排放量越大，而碳排放量多少直接影响碳市场交易规模，进而影响各试点的碳价。再次，经济因素中各试点市场碳交易的投机交易量不同也会使得碳交易价格出现差异。最后，碳交易价格也与各试点地区能源结构及环保投入额有关。如果一个地区的能源结构合理，则碳排放量相对较低；若企业对环保技术的投入增多，碳排放量会降低，因此该地区的减排成本会增高，碳价会随之升高。

表 6.21 造成碳价区域差异的关键因素及影响方向

影响因素的类别	关键影响因素	理论上对碳价的影响方向
政策类	违约处罚力度	正向
	补偿额度	负向
	政府限价力度	正向
	抵消机制数量	负向
经济类	地区生产总值	正向
	第二产业占比	正向
	投机交易量	—
环保类	环保技术投入	正向
	能源结构的清洁程度	正向

资料来源：吴慧娟，张智光. 城市碳价的时空特征及其形成机理的理论模型——基于 8 个地区碳交易试点的价格数据 [J]. 现代城市研究，2021（1）：19-24.

3. 碳价稳定性弱的成因

市场机制是调控价格最有效的手段，是引导资源配置的最优方法，可以将技术落后且高碳排放的企业淘汰，促进企业的绿色技术革新及能源结构调整，最终实现生态与经济共赢。碳价格波动过大表明碳市场只有在履约期前后一段时间才会有较高的交易量和碳价的提升，说明市场机制的作用尚未得到充分发挥，还主要依靠政策机制来调控。碳价的过度波动无疑增加了控排企业的减排风险，企业通过技术换代革新带来的盈余碳排放权如果恰逢碳价降低，将不足以弥补企业的减排成本，会给企业带来巨大的资金风险，也会严重打击市场上配合减排的其他企业的积极性。

造成我国试点碳交易价格波动的关键原因有：国际条款压力及国内减排压力的高低、国际汇率波动、欧盟碳交易价格波动、经济总水平及第二产业占比波动、能源价格波动及投机交易量波动、环保技术投入额及气温波动。此外，政府干预中抵消项目CCER的波动也会造成碳交易价格的波动。首先，政策因素中国际社会的压力间接决定了我国碳减排总量。国际市场的减排要求提高会影响我国碳市场的总供给，使需求相对增加，引起碳交易价格上升。国内减排压力的变动也对碳价波动有重要影响，例如交易条款规定在年中必须完成约定减排量，因此年中的压力最大，所以碳交易价格在年中会上升。政府的干预对碳交易价格影响也很大，特别是政府批准的抵消项目量的变动，抵消项目越多，碳交易价格越低。其次，在经济因素中，国际汇率变动会影响大宗商品进口价格（如石油等能源价格），大宗商品价格变动会引起碳排放权成本的变动，从而影响碳交易价格。我国的CDM项目与欧盟合作量最多，所以我国试点碳交易价格会受到欧盟碳市场的影响，当欧盟碳交易价格增高时，会使得国外企业与投资者流入我国碳交易市场，引起国内碳排放权的需求紧张，价格从而提升。经济因素中的第二产业产值的变动直接影响碳排放量，排放量越多，碳交易价格也越高。最后，环保因素中的环保技术投入越多，企业碳排放量越少，碳交易价格越低。气温变动也会导致碳交易价格波动，一般在冬夏季节，企业的碳排放量会增多，碳交易价格会上升（见表6.22）。

表6.22　　　　　　　　　造成碳价波动的关键因素及影响方向

影响因素类别	关键影响因素	理论上对碳价的影响方向
政策类	国际条款压力	正向
	国内减排压力	正向
	抵消项目量	负向
经济类	国际汇率	正向
	欧盟碳价	正向
	第二产业占比	正向
	能源价格	负向
	投机交易量	—
环保类	环保技术投入	负向
	气温	—

资料来源：吴慧娟，张智光. 城市碳价的时空特征及其形成机理的理论模型——基于8个地区碳交易试点的价格数据［J］. 现代城市研究，2021（1）：19－24.

除上述影响因素外，碳交易机制设计（如履约规则设定）也会影响碳价稳定性，到期时间及到期是否可跨期储备是关键影响因素。履约期前后一段时间是碳价波动的高频阶段，特别是一些政策突然出台会显著影响碳交易价格。例如，2016 年 7 月 11～15 日，北京、深圳、广东、上海、天津和重庆碳市场交易冷淡，而湖北因突然公布履约期限，带动该市场交易量攀升，引发短期碳价波动。是否可跨期储备决定前一阶段剩余的碳排放权能否在后续阶段继续使用，直接影响某一阶段末剩余碳排放权是否依然有流通价值。从国内外碳市场试点的经验可知，初期碳市场的配额过剩以及不注重碳期货、碳基金等金融衍生品的开发是导致碳价波动大的关键原因。研究表明，碳期货市场的成熟有助于将碳定价权交给市场，有效对冲价格波动风险。碳期货等衍生品具有增强碳市场流动性、提高碳交易活跃度的作用，并且市场交易参与者根据远期价格走势可以有效预测碳价，提前采取规避措施，促使碳市场交易更理性、碳价更平稳。

三、中国区域性碳交易试点的减排效果

自戴尔斯提出"排污权交易"以来，碳排放权交易逐渐成为应对全球气候变暖的市场机制和关键工具[①]。于 2013 年正式启动碳交易试点。那么中国区域性碳交易试点的实施是否降低了试点省份的二氧化碳排放量？碳交易试点的碳减排机制是什么？这些问题的回答对于应对全球变暖问题，继而完成中国既定的碳减排目标具有重要的理论和现实意义。下文介绍中国区域性碳交易试点产生的直接效果，即碳交易试点对碳减排、碳强度的影响，以及碳交易试点对社会经济、企业效益、技术创新、产业结构产生的间接效果。

（一）直接效果

1. 中国区域性碳市场的碳减排机制

碳交易市场上的企业可以划分为低碳排放的技术密集型企业和高碳排放的资源密集型企业。高碳排放的资源密集型企业在生产过程中产生的二氧化碳排放如果超过政府部门分配的额度，就需要在碳交易市场上购买碳排放权。低碳排放的技术密集型企业可以将自己富余的碳排放额度在碳市场上销售，并获得额外利润，用于企业的技术研发。

如图 6.9 所示，排放权交易政策对高碳排放企业来说，主要通过企业成本压力效应、工艺革新动力效应、市场导向激励效应对碳减排产生影响，具体而言：（1）企业成本压力效应。高碳排放企业由于扩大生产规模的需要，需要在碳交易市场上购买超出碳排放配额的二氧化碳排放权。与购买之前相比，企业的生产成本增加，企业

---

① Dales J H. Land, Water, and Ownership [J]. The Canadian Journal of Economics, 1968, 1 (4): 791 - 804.

在进行成本收益分析时需要将购买碳排放权产生的费用纳入生产成本中，企业生产成本的增加给企业的市场竞争力带来了严峻挑战，在此压力下企业倾向于降低二氧化碳排放。（2）工艺革新动力效应。高碳排放企业购买碳排放权带来的生产成本增加，迫使企业增加对工艺革新的投入，企业进行工艺革新的积极性提高。高碳排放企业越是在清洁技术研发中占据优势，其在碳交易市场上节省的购买碳排放权的成本就越多，因此工艺革新成为高碳排放企业节省生产成本提升市场竞争力的重要路径之一。（3）市场导向激励效应。充分发挥市场在碳排放权配置中的决定性作用引导碳资源合理流动。此外，高碳排放企业可以以市场为导向加快淘汰高耗能、高污染、低效益的落后产能，从而降低二氧化碳排放。

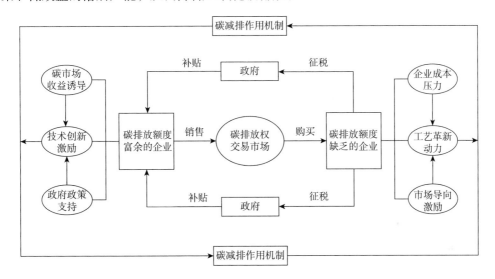

图 6.9　碳排放权交易的碳减排机制图

（资料来源：刘传明，孙喆，张瑾. 中国碳排放权交易试点的碳减排政策效应研究［J］.
中国人口・资源与环境，2019，29（11）：49–58）

　　碳排放权交易政策对低碳排放的技术密集型企业来说，主要通过市场收益诱导效应、技术创新激励效应和政府政策支持效应降低二氧化碳排放，具体而言：（1）市场收益诱导效应。技术密集型企业可以凭借先进的生产技术和清洁的生产工艺降低二氧化碳排放，并将节约的碳排放权出售给高碳排放企业获取额外利润，在市场收益的诱导下企业倾向于降低二氧化碳排放。（2）技术创新激励效应。学术界对技术创新的碳减排效应均予以肯定，研究发现技术进步能够显著降低二氧化碳排放[1]。当

　　① Goodchild A，Toy J. Delivery by Drone：An Evaluation of Unmanned Aerial Vehicle Technology in Reducing CO_2 Emissions in the Delivery Service Industry［J］. Transportation Research Part D：Transport and Environment，2018，61：58–67.

低碳排放企业转让碳排放权带来的收益高于技术创新成本时，低碳排放企业将更加注重清洁技术的研发，一旦技术研发成功并投入生产可以有效降低二氧化碳排放。（3）政府政策支持效应。政府会对低碳排放的企业进行补贴，一方面，企业在政府补贴和减税政策的激励下更加专注于技术研发；另一方面，政府补贴政策可以有效缓解企业的融资约束，增强企业用于研发的资金投入。伴随着技术的进步以及技术溢出效应的增强，试点省份的整体技术水平会显著提高，从而会降低试点地区的二氧化碳排放①。

2. 中国区域性碳市场试点的区域减排效果

截至 2019 年，碳交易市场纳入控排企业 2900 多家，累计分配碳配额 62 亿吨，市场运行平稳。试点区域将碳交易政策作为环境成本内生化的重要工具，积极实行新举措以降低重点规制行业的碳排放。从八个试点反馈的信息来看，碳排放权交易体系的实施有效降低了区域碳排放总量或强度，有力地支撑了地区碳排放强度目标的实现，且试点地区碳排放强度下降幅度明显高于全国平均水平，碳排放权交易体系纳入企业总体温室气体排放量显著下降，碳排放总量控制政策取得了一定的成效。研究表明，碳交易试点政策明显抑制了试点区域的碳排放量增长，能够有效降低重庆、湖北碳排放量，推动试点区域绿色发展。该研究客观上证明市场激励型环境规制的必要性和碳交易试点政策的正确性，为推进碳交易政策从局部到全面推广提供了理论支撑②。

相关研究显示，重庆碳排放权交易试点于 2014 年 6 月正式开市，达到较好的控制温室气体排放目标。全市纳入碳排放权交易的试点企业 2012 年基准排放总量为 1.21 亿吨，碳市场经过近两年的稳定运行，2014 年排放总量为 1.06 亿吨，下降比例为 12.4%，有效带动全市单位地区生产总值二氧化碳排放从 2012 年的 1.44 吨下降到 1.29 吨，下降比例为 10.4%，其中，2013 年排放总量为 1.17 亿吨，比 2012 年下降 3.3%，有效带动全市单位地区生产总值二氧化碳排放从 2012 年的 1.44 吨下降到 1.37 吨，下降比例为 4.86%；2014 年排放总量为 1.06 亿吨，比 2013 年下降 9.4%，有效带动全市单位地区生产总值二氧化碳排放从 2013 年的 1.37 吨下降到 1.29 吨，下降比例为 5.84%。全市碳排放权交易试点体系通过将企业减排量作为配额奖励的政策，积极鼓励企业开展减排。2013—2014 年试点企业共实施 13 个减排项目，2014 年减排 80.6 万吨，占当年减排总量的 7.3%。

截至 2017 年，湖北碳市场已运行了三个完整的履约周期，通过总量控制倒逼企

---

① 刘传明，孙喆，张瑾. 中国碳排放权交易试点的碳减排政策效应研究 [J]. 中国人口·资源与环境，2019，29（11）：49–58.

② 张彩江，李章雯，周雨. 碳排放权交易试点政策能否实现区域减排？[J/OL]. 软科学：1–12 [2021–09–27]. http://kns. cnki. net/kcms/detail/51. 1268. g3. 20210727. 0952. 002. html.

业减排，达到了预期的减排效果。2014 年湖北 138 家企业排放总量为 2.36 亿吨，同比减少 767 万吨，排放量下降 3.15%。2014 年，12 个行业中有 9 个行业均实现不同程度减排，排放总量减少 1037 万吨。其中，6 个行业排放量低于 2013 年，3 个行业排放增长率低于 2013 年，3 个行业排放增长率高于 2013 年。138 家企业中有 81 家企业实现了排放量的同比下降，排放总量减少 1662 万吨，有 26 家企业排放量虽同比上升，但增长率较 2013 年大幅下降，另有 31 家企业排放增长率高于 2013 年。

专栏 6.1

碳市场的减排作用 ●●

　　碳市场对北京减排起到多大作用？大唐国际发电股份有限公司北京高井热电厂（以下简称高井热电厂）的巨变就是一个典型案例。始建于 1959 年的高井热电厂，是我国最早按照扩大单元集中控制的原则组织生产的大型电厂。2013 年 11 月 28 日，高井热电厂积极支持北京碳市场建设，成为首笔 BEA 协议转让参与方。2014 年 7 月 23 日，高井热电厂 3 号机组正式与电网解列，在运行了 55 年之后，该厂燃煤机组全部关停，由此每年可削减燃煤 230 万吨。2018 年 4 月 23 日，在大唐碳资产有限公司的协助下，高井热电厂完成了 3 号机闭式水泵电机永磁电机的改造，年节电 20.87 万千瓦时。目前，该厂装机容量为之前的 2.3 倍，供热面积增加 700 多万平方米，厂区面积却只有原来的一半。为实现机组效率最大化，高井热电厂采用了亚洲首台单机容量大、效率高的 9FB 型燃气轮机，性能、参数、节能减排功能、优化运行水平均为国际一流。数据显示，2014 年和 2015 年，北京碳市场重点排放单位碳排放总量分别同比下降 4.5%、5.96%。北京碳市场对全市"'十二五'期间万元地区生产总值碳排放累计下降 30%"的目标发挥了重要支撑作用。"十三五"期间，北京市碳强度比 2015 年下降 23%，超额完成"十三五"规划目标，碳强度为全国省级地区最低。

专栏 6.2

湖北案例：中国的碳排放交易机制是否有效？ ●●●●●●●●●●●●●●●●●●●●●●●●●

　　从相对日均交易量的角度看，湖北碳市场是六个碳市场中日均交易量最大的，而且远远高于其他碳市场。尽管湖北省的人均地区生产总值在六个试点中排名倒数第一，但湖北碳市场逆势反超，控排企业、机构投资者和个人投资者参与热情很高，交易量异常活跃。湖北的碳金融创新业务是六个试点碳市场中做得最好的。从 2014 年 4 月 2 日开市以来，湖北碳市场为了促进市场的流动性，在碳金融及其衍生品方面进行了大量的尝试和创新。例如，2014 年 9 月 18 日湖北宜化取得兴业银行的碳配额金融信贷，标志着湖北碳金融授信创新取得重大突破。此后，湖北碳市场大量开展碳基金、碳质押贷款、碳资产托管业务和碳债券等碳金融业务。湖北碳市场开创了全国碳金融业务的很多先河，2016 年 4 月 27 日，湖北碳市场发布了全国首个碳远期产品。2016 年 11 月 18 日，湖北碳市场成功推出全国首个碳保险。总体来说，湖北碳市场碳金融业务在产品数量和融资金额上均保持全国第一位。这些碳金融业务不断拓宽企业的节能减排融资渠道，降低企业融资成本，最终达到资产管理和套利的目的，同时大大增强了湖北碳市场的流动性。

（资料来源：张玲珍. 碳交易试点市场有效性评价研究［D］. 山东师范大学，2017. ）

------

3. 中国区域性碳市场试点的企业减排效果

碳排放权交易可以通过碳配额发放限制企业碳排放，也可以通过市场交易激励企业通过减排获利。面对碳排放配额约束的减排压力，企业减排方式主要有两种：一是通过减少产量确保在给定配额内排放；二是投入减排技术，实现清洁生产，减少单位产品碳排放量。[①] 虽然从长远角度来看，激励企业进行减排技术投入才是实现减排的根本途径，但企业在采取减排措施时，最先考虑的是自身边际减排成本与单位碳价的高低，即采取成本最小、效益最大的减排方式。

电力部门是世界上最大的碳排放行业，也是碳减排政策的明显目标。有研究对碳试点下电力行业减排效果进行分析发现，虽然碳排放权交易可以降低电力企业煤炭消耗量，但这一减少是通过减少电力生产实现的[②]。然而，通过减少产量达到减排要求并不是长久之计，企业只有通过清洁生产才能实现经济与环境双赢。因此，有必要设计和完善碳排放权交易制度，引导企业减排行为，以促使企业通过节能减排技术投入实现长期减排效果[③]。

（二）间接效果

1. 中国区域性碳交易试点对社会经济的影响效果

环境保护与经济发展密切相关。目前，碳排放权交易体系是国际公认的减少碳排放的有效手段。理论上，市场力量对碳排放总量的控制可以克服初始碳排放许可分配的低效率，释放节能减排的巨大潜力，在经济增长的同时，实现环境保护和经济发展的双赢。Porter 和 Linde 认为，一个合理和严格的环境政策可以刺激"创新抵消"效应，因此不仅可以改善一个经济实体的"合规成本"，而且可以提高该实体的生产效率和竞争力[④]。这一观点正是波特假说的核心概念。那么，在实际操作中，

------

① 沈洪涛，黄楠，刘浪. 碳排放权交易的微观效果及机制研究［J］. 厦门大学学报（哲学社会科学版），2017（1）：13 - 22.

② Cao J, Ho M S, Ma R, et al. When Carbon Emission Trading Meets a Regulated Industry：Evidence from the Electricity Sector of China［J］. Journal of Public Economics, 2021, 200：104470.

③ 沈洪涛，黄楠，刘浪. 碳排放权交易的微观效果及机制研究［J］. 厦门大学学报（哲学社会科学版），2017（1）：13 - 22.

④ Porter, M. E. , Linde, C. V. D. Toward a New Conception of the Environment Competitiveness Relationship［J］. Journal of Economics. Perspectives, 1995（9）：97 - 118.

中国区域性碳交易试点能否实现经济发展和环境保护的双赢，并充分发挥波特假说的作用，仍是一个有待研究的关键问题。从 2013 年 6 月开始，深圳、上海、北京、广东、天津、湖北、重庆、福建八个省市碳排放权交易试点先后启动。到目前为止，所有试点计划的运行和发展情况良好，特别是在试点运行最成功的湖北省，日成交量较其他试点地区相对稳定，碳交易体系相对无问题。有研究发现，碳排放权交易试点政策实现波特效应是长期的而不是短期的，该政策短期内无法增加国内生产总值，然而长期内能够激发可持续的经济红利和环境红利。从长期来看，碳排放权交易试点政策具有良好的经济性和减排功能①。

2. 中国区域性碳交易试点对企业效益的促进效果

截至 2021 年，全球碳市场计划实施和正在实施中的碳交易机制为 31 个，其中最活跃、交易量最大的碳市场是欧盟碳排放权交易体系②。交易体系中的碳排放的特点是能够被限制、定价和交易。这些配额表明了减排的成本可以在企业之间进行交易，因此它们具有市场价值。减排成本低的企业会出售多余的配额，而减排成本高的企业倾向于购买配额，这会直接影响企业的盈利、投资和现金流。随着试点工作的持续推进，中国区域性碳交易试点将不可避免地对参与企业的成本和收益产生影响。

碳交易试点主要通过提升行业全要素生产率以及促进产业结构升级来提升企业效益。有研究表明，碳交易在一定条件下能够实现绿色效率和企业效益双赢。碳交易不仅可以实现碳减排，而且能够提升企业全要素生产率和绿色全要素生产率③。此外，还有研究发现，中国碳排放权交易市场建立后，股票收益中的碳溢价有所增加，参与碳排放权交易的企业可以获得超额收益④。因此，从财务表现来看，中国碳排放权交易市场对企业收益的影响是积极的。

3. 中国区域性碳交易试点对技术创新的激励效果

中国推行碳排放权交易的主要目标是减少碳排放，在机制上主要是通过推动技术创新，而不是以损害经济发展的方式实现。中国碳排放权交易政策主要通过成本节约激励机制对低碳技术创新产生影响。参与碳交易的企业为了减少因购买碳排放配额缺口带来的成本，或增加通过市场兑现碳排放配额盈余的收益，而主动投资相关低碳技术的开发与应用，能够促进低碳技术创新。此外，另一个可能存在的影响

① Dong F, Dai Y, Zhang S, et al. Can a Carbon Emission Trading Scheme Generate the Porter Effect? Evidence from Pilot Areas in China [J]. Science of the Total Environment, 2019, 653: 565 – 577.

② 张希良, 张达, 余润心. 中国特色全国碳市场设计理论与实践 [J]. 管理世界, 2021, 37 (8): 80 – 95.

③ 胡玉凤, 丁友强. 碳排放权交易机制能否兼顾企业效益与绿色效率? [J]. 中国人口·资源与环境, 2020, 30 (3): 56 – 64.

④ Wen F, Wu N, Gong X. China's Carbon Emissions Trading and Stock Returns [J]. Energy Economics, 2020, 86: 104627.

机制为"信号—预期"机制。该机制是指我国碳交易试点获批后，国家层面的政府工作报告及政策可向外部传达信号，对公众预期产生至关重要的影响。有研究显示，碳排放权交易试点政策整体上诱发了试点地区的低碳技术创新活动，且存在"信号—预期"机制的作用。2011 年之前，国家层面政策以每年一个的频率颁布，起到了持续影响并逐渐巩固公众预期的作用。2011—2014 年密集出台了 25 项政策，释放了市场建设加速推进的强烈信号，尤其是 2011 年当年快速出台了 4 项政策，这很可能是低碳技术创新大幅增强的动因。今后，还应充分发挥碳市场对低碳技术创新的诱发作用，注重加强政府政策信号管理，引导企业开展低碳技术创新活动①。

4. 中国区域性碳交易试点对产业结构的升级效果

促进产业结构优化升级是当前中国转变经济增长方式、由数量型增长转向质量型增长的重要途径，同时亦是实现 2030 年碳减排目标、低碳发展的必由之路。作为重要的市场型政策工具，碳排放权交易对一个地区产业结构的影响是非线性、非单一性的，取决于多种因素综合作用的结果。在理论上，中国区域性碳交易试点对产业结构的潜在影响渠道主要体现在四个方面：技术创新、外商直接投资、国际贸易途径、需求因素。研究指出，碳交易机制通过促进技术创新、增加外商直接投资以及抑制投资需求倒逼产业结构升级。政府应加快完善碳交易市场运行的相关配套政策和环境，并加大技术创新力度，合理利用外资，调整投资结构，促进产业结构的优化升级②。

第四节　中国区域性碳交易试点的经验
及对全国碳市场的启示

一、中国区域性碳交易试点经验总结

（一）相同点

1. 管理架构

各试点的管理架构基本相同，机构转隶后，生态环境厅（局）为各自辖区内的碳排放权交易主管部门，负责顶层设计和监督管理；碳排放权交易所为各辖区内的交易平台，负责有关交易环节的规则制定与执行，对交易参与方及相关行为进行监督管理；各分管部门在各自的职责范围内进行相关的管理活动。

---

① 王为东，卢娜，张财经. 空间溢出效应视角下低碳技术创新对气候变化的响应［J］. 中国人口·资源与环境，2018，28（8）：22-30.

② 谭静，张建华. 碳交易机制倒逼产业结构升级了吗？——基于合成控制法的分析［J］. 经济与管理研究，2018，39（12）：104-119.

2. 覆盖范围的设计和确定

大部分试点初期只考虑二氧化碳一种温室气体，纳入对象是法人而不是排放设施，八个试点均同时纳入直接排放和间接排放，八个试点在选择碳排放权交易体系覆盖行业时，电力、钢铁、石化等排放密集型的工业行业成为各试点优先考虑的对象。

3. 配额总量的设定

在试点阶段，尤其是八个试点设计运行初期，覆盖范围的排放总量和减排成本数据基础较差，设计科学合理的配额总量对政策制定者具有很大的挑战性，因此大多数试点采用"自下而上"的方式确定配额总量：第一，能够弥补数据基础较差的不足；第二，可以适应转型时期的经济形势，增强碳市场的可操作性。

4. MRV 体系

在核算报告的技术指南方面，各个试点的碳排放核算边界大体一致，基本以法人为单位进行核算，都包括燃料燃烧和工业生产过程的直接排放源以及外购电力或热力的间接排放源，不过在排放源的具体规定上部分试点有所差异。在第三方体系方面，各试点都对核查机构及核查员的资质作出了相应的规定，并都体现了核查机构的本地化要求。在 MRV 体系保障方面，从试点经验来看，对监测计划有硬性要求的试点的核查工作普遍优于未有硬性要求的试点，核查费用的安排也直接影响了核查结果的真实性和准确性（以北京为例，2013 年度核查费用由财政安排，2014 年度核查费用由企业承担，但核查数据质量明显劣于 2013 年，因此 2015 年度改回由财政安排）。在核查指南和规则方面，各试点一般针对不同类型的纳入行业出台了详细的核查指南，并根据使用效果进行改进，为 MRV 提供保障。在硬件和能力建设方面，排放单位计量水平直接影响核查结果的真实性和准确性；全国和各试点针对 MRV 工作，组织核查人员和排放单位相关负责人的培训和交流，提高 MRV 体系的能力建设水平。

（二）不同点

1. 成立时间、管理办法及文件性质

各试点碳市场成立时间、管理办法及文件性质对比见表 6.23。

表 6.23　国内碳排放权交易试点碳市场成立时间、管理办法及文件性质对比

区域性试点	成立时间	管理办法	文件性质
深圳	2013 年 6 月 18 日	人大立法结合政府颁布管理办法	地方性法规、政府文件
上海	2013 年 11 月 26 日	单一管理办法	政府令
北京	2013 年 11 月 28 日	人大立法结合政府颁布管理办法	地方性法规、政府文件
广东	2013 年 12 月 19 日	单一管理办法	政府令
天津	2013 年 12 月 26 日	单一管理办法	政府文件
湖北	2014 年 4 月 2 日	单一管理办法	政府令
重庆	2014 年 6 月 19 日	单一管理办法	政府文件
福建	2016 年 12 月 22 日	单一管理办法	政府令

2. 覆盖范围的设计和确定

在温室气体方面，重庆试点纳入气体最多，是唯一一个纳入六种温室气体的试点；在确定覆盖行业的基础上，各试点为有效控制碳排放，尽可能覆盖主要排放单位，根据自身经济发展情况与碳排放情况，对各自的纳入门槛进行了不同的设计；北京试点纳入企业最多，2019 年度碳交易管控单位达 843 家；上海试点纳入行业最多，包括工业行业，即钢铁、石化、化工、有色金属、电力、建材、纺织、造纸、橡胶、化纤，以及非工业行业，即航空、港口、机场、铁路、商业、宾馆、金融、水运。

3. 配额总量的设定

各试点碳市场配额总量及确定方法对比见表 6.24。

表 6.24　　　　　国内碳排放权交易试点配额总量及确定方法对比

区域性试点	配额总量数量		配额总量的确定方法
深圳	未公布		根据国家和广东省确定的约束性指标，结合深圳经济社会发展趋势和碳减排潜力等因素确定年度碳排放配额总量
广东省	2013 年	3.88 亿吨	根据广东省"十二五"控制温室气体排放总体目标、合理控制能源消费总量目标，以及国家和本省的产业政策、行业发展规划、经济发展形势预测，确定年度碳排放配额总量
	2014 年、2015 年	4.08 亿吨	
	2016 年、2017 年、2018 年	4.22 亿吨	
	2019 年	4.65 亿吨	
上海	2016 年	1.55 亿吨	根据上海市"十三五"目标和要求，在坚持实行碳排放配额总量控制、促进用能效率提升和能源结构优化、平稳衔接全国碳交易市场的原则下，按照纳管企业碳排放控制应严于全市的要求确定年度碳排放配额总量
	2017 年	1.56 亿吨	
	2018 年、2019 年	1.58 亿吨	
湖北	2014 年	3.24 亿吨	根据"十二五"期间国家下达的单位生产总值二氧化碳排放下降目标和经济增长趋势的预测，确定年度碳排放配额总量
	2015 年	2.81 亿吨	
	2016 年	2.53 亿吨	
重庆	2013 年	1.25 亿吨	以配额管理单位既有产能 2008—2012 年中最高年度排放量之和作为基准配额总量，2015 年前，按逐年下降 4.13% 确定年度配额总量控制上限，2015 年后根据国家下达本市的碳排放下降目标确定年度碳排放配额总量
	2014 年	1.16 亿吨	
	2015 年	1.06 亿吨	

4. MRV 体系

在核算报告的技术指南方面，重庆和深圳试点采取的是通则形式，没有对具体行业进行说明；在监测计划方面，各试点对监测计划的管控力度不尽相同，深圳和重庆试点未对监测计划的制定作出要求，上海、北京、广东、天津和湖北试点明确要求制定监测计划并上报主管部门，广东、天津、湖北试点对变更修订作出了要求，只有广东试点对监测计划的核定进行了要求；在第三方体系方面，关于核查任务的分配，广东、湖北和重庆试点通过公开征选、评审的方式确定第三方机构名单，直接给名单中的第三方机构分配指定核查的排放单位；2013—2014 年北京试点核查工作也同上述试点方式一致，但从 2015 年起排放单位将自行委托核查机构进行核查；深圳和上海试点对核查机构进行备案，两地核查机构的选定方式不同，深圳试点由排放单位自主选择备案核查机构进行核查，上海试点通过政府采购按行业分包招标，备案核查机构进行投标，中标之后按标单进行核查；天津试点历史核查通过政府采购按行业分包招标确定核查机构，第一年核查通过单一来源采购的方式选择之前的核查机构；在核查工作质量的监督和管理方面，深圳和天津试点要求控排单位不得连续三年选择同一家核查机构或者相同的核查人员进行核查；深圳和北京试点要求建立核查的抽查机制；深圳试点还要求评估控排单位的风险等级，对于风险等级高的控排单位及其委托的核查机构进行重点检查；天津试点则要求建立核查机构的信用档案。各试点都建立了各具特色的 MRV 体系，但是各体系或多或少存在不健全的现象。深圳、重庆试点核算和报告的技术指南有待细化；各试点对监测计划的管控力度有待加强，大部分试点缺少监测计划的制定内容、变更处理以及监测计划核定方面的要求，对监测计划是否有效落实没有考核标准；在第三方体系中，部分试点核查任务分配以政府采购为主，市场化程度较低，可能会造成地方财政负担过重，同时未对核查机构的连续使用年限进行规范，容易滋生舞弊；只有少数试点建立了核查抽查机制。

（三）经验总结

北京是中国碳交易试点中的优秀试点，在许多方面有值得借鉴的地方。在政策办法上，北京成为深圳之后第二家既有人大法律支撑又有管理办法的试点。另外，北京试点除了像其他试点一样发布关于碳排放核算、核查、配额分配、交易的制度文件外，还发布专门的场外交易细则、行政处罚自由裁量权规定、公开市场操作办法等文件，是制度设计最为细致的试点。大部分试点有关抵消机制的规定都体现在作为纲领性文件的管理办法中，只有北京试点颁布了单独的抵消机制管理办法。

北京试点主要针对的温室气体种类为二氧化碳，做到精准把控，管控主体为法人，2013—2015 年以固定设施排放为排放来源，2016 年起增加移动设施（仅限交通运输行业）。在处理直接排放和间接排放时，包含固定设施和公共电汽车客运、城市轨道交通、企业移动设施化石燃料燃烧、工业生产过程和废弃物处理产生的直接二氧化碳排放，以及耗电设施电力消耗所隐含的电力生产时化石燃料燃烧的间接二氧化碳排放。

北京作为较早发展碳交易市场的试点，覆盖及纳入行业十分广泛，从 2013—

2015 年的电力、热力、水泥、石化、其他工业行业和服务业，到 2016 年其他工业行业变更为其他行业、新增交通运输业。纳入行业为电力、热力、水泥、石化、其他行业、服务业和交通运输业。北京试点覆盖行业内企业的纳入门槛也在逐年更新，致力于实现更优的资源配置，2013—2015 年固定设施年二氧化碳直接排放量与间接排放量之和大于 1 万吨（含）；2016 年将纳入门槛下调至 5000 吨，同时增加年二氧化碳直接排放与间接排放总量 5000 吨（含）以上的城市轨道交通运营单位和公共电汽车客运单位；2017 年、2018 年、2019 年门槛均为 5000 吨。总体来说，北京试点纳入企业最多，2019 年度碳交易管控单位达 843 家。

值得补充的是，MRV 体系覆盖的行业包括热力生产和供应企业、火力发电企业、水泥制造业企业、石化生产企业、其他工业企业和交通运输业。

北京试点对北京市行政辖区内企业（单位）固定设施以及公共电汽车客运和城市轨道交通企业移动设施导致的二氧化碳直接排放或二氧化碳间接排放进行核算。且北京市企业（单位）二氧化碳排放核算方法采用基于物料平衡的计算方法学和基于排放因子的计算方法学。企业（单位）可自愿采用实时监测办法测量有关变量和参数并计算其二氧化碳排放，但其计算结果的不确定性不能高于采用基于物料平衡或基于排放因子的方法学的计算结果。

专栏 6.3
北京市碳交易试点综合评价 ▪▪▪▪▪▪▪▪▪▪▪▪▪▪▪▪▪▪▪▪▪▪▪▪▪▪▪▪▪▪▪▪▪▪▪

北京市碳交易试点取得了较大进展，综合评价效果良好。但由于市场流动性不足，北京碳市场成熟度相对较差；其经营管理良好，但经济效率仍需提高；交易的深度和减排的效果使其具有积极意义。在到期日方面，并未显示出显著的交易活动，日均交易量也未达到预期。碳价格经历了持续的高而剧烈的波动，平均碳价为 51.76 元，高于其他试点地区。碳价从 2014 年 7 月 14 日最高 76.83 元下降到 2015 年 12 月 14 日最低 35.37 元。这种波动可能反映了津贴管理、限额设定和津贴分配方面的问题。欧盟和美国加利福尼亚州碳排放权交易体系的配额设置方法和管理模式，以及欧盟碳排放权交易体系第一阶段关于超额配额问题的处理具有借鉴意义。在碳交易试点的经营绩效方面，与其他试点相比，北京试点工业企业的污染成本和研发资金相对较少。这表明，在取得了令人满意的结果之后，低碳发展的投资开始放缓。

北京是全国的文化中心、政治中心，北京碳市场率先在全国开展交易并实施一些碳交易政策能够刺激碳交易，比如，2015 年 6 月，北京碳市场率先在全国探索并开展了跨区域碳交易；2016 年 6 月，北京碳市场正式推出全国首个基于微信系统的中国核证自愿减排量（CCER）销售平台——"自愿减排量微商平台"，这些都间接利好碳交易等。

北京碳市场的优势在于，北京是碳交易产业链最为完善的地区，金融机构、碳资产管理公司、大型央企总部大多在北京。目前全国碳市场的设计团队也在北京，这些是未来可持续碳金融产品研发的重要利益相关方。北京碳市场的碳金融产品主要是碳配额回购、碳排放权场外掉期，同时还推出了绿色租赁、绿色股权投资基金、PPP 等业务。北京碳金融业务具有天然的发展优势，但是北京碳市场又处于金融监管的核心地带，对金融产品开发、创新的监管力度相较于其他试点地区更为严格。在严格监管的条件下，北京碳市场整体金融创新落后于湖北碳市场，但是在全国碳市场中仍然处于领先地位。

（资料来源：张玲珍. 碳交易试点市场有效性评价研究［D］. 山东师范大学，2017；Hu Y J, Li X Y, Tang B J. Assessing the Operational Performance and Maturity of the Carbon Trading Pilot Program：The Case Study of Beijing's Carbon Market ［J］. Journal of Cleaner Production, 2017, 161: 1263－1274）

二、中国区域性碳交易试点对全国碳市场的启示

通过十年来大量细致的探索性工作，碳交易试点为全国碳市场建设营造了良好的舆论环境，提升了企业和公众实施碳管理、参与碳交易的理念和行动能力，锻炼培养了人才队伍，推动形成碳管理产业，更重要的是逐渐摸索出建设符合中国特色的碳交易体系的模式和路径，为设计、建设和运行管理全国碳市场提供了宝贵经验。

（一）加快立法进程，建立长效机制

碳配额是由法律法规创造的交易商品，因此，法律约束力是整个碳交易体系运行的基础。当前，各试点碳市场依赖地方层面的行政法规，约束力较弱，违约处罚较轻，因此履约效果不甚理想。实现 100% 履约的上海碳市场，在违约罚款的规定之外加入公开企业名单、取消政策支持等措施，以提升法规约束力，这类措施已被之后出台的《碳排放权交易管理暂行办法》吸收借鉴。该暂行办法将碳市场相关法规提升至国家层面，从法律上明确全国碳市场建设和运行过程中重大事项的管理层级和市场参与各方的责、权、利，规范数据报送与核查管理要求，对违法行为制定可行、有力的处罚手段。为规范全国碳交易市场运行，未来还需继续提高立法层级，细化实施细节和严格处罚措施，以形成完备的法律体系，为全国碳市场的高效运转打下坚实的法治基础。

同时，考虑到碳市场是一个正在探索的新生事物，而碳市场的复杂性又决定了其建设不可能一蹴而就，因此需充分考虑各种可能并为政策调整留有余地，建立制度设计的常态化长效优化机制，强化顶层设计，加强统筹协调和责任落实。以全国碳市场的法律法规和政策为导向，加强政策跟踪评估，进一步明晰国务院各部门、地方主管部门、企业以及支撑机构的任务分工，加强协调沟通，充分调动各方积极性，抓好各项管理任务责任落实，为全国碳市场长远健康发展保驾护航。

（二）扩大覆盖范围，强化监测基础

碳排放权交易市场覆盖范围是碳排放权交易体系建设过程中要解决的首要问题

之一。引入更多碳减排成本有差异的排放主体对碳交易机制真正发挥市场配置作用至关重要。全国碳市场首个履约期仅覆盖发电行业（含其他行业自备电厂）年排放量2.6万吨二氧化碳及以上的重点排放单位2162家。从试点碳市场覆盖范围发展情况来看，全国碳市场覆盖范围应秉持"抓大放小、先易后难"的原则，分批逐步扩大管控范围。初期，宜覆盖高能耗、高排放行业的工业行业企业，纳入门槛可以较高，并以控制二氧化碳为主。同时，强化未纳入行业的企业数据基础建设，按照计划分批扩大碳市场覆盖范围，将未纳入履约的行业企业纳入报告范围，对其碳排放情况进行核算和报告，为纳入履约范围做好准备。随着我国碳排放权交易政策体系的健全和完善、产业结构和消费结构的演变以及企业碳资产管理能力的提高，按照"先易后难，成熟一个，纳入一个"的处理方式，分阶段逐步扩大管控范围，并适当降低纳入门槛，增加碳市场参与主体，实现更大范围的低成本减排。

（三）加强总量控制，制定配额方案

碳市场作为"总量控制与配额交易"的市场化政策工具，配额总量和分配方法将直接影响其基础供求关系。全国碳排放权交易市场配额分配采取统一标准，是保障碳排放权交易市场公平性、一致性和稳定性的前提，但我国幅员辽阔，区域差异较大，各行业企业发展水平、数据基础不一致的问题较为突出，因此在分配方法中还需要统筹公平和效率，兼顾区域发展差异，建立合理可行的分配方式。此前，各试点碳排放权交易市场结合地区差异对配额分配方法进行了积极创新和尝试，例如，上海试点同时使用历史排放法和基准法分配配额。基准法的优势在于直接控制试点行业的碳排放效率，困难在于需拥有详细的行业历史碳排放数据，这样才能寻找合适的"基准"。历史排放法的优势在于实行简单且成本较低，缺陷在于存在鼓励后进的公平性问题。在实践中，某些企业反馈历史排放法实质上惩罚了前期减排工作做得好的企业，出现了"鞭打快牛"的现象。未来我国的碳配额分配将面临国内各省份之间较大的经济水平、节能潜力和节能难度差异，并且非试点省份和非试点行业将继续面临历史数据缺乏的困境。在这种情况下，仿照上海实行两种分配方式并举的做法是合适的选择。此外，我国也可以仿照欧盟碳排放权交易体系的做法，通过一段时间的历史排放法分配实践，取得排放主体的详细排放数据之后再逐步转向基准法。但是在实行历史排放法的过程中，要认可企业在碳排放权交易体系实施之前的减排努力。后期随着碳市场的逐步运行成熟，扩大有偿分配比例，逐步过渡到以拍卖为主。

（四）加强金融创新，增加市场流动性

在碳市场试点阶段，中国的碳交易市场主要以碳配额交易为基础，碳金融创新不足，碳金融产品规模有限，机构投资者对碳市场的参与度有待加强。然而，随着市场机制的完善，现在正是引入各种碳金融工具的时机。这些工具的引入将大大提高碳交易市场的流动性和活跃程度，这对于制定合理的价格以及促进企业提高效率和降低成本至关重要，既能充分发挥碳市场支持实体经济低碳转型的作用，又能增强投资者对市场和减排政策的信心。

在加强风险管理的前提下，适度进行碳金融产品创新。鼓励银行和其他金融机构引入碳保险、碳期货、碳基金和其他碳金融工具，并引入更多的低碳投资和融资政策，推动重点排放单位开展碳资产管理。同时，发挥碳金融产品的价格发现功能，逐步实现公平合理的碳定价，推动形成全社会范围的碳价信号，并对长期投资和科技创新起到引导作用。在此过程中，也要更加关注配额总量的紧缩、市场参与者的多样化、交易品种和政策的连续性，关注这些问题有助于提高市场的活力和流动性。

（五）明确抵消机制，提高减排质量

在各试点碳排放权交易市场的具体实践中，抵消机制最主要的减排量来源是自愿减排机制的 CCER。CCER 抵消机制可丰富全国碳市场体系，在降低控排单位履约成本的同时为自愿减排项目提供一定补贴。相对于试点碳市场排放配额交易，CCER 交易相对活跃并积极参与试点碳市场碳排放权履约，在推动项目级碳减排、降低重点排放单位履约成本、倡导低碳生活等方面已发挥重要作用。可以预见，CCER 及其交易体系可能是全国碳市场重要的补充机制。

目前全国碳市场允许重点排放单位使用 CCER 抵消其不超过 5% 的配额清缴，但核证和登记具体办法及相关技术规范尚未制定。应尽快完成对《温室气体自愿减排交易管理暂行办法》的修订，推动重启备案申请。考虑到目前区域性碳市场存在的标准不一及类型失衡现象，应在项目类型及抵消比例等方面设置全国统一标准，统筹自愿减排项目供给能力和全国碳市场需求，加强 CCER 供给调控，建立 CCER 项目开发指引，推动项目供求关系趋向均衡。同时，在确保 CCER 质量的前提下，应简化项目审定和减排量核证程序，建立并完善碳普惠制度，持续开展碳普惠活动，激励个人、小微企业践行低碳行为，推动将居民低碳生活与碳市场结合。

（六）加大人才培养，建设专业团队

全国碳市场是一个新生事物，发展和加强从事碳交易的专业人才和团队是碳市场真正发挥作用的有力保障。核查员对核查机制的理解和掌握的熟练程度的不同将导致核查标准不同，进而影响数据的准确性。如果监管排放的相关部门不熟悉碳交易市场的基本原则和规则，那么它们就不太可能主动管理碳资产。目前，我国碳交易市场交易主体分散，议价能力较弱，交易平台整体水平较低。此外，中国碳交易市场参与者可获得的价格数据高度分散，准确性相对较低。因此，需要招聘和培训大量专业人员，以保证参与碳交易市场的各类机构的效率和专业性。

鼓励更多专业的中介机构、第三方认证机构、验证机构和咨询公司等企业为碳交易市场提供服务。专业机构可以提供信息服务，发展碳金融服务，并管理碳融资。

这将提高市场信息的对称程度和交易效率，确保交易质量始终保持在较高水平。此外，政府和服务机构应通过提供有关碳交易的教育和培训课程，培养和提高市场专业人员的技能，并鼓励高等教育机构发展碳交易专业。考虑到行业差异性，还应充分调动行业协会、大型企业的能动性，在政策法规、配额分配方案等的制定过程中，加大行业协会、企业等各利益相关方的参与力度，提高政策可执行性，同时推动行业协会等利用各自专业优势对本行业开展更有针对性的能力建设活动。

【本章小结】

本章梳理了中国区域性碳交易试点的政策脉络。碳交易作为一种市场机制，被用来降低全球二氧化碳排放量。我国先后启动深圳、上海、北京、广东、天津、湖北、重庆和福建八个省市碳交易试点，各试点根据各自的特点制定相应的政策和管理架构。本章介绍了中国区域性碳交易试点的制度设计，主要包括覆盖范围和总量的设定，监测、报告与核查制度，碳市场配额的初始分配机制和抵消机制。中国区域性碳交易试点主要采取总量交易机制以及少量的碳抵消机制。

本章对中国区域性碳交易试点价格形成机制、价格特征及成因进行了分析。我国碳市场价格呈现总体偏低、均衡性差、稳定性弱的特征。剖析我国碳价形成机制可以发现，碳政策缺失或过于宽松、林业碳汇抵消占比过低、经济过度依赖高能耗产业及环保投入不足等是形成目前碳价特征的关键原因。

本章分析了中国区域性碳交易试点的直接和间接减排效果，并总结了中国区域性碳交易试点的经验及对全国碳市场的启示。

【思考题】

1. 本章提到了许多碳价的影响因素，那么你还能想到哪些其他影响碳价的因素呢？
2. 中国碳交易试点价格特征有哪些？
3. 中国区域性碳交易试点有哪些相同点和不同点？
4. 全国性碳交易市场发展需要在哪些方面进行完善与创新？

第七章　全国碳市场启动和推进

【学习目标】
1. 了解全国碳市场发展历程及重要节点。
2. 掌握全国碳市场基本框架与市场要素。
3. 掌握全国碳市场现状与发展趋势。

第一节　全国碳市场建设历程

我国碳市场建设从试点阶段开始起步，2011 年 10 月，国家发展改革委办公厅发布《关于开展碳排放权交易试点工作的通知》，决定在北京、天津、上海、重庆、湖北、广东、深圳七个省市开展碳排放权交易试点工作。

2013—2014 年，七个省市碳交易市场相继开市；2016 年底，福建省碳排放权交易正式启动，成为我国第八个碳市场试点。自上市以来，试点市场稳步运行，碳排放报告核查、配额分配、交易、履约等工作有序开展。试点碳市场的政策制定、机制设计等基础性建设工作以及在碳金融方面的创新性探索与尝试，为全国碳市场建设积累了宝贵的经验。

一、区域性碳市场经验借鉴

经过多年的探索与实践，各试点碳市场在配套法规体系、配额分配与总量设置、碳排放数据监测核查、产品交易与开发、抵消机制、履约与惩罚机制等方面取得了相应的成果，为全国碳市场建设提供了参考与借鉴。

（一）构建完善的制度体系

政策制度体系是碳市场健康运行的基础和保障，试点地区根据自身发展情况形成了各自地区性的碳市场管理体系，包括顶层制度设计，配额管理，碳排放监测、报告与核查以及市场交易等配套制度，为全国碳市场制度体系建设奠定了基础。

表 7.1　　　　　　　　　　　试点碳市场制度体系框架

地方统筹性文件	各试点碳市场管理办法	
地方操作性文件	配额管理	总量设定
		配额分配
		抵消机制
		市场调节配额
	交易管理	交易所业务规则及配套细则
	监测、报告与核查（MRV）体系	技术指南
		工作规范
		核查机构管理

（二）优化配额总量设置和分配方法

合理的总量设定和配额分配是碳排放权稀缺性的保证，因而确定配额的供应总量是碳排放权交易的重要基础。碳市场总量设定和配额分配方法决定了碳市场的基本特征——是基于总量的碳市场还是基于强度的碳市场。

基于总量的碳市场相较于基于强度的碳市场能够更加直接地控制整个交易体系的排放上限，然而，由于对经济发展与碳排放增长的预测偏差、能源价格变化与减排技术创新具有不确定性等，排放总量的设定可能偏离实际。同时，政府出于经济发展的考虑，往往会设置较高的排放上限，造成配额过剩而引起价格低迷。基于强度控制的碳市场的显著特征是，向企业发放的配额并不提前设定，而是取决于企业在履约期内设定的行业碳排放基准和企业实际生产活动水平。在基于强度的碳市场，企业可以通过调整履约期内的生产决策来决定可获得的配额量。由于配额量与实际产出相关，企业履约所需的减排量可以根据经济环境作出调整，经济繁荣时期将发放更多的配额，经济衰退时将缩减配额发放量。这样形成的灵活总量机制有助于在经济快速增长时控制整个碳排放权交易体系的成本，降低配额紧缺带来的价格波动和减排压力，同时也避免经济萧条时期因配额发放过多而带来碳市场失效的风险。我国目前碳排放总量设置以强度控制为主。

在配额分配方法方面，各试点地区采取的配额确定方法通常为历史法、基准法或两种方式混合使用。历史法按控排企业的历史排放水平计算碳配额，受行业景气程度周期性变化、企业前期的减排成果等因素影响，此方法在具体操作中往往会出现配额分配和实际情况有较大差距的情形，分配公平性有所欠缺。基准法的最大优点是最大限度地体现了碳配额分配中的公平性原则，但实施难度较大，需要考虑如何确定不同行业、不同设施、不同生产流程中的基准值，对企业生产范围、设备数量和计量方式的数据都有很高的要求。因此，基准法主要应用于工艺流程相对统一、排放标准相对一致的行业，如电力行业。试点碳市场在配额确定方法上进行的优化与革新，为探索全国碳市场电力行业碳排放配额分配方法作出了积极尝试。

（三）建立 MRV 体系

一个健全有效的 MRV 体系是碳市场运行的基础和前提。随着碳市场建设的推进，越来越多的企业也逐渐意识到数据准确的重要性。试点地区自开展碳排放权交易以来，均建立了完善的 MRV 体系，形成以核算为主的碳排放数据统计方法，并实行第三方核查制度保障数据的可靠性。

从政策法规层面来看，试点地区均在碳排放权交易总纲性政策法规中明确 MRV 义务和相应的违规处罚措施，但文件的法律层次并未明显影响处罚措施的力度，如罚款额度等。所有试点均配套设置了 MRV 技术指南，部分试点对核查机构管理、企业核查流程等设置配套的管理文件进行了补充，如广东等试点对 MRV 工作制定了全面的实施细则，北京、上海专门对第三方机构制定了管理办法。在技术指南结构上，试点地区普遍形成"通则 + 行业细则"的文件体系，一方面设置各行业指南通用的报告框架与方法，统一相关术语定义；另一方面提供企业所属行业的报告方法，提升报告指南的体系性和适用性。

从报告内容层面来看，各试点均优先纳入企业排放量较大、以固定源排放为主的行业，如电力、水泥行业等；以移动源排放为主的交通运输行业由于管理较为复杂和排放量较大，一般属于后续纳入的行业。国内各试点的报告范围包括二氧化碳的直接排放活动和间接排放活动，其中，间接排放活动主要为外购或外输电力、热力的排放，而且直接排放量与间接排放量需分别填报。国内试点 MRV 体系均有考虑二氧化碳的间接排放，这属于国际范围内 MRV 体系的创新尝试。

从核查制度层面来看，为保证核查机构的独立性，国内各试点均采用了第三方核查机构制度，并在各试点地区的管理文件中明确了第三方核查机构及核查人员的资质要求。第三方核查机构一般通过公开征选产生，按照各试点的核查工作规范对纳管企业进行核查与报告。

试点地区 MRV 体系建设的有益经验为全国碳市场 MRV 工作提供了有效指导，在试点实践和运行经验的基础上，全国碳市场遵循逐步改进和优化的原则，不断总结经验，持续推进完善 MRV 体系技术细则和规范标准，提升企业温室气体监测报告能力，保证核算的准确性和一致性。

（四）建立 CCER 抵消机制

抵消机制作为一种市场化的激励手段，为参与主体提供了灵活的履约方式。碳市场引入抵消机制能够有效降低排放企业的履约成本，同时有利于增加碳市场参与主体并丰富交易品种，进一步提升市场活跃度。为避免市场供应量过大，各试点在允许使用抵消比例的基础上进一步对项目类型、来源和时间进行严格限制，各试点地区的抵消比例从 3% 到 10% 不等。

　　试点地区实践经验为全国碳市场引入抵消机制提供了可行性参考，全国碳市场抵消比例设置为不超过应清缴碳排放配额的 5%，并鼓励使用可再生能源、林业碳汇、甲烷利用等项目减排量。

表 7.2　　　　　　　　　　　　　试点碳市场抵消机制对比

试点	抵消比例	项目类型/来源/时间等限制条件
上海	≤3%	（1）非水电项目。 （2）非长三角项目 CCER≤2%。 （3）2013 年 1 月 1 日后实际产生的减排量。
北京	≤5%	（1）非水电项目及非减排氢氟碳化物、全氟碳化物、氧化亚氮、六氟化硫气体的项目。 （2）>50% 来自北京项目 CCER。 （3）2013 年 1 月 1 日后实际产生的减排量。
广东	≤10%	（1）二氧化碳或甲烷气体的减排量占项目温室气体减排总量的 50% 以上；非水电项目、化石能源的发电、供热和余能利用项目；非由清洁发展机制项目（CDM）于注册前产生的减排量。 （2）≥50% 来自广东项目 CCER 或 PHCER（碳普惠核证自愿减排量）。 （3）时间限制暂无。
深圳	≤10%	（1）风电、光伏、垃圾焚烧发电、农村户用沼气和生物质发电项目；清洁交通减排项目；海洋固碳减排项目；林业碳汇项目；农业减排项目。 （2）风电、光伏、垃圾焚烧发电项目指定地区：广东（部分地区）、新疆、西藏、青海、宁夏、内蒙古、甘肃、陕西、安徽、江西、湖南、四川、贵州、广西、云南、福建、海南等省份；全国范围内的林业碳汇项目、农业减排项目；其余项目类型需来自深圳市和与深圳市签署碳交易区域战略合作协议的省份和地区。 （3）时间限制暂无。
湖北	≤10%	（1）农村沼气、林业类项目。 （2）100% 来自湖北项目 CCER。 （3）项目计入期：2015 年 1 月 1 日至 2015 年 12 月 31 日。
天津	≤10%	（1）仅来自减排二氧化碳气体的项目；非水电项目。 （2）优先使用京津冀地区项目 CCER。 （3）2013 年 1 月 1 日后实际产生的减排量。
重庆	≤8%	（1）项目类型限制暂无。 （2）区域限制暂无。 （3）2010 年 12 月 31 日后实际产生的减排量（碳汇除外）。
福建	≤10%	（1）用于抵消的林业碳汇项目减排量不得超过当年经确认排放量的 10%；其他类型项目及安排不得超过 5%； （2）CCER 须本省行政区产生，且非来自重点排放单位； （3）须来源于非水电项目； （4）仅来自二氧化碳和甲烷气体的项目减排量。

（五）探索碳金融衍生品开发

各试点在碳配额现货的基础上，开展了一系列碳金融产品创新业务，包括碳配额质押、CCER 质押、碳基金、碳信托、碳期货、碳远期等，在发现碳资产价值、活跃碳市场投资、控制碳交易风险等方面发挥了重要作用，也为全国碳市场金融产品创新提供了先行经验。

近年来，在《关于构建绿色金融体系的指导意见》《绿色债券支持项目目录》等政策及银行间市场推出碳中和债券指引等的积极影响下，企业、机构的碳金融创新产品主要集中于碳配额质押、碳金融组合类质押、碳信托、碳回购、碳中和债券等。以上海碳市场为例，主要开展了以下几类碳金融创新业务。

1. 碳信托

2015 年 4 月，上海环境能源交易所完成了上海碳市场首笔 CCER 交易。由上海证券有限责任公司与上海爱建信托有限责任公司联合发起设立的"爱建信托·海证一号碳排放权交易投资集合资金信托计划"是国内首个专业信托机构参与的、针对 CCER 的专项投资信托计划。2021 年 2 月，中航信托与中国节能协会碳交易产业联盟、上海宝碳新能源环保科技有限公司联合设立了初始规模为 3000 万元的全国首单"碳中和"主题绿色信托计划。2021 年 3 月，上海银行作为牵头主承销商，中国银行和南京银行作为联席主承销商，协助国网国际融资租赁有限公司成功发行 17.5 亿元"碳中和"绿色资产支持商业票据，优先层票面利率为 2.99%，这是银行间市场全国首批"碳中和"资产支持商业票据之一。2021 年 4 月，中海信托与中海油能源发展公司共同宣布成立全国首单以 CCER 为基础资产的"中海蔚蓝 CCER 碳中和服务信托"。同在 4 月，华宝信托"ESG 系列—碳中和集合资金信托计划"正式成立，并在上海环境能源交易所开户进行碳配额及 CCER 交易。2021 年 7 月，中融信托成立"中融—骥熙 4 号碳交易 CCER 投资集合资金信托计划"，为全国碳市场建设提供助力，践行绿色金融、切实服务"碳达峰、碳中和"目标。2021 年 12 月，交银国际信托成立"新加坡金鹰集团厦门电厂—交银国信 CCER 碳资产信托服务计划"，成为业内首单基于 CCER 的信托服务计划。

2. 碳资产质押融资

碳资产质押是指企业将其持有的碳配额或 CCER 作为质押物获得金融机构融资的业务模式。2021 年 5 月，交通银行携手上海环境能源交易所、申能碳科技有限公司共同完成长三角地区首笔碳配额质押融资，并通过上海环境能源交易所完成相关登记手续。另外，浦发银行携手上海环境能源交易所、申能碳科技有限公司共同完成长三角地区首单碳配额、CCER 组合质押融资。2021 年 6 月，中国银行与上海联合产权交易所、上海环境能源交易所签订合作协议，并举办首批 6 家实体经济企业碳配额质押创新融资实施落地仪式。

3. 碳配额远期

上海环境能源交易所推出的碳配额远期产品采用了由上海清算所进行中央对手清算的方式，是全国首个中央对手清算的碳远期产品，也是目前全国唯一的标准化碳金融衍生品。该远期产品是以上海碳排放配额为标的、以人民币计价和交易的，约定在未来某一日期清算、结算的远期协议，其形式和功能已经十分接近期货，能够有效地帮助市场参与者规避风险，也能在一定程度上发出碳价格信号。上海碳远期产品的推出，对于上海碳金融体系的完善具有划时代的意义，能够大幅度提高碳市场流动性、强化价格发现功能、平抑价格波动，对全国碳市场整体的建设也有重要的意义。

（六）健全违约惩罚机制

为督促企业完成履约，各试点地区推出不同的经济与行政惩罚机制。未完成履约的企业不仅面临一定的罚款，还可能使自身在获取政策优惠、积累社会信用等方面受到严重影响。经过试点地区碳市场的不断探索，地区政府重视程度不断提升，积极调动多种措施保障履约，加强对违规企业的约束力度，提高企业违约成本，切实督促企业及时履约。从实际履约情况来看，各试点自投入运营以来的履约情况表现较好。相比于试点阶段的罚则规定及处罚力度，随着全国碳交易市场的发展，违规违约处罚力度有加大的可能，有利于进一步提升碳市场的法律约束力。

二、全国碳市场建设与推进

全国碳市场的建设与推进大致划分为以下几个主要阶段。

（一）全国碳市场准备阶段（2013—2017 年）

2013 年 11 月，《中共中央关于全面深化改革若干重大问题的决定》将碳排放权市场建设纳入全面深化改革的重点任务之一。2014 年 12 月，国家发展改革委发布《碳排放权交易管理暂行办法》，明确全国统一碳排放权交易市场发展方向，规范碳排放权交易市场的建设和运行。另外，国家发展改革委办公厅分别于 2013 年 10 月、2014 年 12 月、2015 年 7 月分三批就 24 个行业发布行业企业温室气体排放核算方法与报告指南，具体包括《关于印发首批 10 个行业企业温室气体排放核算方法与报告指南（试行）的通知》《关于印发第二批 4 个行业企业温室气体排放核算方法和报告指南（试行）的通知》和《关于印发第三批 10 个行业企业温室气体排放核算方法和报告指南（试行）的通知》，作为行业企业温室气体排放核算的基础性依据。

2017 年 12 月 18 日，国家发展改革委印发《全国碳排放权交易市场建设方案（发电行业）》，明确了我国碳市场建设的指导思想和主要原则，明确了将碳市场作为控制温室气体排放政策工具的工作定位，明确了以发电行业为突破口率先启动全国碳排放权交易体系，分阶段、有步骤地推进碳市场建设。同年12月19日，国家发展改革委组织召开全国碳排放权交易体系启动工作电视电话会议，会议就落实《全国碳排放权交易市场建设方案（发电行业）》要求、推动全国碳排放权交易市场建设作了动员部署，全国碳排放权交易体系建设正式启动。

（二）全国碳市场建设与完善阶段（2018—2020年）

全国碳市场的建设包括制度体系建设、系统建设和能力建设。

制度体系建设。与区域性碳市场制度体系类似，全国碳市场的制度体系建设涵盖顶层设计，碳排放监测、报告与核查（MRV），碳配额管理和市场交易相关制度。

系统建设。一是数据报送系统，全国统一、分级管理，用于重点排放单位碳排放数据的报送；二是注册登记系统，用于记录碳排放配额的持有、变更、清缴、注销等信息，并提供结算服务；三是交易系统，用于开展全国碳排放权集中统一交易，提供交易服务和综合信息服务。

能力建设。2019年10—12月，生态环境部在全国15个地市连续举办8期17场"碳市场配额分配和管理系列培训班"，参会人员涵盖各省、自治区、直辖市、新疆生产建设兵团生态环境局（厅）负责碳市场工作的干部、支撑单位的技术骨干和发电行业重点排放单位代表等。

（三）全国碳市场正式启动阶段（2021年）

2021年7月16日，全国碳市场正式启动上线交易。发电行业成为首个纳入全国碳市场的行业，纳入发电行业重点排放单位2162家，覆盖近45亿吨二氧化碳排放量，成为全球配额规模最大的碳市场。在保证全国碳市场初期稳定运行的前提下，未来将逐步扩大市场覆盖范围，并不断丰富交易品种和交易方式，并探索开展配额有偿拍卖以及碳金融创新等工作。

第二节　全国碳市场体系建设

一、制度框架

全国碳市场建立在法律法规的基础之上，其基本框架设计可以分为覆盖范围、配额管理、交易管理、MRV制度和监管机制五个方面。其中，覆盖范围又包含对碳排放总量的控制和对覆盖行业的要求；配额管理包含分配方案和清缴履约两方面，围绕主管机构和纳管企业开展；交易管理包括交易规则和风险管理，需依托支撑系统运行；MRV制度包含核算与报告、第三方核查，涉及纳管企业的管理和第三方核查机构的管理；监管机制包含监督管理和法律责任两部分。

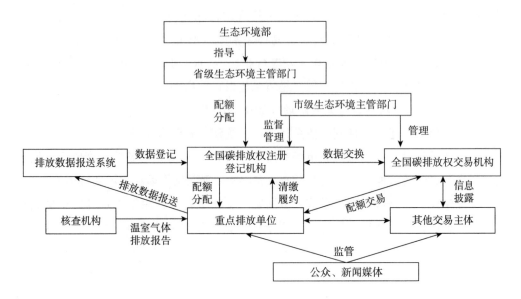

图 7.1　全国碳市场体系概览

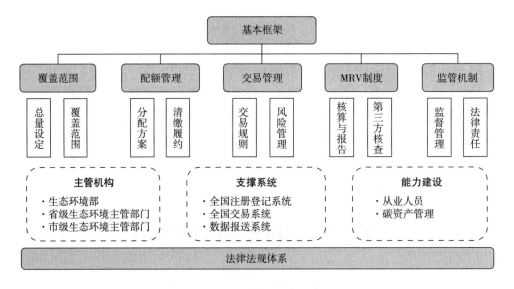

图 7.2　全国碳市场制度框架体系

（一）覆盖范围明确碳市场控排基调

全国碳市场的总量设定是自下而上从重点排放单位、省级生态环境主管部门、各省市级行政区域三个层面明确配额的总量并进行加总。全国碳市场处于启动初期，目前仅纳入发电行业（纯发电和热电联产），后续将按照稳步推进的原则，成熟一个行业，纳入一个行业。

全国碳市场的覆盖范围是首先需要明确的事项。广义的碳交易覆盖范围包括两方面，一是覆盖温室气体的类型，二是覆盖的交易主体。具体包括覆盖的温室气体种类和排放类型、覆盖的国民经济行业类型、覆盖的排放源边界、覆盖对象的纳入标准等。

2016 年国家发展改革委办公厅发布《关于切实做好全国碳排放权交易市场启动重点工作的通知》，确定全国碳排放权交易市场第一阶段纳入的重点排放行业为石化、化工、建材、钢铁、有色金属、造纸、电力、航空八大行业，参与主体为 2013 年至 2015 年中任意一年综合能源消费总量达到 1 万吨标准煤以上（含）的企业法人单位或独立核算企业单位。

2017 年国家发展改革委办公厅发布《关于做好 2016、2017 年度碳排放报告与核查及排放监测计划制定工作的通知》，明确纳入碳排放权交易的重点排放行业具体子类，纳入的企业范围为 2013 年至 2017 年任一年温室气体排放量达 2.6 万吨二氧化碳当量（综合能源消费量约 1 万吨标准煤）及以上的企业或者其他经济组织。自备电厂（不限行业）视同发电行业企业纳入工作范围。同年，国家发展改革委发布《全国碳排放权交易市场建设方案（发电行业）》，要求将发电行业作为首批纳入行业，率先启动碳排放权交易，这标志着我国碳排放权交易体系完成了总体设计并正式启动。该方案中明确初期交易主体为发电行业重点排放单位，初期交易产品为配额现货，并建立全国统一、互联互通、监管严格的碳排放权交易系统，并纳入全国公共资源交易平台体系管理。

（二）配额管理机制助力科学设定总量与分配机制

全国碳市场初期配额实行全部免费分配，并采用基准法核算重点排放单位的配额量。配额分配决定了企业碳配额初始供给，在排放基准逐渐严格的情况下，企业配额供给将随之减少，当配额供给量与企业实际配额需求量之间存在差异时，则会引起碳价的波动。

2020 年，《2019—2020 年全国碳排放权交易配额总量设定与分配实施方案（发电行业）》和《纳入 2019—2020 年全国碳排放权交易配额管理的重点排放单位名单》规定，2019—2020 年全国碳市场配额管理的重点排放单位为发电行业（含其他行业自备电厂），2013 年至 2019 年任一年排放达到 2.6 万吨二氧化碳当量及以上的企业或者其他经济组织合计 2162 家。纳入 2019—2020 年配额管理的发电机组包括 300MW 等级以上常规燃煤机组，300MW 等级及以下常规燃煤机组，燃煤矸石、煤泥、水煤浆等非常规燃煤机组（含燃煤循环流化床机组）及燃气机组四个类别。省级生态环境主管部门根据本行政区域内重点排放单位 2019—2020 年的市级产出量以及上述方案确定的配额分配方法及碳排放基准值，核定各重点排放单位的配额数量。对 2019—2020 年配额实行全部免费分配，并采用基准法核算重点排放单位拥有的机组和配额量。规定了各类机组判定标准、配额计算方法、2019—2020 年各类别机组碳排放基准值等。

重点排放单位应当根据生态环境部制定的温室气体排放核算与报告技术规范，

编制该单位上一年度的温室气体排放报告，载明排放量，并于每年 3 月 31 日前报生产经营场所所在地的省级生态环境主管部门。

2020 年 12 月 30 日，生态环境部印发《2019—2020 年全国碳排放权交易配额总量设定与分配实施方案（发电行业）》，对清缴履约管理作出较为详细的规定。

一是为降低配额缺口较大的重点排放单位面临的履约负担，在配额清缴相关工作中设定配额履约缺口上限，其值为重点排放单位经核查排放量的 20%，即当重点排放单位配额缺口量占其经核查排放量比例超过 20% 时，其配额清缴义务最高为其获得的免费配额量加 20% 的经核查排放量。

二是为鼓励燃气机组发展，在燃气机组配额清缴工作中，当燃气机组经核查排放量不低于核定的免费配额量时，其配额清缴义务为已获得的全部免费配额量；当燃气机组经核查排放量低于核定的免费配额量时，其配额清缴义务为与燃气机组经核查排放量等量的配额量。

除上述情况外，纳入配额管理的重点排放单位应在规定期限内通过注册登记系统向其生产经营场所所在地省级生态环境主管部门清缴不少于经核查排放量的配额量，履行配额清缴义务。

2021 年 3 月 29 日，生态环境部办公厅发布《关于加强企业温室气体排放报告管理相关工作的通知》，组织开展对重点排放单位 2020 年度温室气体排放报告的核查，在 2021 年 9 月 30 日前完成发电行业重点排放单位 2019—2020 年度的配额核定工作，2021 年 12 月 31 日前完成配额的清缴履约工作。

（三）交易与管理规则设计保障市场机制高效有序

交易规则包括交易方式、交易产品、交易主体等内容。

交易方式。全国碳市场的碳排放权交易应当通过全国碳排放权交易系统进行，可以采取协议转让、单向竞价或者其他符合规定的方式。在第一个履约周期中，在上海环境能源交易所进行的全国碳排放权配额交易采用协议转让作为交易方式，具体包括挂牌协议交易和大宗协议交易两种。两种方式形成的交易价格不同，挂牌协议交易价格由公开市场决定，更符合市场化的定价机制规则，而大宗协议交易由点对点的双向协商机制形成价格，价格涨跌幅区间大，适合大宗交易。为防止碳价剧烈波动，各试点通常设置日涨跌幅进行直接调控，日涨跌幅一般在 10% 至 30% 之间。碳排放权交易应当通过全国碳排放权交易系统进行，可以采取协议转让、单向竞价或者其他符合规定的方式。

交易产品。全国碳排放权交易市场的交易产品为碳排放配额，生态环境部可以根据国家有关规定适时增加其他交易产品。

交易主体。全国碳排放权交易市场的交易主体为重点排放单位以及符合国家有关交易规则的机构和个人。目前交易主体通过全国碳市场的交易系统客户端进行全国碳市场的配额现货交易。部分试点交易所以交易所会员作为交易主体，交易所会员为其他市场参与者提供开户、交易等服务。

全国碳排放权注册登记机构和全国碳排放权交易机构应当遵守国家交易监管等相关规定，建立风险管理机制和信息披露制度，制定风险管理预案，及时公布碳排放权登记、交易、结算等信息。交易系统是全国唯一的集中交易平台，汇集所有交易指令，统一配对成交。注册登记系统对接交易系统和结算银行，根据交易系统成交结果开展清算交收。

交易主体违反关于碳排放权注册登记、结算或者交易相关规定的，全国碳排放权注册登记机构和全国碳排放权交易机构可以按照国家有关规定，对其采取限制交易措施。重点排放单位和其他交易主体应当按照生态环境部的有关规定，及时公开有关全国碳排放权交易及相关活动信息，自觉接受公众监督。

（四）MRV 制度保障碳排放数据真实有效

企业温室气体排放核算工作的内容包括确定核算边界和排放源、核算化石燃料燃烧排放、核算购入电力排放、汇总计算排放总量、获取生产数据信息的计算方法和技术要求、编制实施监测计划、开展数据治理、定期完成排放报告。

核查机构的核算程序包括核查安排、建立核查技术工作组、文件评审、建立现场核查组、实施现场核查、出具核查结论、告知核查结果、保存核查记录八个步骤。

2020 年，生态环境部办公厅发布《企业温室气体排放核算方法与报告指南　发电设施》（征求意见稿），对全国碳排放权交易市场发电行业（含自备电厂）设施层面二氧化碳排放的核算和报告工作进行规范，明确了工作程序和内容、核算边界和排放源确定、化石燃料燃烧排放核算要求、购入电力排放核算要求、排放量汇总计算、生产数据核算要求、监测计划技术要求、数据质量管理要求、排放定期报告要求等。

生态环境部办公厅于 2021 年 3 月 29 日印发了《企业温室气体排放报告核查指南（试行）》，与 2013 年国家发展改革委办公厅发布的《企业温室气体排放核算方法与报告指南》相比，该文件进一步系统性地规范了全国碳排放权交易市场企业温室气体排放报告核查活动，详细规定了核查原则和依据、核查的程序和要点、核查复核等内容。

（五）监管机制强化市场与政府双轮驱动模式

监督管理可以分为监督主体、监督内容和监督措施。

监督主体。上级生态环境主管部门应当加强对下级生态环境主管部门的重点排放单位名录确定、全国碳排放权交易及相关活动情况的监督检查和指导。

监督内容。设区的市级以上地方生态环境主管部门根据对重点排放单位温室气体排放报告的核查结果，确定监督检查重点和频次。设区的市级以上地方生态环境主管部门应当采取"双随机、一公开"的方式,监督检查重点排放单位温室气体排放和碳排放配额清缴情况,相关情况按程序报生态环境部。

监督措施。生态环境部和省级生态环境主管部门应当按照职责分工,定期公开重点排放单位年度碳排放配额清缴情况等信息。

法律责任主要针对主管部门、两机构(全国碳排放权注册登记机构和全国碳排放权交易机构)人员和重点排放单位的行为。生态环境部、省级生态环境主管部门、设区的市级生态环境主管部门的有关工作人员,在全国碳排放权交易及相关活动的监督管理中心滥用职权、玩忽职守、徇私舞弊的,由其上级行政机关或者监察机关责令改正,并依法给予处分。两机构人员如有利用职务便利谋取不当利益的,有其他滥用职权、玩忽职守、徇私舞弊行为的,由生态环境部依法给予处分,并向社会公开处理结果;有泄露有关商业秘密或者有构成其他违反国家交易监管规定行为的,依照其他有关规定处理。重点排放单位如有虚报、瞒报行为,由其生产经营场所所在地设区的市级以上地方生态环境主管部门责令限期改正,处一万元以上三万元以下的罚款。逾期未改正的,由重点排放单位生产经营场所所在地的省级生态环境主管部门测算其温室气体实际排放量,并将该排放量作为碳排放配额清缴的依据;对虚报、瞒报部分,等量核减其下一年度碳排放配额。重点排放单位有未按时足额清缴行为的,由其生产经营场所所在地设区的市级以上地方生态环境主管部门责令限期改正,处二万元以上三万元以下的罚款;逾期未改正的,对欠缴部分,由重点排放单位生产经营场所所在地的省级生态环境主管部门等量核减其下一年度碳排放配额。

二、参与主体

参与主体主要包括主管部门和纳管的重点排放单位,以及第三方核查机构、符合交易条件的其他机构和个人。其中,主管部门负责清缴履约的监管、交易的监管

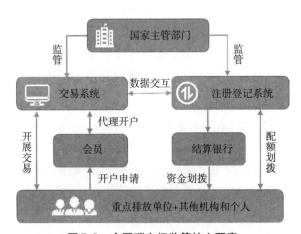

图7.3 全国碳市场监管核心要素

等监督管理，重点排放单位主要是参与交易，第三方核查机构在核查方面起到重要作用。

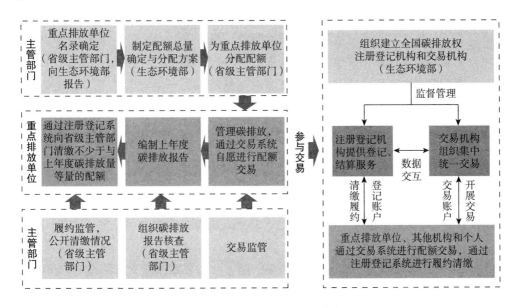

图7.4　全国碳市场参与主体及基本流程

从试点经验来看，参与主体的多元化提高了区域性碳市场的活跃度和流动性。投资机构的引入和数量增加体现了市场开放程度的扩大，参与主体的多元化有利于提供足够的交易对手，从而有效提高碳市场的交易活跃度，对市场价格的形成起到一定的促进作用。同时，机构投资者能够为企业提供专业化的碳资产管理，有助于分散市场价格波动风险，进一步提升资产利用率和定价效率。

三、支撑体系

生态环境部按照国家有关规定，组织建立全国碳排放权注册登记机构和全国碳排放权交易机构，组织建设全国碳排放权注册登记系统和全国碳排放权交易系统。

全国碳排放权注册登记机构通过全国碳排放权注册登记系统，记录碳排放配额的持有、变更、清缴、注销等信息，并提供结算服务。全国碳排放权注册登记系统记录的信息是判断碳排放配额归属的最终依据。全国碳排放权交易机构负责组织开展全国碳排放权集中统一交易。全国碳排放权注册登记机构和全国碳排放权交易机构应当定期向生态环境部报告全国碳排放权登记、交易、结算等活动和机构运行有关情况，以及应当报告的其他重大事项，并保证全国碳排放权注册登记系统和全国碳排放权交易系统安全稳定可靠运行。

为进一步规范全国碳排放权登记、交易、结算活动，保障全国碳排放权交易市场各参与方合法权益，生态环境部根据《碳排放权交易管理办法（试行）》，组织制定了《碳排放权登记管理规则（试行）》《碳排放权交易管理规则（试行）》和《碳排放权结算管理规则（试行）》。其中明确，注册登记机构通过全国碳排放权注册登记系统对全国碳排放权的持有、变更、清缴和注销等实施集中统一登记。注册登记系统记录的信息是判断碳排放配额归属的最终依据，同时注册登记机构负责全国碳排放权交易的统一结算，管理交易结算资金，防范结算风险。

全国碳排放权交易系统由上海环境能源交易所牵头承建与运营，注册登记系统由湖北碳排放权交易中心承建。2021 年 7 月 16 日，全国碳交易系统正式在上海环境能源交易所上线启动交易。

四、管理体系

国家层面，国家发展改革委、生态环境部先后发布了《碳排放权交易管理暂行办法》《碳排放权交易管理办法（试行）》以及相关配套规定。地方层面，各试点省市均颁布了各自的碳排放权交易管理办法及相关配套规定。我国碳排放权交易体系主要由部门规章和试点省市的地方性法规、地方政府规章以及交易所交易规则体系组成，内容涉及管理体制、总量控制、配额管理和交易、排放监测、报告和核查等碳排放权交易制度的核心要素，初步奠定了我国碳排放权交易的制度体系，为全国统一碳排放权交易的开展奠定了制度基础。

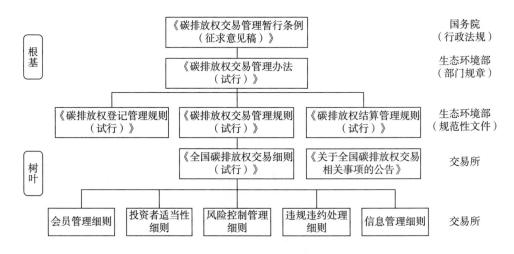

图 7.5　全国碳市场基本规则

目前，《碳排放权交易管理暂行条例》还未正式出台。顶层法规的颁布能够强化碳排放权交易体系相关方的权利与责任、处罚机制、碳市场交易规则等，将形成一套以国务院《碳排放权交易管理暂行条例》为根本，以生态环境部相关管理制度为重点，以交易所规则为支撑的"1 + N + X"政策制度体系，保障碳市场交易的平稳、长期运行。

为构建稳定、高效的全国碳交易体系，还需建立一套完整且健全的监管制度。常见的监管制度有规则规范监管制度、市场准入制度、交易行为监管制度和信息披露监管制度等，相应的监管制度结合相应的市场调控措施，能够有效完成对碳市场交易行为的管控。

第三节　全国碳市场要素解析

一、覆盖范围

建立全国碳市场的第一要素是明确全国碳交易体系的覆盖范围，这对总量设定、配额分配、配额交易以及监测、报告与核查等有直接影响。同时，全国碳市场的覆盖范围也确定了其规模，度量了我国碳排放权交易体系为碳达峰碳中和所作的贡献。碳市场的覆盖范围包括两方面：气体范围和行业范围。气体范围决定了碳市场覆盖的温室气体种类，而行业范围决定了纳入交易体系管控的行业。

（一）气体范围

根据 2021 年生态环境部颁布的《企业温室气体排放核算方法与报告指南　发电设施》中所定义的温室气体，目前仅纳入二氧化碳，暂未纳入其他温室气体。

在全国碳市场建设初期，仅纳入二氧化碳有两个好处：一是与其他温室气体对比，二氧化碳占我国温室气体总排放量的 80% 左右，通过市场化方法控制二氧化碳的排放，有利于实现国家减排目标。二是二氧化碳更容易进行高质量监督、报告和监测，方便国家进行监管。根据排放源类别不同可分为直接排放和间接排放两种，即直接燃烧化石燃料产生的碳排放和间接使用电力与热力产生的碳排放。国家将直接排放和间接排放两类排放源列入覆盖范围，有助于促进电力消费部门进行减排。

（二）行业范围

根据 2020 年 12 月 25 日生态环境部发布的《碳排放权交易管理办法（试行）》第八条规定，属于全国碳排放权交易市场覆盖行业且年度温室气体排放量达到 2.6 万吨二氧化碳当量的温室气体排放单位，应当列入重点排放单位名录。简而言之，我国碳市场覆盖的行业和排放单位的纳入门槛决定了碳市场具体的纳管单位。

从覆盖行业来看，目前我国碳市场覆盖发电行业，计划覆盖的主要行业（电力、钢铁、石化、化工、建材、有色金属、造纸和航空）正在开展碳排放数据相关报告核查工作（见表 7.3）。我国的八个区域性碳市场均已覆盖了多个重点排放行业，如电力、水泥和钢铁等。这些第二产业的碳排放量在全国总碳排放量中占比较大，而我国把这些重点排放行业纳入未来的覆盖范围将十分有利于实现国家减排目标。

表7.3　　　　　　　　　全国碳排放权交易覆盖行业及代码

行业	行业代码	行业子类
石化	2511 2614	原油加工（2501） 乙烯（2602010201）
化工	2619 2621	电石（2601220101） 合成氨（260401） 甲醇（2602090101）
建材	3011	水泥熟料（310101）
	3041	平板玻璃（311101）
钢铁	3120	粗钢（3206）
有色金属	3216	电解铝（3316039900）
	3211	铜冶炼（3311）
造纸	2211 2212 2221	纸浆制造（2201） 机制纸和纸板（2202）
电力	4411	纯发电 热电联产
	4420	电网
航空	5611 5612 5631	航空旅客运输 航空货物运输 机场

资料来源：国家发展改革委办公厅《关于切实做好全国碳排放权交易市场启动重点工作的通知》附件。

全国碳市场率先将发电行业纳入了覆盖范围。2020年底，生态环境部印发《2019—2020年全国碳排放权交易配额总量设定与分配实施方案（发电行业）》，明确规定："根据发电行业（含其他行业自备电厂）2013—2019年任一年排放达到2.6万吨二氧化碳当量（综合能源消费量约1万吨标准煤）及以上的企业或者其他经济组织的碳排放核查结果，筛选确定纳入2019—2020年全国碳市场配额管理的重点排放单位名单，并实行名录管理。"据统计，全国碳市场第一个履约周期纳入发电行业重点排放单位2162家，年均二氧化碳排放量近45亿吨。作为首个被纳入全国碳市场的行业，国家考虑到发电行业相比其他排放行业拥有两个方面的优势。一是直接碳排放量大。发电行业依赖煤炭燃烧发电，而煤炭燃烧产生的二氧化碳排放总量超过 40 亿吨，占我国碳排放总量的比例较高。将发电行业纳入全国碳市场，是推动我国碳排放尽早达峰的重要措施。二是管理制度健全。发电行业相较其他行业产品类型单一，排放数据更精确且管理更规范。这使全国碳市场的配额分配更加便利，能够为未来其他行业的纳入打下坚实的基础。

对于我国发电行业，国家还规定了纳入配额管理的发电机组范围。根据 2020 年底生态环境部颁布的《2019—2020 年全国碳排放权交易配额总量设定与分配实施方案（发电行业）》，300MW 等级以上常规燃煤机组，300MW 等级及以下常规燃煤机组，燃煤矸石、煤泥、水煤浆等非常规燃煤机组（含燃煤循环流化床机组）及燃气机组均被纳入配额管理。其他机组如纯生物质发电机组和特殊燃料发电机组，则不被纳入配额管理范围。

表 7.4　　　　　　　　纳入配额管理的机组分类及判定标准

机组分类	判定标准
300MW 等级以上常规燃煤机组	以烟煤、褐煤、无烟煤等常规电煤为主体燃料且额定功率不低于 400MW 的发电机组
300MW 等级及以下常规燃煤机组	以烟煤、褐煤、无烟煤等常规电煤为主体燃料且额定功率低于 400MW 的发电机组
燃煤矸石、煤泥、水煤浆等非常规燃煤机组（含燃煤循环流化床机组）	以煤矸石、煤泥、水煤浆等非常规电煤为主体燃料（完整履约年度内，非常规燃料热量年均占比应超过 50%）的发电机组（含燃煤循环流化床机组）
燃气机组	以天然气为主体燃料（完整履约年度内，其他掺烧燃料热量年均占比不超过 10%）的发电机组

资料来源：《2019—2020 年全国碳排放权交易配额总量设定与分配实施方案（发电行业）》。

从全国碳市场与区域性碳市场覆盖排放量比例、覆盖行业、覆盖气体、纳入门槛以及纳管排放单位数量对比可以看到，全国碳市场的建设仍处于初级阶段，目前仅覆盖了国内 40% 的碳排放量，而区域性碳市场的覆盖比例更高。全国碳市场的排放单位纳入门槛较高，纳管单位 2000 多家，相比地方试点规模更大。从行业覆盖来看，地方试点所覆盖的行业类型更为丰富，且部分试点还覆盖了当地的特色产业，如湖北、广东等试点分别纳入了汽车制造和纺织行业。总体而言，全国碳市场在行业覆盖的多样性上还有待拓展。

为了进一步扩大全国碳市场的规模，其余各大能源密集型行业将在未来逐步纳入全国碳交易市场覆盖范围。预计在"十四五"期间，国家将把钢铁、水泥、化工等地方试点已覆盖的重点排放行业分阶段渐进式纳入全国碳市场,并在未来逐步将区域产业结构和经济发展水平等因素纳入全国碳排放权交易体系的设计。

表7.5　　　　　　　　全国碳市场与区域性碳市场的覆盖范围对比

试点碳市场与全国碳市场	覆盖本省市/全国排放量比例(%)	覆盖行业	覆盖气体	纳入门槛	2020年纳管单位数量(家)
北京	45	电力、热力、水泥、石化等;服务、交通运输及航空等	二氧化碳	2016年以后:二氧化碳排放量≥5000吨/年	839
上海	57	电力、热力、石化、化工、化纤、造纸、橡胶、钢铁、有色金属、建材等;航空、商业、金融、港口、机场、铁路、宾馆等	二氧化碳	工业:二氧化碳排放量≥20000吨/年非工业:二氧化碳排放量≥10000吨/年	314
重庆	62	电力、电解铝、水泥、烧碱、钛合金、电石、钢铁等	二氧化碳、甲烷、氧化亚氮、氢氟碳化物、全氟碳化物、六氟化硫	二氧化碳排放量≥20000吨/年	153
福建	60	电力、石化、化工、建材、钢铁、有色金属、造纸、航空、陶瓷等	二氧化碳	二氧化碳排放量≥20000吨/年	269
湖北	42	电力、冶金、化工、石油、建材、化纤、汽车、医疗等	二氧化碳	2016年以后:综合能耗≥10000吨标准煤/年	332
深圳	40	电力、水务、气体等;建筑业、交通运输业等	二氧化碳	企业:二氧化碳排放量≥3000吨/年公共建筑面积:≥20000平方米机关建筑面积:≥10000平方米	706
天津	55	电力、热力、化工、石化、油气开采、钢铁、造纸、建材、航空等	二氧化碳	二氧化碳排放量≥20000吨/年	104

续表

试点碳市场与全国碳市场	覆盖本省市/全国排放量比例（％）	覆盖行业	覆盖气体	纳入门槛	2020年纳管单位数量（家）
广东	70	电力、钢铁、水泥、石化、造纸、航空等	二氧化碳	二氧化碳排放量≥20000吨/年或综合能耗≥10000吨标准煤/年	控排企业：245 新建项目企业：23
全国碳市场	40	发电行业（计划未来逐步纳入石化、化工、建材、钢铁、造纸、有色金属、航空）	二氧化碳	二氧化碳排放量≥26000吨/年（2013—2019年任一年）	2162

资料来源：《国际碳行动伙伴组织（ICAP）碳交易市场概况说明书》；本书编写组. 碳排放权交易（发电行业）培训教材［M］. 北京：中国环境出版集团，2020；碳排放权交易试点省市生态环境厅（局）网站。

二、总量设定

在明确全国碳市场的覆盖范围的基础上，需要进行全国碳市场总量的设定。碳市场总量即设定的某区域内温室气体总排放量上限，总量设定直接影响后续的配额分配：如果碳市场总量设定过于宽松，碳配额分配过多，就会导致控排企业丧失减排的积极性；同时，这些控排企业多数会选择将富余的碳配额出售，从而导致碳价过低，反之则相反。所以，对碳市场的平稳运行来说，合理的总量设定至关重要。

表 7.6　　　　　　　　　**各层级配额总量确定方法**

配额总量	确定方法
重点排放单位层面	省级生态环境主管部门确定碳排放配额后，应当书面通知重点排放单位。 重点排放单位对分配的碳排放配额有异议的，可以自接到通知之日起7个工作日内，向分配配额的省级生态环境主管部门申请复核；省级生态环境主管部门应当自接到复核申请之日起10个工作日内，作出复核决定。 《碳排放权交易管理办法（试行）》第十六条
省级层面	省级生态环境主管部门根据本行政区域内重点排放单位2019—2020年的实际产出量以及《2019—2020年全国碳排放权交易配额总量设定与分配实施方案（发电行业）》。确定的配额分配方法及碳排放基准值，核算各重点排放单位的配额数量；将核定后的本行政区域内各重点排放单位配额数量进行加总，形成省级行政区域配额总量。 《2019—2020年全国碳排放权交易配额总量设定与分配实施方案（发电行业）》
国家层面	将各省级行政区域配额总量加总，最终确定全国配额总量。 《2019—2020年全国碳排放权交易配额总量设定与分配实施方案（发电行业）》

资料来源：上海联合产权交易所，上海环境能源交易所. 全国碳排放权交易市场建设——探索和实践研究［M］. 上海：上海财经大学出版社，2021.

根据生态环境部发布的《2019—2020 年全国碳排放权交易配额总量设定与分配实施方案（发电行业）》第三条规定，省级生态环境主管部门需要根据本行政区域内重点排放单位当年的实际产出量、配额分配方法及碳排放基准值核定各重点排放单位的配额数量，然后将核定后的本行政区域内各重点排放单位配额数量进行加总，形成省级行政区域配额总量后。将各省级行政区域配额总量进行加总，最终确定全国配额总量。在省级生态环境主管部门确定碳配额后，重点排放单位会得到书面通知，如对配额有异议可以向省级生态环境主管部门提交复核申请。

可以看到，全国碳市场是按照"自下而上"的方法进行配额总量设定的。这种"自下而上"的方法将企业的历史排放量与其减排潜力相结合，最终得出分配给企业的配额总量。然而，我国作为一个发展中国家，经济发展速度较快且企业的产能也在逐年增加，单纯按照企业历史排放量进行配额发放，可能会出现总量设定过于宽松、企业减排的积极性下降及市场活跃度不足等问题。比如，重庆试点碳市场的总量设定基于纳管企业最高年度排放量的加总，而实际产生的碳排放总量远低于分配的碳排放许可量，这直接造成了部分企业无须减排即可达成控排目标。目前，全国碳市场的碳配额设定方案在参考企业历史排放量的基础上，也引入了碳排放基准值，以避免总量设定过大、配额过剩等问题。这种方案在理论上能够避免总量设定过大、配额过剩的问题，但具体实践效果还有待观察。

在欧盟碳排放权交易体系运行的第一阶段和第二阶段，欧盟成员国政府根据欧盟减排目标制定本国的国家分配计划。但是，基础排放数据的缺失使第一阶段制定的总量目标足足超出了实际排放量约 2.6 亿吨，这便带来了第三阶段的制度改革。从第三阶段（2013—2020 年）开始，欧盟委员会开始负责决定欧盟每年的配额总量，然后再将配额分配给各个成员国，最后由成员国政府向企业发放碳排放许可。除此之外，欧盟碳市场还确定了排放上限在前一个履约期年配额总量基础上每年以线性系数 1.74% 递减的动态机制，并从 2021 年起将此系数上调至 2.2%①。这种逐年收紧的配额总量调整机制有助于增加企业的控排积极性、促进市场良性循环。而我国也可以在未来借鉴这种动态机制，进一步完善现有的全国碳市场总量设定方案。

三、配额分配

在完成全国碳市场的总量设定后，后续的配额分配可以从两个方面进行解析：分配方式和计算方法。国际上普遍将分配方式分为无偿分配和有偿分配（拍卖）两种。其中，无偿分配是指政府通过特定的计算方法为企业免费分配碳排放权配额，

---

① 张锐. 欧盟碳市场的运营绩效与基本经验 [J]. 对外经贸实务，2021（8）.

而有偿分配则是由企业自发为碳排放权进行竞价①。目前，免费分配配额的方法主要有三种：基准法、历史强度法和历史排放总量法。基准法依照行业碳排放强度基准值分配配额；历史强度法根据排放单位的产品产量、历史强度值和减排系数等分配配额；历史排放总量法按照历史排放值分配配额。

根据生态环境部所印发的《2019—2020 年全国碳排放权交易配额总量设定与分配实施方案（发电行业）》规定，省级生态环境主管部门根据配额计算方法及预分配流程，按机组 2018 年度供电（热）量的 70%，通过全国碳排放权注册登记结算系统向本行政区域内的重点排放单位预分配 2019—2020 年的配额。在完成 2019 年和 2020 年度碳排放数据核查后，按机组 2019 年和 2020 年实际供电（热）量对配额进行最终核定。核定的最终配额量与预分配的配额量不一致的，以最终核定的配额量为准，通过注册登记系统实行多退少补。2019—2020 年全国碳市场配额实行全部免费分配，并采用基准法核算重点排放单位所拥有机组的配额量；对于首批纳入的发电行业重点排放单位，其配额量为其所拥有各类机组配额量的总和。我国碳市场尚处于起步阶段，在此阶段，推行碳配额免费分配主要有两个优势。首先，免费分配有利于控排企业从现有的碳密集型基础设施和工艺中获得补偿，这在碳价尚不明确的情况下起到了过渡作用。其次，基于中国多区域 CGE 模型②的分析表明，相比拍卖和其他混合分配方法，免费分配能将减排所需付出的宏观经济成本降到最低，对 GDP 的负面影响最小③。然而，《碳排放权交易管理办法（试行）》提出，全国碳市场的排放配额分配初期应以免费分配为主，适时引入有偿分配，并逐步提高有偿分配的比例。参考国际和国内地方试点碳市场的经验，随着碳交易制度变得更加成熟，逐步引入拍卖机制有利于碳价发现、提升市场活跃性并优化碳减排资源配置，有益于碳市场的长期稳定发展。以地方试点为例，广东碳市场早在建立初期就采取了免费为主、有偿为辅的配额分配方式。通过每年对拍卖机制的要素设定进行调整，广东碳市场的拍卖价格从固定碳价过渡到市场与政府同时参与定价，拍卖占比从不超过控排企业所需配额的 3% 逐步精确到 200 万吨，控排企业也不再被强制纳入拍卖体系，可自愿选择参与与否④。这一系列探索尝试成功让广东试点在第四履约年度就初步形成了较为成熟的拍卖机制。而全国碳市场也可以参考广东试点的宝贵经

①　陈飚.《巴黎协定》下中国碳市场配额分配制度的设计［J］. 改革与开放，2017（11）.

②　CGE 模型指可计算的一般均衡模型（Computable General Equilibrium，CGE），具有系统性分析问题的优势，可以将经济、能源和环境等涉及多领域的问题放在一个模型中综合考虑，是政策分析的有力工具。经过 30 多年的发展，CGE 模型已在包括碳交易、碳市场等领域的相关研究中得到了广泛的应用。

③　吴洁，范英，夏炎，等. 碳配额初始分配方式对我国省区宏观经济及行业竞争力的影响［J］. 管理评论，2015（12）.

④　邓茂芝，贾辉. 拍卖机制在我国试点碳市场配额分配中的实践及建议［J］. 中国经贸导刊，2019（6）.

验，在未来建立一个合理的有偿拍卖机制。

从配额分配的方法来看，全国碳市场采用的是基准法。鉴于全国碳市场第一步纳入的是发电行业，根据机组供电量、基准值制定的具体配额核算公式见表7.7。

表7.7 配额核算公式及符号意义

配额核算公式	符号意义
机组配额总量 ＝供电基准值×实际供电量×修正系数＋供热基准值×实际供热量 ＝Qe×Be×F＋Qh×Bh	Qe：机组供电量（单位：MW·h） Be：机组所属类别的供电基准值（单位：$tCO_2/MW·h$） F：机组修正系数（单位：GJ） Bh：机组所属类别的供热基准值（单位：tCO_2/GJ）

资料来源：上海联合产权交易所，上海环境能源交易所. 全国碳排放权交易市场建设——探索和实践研究［M］. 上海：上海财经大学出版社，2021.

与历史排放总量法相比较，我国碳市场目前采用的基准法能够更好地引导企业通过行业产品标准进行有效减排。基准法的配额分配基于产品或行业排放强度的绩效标准，因此适用于现有的和新纳入的所有控排企业。在基准以上的企业能够被分配到更多配额，并且通过出售富余的配额来获取利益。而且基准以下的企业将会受到配额的约束，促使其加快技术创新、对企业进行严格管理。通过基准法计算配额总量，需要透彻了解工业生产流程，并获得相对精确可靠的基础数据用于配额核算。我国发电行业的基础数据相对其他行业更加精确，由于产品较少也易于管理，基准法相比历史排放法等方法能够更好地计算出合理的配额。但是，鉴于我国未来计划纳入更多重点排放行业进入全国碳市场，如何给基础数据不健全或产品同质化不高的行业制定合适的行业基准、是否需要根据不同行业采用不同的配额分配方法等问题也值得有关机构考虑。

四、监测、报告与核查

在全国碳排放权交易体系中，碳排放的监测、报告与核查（MRV）作为碳交易体系的核心机制，直接决定了碳交易的可追踪、透明和可实现性。监测指对温室气体进行规范的数据监测，包含对活动水平数据和排放因子的监测；报告指根据 MRV 管理机制的报告规则，要求达到门槛的企业或者机构进行报告；核查指第三方机构对监测的气体进行周期性核查，确保其温室气体排放量的准确性。可以看到，政府主管部门、重点排放企业和第三方机构形成了全国碳市场 MRV 体系的基本框架。

生态环境部 2021 年发布的《企业温室气体排放报告核查指南（试行）》和《企业温室气体排放核算方法与报告指南 发电设施》均对全国碳市场的 MRV 体系进行了

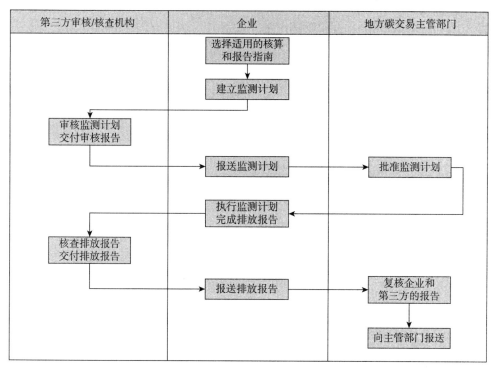

图7.6　全国碳市场 MRV 体系工作流程

（资料来源：本书编写组.碳排放权交易（发电行业）培训教材［M］.北京：中国环境出版集团，2020）

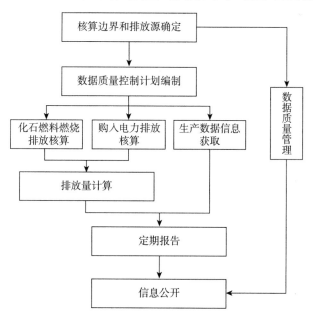

图7.7　发电行业温室气体核算工作流程图

（资料来源：《企业温室气体排放核算方法与报告指南　发电设施》）

规范。《企业温室气体排放报告核查指南（试行）》对全国碳排放权交易市场重点排放单位温室气体排放报告的核查原则和依据、核查程序和要点、核查复核以及信息公开等内容进行了详细规定。《企业温室气体排放核算方法与报告指南　发电设施》制定了发电设施温室气体排放核算工作流程，并详细规定了温室气体排放核算边界和排放源、化石燃料燃烧排放核算要求、购入电力排放核算要求、排放量计算、生产数据核算要求、数据质量控制计划、数据质量管理要求、定期报告要求和信息公开要求等。

表 7.8　　　　　　　　　　　　企业温室气体排放核算方法

核算对象	核算公式	符号意义
购入电力排放量	$E_{电} = AD_{电} \times EF$	$E_{电}$ = 购入使用电力产生的排放量（单位：tCO_2） $AD_{电}$ = 购入使用电量（单位：$MW \cdot h$） $EF_{电}$ = 电网排放因子 （单位：$tCO_2/MW \cdot h$）
发电设施总排放量	$E = E_{燃烧} + E_{电}$	E = 发电设施二氧化碳排放量 （单位：tCO_2） $E_{燃烧}$ = 化石燃料燃烧排放量 （单位：tCO_2） $E_{电}$ = 购入使用电力产生的排放量（单位：tCO_2）

资料来源：《企业温室气体排放核算方法与报告指南　发电设施》。

在监测方面，控排企业需要制定监测计划并交给第三方审核机构审核，然后再由地方主管部门批准。监测计划主要包括五个重点部分：监测计划的版本与修改、报告主体描述、核算边界和主要排放设施描述、活动水平数据和排放因子的确认方式以及数据内部质量控制和质量保证相关规定。其中，活动水平数据和排放因子能够量化碳排放活动量数据及每单位活动水平的温室气体排放量，均为我国碳排放量核算方法中的重点要素。以我国发电行业的二氧化碳排放量核算方法为例，发电设施二氧化碳排放量等于化石燃料燃烧排放量和购入使用电力产生的排放量之和，而购入使用电力产生的二氧化碳排放量等于购入使用电量乘以电网排放因子。

执行监测计划后，控排企业需要完成排放报告并交由第三方机构核查和交付。排放报告包括四个基本填报项目：排放主体基本信息、温室气体排放量、活动水平和排放因子及其来源。按照《企业温室气体排放核算方法与报告指南　发电设施》的规定，我国发电行业的重点排放单位需要在每个月结束后的 40 个自然日内，按生态环境部要求报告该月的温室气体排放及相关信息，并于每年 3 月 31 日前提交上一年度的排放报告。提交报告后，第三方机构核查程序包括核查安排、建立核查技术工作组、文件评审、建立现场核查组、实施现场核查、出具核查结论、告知核查结果、保存核查记录八个步骤。

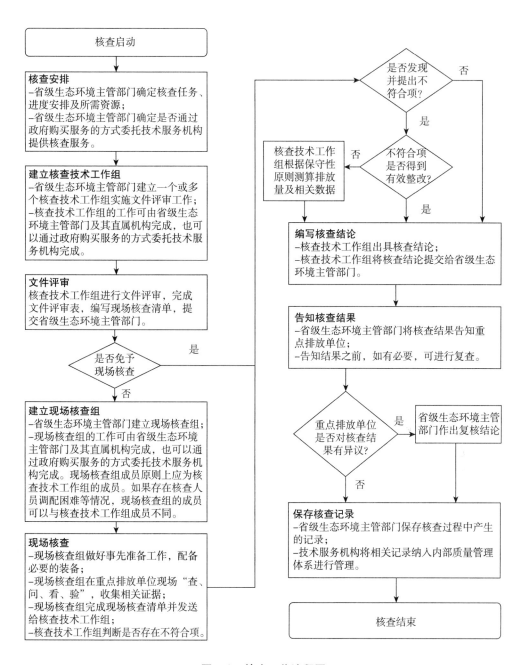

图 7.8　检查工作流程图

（资料来源：《企业温室气体排放报告核查指南（试行）》）

目前，我国对控排企业的监测、报告与核查制度尚未成熟，仍有很大的进步空间。我国大部分控排企业目前采用的均为基于核算的监测方法，通过各种物质的组分及特性来综合评估排放量的数据质量，其主要优点在于实施经验丰富且系统误差在测量设备相对独立的时候相对较小①。然而，与美国各区域碳市场和欧盟碳市场部分企业所使用的连续排放监测系统（CEMS）相比，其更依赖人工处理而非自动化监测，效率较低。连续排放监测系统能够同时测量烟气流速及烟气中的二氧化碳浓度，再通过这两项数据计算温室气体的排放量。连续监测系统的主要优势在于原始数据分析量小，且能在排放设施直接确定具体排放量。在美国各区域碳市场的应用中，美国环保署为 CEMS 开发了在线校准电子系统和监测数据检查（MDC）软件，通过远程校准和电子审计使 CEMS 的监测和报告更加自动化，同时提高了数据质量。目前，我国暂时没有 CEMS 的实践经验。鉴于 CEMS 仅适用于部分行业（如发电行业）且成本较高，未来我国可以考虑依据不同纳管行业的需求，推行不同的监测方法或是在原有的监测方法上进行创新，从而提高整个监测体系的运转效率。从核查制度来看，目前由政府主管部门负责委托第三方机构对纳管企业进行减排量核查。而《企业温室气体排放报告核查指南（试行）》对于第三方技术服务机构的风险防范机制、内部质量管理体系及公正性保证措施暂时还没有给出具体的指导意见，其法律效力同样较低。因此，我国在未来应完善现有的规章指南，并建立明确的 MRV 专门性法规和标准来提高控排企业的违规成本，从而优化全国碳市场的MRV 体系。

五、交易管理

交易管理涉及交易规则和风险管理两个部分，是全国碳市场启动及推进过程中不可或缺的部分，是能够规范全国碳排放权交易行为以及维护碳排放权交易市场秩序的重要准则。

（一）交易规则

在全国碳排放权交易市场交易的标的为碳排放配额，生态环境部可以根据国家有关规定适时增加其他交易产品。交易主体是重点排放单位以及符合国家有关交易规则的机构和个人。交易应当通过全国碳排放权交易系统进行，可以采取协议转让、单向竞价或者其他符合规定的方式。其中协议转让是指交易双方协商达成一致意见并确认成交的交易方式，包括挂牌协议交易及大宗协议交易；单向竞价是指交易主体向交易机构提出卖出或买入申请，交易机构发布竞价公告，多个意向受让方或者出让方按照规定报价，在约定时间内通过交易系统成交的交易方式。

除此之外，《碳排放权交易管理规则（试行）》中还明确了更加细致的交易规则，这些是在糅合了基本概念的基础上形成的更加具体精确的交易规则。

---

① 李鹏，吴文昊，郭伟. 连续监测方法在全国碳市场应用的挑战与对策 [J]. 环境经济研究，2021 (6).

（1）交易机构可以对不同交易方式设置不同交易时段，具体交易时段的设置和调整由交易机构公布后报生态环境部备案。

（2）交易主体参与全国碳排放权交易，应当在交易机构开立实名交易账户，取得交易编码，并在注册登记机构和结算银行分别开立登记账户和资金账户。每个交易主体只能开设一个交易账户。

（3）碳排放配额交易以"每吨二氧化碳当量价格"为计价单位，买卖申报量的最小变动计量为1吨二氧化碳当量，申报价格的最小变动计量为0.01元人民币。

（4）交易机构应当对不同交易方式的单笔买卖最小申报数量及最大申报数量进行设定，并根据市场风险状况调整。单笔买卖申报数量的设定和调整，由交易机构公布后报生态环境部备案。

（5）交易主体申报卖出交易产品的数量，不得超出其交易账户内可交易数量。交易主体申报买入产品的相应资金，不得超出其交易账户内的可用资金。

（6）碳排放配额买卖的申报被交易系统接受后即刻生效，并在当日交易时间内有效，交易主体交易账户内相应的资金和交易产品即被锁定。未成交的买卖申报可以撤销。如未撤销，未成交申报在该日交易结束后自动失效。

（7）买卖申报在交易系统成立后，交易即告成立。符合规则达成的交易于成立时即告交易生效，买卖双方应当承认交易结果，履行清算交收义务。依照规则达成的交易，其成交结果以交易系统记录的成交数据为准。

（8）已买入的交易产品当日内不得再次卖出。卖出交易产品的资金可以用于该交易日内的交易。

（9）交易主体可以通过交易机构获取交易凭证及其他相关记录。

（10）碳排放配额的清算交收业务，由注册登记机构根据交易机构提供的成交结果按规定办理，交易机构应当妥善保存交易相关的原始凭证及有关文件和资料，保存期限不得少于20年。

中国开展碳排放权交易试点，目的在于探索利用市场化手段实现减排目标，为建立全国性碳市场积累经验，因此，全国性碳市场的建立不仅要吸纳地区碳市场试点累积下来的经验，还要总结出一套可以与地区碳市场匹配的全国性碳市场规则，以利于地区性碳市场向全国性碳市场顺利过渡。

（二）风险管理

全国碳排放权注册登记机构和全国碳排放权交易机构应当遵守国家交易监管等相关规定，建立风险管理机制和信息披露制度，制定风险管理预案，及时公布碳排放权登记、交易、结算等信息。国务院生态环境主管部门应当会同国务院有关部门加强碳排放权交易风险管理，指导和监督全国碳排放权交易机构建立涨跌幅限制、最大持有量限制、大户报告、风险警示、异常交易监控、风险准备金和重大交易临时限制措施等制度。

除此之外，《碳排放权交易管理规则（试行）》中也规定了更加详细的风险管控措施。

（1）生态环境部可以根据维护全国碳排放权交易市场健康发展的需要，建立市场调节保护机制。当交易价格出现异常波动触发调节保护机制时，生态环境部可以采取公开市场操作、调节国家核证自愿减排量使用方式等措施，进行必要的市场调节。

（2）交易机构应建立风险管理制度，并报生态环境部备案。

（3）交易机构实行最大持仓量限制制度。交易机构对交易主体的最大持仓量进行实时监控，注册登记机构应当对交易机构实时监控提供必要的支持。交易主体交易产品持仓量不得超过交易机构规定的限额。交易机构可以根据市场风险状况，对最大持仓量限额进行调整。

（4）交易机构实行大户报告制度。交易主体的持仓量达到交易机构规定的大户报告标准的，交易主体应当向交易机构报告。

（5）交易机构实行风险警示制度。交易机构可以采取要求交易主体报告情况、发布书面警示和风险警示公告、限制交易等措施，警示和化解风险。

（6）交易机构应当建立风险准备金制度。风险准备金是指由交易机构设立，为维护碳排放权交易市场正常运转提供财务担保和弥补不可预见风险带来的亏损的资金。风险准备金应当单独核算，专户储存。

（7）交易机构实行异常交易监控制度。交易主体违反该规则或者交易机构业务规则、对市场正在产生或者将产生重大影响的，交易机构可以对该交易主体采取以下临时措施：限制资金或者交易产品的划转和交易；限制相关账户使用。上述措施涉及注册登记机构的，应当及时通知注册登记机构。

（8）因不可抗力、不可归责于交易机构的重大技术故障导致部分或者全部交易无法正常进行的，交易机构可以采取暂停交易措施。导致暂停交易的原因消除后，交易机构应当及时恢复交易。

（9）交易机构采取暂停交易、恢复交易等措施时，应当予以公告，并向生态环境部报告。

重点排放单位和其他交易主体应当按照生态环境部的有关规定，及时公开有关全国碳排放权交易及相关活动信息，自觉接受公众监督。

六、配额清缴

（一）履约清缴

在 2019 年和 2020 年，重点排放单位需要清缴的配额履约缺口上限为经核查排放量的20%，即当其缺口超过上限时，其配额清缴义务为获得的免费配额加20%的经核查排放量，降低了配额缺口较大的重点排放单位面临的履约负担。另外，为鼓励燃气机组发展，在2019年和2020年，燃气机组配额清缴义务为经核查排放量与免费配额量两者中的较小值，燃气机组如果有高于年度配额量的排放，则无须为超出的排放承担成本。

《碳排放权交易管理暂行条例（草案修改稿）》中明确指出，关于配额清缴，重点排放单位应当根据其温室气体实际排放量，向分配配额的省级生态环境主管部门及时清缴上一年度的碳排放配额。重点排放单位的碳排放配额清缴量，应当大于或者等于省级生态环境主管部门核查确认的该单位上一年度温室气体实际排放量。重点排放单位足额清缴碳排放配额后，配额仍有剩余的，可以结转使用；不能足额清缴的，可以通过在全国碳排放权交易市场购买配额等方式完成清缴。重点排放单位可以出售其依法取得的碳排放配额。

我国试点地区规定重点排放单位需要在履约期内向政府主管部门上缴与监测周期内排放量相等的配额。试点地区均以一个自然年度作为碳排放监测周期，每一年对上一年度的碳排放量进行履约抵消，履约期集中在每年的5—7月。

（二）未履约处罚

对逾期或不足额清缴的控排企业应依法依规予以处罚。《全国碳排放权交易市场建设方案（发电行业）》中提到，如果重点排放单位未履约，对逾期或不足额清缴的重点排放单位依法依规予以处罚，并将相关信息纳入全国信用信息共享平台实施联合惩戒。《京都议定书》履约机制规定，对于不履约的发达国家和经济转轨国家，《京都议定书》监督执行委员会可暂停其参加碳排放权交易活动的资格；如缔约方排放量超过排放指标，还将在该缔约方下一承诺期的排放指标中扣减超量排放1.3倍的排放指标。

综合各碳排放权交易试点地区规定的处罚要求可以看出，从处罚权限来看，深圳市和北京市以人大立法的形式通过了规范碳排放和碳排放权交易的法律，其他试点地区均以地方政府规章的形式颁布了相关行政法规。从法律责任来看，各个试点地区规定的法律责任主要是限期改正和罚款两项。从内容来看，各个试点地区的管理办法主要针对以下行为的法律责任作出规定：第一，重点排放单位虚报、瞒报或者拒绝履行排放报告义务；第二，重点排放单位或核查机构不按规定提交核查报告；第三，重点排放单位未按规定履行配额清缴义务；第四，核查机构、交易机构、政府主管部门等不同主体有违法违规行为。

七、抵消机制

抵消机制是指碳排放权交易体系允许被覆盖重点排放单位使用除配额外的"抵

消"额度履约,抵消量可源自未被碳排放权交易体系覆盖的行业或地区中的实体企业。抵消机制的合理应用有助于支持和鼓励未被覆盖行业排放源参与减排行动,可产生积极的协同效应,大幅降低碳交易体系的整体履约成本。抵消量可由国内或国外开发的项目产生。

国际抵消机制是由多个国家承认的机构管理的体系。管理机构为所有参与国制定明确的规则,抵消量可在多个国家产生,并在国际市场上出售。《京都议定书》基于项目的机制——CDM 是国际抵消机制的范例。《巴黎协定》第六条介绍了未来新的抵消机制,该机制的规则和指导准则还有待制定。

国内抵消机制一般由国际或地方机构管理,主管部门针对特定司法管辖区制定规则,规则制定过程中可能参考国际指导准则。未来,其他司法管辖区或国家的抵消市场可与我国碳排放权交易体系对接,促成跨司法管辖区的抵消量交易和使用。

对于特定碳排放权交易体系,抵消机制通过鼓励在减排成本较低的地区或行业进行投资减排,能够降低总体减排履约成本;并且通过调整抵消量使用比例可以达到调控价格、稳定碳市场的目的。

目前,抵消机制已经在国内碳市场中得以初步实践,为支持温室气体自愿减排交易活动的开展,政府主管部门组织建设了国家自愿减排交易注册登记系统。自愿减排交易的相关参与方,即企业、机构、团体和个人,需在国家自愿减排交易注册登记系统中开设账户,以进行 CCER 的持有、转移、清缴和注销。《国家自愿减排交易注册登记系统开户流程(暂行)》对账户开立、信息变更、账户关闭等进行了详细说明。

CCER 是具有国家公信力的碳资产,可供国内碳排放权交易试点内控排企业履约,也可以供企业和个人自愿减排使用。配额不足时,控排企业可以购买其他企业出售的配额进行履约,也可以购买 CCER 进行抵消,一单位 CCER 代表一吨二氧化碳当量。健康、有序的 CCER 交易可以在一定程度上调控配额交易需求和价格,并且是配额交易的重要补充。中国碳排放权交易试点均对可用于达到履约目的的抵消量的类型、产生日期、地理范围及数量设定了相关的限制。

从各试点碳市场目前实行抵消机制的结果来看,CCER 需求迅速增长,各试点均采用 CCER 作为抵消指标,但抵消比例略有差异。北京、上海试点 CCER 抵消使用比例不得超过当年核发配额量的 3%;天津试点抵消使用比例不超过当年实际排放量的 10%;深圳、湖北试点抵消使用比例不超过配额量的 10%;广东的 CCER 抵消使用比例不超过企业上年度实际排放量的 10%;重庆试点抵消使用比例不超过审定排放量的 8%。

从 2017 年起,主管部门暂缓受理温室气体自愿减排交易方法学、项目、减排量、审定与核证机构、交易机构备案申请。但从当前市场运行情况来看，市场对于自愿减排量的需求很大，未来很有可能会重新开启减排量的审核与签发。同时，《碳排放权交易管理暂行条例（草案修改稿）》也指出，可再生能源、林业碳汇、甲烷利用等项目的实施单位可以申请国务院生态环境主管部门组织对其项目产生的温室气体削减排放量进行核证；重点排放单位可以购买经过核证并登记的温室气体削减排放量，用于抵消其一定比例的碳排放配额清缴。一方面，随着全国碳交易市场的完善，CCER 相关方法学、项目等将可能重新开启申请审核；另一方面，随着未来碳市场的发展，有望放宽实施可再生能源、林业碳汇、甲烷利用等项目来实施碳减排，通过增大抵消比例扩大减排量市场。

八、监管机制

碳市场健康运作的关键保障来自监管部门。由于碳交易涉及多部门多政策，易形成多头管理，在运行过程中政策、管理、金融等多重风险或并行或交叉，如果解决不好"谁来管、怎么管"的问题，风险或将相互激发放大，导致碳市场机制失灵、政策工具失效。监管机制是对碳市场交易行为的监督，必要时需要使用法律的武器制裁违规违法行为。监管机制主要分为监督管理和法律责任两部分。

（一）监督管理

市场监管通常是指监管主体运用法律、经济及行政等手段对商品交换活动进行监督和管理。我国碳市场采取的是中央和地方两级管理体系，中央政府和地方政府被赋予了各自的管理职权，尽管分工不同，但两级政府互相支撑、互相制约。具体而言，生态环境部作为国务院碳交易主管部门，负责全国碳市场建设，并对其运行进行管理、监督和指导；各省、自治区、直辖市生态环境厅（局）是省级碳交易的主管部门，负责对本行政区域内的碳交易相关活动进行管理、监督和指导。中国碳市场的发展历程具有从试点向全国过渡的特点，形成了"国家层面碳市场统筹性文件、试点层面碳市场统筹性文件、试点层面碳市场操作性文件"三级监管政策体系，监管对象为交易主体和交易行为。

上级生态环境主管部门对下级生态环境主管部门执行重点排放单位名录确定、全国碳排放权交易及相关活动情况的监督检查和指导。执法和监管是推动碳市场高质量发展的重要制度保证。客观看来，在碳市场准入阶段，事前审批不仅行政效率低，还存在较大的权力寻租空间，为腐败滋生提供了土壤。设区的市级以上地方生态环境主管部门根据对重点排放单位温室气体排放报告的核查结果，确定监督检查的重点和频次。设区的市级以上地方生态环境主管部门应当采取"双随机、一公开"的方式监督检查重点排放单位温室气体排放和碳排放配额清缴情况，相关情况按程序报生态环境部。

生态环境部应当与市场监督管理、证券监督管理、银行业监督管理等部门和机构建立监管信息共享与执法协作配合机制。县级以上生态环境主管部门可以采取下列措施，对重点排放单位等交易主体和核查技术服务机构进行监督管理：（1）现场检查；（2）查阅、复制有关文件资料，查询、检查有关信息系统；（3）要求就有关问题作出解释说明。

（二）法律责任

关于追责问题，县级以上生态环境主管部门及其他负有监督管理职责的部门的有关工作人员，违反相关规定，滥用职权、玩忽职守、徇私舞弊的，由有关行政机关或者监察机关责令改正，并依法给予处分。

《碳排放权交易管理暂行条例（草案修改稿）》中还规定了不同情况下的追责方法。

（1）重点排放单位追责：重点排放单位违反本条例规定，有下列行为之一的，由其生产经营场所所在地设区的县级以上地方生态环境主管部门责令改正，处五万元以上二十万元以下的罚款；逾期未改正的，由重点排放单位生产经营场所所在地省级生态环境主管部门组织测算其温室气体实际排放量，作为该单位碳排放配额的清缴依据：①未按要求及时报送温室气体排放报告，或者拒绝履行温室气体排放报告义务的；②温室气体排放报告所涉数据的原始记录和管理台账内容不真实、不完整的；③篡改、伪造排放数据或者台账记录等温室气体排放报告重要内容的。

（2）违规清缴追责：重点排放单位不清缴或者未足额清缴碳排放配额的，由其生产经营场所所在地设区的市级以上地方生态环境主管部门责令改正，处十万元以上五十万元以下的罚款；逾期未改正的，由分配排放配额的省级生态环境主管部门在分配下一年度碳排放配额时，等量核减未足额清缴部分。

（3）违规核查追责：违反本条例规定，接受省级生态环境主管部门委托的核查技术服务机构弄虚作假的，由省级生态环境主管部门解除委托关系，将相关信息计入其信用记录，同时纳入全国信用信息共享平台向社会公布；情节严重的，三年内禁止其从事温室气体排放核查技术服务。

（4）违规交易追责：违反本条例规定，通过欺诈、恶意串通、散布虚假信息等方式操纵碳排放权交易市场的，由国务院生态环境主管部门责令改正，没收违法所得，并处一百万元以上一千万元以下的罚款。单位操纵碳排放权交易市场的，还应当对其直接负责的主管人员和其他直接责任人员处五十万元以上五百万元以下的罚款。

（5）机构交易追责：全国碳排放权注册登记机构、全国碳排放权交易机构、核查技术服务机构及其工作人员，违反本条例规定从事碳排放权交易的，由国务院生态环境主管部门注销其持有的碳排放配额，没收违法所得，并对单位处一百万元以上一千万元以下的罚款，对个人处五十万元以上五百万元以下的罚款。

（6）抗拒监督检查追责：全国碳排放权交易主体、全国碳排放权注册登记机构、全国碳排放权交易机构、核查技术服务机构违反本条例规定，拒绝、阻挠监督检查，或者在接受监督检查时弄虚作假的，由设区的市级以上生态环境主管部门或者其他负有监督管理职责的部门责令改正，处二万元以上二十万元以下的罚款。

由于我国碳交易市场构建成型较晚，存在诸多方面的问题，如监管法规不完善、监管机构职责不清、监管体系不健全等。首先，碳市场的跨学科性、跨部门性，决定了对其风险监管必须采取多元模式，而实现多元监管离不开健全的法律保障，但我国碳交易立法始终滞后于交易本身的发展，且碳排放权的法律属性尚未明确。其次，我国碳市场缺乏健全长效的监管机制，在国家层面采取的是生态环境部主导、多方参与的管理模式，在地方层面则由地方政府部门组织相关管理部门协同管理并联合决策，但无论是国家层面还是地方层面，都存在监管主体职能交叉、监管重复和监管空白并存、资源难以共享等问题。不仅如此，我国碳市场重事前监管，而轻事中事后监管。在事中监管方面，虽然有的试点为避免交易价格异常波动建立起市场风险监管和防控机制，但难以把握市场机制和政府干预的关系。在事后监管方面，部分试点不能做到从严处罚，推迟履约或拒不履约情况频频发生。最后，外部监管如行业协会、大众媒体、法律咨询服务机构等并没有被纳入监督主体，由于信息不对称性，公众获取信息数量有限，从而导致外部监管成效不明显。

因此，我国迫切需要建立健全的碳市场监管法律体系，实行统一的市场监管，加强事中事后监管、碳审计监管，倡导企业主动披露碳信息，并强化行业自律和外部监督。对于任何市场而言，有效监管的实现和监管体系的建设，必须有正确的价值导向和原则，碳交易市场的监管同样应该建立在公平、公正、公开的基础上，力求建立政府主导、多部门协同监管、社会广泛参与的监管模式。

第四节　全国碳市场启动与运行

一、全国碳市场启动

全国碳市场以试点运行经验为基础，自2017年底启动筹备以来，经过基础建设期、模拟运行期和深化完善期，于2021年正式启动配额现货交易。2021年2月1日《碳排放权交易管理办法（试行）》正式施行，2021年7月全国碳市场上线交易正式启动。在覆盖行业上，全国碳市场率先纳入电力行业，未来将逐步扩大至发电、石化、化工、建材、钢铁、有色金属、造纸和航空八大重点行业。2021年全国发电行业率先启动第一个履约周期，共计2162家重点排放单位获得碳排放配额。我国发电行业全年碳排放总量近 45 亿吨，尽管只纳入了电力行业，但全国碳市场一经启动便成为全球规模最大的碳市场。在交易产品上，目前以全国碳排放配额现货为主，未来将适时引入经国家主管部门批准的其他产品。

全国碳市场启动之际，由上海环境能源交易所承担全国碳排放权交易系统账户开立和运行维护等具体工作。在交易方式上，碳排放配额（CEA）交易通过交易系统进行，采取协议转让、单向竞价或者其他符合规定的方式，协议转让包括挂牌协议交易和大宗协议交易。其中，挂牌协议交易单笔买卖最大申报数量应当小于 10 万吨二氧化碳当量。挂牌协议交易的成交价格在上一个交易日收盘价的 ±10% 之间确定。大宗协议交易单笔买卖最小申报数量不小于 10 万吨二氧化碳当量。大宗协议交易的成交价格在上一个交易日收盘价的 ±30% 之间确定。

二、全国碳市场交易价格与规模

全国市场首个履约周期累计成交量 1.79 亿吨，交易换手率约为 3%，总成交量甚至达到其他国际碳市场现货二级市场同期成交量的数倍。

全国碳市场的交易存在着显著的周期性，交易多集中在履约期截止日期附近。大部分交易量发生在临近履约的一个月内，2021 年 12 月成交量约占全年累计成交量的 76.1%。交易量的低峰期出现在 2021 年 8 月末至 9 月中，日均交易量不超过 1000 吨。这说明当前碳价反映的更多是履约压力下短期的市场供需情况和交易心理。

在清缴履约方面，企业积极配合，履约率较高。控排企业履约率达到 99.5%；以参与度计，超过 50% 的控排企业参与了配额市场的交易。

三、全国碳市场交易特征

（一）市场环境

当前全国碳市场参与主体限于控排企业，投资机构和个人投资者暂时还没有被允许入场，一定程度上限制了资金规模和市场活跃度。从全国碳市场第一个履约周期上线交易的总体情况看，市场交易价格与交易量受履约期中的时间节点影响较大。碳配额核定、履约等因素会对控排单位的交易需求产生较大的影响，导致各交易日交易规模差异较大。对于有履约需求、需要大量购入配额的企业来说，大宗协议交易有一定的优势，因其交易量较大，议价空间较挂牌协议交易宽松。

（二）参与主体积极性

在首批参与全国碳排放权交易市场的发电企业（包括自备电厂的工业企业）中，大部分是华能集团、中国电力投资集团、大唐集团、国电集团和华电集团下属的发电企业，或其他一些中小发电企业。除以发电为主业的企业以外，供热

（4%）、化工（13%）、造纸（5%）、食品（3%）等其他行业的自备电厂企业也被纳入重点排放单位范围①。

现阶段，全国碳市场参与主体积极性偏弱，存在交易主体数量少、类型单一的问题。交易系统统计数据显示，全国碳市场启动上线的前4个月，参与交易的重点排放单位仅占全部纳管企业数量的约10%，加之投资机构尚未准入，碳市场交易主体相对单一，市场流动性和有效性有待提升。

（三）碳价形成与走势

合理有效的碳价对碳市场的平稳运行至关重要。从本质上看，碳价随市场供需关系的变化而变动。总量控制、配额分配方式、抵消机制运用、交易方式、市场开放程度以及市场调控机制等因素不同程度地影响碳价的形成。另外，政策预期稳定性、交易产品丰富性、市场交易制度、信息披露要求以及企业内部决策机制等因素从不同层面影响全国碳市场价格的形成。全国碳市场启动初期以单一的发电行业为主，大型央企和地方国企居多，这些企业更趋向集团化管理，很多交易局限于内部调配。另外，配额分配初期全部免费发放，企业缺乏交易动力，可能对碳交易持惜售心态或观望态度。这些因素直接影响全国碳市场的交易活跃度，进而影响市场价格的发现功能。

总体来看，全国碳市场以48.00元/吨的价格开盘，每日收盘价（挂牌协议交易加权均价）在41.46~58.70元/吨之间。分阶段来看，在全国碳市场开市初期，市场主体交易情绪高涨，成交量与成交额较大，碳价维持高位。2021年8—11月，市场主体交易意愿在经历下滑后维持稳定，碳价也在回落后维持在稳定水平。进入12月后，随着清缴履约时间节点迫近，企业交易需求提升，市场交易量价齐升，最终在12月31日以54.22元/吨收盘，较启动首日开盘价上涨12.96%。

（四）交易方式

碳排放权交易可以采取协议转让、单向竞价或者其他符合规定的方式。在第一个履约周期中，在上海环境能源交易所进行的全国碳排放权配额交易采用协议转让的方式，具体包括挂牌协议交易和大宗协议交易两种方式。截至2021年12月31日，全国碳市场共运行114个交易日，累计配额成交量约为1.79亿吨。其中，挂牌协议交易累计成交量约为3077.46万吨，大宗协议交易累计成交量约为1.48亿吨，占累计配额成交量的比重分别为17.21%和82.79%。

四、全国碳市场风险管理

当前全国碳市场还处在发展阶段，虽然各试点碳市场在运行期间在应对碳市场

---

① 资料来源：生态环境部，远东资信整理，https://huanbao.bjx.com.cn/news/20211012/1181060.shtml。

的相关风险方面积累了一定经验，但全国碳市场在不断完善的过程中将不可避免地面对一系列风险并对其风险管理体系提出较高的要求。为确保碳市场健康发展，应加强对碳市场的风险识别和风险控制，完善风险管理体系。

（一）风险识别

现阶段，我国碳市场面对的风险类别主要包括政策风险、市场风险、流动性风险、信用风险和操作风险。

政策风险方面，碳市场作为一种有效的环境经济政策工具受政策影响较大，政策调节的不确定性和与之相关的监管不确定性，如政策运作方式的不确定性或相关规定随后变动的不确定性，可能加剧价格波动。例如，欧盟碳排放权交易体系第一阶段超额供给配额导致碳价大幅度下跌并一度趋近于零，对市场信心、市场的有效性和持续性造成了负面影响。

市场风险方面，现货市场总体价格波动较大，易受突发事件影响，市场体系缺乏对信用风险的规避措施等。

流动性风险方面，市场发展的有序性很大程度上取决于市场参与者以及公众是否能够及时、准确获得交易规模、质量、价格等方面的信息[1]，目前市场信息不对称的现象普遍存在，导致碳排放权流动乏力，造成碳金融交易成本增加或价值损失。

信用风险方面，国内市场缺乏信用评级、信息服务等机构参与，对市场准入标准、参与者身份的认证方式、信息技术层面的识别带来了困难。

操作风险方面，国内缺少参与碳交易的人才储备，系统的不完善、参与者对规则不清楚以及恶意欺诈都可能引发操作风险[2]，交易平台系统的稳定性维护、交易流程的合理性排查都可能引起交易操作失误[3]。

（二）风险控制

在交易层面的风险控制上，全国碳市场通过当日涨跌幅限制、配额最大持有限制、大户报告制度、风险警示制度、交易信息披露与管理等一系列方式有效防范交易过程中可能出现的各种风险。从国内外经验来看，风险控制手段包括交易产品的监控、交易过程中的监控（如涨跌停板制度、市场行为监控、持仓限额制度、交易或账户的暂停或冻结停止），以及其他保障制度（如信息报告制度、保证金制度、风险警示制度）等。

（1）对当日涨跌幅进行限制。涨跌停板幅度由交易所设定，交易所根据市场风险状况调整涨跌停板幅度，通过对价格过度波动的控制来稳定市场，但直接设置价

---

① 王遥，王文涛. 碳金融市场的风险识别和监管体系设计 [J]. 中国人口·资源与环境，2014（3）.
② 孙兆东. 中国碳金融交易市场的风险及防控 [D]. 吉林大学，2015.
③ 上海联合产权交易所，上海环境能源交易所. 全国碳排放权交易市场建设——探索和实践研究 [M]. 上海：上海财经大学出版社，2021.

格上限和下限可能会导致价格长时间滞留在最高位或最低位，会限制市场的流动性，并且上下限的位置不易确定，过低的价格限制会削弱企业减排的动力。因此，涨跌停板幅度采用较为合理的百分比的限额制度，涨跌幅限制为上一交易日收盘价的±10%。

（2）配额最大持有量限制。会员和客户的配额持有量不得超过交易所规定的最大持有量限额。通过分配取得配额的会员和客户按照其初始配额数量适用不同的限额标准，年度初始配额量不超过10万吨的，同一年最大持有量不得超过100万吨；年度初始配额量在10万吨以上且不超过100万吨的，同一年最大持有量不得超过300万吨；年度初始配额量超过100万吨的，同一年最大持有量不得超过500万吨。如因生产经营活动需要增加持有量，可按照相关规定向交易所另行申请额度。

（3）大户报告制度。会员或客户的配额持有量达到交易所规定的最大持有量限额的80%或者交易所要求报告的，应于下一交易日收市前向交易所报告。

（4）风险警示制度。交易所认为必要的，可以单独或者同时采取要求会员和客户报告情况、发布书面警示和风险警示公告等措施，以警示和化解风险。

（5）交易信息披露与管理。交易信息是指有关碳排放权交易的信息与数据，包括配额的交易行情、交易数据统计资料、交易所发布的与碳排放权交易有关的公告、通知以及重大政策信息等。交易所实行交易信息披露制度，每日发布即时行情，内容包括配额代码、前收盘价格、最新成交价格、当日最高成交价格、当日最低成交价格、当日累计成交数量、当日累计成交金额、涨跌幅、实时最高三个买入申报价格和数量、实时最低三个卖出申报价格和数量。此外，交易所及时编制反映市场成交情况的周报表、月报表、年报表，发布一定周期内的最高成交价格、最低成交价格、累计成交数量、累计成交金额以及其他可能影响市场波动的信息[①]。

第五节 全国碳市场发展展望

全国碳排放权交易市场是一项利用市场机制控制温室气体排放、促进绿色低碳发展的重大制度创新，也是落实我国二氧化碳排放2030年达峰目标和2060年碳中和愿景目标的重要抓手。首批纳入2162家重点排放单位，涉及碳排放量近45亿吨，占我国全年碳排放量的比重超过40%。未来将以"成熟一个行业，纳入一个行业"为原则，逐步纳管钢铁、化工、建材等八大行业，预计二氧化碳排放覆盖将近70

---

① 上海联合产权交易所，上海环境能源交易所．全国碳排放权交易市场建设——探索和实践研究［M］．上海：上海财经大学出版社，2021．

亿吨。

一、全国碳市场现状总结

价格波动方面，首个履约周期期间碳排放配额以 48.00 元/吨的价格开盘，每日收盘价（挂牌协议交易加权均价）在 41.46～58.70 元/吨之间，2021 年 12 月 31 日收盘价为 54.22 元/吨，较启动首日开盘价上涨 12.96%。与欧盟国家相比，我国碳配额价格仍处于较低水平。随着《联合国气候变化框架公约》第二十六次缔约方大会（COP26）的召开，欧盟碳价已经来到 70 欧元时代。

交易量方面，截至 2021 年 12 月 31 日累计成交量超过 1.79 亿吨，累计成交额 76.61 亿元。总体来看，我国碳排放权交易市场的规模和活跃度还有很大的提升空间。当前碳市场交易情况整体符合预期。下一步，全国碳市场需要多维度提升市场活跃度，这可以从增加交易品种、纳入其他类型交易主体、扩大行业覆盖范围等方面推进。

总体来看，我国碳市场仍处于发展初期，面临交易不够活跃、碳价格相对低迷、政策框架不完善、机构能力建设滞后、金融化程度不高、碳市场作用发挥不充分等问题，需要通过不断深化改革、强化能力建设和国际合作等措施进一步丰富和完善，以适应新时代绿色低碳发展要求。

（一）我国碳市场发展

截至目前，我国碳市场发展经历了三个重要阶段。第一阶段为自愿减排交易阶段，在我国试点碳市场推出前，以企业出于社会责任自愿抵消碳排放量的交易为主。企业通过购买符合国际标准的自愿减排项目 [如清洁发展机制（CDM）、黄金（GS）标准和核证碳标准（VCS）等]，抵消生产经营或者大型活动产生的碳排放（如 2019 年上海世博场馆碳中和等活动）。第二阶段为试点碳交易探索阶段。自 2011 年 10 月开始，国家发展改革委推动在上海市、广东省等七省市开展碳排放权交易试点工作，各试点碳市场在市场体系构建、配额分配和管理以及碳排放监测、报告与核查等方面进行深入探索，为全国碳市场的建设积累了宝贵经验。此外，广东省和四川成都也正在积极尝试推广碳普惠机制。截至 2020 年底，试点省市碳市场累计成交量为 4.45 亿吨，累计成交额 104.31 亿元，市场活跃度日趋提升，交易规模逐步增大。第三阶段为全国碳市场建设阶段。2017 年 12 月，国家标准委员会陆续发布了 24 个行业碳排放核算报告指南和 13 项碳排放核算国家标准；国家发展改革委印发《全国碳排权交易市场建设方案（发电行业）》，明确了全国碳市场建设基本思路，标志着全国碳排放权交易体系建设工作正式启动。2020 年 9 月，习近平主席对外宣布我国"30·60"目标后，全国碳市场建设进程遽然加速，市场政策频出。自 2020 年 12 月以来，生态环境部陆续公布了《2019—2020 年全国碳排放配额总量设定与分配实施方案（发电行业）》和《碳排放权交易管理办法（试行）》等重要顶层制度，标志着全国碳市场建设和发展迈入了一个全新的阶段。2021 年 7 月全国碳市场启动上线交易，从国家层面以市场化机制倒逼重点排放单位节能降碳和产业转型升级。

（二）全国碳市场建设存在的问题

1. 制度体系不健全

全国碳市场建设在法律法规等方面存在明显的短板。在国家法律层面，上位法严重缺位，关于碳排放权或其交易制度在我国现有的法律体系中未有明确的规定；在行政层面，《碳排放权交易管理暂行条例（草案修改稿）》审核通过后将尽快推动出台；在部门规章层面，仅有生态环境部 2020 年 12 月底公布的《碳排放权交易管理办法（试行）》，这是当前全国碳市场建设最高级别的制度规范；在操作层面，全国碳市场配套的制度体系和细则暂未出台；此外，对全国碳市场跨部门协同监管的问题，当前也未有任何明确规定。

2. 基础设施支撑不够

根据全国碳市场建设总体安排，全国碳排放权注册登记系统与交易系统分别由湖北、上海两试点碳市场省市牵头建设，碳排放数据报送系统由生态环境部评估中心建设。目前，三个支撑系统基础功能建设已基本完成，适合全国碳市场现阶段发展需求的基础设施体系已初步建立。据了解，现有基础设施体系科技化、智能化程度不高，且仅能支撑一级现货和二级现货交易，无法支撑碳现货、碳金融和碳衍生品多层次体系的发展，无法支撑竞价、询价等场内和场外多模式共存，无法支撑碳现货和碳衍生品等多品种同时上线交易、清算结算、风险控制和监管。

3. 市场覆盖范围小

一是市场发展失衡。当前，无论是试点碳市场还是全国碳市场，普遍存在"重强制减排市场、轻自愿减排市场"的问题。CCER 的消纳主要集中在试点碳市场，用于强制减排市场中纳管企业的履约抵消，且长期处于供大于求的状态，价格波幅较大。2017 年 3 月，国家发展改革委暂停自愿减排项目签发，CCER 市场供给暂时中断。基于自愿减排市场的碳普惠机制刚刚在少数试点碳市场起步，但主要以政府主导的项目碳普惠为主，公众碳普惠尚未形成可持续、商业化的发展模式。

二是行业覆盖面窄。在第一个履约周期中全国碳市场仅纳入发电行业重点排放单位 2162 家，年碳排放总量近 45 亿吨二氧化碳当量，约占全国碳排放量的 40%，钢铁、化工、水泥等七大重点排放源行业暂未纳入全国碳市场。

三是交易主体有限。在我国碳市场建设推进过程中，交易主体主要为重点排放单位和小型的碳资产公司；由于金融监管的限制，金融管理部门及金融机构参与碳市场较少；此外，重点排放单位参与碳市场主要以满足履约为主，积极主动参与较少。

四是交易产品结构单一。首先，当前我国碳市场以碳现货交易为主，碳现货主要以强制减排市场的配额为基础产品，自愿减排量随着减排项目暂停签发，交易量逐渐萎缩；碳普惠减排量仅有零星交易；其次，部分试点碳市场虽然推出了碳基金、碳质押、碳回购等碳金融工具，但交易规模较小，未能形成规模化和市场化；最后，碳期货、碳期权等碳市场标准化衍生品及碳远期、碳掉期、碳互换等碳市场非标衍生品尚无明确的发展规划及清晰的实施路径。

4. 监管机制体系不完善

2019 年财政部公布的《碳排放权交易有关会计处理暂行规定》仅对通过购入方式获取的碳排放配额确认资产属性，对重点排放企业通过政府免费分配等方式无偿取得碳排放配额以及通过自愿减排项目签发的 CCER 的资产属性及其确认未有明确说法。碳排放权本质上是一种新的金融形式，具有金融资产属性，但在我国尚未纳入金融监管范畴，造成碳金融产品上市阻力重重，金融机构参与碳市场又受到金融监管准入门槛的限制。此外，在碳市场试点的过程中，碳交易主管部门未与金融市场的监管部门开展过有效衔接与协调，这带来了市场准入、碳金融产品上市、监管冲突等一系列问题。

5. 市场不活跃、价格低

目前试点碳市场不活跃、碳价低，主要受以下几个因素影响：一是政府管制，预设碳排放配额初始挂牌价，如有些试点碳市场还设置最高和最低价格限制，造成市场预期低，交易不活跃；二是当前碳排放配额以政府免费发放为主，且分配相对宽松，市场上供给大于需求；三是受各试点碳市场省市碳减排目标不确定、配额分配政策不稳定和不连续、产品结构单一、对冲工具缺乏等因素影响，目前重点排放单位或机构投资者参与积极性不高，流动率较低，碳价除履约期外一直低位徘徊。世界银行集团发布的《碳定价机制发展现状与未来趋势 2020》显示，实现《巴黎协定》目标的碳价水平为，到 2020 年达到 40 ~ 80 美元/吨，到 2030 年达到 50 ~ 100 美元/吨。2020 年末我国试点碳市场碳价区间为 14 ~ 90 元/吨，2019年欧盟碳排放权交易体系碳价为 27.80 美元/吨，我国试点碳市场碳价水平与欧盟碳排放权交易体系及世界银行预测的碳价水平差距较大。碳价是反映绿色转型需求及收益的信号，碳价过低难以激励重点排放单位及相关产业结构转型升级和引导绿色投资倾向。

6. 监测、报告与核查机制不完善

一是未建立国家标准体系，尚未形成国家层面的碳核查法律法规制度体系；二是碳核查执行主体能力建设不足，目前暂无针对核查机构及核查人员的管理办法，没有明确准入条件、执业原则、业务要求、违约行为等，造成核查机构进入门槛偏低，从业人员良莠不齐，影响核查数据的真实性和准确性；三是碳核查质量控制不严，对碳核查机构监管及对问题核查机构处罚执法力度不足，致使处罚较弱，无法切实发挥警示震慑作用；四是方法学体系科学性不明确，存在对监测计划内容要求不清楚、监测计划可操作性不强、报告完整性及公开性不够等问题。

7. 缺乏国际话语权

我国是世界上最具潜力的碳减排市场之一，市场供应和消纳潜力巨大，但我国碳市场发展水平不高，国际参与度低，国际交流合作方面存在短板，导致国际话语权严重缺乏。如国际航空碳抵消和减排计划（CORSIA）认可的 12 个 CCER 项目类别，由于处于新项目和减排量备案的暂停阶段，目前公开信息的已备案签发的减排量中，没有符合 CORSIA 合格碳减排指标要求的减排量。

我国碳市场金融化程度较低也是无法参与国际定价的重要原因。无论是我国试点碳市场还是全国碳市场都是以碳现货交易为主，而欧盟碳排放权交易体系是在一个相对发达的金融环境下发展起来的，金融化程度极高，其市场产品主要以碳期货和碳期权为主，占其交易量的 95% 以上。

此外，我国还将面临欧盟和美国征收碳边境税（对进口产品征收碳排放费）带来的冲击，这可能削弱我国出口企业在欧洲和美国市场的竞争力，美国重返《巴黎协定》也将对我国带来的碳减排压力。

二、全国碳市场发展方向

（一）加快制度体系建设

全国碳市场建设要有清晰、长远的顶层架构体系。一是建议将二氧化碳排放许可纳入《环境保护法》相关规定，明确碳排放权的法律属性，为全国碳市场体系建设提供上位法支撑；二是尽快出台《碳排放权交易管理暂行条例》，明确碳排放权金融属性，将碳排放权现货交易、碳金融产品以及碳金融衍生品纳入金融监管；三是加强各部委间政策协调，完善金融监管、财政税收等政策并及时向社会公布；四是进一步制定全国碳市场配套制度和细则，并根据市场发展情况不断完善。

（二）完善交易基础设施

一是建议在现有全国碳市场基础设施的基础上，充分运用大数据、人工智能、云计算等数字技术，全面提高报送系统数据采集以及交易系统与注册登记系统之间的信息流转、科技监管、风险监控等能力，实现全流程智能化。

二是充分借鉴国际国内成熟金融市场的经验，推动全国碳排放权交易系统标准化、产品化、国际化，以支撑多层次碳市场体系建设，推动全国碳排放权数据报送系统和注册登记系统区块链化，完整记录每个节点的数据，实现碳排放源和交易的可追溯性。

三是推动全国碳市场与金融要素市场的基础设施建立互联互通机制，实现信息交互，逐渐形成一套完整的绿色产融链，同时为未来更好地实现期现联动打下基础。

（三）逐步扩大覆盖范围

一是打造多层次复合型碳市场格局。逐步建立运行平稳的强制减排市场，将自愿减排市场尽快纳入全国碳市场建设体系中，明确其用途和消纳渠道，并建立强制减排市场与自愿减排市场共享、联通的机制，逐渐形成多层次复合型的碳市场体系。

二是逐步扩大行业覆盖范围。首先制定行业纳入时间表和路线图，逐步将钢铁、化工、水泥等八大重点排放源行业纳入全国碳市场；其次在操作层面，考虑各行业内优先纳入可操作性强、排放源较多、有固定排放源、MRV 基础数据较好、减排技术先进且碳资产管理意识较强的行业和企业。

三是逐步扩大交易主体范围。首先，将更多行业的重点排放单位纳入全国碳市场体系；其次，鼓励银行、证券公司、基金公司、期货公司、财务公司等金融机构参与全国碳市场，为全国碳市场发展注入强有力的资本实力和专业服务能力，提升市场流动性；再次，根据市场成熟情况，适时允许个人投资者参与全国碳市场；最后，结合国际碳市场发展，逐步考虑允许境外合格投资者进入以及与国际碳市场的对接。

（四）完善 MRV 机制

一是充分借鉴欧盟碳市场经验，完善我国 MRV 法律法规制度体系建设，制定法律效力等级高的基础性法律，出台碳核查技术性法规，并制定操作性较强的指南。

二是对碳核查相关方进行能力建设，明确 MRV 体系主管部门、企业、第三方核查机构等主要参与主体的职责，开展相关业务培训，加强经验交流和研讨，发挥市场力量，形成有效市场运作机制。

三是对碳核查进行质量控制，建立监督评估机制，强化主管部门执法监督，加大对问题核查机构的处罚力度。

四是建立科学的方法学体系，完善技术支撑。统一监测标准和要求，建立基于区块链技术的核查报告统一报送网络平台，并与政府统计部门、能源部门的数据平台实现对接，提高数据收集效率和公开透明度。

（五）健全交易市场机制，保障市场稳定运行

一是引入高效交易机制。根据国家相关监管要求，全国碳交易目前采用协议转让、单向竞价等交易方式，整体交易效率较低，不利于市场价格发现功能的高效实现。建议从国家层面出台相应文件，支持全国碳市场采用集中、连续的方式开展

交易。

二是开放多元市场主体。开放多元的市场主体对于丰富需求方结构类型、提供减排资金、分散风险、稳定市场等具有较好的促进作用。建议全国碳市场尽快引入机构参与，适时扩大碳交易覆盖行业范围，并随着市场的发展逐步引入个人及境外机构。

三是优化结算管理机制。为有效区分"碳排放管理"与"碳交易市场"，实现政府职能与市场职能的权责分离，降低交易结算风险，建议交易与结算统一建设。同时，充分借鉴金融市场的监管体系和监管经验，加强对全国碳市场资金结算等风险的管理。在满足监管要求的前提下，支持结算银行允许交易主体通过交易系统发起出入金，保障全国碳市场的高效、安全、稳定运行。

四是构建市场服务机制。为更好服务全国各地的重点排放单位及各类市场参与主体，建议将现有的区域性碳交易机构吸纳为全国碳交易机构的会员，依托会员体系搭建起有效的全国碳市场服务网络，保障全国碳市场的稳定运行。

（六）丰富交易业务类型，推动碳金融探索

一是扩大碳交易产品。为鼓励减排，为重点排放单位降低履约成本提供更多选择，发挥自愿减排市场和配额市场协同效应，避免市场割裂和分散设置导致的低效运行，建议支持全国自愿减排交易落地全国碳配额交易平台，并尽快研究纳入碳普惠、碳中和等其他交易产品。

二是开展碳金融探索。充分发挥碳市场金融属性，支持上海开展碳交易的金融化探索。在满足金融监管要求的前提下有序推进碳质押（抵押）、碳租借（借碳）、碳回购等多样化的碳金融工具，以及碳远期、碳期货、碳期权等衍生品交易。探索建立中央对手清算模式，完善风控体系，强化风险控制。

三是建立多层次碳市场。支持国家气候投融资服务平台在上海落地，探索碳基金、碳债券、碳保险、碳信托、碳资产支持证券等金融产品，满足交易主体多元融资需求。支持和引导社会资本对低碳减排、环保绿色产业的投资，降低绿色项目的融资成本。探索建立碳市场发展基金，调节和应对交易市场风险。

（七）建立协同监管机制

一是明确全国碳市场自身的监管，生态环境部负责对全国碳市场建设、数据报送、核查、配额分配、清缴履约等相关活动进行监督，同时以宏观审慎视角对全国碳排放权交易的一级市场和二级市场活动进行监管。

二是涉及碳排放权金融化的金融监管方面，建议碳交易主管部门与金融市场监管部门一起建立长效的协同监管机制，明确各监管部门的职责分工，加强协调配合，扎实推动全国碳市场建设各项工作，同时将碳排放权交易纳入金融监管体系，二级市场现货及衍生品交易可以参照金融市场有关规则体系执行，放开金融机构参与全国碳市场的准入门槛。

（八）形成灵活的碳价机制

"十四五"规划明确提出"推进碳排放权市场化交易"，市场化交易是形成合理有效碳价的基础。

一是在制定初始碳排放配额价格时将碳减排成本、国际碳价等因素考虑进去，为未来与国际碳价接轨打下基础。

二是交易方式直接关系到交易效率，进而对碳价走势产生影响，探索引入灵活多样化的交易方式，如报价机制、竞价撮合机制和做市商机制等，提高市场流动性。

三是引入碳排放配额有偿发放机制，设定有偿发放保留价格，避免价格过低，同时结合我国碳达峰目标，逐年提高有偿发放比例。

四是借鉴欧盟碳排放权交易体系的经验，建立"市场稳定储备"机制，调节未来全国碳市场上碳排放配额盈余。

（九）加强国际合作

为争取气候变化领域的国际话语权，全面提升我国在国家气候变化领域的影响力，全国碳市场需与国际主流碳市场进行充分的合作，两种机制要逐渐趋同。

一是在标准体系建设方面，主动学习借鉴国际标准，制定既满足国内需求又符合国际标准的体系，如借鉴国际航空碳抵消和减排计划（CORSIA），建议鼓励相关行业及企业利用符合条件的 CCER 小范围试水 CORSIA，初步探索国际碳定价模式，为未来扩大与国际主流碳市场对接奠定基础。

二是加强与国际主流碳市场在机制建设、碳排放监测、碳中和标准、交易品种开发等方面的合作和交流。

三是帮助"一带一路"沿线国家增强应对气候变化能力，为我国先行先试制定"一带一路"绿色体系下碳金融市场的国际规则探路。

四是积极推动国际碳定价机制建设，主动参与全球碳定价机制的研究，争取国际碳定价主导权，逐步将全国碳市场打造成具有国际影响力的碳定价中心，为我国参与国际应对气候变化和未来面对碳边境税增加谈判筹码。

【本章小结】

本章首先梳理了全国碳市场建设历程，分析了我国碳市场发展过程中积累的经验。其次重点从政策制度、参与主体、覆盖范围、交易管理、监管机制等方面详细解读了全国碳市场核心要素，并分析了市场交易价格与交易量情况，强调碳市场风险识别与风险控制的重要性。最后通过总结全国碳市场现状，进一步展望我国碳市场未来发展趋势。

【思考题】

1. 全国碳市场参与主体分为哪几种类型？现阶段的主要交易主体有哪些？
2. 全国碳市场有哪些支撑系统？各自的作用是什么？
3. 全国碳市场交易风险防控措施有哪些？
4. 全国碳市场现阶段存在哪些问题和不足？
5. 简要描述全国碳市场未来的发展趋势。

第八章　自愿减排碳交易市场

【学习目标】

1. 掌握自愿减排碳交易市场的概念，了解自愿减排碳交易的产生背景及发展进程。

2. 熟悉国际自愿减排碳交易市场标准和现状。

3. 了解我国自愿减排碳交易市场建设和发展历程。

第一节　自愿减排碳交易市场概述

一、自愿减排的概念

温室气体减排分为强制减排和自愿减排。自愿减排（Voluntary Emission Reduction，VER）是指个人或企业在没有受到外部压力的情况下，为中和自己生产经营过程中产生的碳排放而主动进行温室气体减排的行为。

自愿减排量是自愿减排市场交易的碳信用额，指经过联合国指定的第三方认证机构核证的温室气体减排量。自愿减排是清洁发展机制（CDM）体系之外的减排类型，为那些不能通过 CDM 获得资金的项目或者已经通过 CDM 认证但是在注册之前已经产生减排量的项目提供另外的融资渠道。自愿减排项目按照联合国制定的 CDM 项目方法学开发和实施，自愿减排碳汇市场按照《京都议定书》建立相应的自愿减排规则。

国际上常见的自愿减排项目通常从以下三类项目中产生：（1）森林碳汇等自愿减排项目；（2）前期成本过高或因其他原因而无法进入清洁发展机制开发的碳减排项目；（3）部分没有达到清洁发展机制执行理事会签发核证减排量标准的项目，可以考虑通过自愿减排碳交易市场进行碳交易的申请。

根据温室气体自愿减排受到的约束，可将其分为基于政策创设的温室气体自愿减排和非基于政策创设的温室气体自愿减排。

基于政策创设的温室气体自愿减排的自愿程度相对较低，因为它受到《京都议定书》这一国际政策的约束，或者是根据国家政策所创设的，由国家权威机构主管。这一类温室气体自愿减排中，应用较广泛的是《联合国气候变化框架公约》管理的清洁发展机制和国家发展改革委应对气候变化司（现已转隶至生态环境部）管理的中国温室气体自愿减排。概括而言，清洁发展机制是《京都议定书》所创设的，由联合国有关机构进行管理的弹性机制，其允许具有履行减排义务的发达国家帮助发展中国家开发清洁发展机制项目，完成本国减排任务，即发达国家参与清洁发展机制项目开发，将由此产生的核证自愿减排量用于履行其在《京都议定书》框架下的减排义务；而中国温室气体自愿减排是由我国政策创设的，在我国应对气候变化主管部门的管理下，允许企业在中国本土开发中国温室气体自愿减排项目，并获得由此产生的中国核证自愿减排量，控排企业可将其用于中国强制碳交易体系的履约。这些核证自愿减排量（也叫碳信用）在经权威机构认可的第三方核证机构核证并由业务主管部门签发后，可进入碳交易市场进行交易。由于受到官方政策的明显约束，基于政策创设的自愿减排在业主参加减排行为的自愿程度上比非基于政策创设的自愿减排要弱。

非基于政策创设的温室气体自愿减排特指不受《京都议定书》或国家权威管理机构有关政策的明显约束的自愿减排，这种自愿减排行为的自愿程度较高，通常由某些非政府组织、非营利组织或者机构创设并管理，没有国际组织或国家政策要求这类减排必须开展，而且对这些自愿减排行为所产生的自愿减排量的核定通常也是非官方政策要求的、松散的、出于自愿的核定。因此，这种非基于政策创设的温室气体自愿减排所产生的自愿减排量不一定能用于强制减排体系的履约，企业或个人购买这种自愿减排量一般只是出于社会公益的目的，因此具有更高程度的自愿性和公益性。目前，全球范围较为普及的非基于政策创设的温室气体自愿减排实践主要包括黄金标准（GS）、核证碳标准（VCS）、加利福尼亚州气候行动登记（CCAR）等模式。

二、自愿减排碳交易市场的发展历程

作为温室气体强制减排交易市场的补充，自愿减排碳交易市场能够帮助控排企业进一步降低成本，扩大碳市场的影响范围，并为一些社会机构和公益组织提供表达自身环境诉求的途径。

自愿减排碳交易市场最早是随着《京都议定书》中清洁发展机制的发展而形成的，但自愿减排碳交易市场不属于京都机制，而是与清洁发展机制市场平行存在。

2002 年前后，人类活动导致全球变暖现象引起越来越多的企业和个人的关注，自愿减排碳交易市场开始进入快速发展阶段。自愿减排量的需求方和认购方不受强制性减排指标的约束，完全出于义务的驱动减排和对环保公益事业的积极响应。

2018 年左右，自愿减排碳交易市场越来越引人注目，自愿减排项目注册数量、需求量都显著增加，价格持续上涨。这背后主要的推动力来自全球越来越多的企业，特别是大企业，将应对气候变化、实现碳中和或者零排放作为企业发展的战略目标，并开始认真投入资金、人力和物力于其中。作为实现目标的重要手段之一，能够抵消企业碳排放的自愿减排量的需求自然也水涨船高，带动了整个市场的发展。根据著名的碳交易研究机构 Trove Research 的研究报告，全世界对自愿减排量的需求在过去三四年里翻了一番，2020 年达到 9500 万吨二氧化碳当量，预计到 2050 年，需求可能高达每年 36 亿吨二氧化碳当量。

不同于主要由政府机构或联合国等国际组织主导的可以用于强制履约的碳抵消市场，自愿减排碳交易市场长期主要由一些非政府组织如 Verra、Gold Standard、Plan Vivo 等主导，各家建立自己的自愿减排计划、标准、方法学等，审核和接受符合其要求的自愿减排项目，建立各自的登记簿，方便买卖双方交易相关的自愿减排量。所以，国际上自愿减排碳交易市场逐渐呈现出比较分散和多元的状态，各有特色，百花齐放。

三、自愿减排碳交易市场的运行机制

自愿减排碳交易市场是指温室气体自愿减排系统中温室气体自愿减排项目业主、抵消减排者、管理机构（权威机构或非官方组织）、第三方专业核查机构、碳排放权交易市场和相关法律法规等要素间相互联系又相互影响的关系，以及这种关系所发挥的功能。

自愿减排系统中的各要素之间具有紧密的相互联系性和显著的相互作用性。减排项目业主是减排量的供给者，抵消减排者是减排量的需求者，双方在政府主管部门的政策法规或非政府组织的标准约束下，开展核证自愿减排量交易活动。这种紧密的相互联系和显著的相互作用关系，最直接的功能是促进企业和个人实现温室气体的自愿减排。同时，在这一直接功能的基础上，衍生出促进技术进步和经济发展等经济功能，改善环境和提高能源利用率等环保功能，以及缩小区域差距和提高居民环保意识等社会功能。

自愿减排碳交易市场建立在两个基础之上，一是温室气体自愿减排项目业主、抵消减排者、第三方核查机构等主体具备较为明确的职能分工和各自的责权利；二是受到来自国家主管部门等方面的有关政策和法规的约束。

自愿减排碳交易市场的运行主要是出于碳抵消的目的，让非控排主体（温室气体自愿减排项目业主）在减排成本较低的地区开发温室气体自愿减排项目，通过基

准的设定生产核证自愿减排量（碳信用），通过市场交易的手段在市场上出售核证自愿减排量，获得对自愿减排行为的补偿，进而实现减排成本最优。自愿减排碳交易市场的这一运行原理，其核心体现在以下三个方面。

1. 碳抵消原理

碳抵消是指标的物 A（个体或者行为）产生了温室气体排放，导致全球排放到大气中的温室气体增加。为了达到低碳或者近零碳的目标，可以允许另一标的物 B（其他个体或者行为）开展减碳或者固碳行为，从而使全球排放到大气中的温室气体总量减少，或达到"零排放"，这就是碳抵消或称为碳中和。与此同时，造成温室气体排放增加的主体 A 需要通过支付费用的形式来补偿实现温室气体减少的主体 B，此乃碳补偿的体现。

在此过程中，减排主体 B 是在没有法定强制减排责任、没有受到法定强制力约束的情况下进行的减排行为，通常是出于其自身意愿（如自身公益诉求、承担企业社会责任、为强制减排系统履约做储备等）而自愿实施的碳排放减少（如提高能效、技术创新）行为，这一过程正是温室气体自愿减排行为的体现。

2. 基准原理

减排行为往往是由某个项目业主在某个特定地点，采用某类节能减排或固碳增汇方法学进行项目开发实现的。一般这些项目包括对新能源的使用、能效提高、能源替代、造林增汇等，即减排主体是基于项目级的，这就是温室气体自愿减排项目。这些温室气体自愿减排项目减排量的计算和确认都是基于原本的排放强度或称基准情景下的排放量（基准），在采取技术创新、使用新能源等措施后，比基准情景下减少了一定的排放量，从而形成了减排量。

基准是在没有自愿减排的情况下，为了提供同样的服务，最有可能建设的其他项目（基准项目）所带来的温室气体排放量基准值。相较基准情形，自愿减排项目产生的温室气体减排量就是该项目的减排效益。基准的存在为温室气体自愿减排项目提供了一项标准，让温室气体自愿减排项目活动的减排量、减排效益额外性、减排增量成本等指标通过与基准进行比较，能够被计算、评价、测量和核实。而理论上的基准情景是无法被直接测量的，因此在实际操作中对基准情景的设定须以碳减排量测定的准确性、可靠性和可操作性为前提，这样能够高效率、高透明度和可追溯地实现降低交易成本。

3. 核证自愿减排量交易原理

自愿减排碳交易市场的运行是为了以市场化手段取得效率最优的减排效果，并通过核证自愿减排量的交易达到全社会减排成本降低的目的。众所周知，气候变化是一个全球性且跨区域的问题，由于温室气体是被无差别地排放到了大气中的，所以排放量的减少真实具体发生在哪个位置并不是那么的重要。因此，确保减排行为发生在减排成本更低的地区是最优的选择。通过自愿减排碳交易市场的运行，引导发达地区项目业主对落后地区进行低碳投资或者开发减排项目，促进减排行为发生在成本较低的地方，有助于实现碳减排的成本效益最大化，这样既确保了减排目标被更加有效率地完成，又有利于增加社会总福利。

以清洁发展机制为例，作为一种共同减排的合作自愿减排机制，其运行效果获得了发达国家和发展中国家在国际上的广泛认可。按照清洁发展机制的运行原理，清洁发展机制使得发达国家能够以更低成本实现减排，同时为发达国家的技术转让提供了广阔的市场，拓宽了转让渠道；同时，清洁发展机制的有效利用既可以为发展中国家的可持续发展提供更多的机遇，又可以为其创造因温室气体自愿减排项目转让而产生的经济收益。

四、自愿减排碳交易市场的特点

自愿减排碳交易市场不同于总量控制下的强制减排体系，这两种市场在机制设计上存在本质区别，自愿减排碳交易市场正是在与强制减排交易市场的差别中显示出其特点的。

（一）减排自愿

在强制减排市场（总量控制体系）中，根据政策制定者的控排政策，达到一定排放门槛的排放单位被强制要求参与到减排体系中，每年要按时、定量完成减排任务。而在自愿减排碳交易市场中，企业或业主可以根据自身意愿选择是否进行温室气体自愿减排项目的开发，并可以选择是否依托减排项目开发生产的、经核查的减排量参与到强制减排体系中。

（二）流通灵活

强制减排机制（总量控制体系）的管控范围一般仅限于当地的碳交易体系，例如欧盟碳排放权交易体系的配额只能在欧盟范围内交易，美国加利福尼亚州总量控制与交易体系的配额只能在加利福尼亚州交易；同样，中国碳排放权交易试点内的配额只能在本试点内的企业之间交易。而自愿减排碳交易市场及其生产的碳信用则具有明显的跨地域性，其中最为典型的是清洁发展机制生产的核证减排量，其能在全球许多地区流通交易，中国温室气体自愿减排机制所产生的中国核证自愿减排量能够在国内碳排放权交易试点内自由流通买卖，充分体现了自愿减排碳交易市场的灵活性。

（三）核证后定减排量

在强制减排体系中，碳配额是事先创建的，是既定的，即在减排行为运转初始阶段，机制运行管理者根据既定的分配方案将碳减排配额发放给企业。而在自愿减排碳交易市场中，核证自愿减排量是事后产生的，即在减排行为（开发减排项目）

切实发生并经相关机构核证之后，才被确认为碳信用指标。

（四）减排量无总量上限

由于强制减排体系的总量控制原则，每年的配额总量是确定的，存在一个配额总量上限，每一期的配额总量上限在交易前已经确定并分配。而在自愿减排碳交易市场中，核证自愿减排量需要待核证完成后才能确认其产生的数量，并且没有总量上限控制，通过温室气体自愿减排项目的开发，核证自愿减排量完全由市场需求决定其供给水平，理论上是不存在总量上限的。

第二节　全球自愿减排碳交易市场概况

国际上自愿减排碳交易市场逐渐呈现出比较分散和多元的状态，各有特色，百花齐放。其中，最具全球广泛性的有清洁发展机制、芝加哥气候交易所等。

一、清洁发展机制

清洁发展机制是全球范围内应用最广的国际间自愿减排机制。它是《京都议定书》下灵活履约三机制之一，可通过"碳抵消"机制进入强制减排交易市场，这使得它与其他自愿减排碳交易市场相比具有一定的特殊性。

清洁发展机制主要由《联合国气候变化框架公约》下的相关机构进行管理，其管理架构如图 8.1 所示。

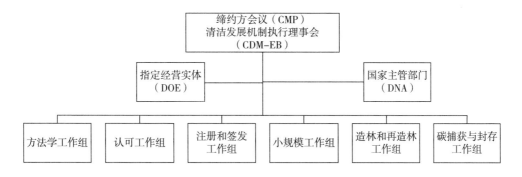

图 8.1　清洁发展机制管理架构

其中，缔约方会议（Conference of the Parties Serving as the Meeting of the Parties to the Kyoto Protocol，CMP）是指《京都议定书》下的缔约方会议，它在清洁发展机制管理架构中拥有最高决策权，其职责包括制定清洁发展机制规则、对清洁发展机制执行理事会的提议作出决定以及任命经清洁发展机制执行理事会认可的指定经营实体。指定经营实体是指由清洁发展机制执行理事会认可的独立第三方审核机构，主要负责清洁发展机制项目的审定和核证，并向清洁发展机制执行理事会提出注册/

签发申请。

国家主管部门（Designated National Authorities，DNA）是指根据清洁发展机制运行程序，参与清洁发展机制的缔约方在本国指定的主管部门。国家主管部门负责向本国清洁发展机制开发项目出具批准函，确认其有利于东道国的可持续发展，获得批准函是清洁发展机制项目注册的前提条件。在中国，清洁发展机制的国家主管部门为生态环境部，在中国开展清洁发展机制合作项目须经生态环境部批准。在清洁发展机制项目管理方面，国家发展改革委等部门于 2005 年发布了《清洁发展机制项目运行管理办法》，并于 2011 年进行了更新修订。该管理办法对中国清洁发展机制项目的管理体制、申请和实施程序作出了详细规定。

清洁发展机制执行理事会是清洁发展机制的直接管理机构。在缔约方会议的授权和指导下，清洁发展机制执行理事会负责清洁发展机制的监管。清洁发展机制执行理事会完全对缔约方会议负责，是清洁发展机制运行中的核心管理机构，其具体的职责包括：决定批准、注册清洁发展机制项目并签发项目所产生的温室气体减排量；根据缔约方会议的决定和指导意见，制定具体的清洁发展机制实施细则；提出小型清洁发展机制项目的简化规则；审查和批准清洁发展机制的基准和监测方法学；制定指定经营实体的规则，并组织审查和指定经营实体并报缔约方会议批准；提出和拟定清洁发展机制的各种政策并报缔约方会议批准等。清洁发展机制执行理事会由 10 名委员和 10 名候补委员组成，原则上按照联合国选区选举产生清洁发展机制执行理事会。清洁发展机制执行理事会每年开会 7 ~ 8 次，每次 5 天，大部分会议在德国波恩举行。其下属机构每年开会 5 ~ 6 次。《联合国气候变化框架公约》秘书处协助清洁发展机制执行理事会的工作，负责清洁发展机制运行的日常工作。

清洁发展机制执行理事会下设 6 个工作组，包括方法学工作组、认可工作组、注册和签发工作组、小规模工作组、造林和再造林工作组、碳捕获与封存工作组，各工作组的职责如下：方法学工作组负责开发清洁发展机制方法学的相关指南，以及对新方法学进行评估，并向清洁发展机制执行理事会推荐；认可工作组主要负责依据经营实体认可程序，准备清洁发展机制执行理事会的相关决定；注册和签发工作组主要负责协助清洁发展机制执行理事会对注册申请和签发申请进行评估；小规模工作组主要负责对提交的小规模项目方法学进行评估，并向清洁发展机制执行理事会推荐；造林和再造林工作小组主要负责对提交的造林与再造林方法学进行评估，并向清洁发展机制执行理事会推荐；碳捕获与封存工作组主要负责对碳捕获和封存方面的新方法学进行评估，并向清洁发展机制执行理事会推荐。

二、芝加哥气候交易所

芝加哥气候交易所（CCX）成立于 2003 年，是世界上第一个以温室气体减排为目标和贸易内容的市场平台，芝加哥气候交易所的核心理念是"用市场机制来解决环境问题"。芝加哥气候交易所是一个自愿减排体系，实行会员制，会员自愿加入。该交易所碳交易分为两个阶段：第一阶段为 2003—2006 年，目标是将温室气体排放相对于 1998—2001 年的基准每年削减 1%；第二阶段为 2007—2010 年，目标是将温室气体排放相对于基准削减 6%，两个阶段的减排承诺均对会员具有法律约束力。

芝加哥气候交易所成立时有 13 家会员，包括美国电力公司、杜邦公司、福特公司、摩托罗拉公司等，截至 2010 年有 460 多家会员，涉及航空航天、汽车、食品饮料、化工、采矿、商业、钢铁、能源供应、环境服务等行业的工商业实体；还有州政府、县政府、市政府等政府机构；一些大学、金融机构等也是其成员。这些成员大多数是美国和北美其他国家的实体，有些成员是跨国公司或非美国的实体，如英国的罗尔斯罗伊斯公司、日本的索尼公司、韩国能源管理公司、中国的贵州中水恒远项目管理咨询有限公司等。会员加入的目的主要是响应抑制全球气候变暖的国际和国内呼声，履行企业在治理气候变暖方面承担的社会责任。这些会员都是地球环境保护的倡导者和先行者，除了实现组织自身的目标和使命以外，积极投身到减排温室气体的行动中来，践行社会组织追求人类和自然和谐长久共处的宗旨。会员制运营最大的特色是具有自主承担额度及自主减排意愿。芝加哥气候交易所和会员之间签署减排协议，会员承诺遵守交易所规定的减排标准，且减排协议具有法律上的约束力，会员在一定期间的实际减排额度由第三方机构美国金融业监管局（FINRA）来检查和认证，从而保证了会员减排的诚信和公平。此外，具体的减排计划亦由注册会员根据自身情况自愿提交。如果该会员当年的实际温室气体排放量低于其承诺排放量，即减排超出其在注册时承诺的减排额度，那么它可以将溢出额度在芝加哥气候交易所出售以获取利润，或存入自己的账户之中；若该注册会员的当年减排量低于其最早承诺的碳减排额度，则必须在市场上购买碳金融工具（Carbon Financial Instrument，CFI）来完成其承诺的减排额度，否则属于违约行为。这为会员减排提供了动力和规范，是市场建立的基础性保障。

芝加哥气候交易所采用的主要交易模式为限额交易和补偿交易。其中，限额交易是最常见的模式，其主要以会员 1998—2001 年的二氧化碳排放为基准，分为两个阶段的减排目标：第一阶段是 2003—2007 年，全部注册会员每年需要减排达到 0.1%，从宏观上将实际减排量控制在基准的 4% 以内。第二阶段为 2007—2010 年，在此阶段内对加入时间不同的注册会员有阶梯式的差额规定，第一阶段加入的注册会员每年减排目标为 0.25%，宏观总量减排控制在 6% 之内，但第二阶段加入的新注册会员每年减排额度为 1.5%。补偿交易的性质主要为政府福利性补贴，通过补偿交易的方式推进会员参与温室气体减排。其主要交易流程为：会员首先需要在交易平台上注册交易身份，交易过程中如果有减排额且能够向芝加哥气候交易所提供相应的证据文档，即可以享受合法的福利性补贴，在芝加哥气候交易所进行温室气体减排交易。除以上参与会员的自愿承诺式交易、政府福利性补贴之外，芝加哥气候交易所还可以与其他具体碳减排制度或经济模式进行等价转换交易，为在联邦层面上综合性减排与减排混合政策工具的设计提供了极大可能。这种分阶段的设置使减排一直处于稳步推进的状态，有利于减排目标达成。

由于美国退出《京都议定书》，加之美国没有强制性的国内减排法律约束，芝加哥气候交易所的交易陷入困境，市场交易额急剧下滑，交易价格比较低，交易单位 CFI（一单位 CFI 代表 100 吨二氧化碳当量）价格最低降至 5 美分，2008 年年终历史最高价格则是 7.4 美元。2010 年 11 月 22 日，芝加哥气候交易所官方文件称，其为期四年的第二期碳限额交易将于 2010 年 12 月 31 日结束，2011 年不再进行第三期。同样为期四年的第一期在 2006 年底结束，两期共完成 10% 的绝对减排目标，约 7 亿吨。由于美国联邦政府对碳交易立法的缺失，这些会员已表示没有兴趣再继续进行第三期交易。外界因此对美国碳市场投以悲观论调，部分美国媒体认为芝加哥气候交易所的自愿加入和强制减排体系的结束是美国"控制温室气体排放努力的大倒退"。

三、其他自愿减排碳交易市场

美国有数个州实施了区域性的温室气体排放权交易制度。2009 年 1 月实施的区域温室气体倡议（RGGI）接受自愿减排项目产生的抵换信用。抵换项目的类型包括垃圾掩埋、减少六氟化硫的排放、碳封存、能源效率提升和农业粪肥管理机制产生的甲烷排放减量。原则上抵换的项目应该在美国境内，但 RGGI 接受有条件的来自境外的抵偿信用。从 2003 年起，在巴西、墨西哥和加拿大进行的自愿减排项目可以进行注册，由 RGGI 项目审核委员会决定是否接受，如果被认可则可以进入市场交易。

英国温室气体减排交易制度始于 2002 年，根据 1998—2000 年基准自愿设定排放减量目标并运行 5 年，在 2007 年正式并入欧盟碳排放权交易体系，完成其任务。该交易体系以自愿和弹性的市场机制为特征，政府通过补贴和减免税等方式吸引企业参与。当企业采取措施超额完成减排任务后，多出的抵换信用可以自由交易。该制度设计非常复杂而且也已经结束，但是为全球的碳交易积累了宝贵的经验，也帮助英国的企业熟悉碳交易制度，更推动伦敦成为欧洲碳交易的中心。

日本的自愿排放权交易体系（Japan's Voluntary Emissions Trading Scheme, JVETS）始于 2005 年，参与企业自愿订立减排目标，国家则资助企业更新设备和提高技术。根据该制度，企业先制定计划、设定减排目标、申报为实现目标需要购买设备的费用，如政府认可，则国家为企业支付购置设备三分之一的费用。

第三节 自愿减排碳核算标准

国际自愿减排碳交易市场发展多年，相关标准已有十几种，各标准发起者及标准的侧重点不同，各标准所接受的项目类型与审批程序也不同。其中，以黄金标准（The Gold Standard，GS）、核证碳标准（Verified Carbon Standard，VCS）、核查减排标准（The Standard for Verified Emission Reductions，VER＋）、芝加哥气候交易所标准（Chicago Climate Exchange，CCX）、气候行动储备方案（Climate Action Reserve，CAR）五类自愿减排标准应用最为广泛。

一、黄金标准

黄金标准（GS）由世界自然基金会（World Wide Fund for Nature）联合一系列非政府组织发起，于 2003 年正式形成。目前 GS 由瑞士的巴塞尔可持续能源机构（BASE）主管，巴塞尔可持续能源机构是一个促进可持续能源投资的非营利性基金会，也是联合国环境规划署（UNEP）的合作中心。

GS 是第一个针对联合履约机制（JI）和清洁发展机制（CDM）温室气体减排项目开发的、独立的、具有良好实用性的基准方法。它为项目开发商提供了一套方法，以确保 CDM 和 JI 能够产生有利于可持续发展的真实可靠的环境效益。GS 还使项目东道国和公众确信：项目能够在可持续能源服务方面带来新的额外的投资。

GS 标识既可用于项目本身（已完成审定的项目），也可用于具有 GS 标识的项目（经核查的项目）所产生的信用额。这样，项目业主既可以在一个项目产生实际减排量之前进行交易，又能够可靠地证明承诺减排量的实现。

GS 接受的项目类型主要有可再生能源项目（包括甲烷发电项目）、改善终端能效项目、小于 15MW 的水力发电项目，但不接受任何工业气体项目。GS 的主要目的是完善 CDM 项目在可持续方面的不足，旨在量化、认证并且最大化气候和发展措施对气候安全与可持续发展的积极影响。获得 GS 认证的项目不仅要保护地球气候，还要支持至少三项联合国可持续发展目标。这样，减少温室气体排放也会带来新的就业机会、更好的性别平等、健康的改善，以及对自然生态系统、生物多样性和濒危物种的保护。

GS 由一揽子质量控制标准组成，主要包括以下三个方面：（1）项目入选资格严格限定于可再生能源和提高需求端能源效率的项目，原因是这些技术本身对环境影响很小。（2）对"额外性"的检验将用于筛选项目，那些没有 CDM 也能实施的项目将被排除在外。（3）基于一定的方法学而设计的环境和社会指标将用于鉴定一个项目对可持续发展的贡献。此外，GS 建立在一个简单而严格的评估框架基础上，这个评估框架符合以下准则：（1）在严格的标准和实用性（便于项目开发者及 CDM 运作机构的应用）之间保持平衡；（2）避免增加交易成本或行政程序；（3）与 CDM 项目和 JI 项目程序直接结合；（4）程序简单，易于被 CDM 项目运作人员掌握，如项目开发商、认证机构和当地非政府组织；（5）全球性标准，适用于不同地区和国家范围内的不同部门。

GS 是基于清洁发展机制执行理事会的项目设计文件（PDD）（第二版）的相关指导而建立的。该标准为 PDD 中的许多问题设置了具有良好实用性的操作规范，同时增加了一部分额外筛选条件，以保证项目对东道国可持续发展的实际贡献和对全球气候变化的长远效益。这些额外筛选可作为清洁发展机制执行理事会要求的 CDM 常规程序的一部分来完成和审定。这样，即可将额外费用降到最低，也不会阻碍项目在 CDM 规则下的顺利开发。

目前，环境和发展方面的非政府组织已形成全球性支持者网络，并已正式认可黄金标准基金会具有 GS 的所有权。认可 GS 的组织在其所属国可以接受有关 CDM 项目的咨询，非政府组织也可通过黄金标准指导委员会（GS-SC）要求审查任何一个由独立第三方所认证的项目结果。

黄金标准指导委员会为 GS 提供战略指导。该委员会任命一个主管来负责管理 GS。该主管将负责 GS 的制度开发，并负责与 GS 感兴趣的项目开发商和买家的日常联络。

GS 还设立一个独立的技术顾问委员会（GS-TAC）。该委员会由深谙减排项目的权威人员组成，其中一些成员曾参与 CDM 设计。该委员会已经批准了 GS 的程序。该委员会的工作内容包括对申请 GS 项目进行评估，以确保这些项目的可靠性和 GS 标识的可信性。该委员会还将为黄金标准指导委员会和 GS 管理提供技术支持。

二、核证碳标准

核证碳标准（VCS）是气候组织（Climate Group，CG）、国际排放贸易协会（IETA）及世界经济论坛（World Economic Forum，WEF）联合倡议提出的针对自愿碳减排交易项目的全球性质量保证标准。这一标准要求碳汇项目的自愿碳减排必须是真实有效的、额外产生的（非日常的运营活动，没有交易就不会产生的减排量）、可测量的、永久的（排除暂时的碳转移）、独立核实的和唯一的。它提高了"三可"[①] 技术体系中额外性和唯一性的重要程度，并增加了"永久性"的要求，比"三可"更加严谨科学，但同时增加了项目设计和实施的难度。

应用 VCS 的碳交易市场是一个具有全球性质量保证的市场，VCS 第一版标准在

---

① 《哥本哈根协议》对碳减排量的核证提出有关"透明度"的要求，即需要"可测量、可报告、可核查"，被称为"三可"技术体系，后来成为碳减排量核证的基本原则。

这种环境下于 2006 年正式启用，随后 VCS 第二版标准也在 2007 年应用于伦敦市场。VCS 是两年来与企业、国际组织及市场共同作用的成果，为自愿减排碳交易项目提供了一个全球性的质量保证标准。根据该标准对温室气体减排项目进行计量、监督和报告，核证之后在自愿碳交易市场产生有效力的减排量（Voluntary Carbon Unit，VCU），为进行温室气体减排项目的企业或组织提供自愿减排的交易平台，以自由贸易的形式实现企业、组织以及政府的温室气体减排目标。

自 2006 年第一次正式公布第一版 VCS 方法学至今，VCS 已经在 11 个节能减排行业中开发了 38 套方法学，其中与林业有关的主要集中在自愿碳减排标准的农业、林业和土地利用项目方法学（VCS-AFOLU 2007）。在 CDM 造林与再造林方法学所涵盖内容的基础上，根据 VCS 的基本原则和要求，其方法学的额外性中增加了永久性测试（Performance Test）一项，因此在交易产生时，遵循 VCS-AFOLU 方法学进行的项目所产生的减排量可以与其他 VCS 项目进行交换，降低了因项目非持久性而不能达到减缓气候变暖的风险。VCS 为企业或个人在减少温室气体排放上的投资提供了新的途径，使碳交易市场变得更加透明和标准化。

三、核查减排标准

核查减排标准（VER +）由南德意志公司（TÜV SÜD）发起并作为执行机构，项目范围涉及全球，启动时间是 2007 年，现执行标准为 VER + 2.0 版本。核查减排标准（VER +）与《京都议定书》基于联合履约机制和清洁发展机制的标准一致，包括项目附加性的要求，以证明该项目不是一个正常的业务场景。VER + 所接受项目类型主要为温室气体减排项目（不包括任何四氟乙烷 HFC 项目），其中核能项目和超过 20MW 的水力发电项目必须得到世界水坝委员会的认可。

VER + 与常规的联合履约机制项目和清洁发展机制项目的主要区别是 VER + 项目没有在《联合国气候变化框架公约》（UNFCCC）上登记，因此不会计入任何附件国家的《京都议定书》平衡表中。发展中国家的项目在应用方法上具有更大的灵活性，其可以根据联合履约项目应用的准则选择应用方法。

在资格审查方面，VER + 仅限于符合联合履约资格的项目，而不限于东道国的地位。因此，除造林和再造林活动以外的土地利用活动（根据《京都议定书》只附件一国家有资格）也可适用于发展中国家。与《京都议定书》的灵活机制类似，核能和大型水力发电厂本身被排除在合格活动之外。

VER + 的项目场景不应等同于业务正常场景，项目的额外性应根据《京都议定书》中为项目定义的相应工具和指导方针进行持续测试。另外，VER + 项目需确保减排是不可逆转的。如果与土地使用有关的项目不能确保永久性，则需要充分的保障措施，以平衡潜在的可逆性。

VER＋项目需确保排他性，该项目在积分期间独家申请 VER＋积分，由其他现有计划引起或间接包括的减排必须从 VER＋的数额中扣除。在同一时间框架内，在不同制度下（如 CDM 和 JI 等）的同一活动的减排方案将不被允许授予 TÜV SÜD 证书。根据 TÜV SÜD 的认证和测试规则，任何滥用标签和证书的行为将被处以 30 万美元的罚款。TÜV SÜD 无意从滥用 VER＋活动中获得收入，它将把相应的资金用于碳信用的相关项目中，作为对减缓气候变化的贡献。

VER＋项目的授信期限将在《联合国气候变化框架公约》计划下最近商定的承诺期结束时到期。通过这样做，VER＋标准排除了任何因 UNFCCC 计划的变化或在附件一国家名单上增加任何国家而产生的潜在影响。一旦商定新的授信期限，则可根据本标准延长贷记期，并在重新验证后仍适用原来的方法。对于标准项目而言，累计授信期限的金额限制在 25 年以内，对于土地利用、土地利用变化和森林（Land Use，Land Use Change and Forestry，LULUCF）活动而言，累计授信期限的限制在 50 年以内，并且 VER＋允许申请开始日期早在 2001 年 1 月 1 日的项目。

VER＋项目要求不得对环境造成重大的负面影响，应减轻任何潜在的负面影响。如果项目根据国家法律要求进行环境影响评价，则环境影响评价应在验证结束前提交审批。

VER＋项目的验证与联合履约机制和清洁发展机制指南类似，任何 VER＋项目在注册前都必须经过验证过程，根据项目参与者编写的监测报告进行验证。在追溯项目的情况下，对于土地利用和林业活动的首次核实不得迟于实施后 5 年进行。

四、芝加哥气候交易所标准

2003 年 6 月，美国在芝加哥建立了全球首个也是北美地区唯一的碳减排交易平台——芝加哥气候交易所（Chicago Climate Exchange，CCX）。与清洁发展机制不同，CCX 是首个将温室气体排放全设计为期货来进行交易的、基于市场机制的温室气体交易体系，其环境经济水平处于世界领先地位。经过数年经营，CCX 于 2006 年制定了《芝加哥协议》，其中详细规定了 CCX 的创建目标、经营内容、交易方式、承诺额度、所需减排的温室气体主要种类、资金回笼与融资、会员登记与贸易方案、气体监测程序等细则，使得 CCX 的交易程序具有较强的市场贸易能力和操作性。

CCX 的运行主要是以强制性交易机制为主体，以排放抵消项目为补充。CCX 基于会员以前年度及现阶段排放情况订立减排计划，若会员超额完成其减排目标，则可以将多余减排份额卖出或储存，而未能达到减排目标的会员，则需购买排放权。以 CCX 的碳金融工具合约为例，其交易标的包括交易所配额（Exchange Allowances）和交易所抵消信用（Exchange Offsets Credits）两大类，配额由交易所依据每个会员的减排基准和减排时间表分配给一般会员，而抵消信用则由合格的抵消项目所产生。

CCX 温室气体排放权交易体系下的排放抵消项目是该交易体系的重要补充，与排放配额共同构成交易体系的核心要素。从本质上来说，CCX 的排放抵消项目与清洁发展机制项目及联合履约机制项目是一致的，都是能够减少温室气体排放的项目，并将经核定的此类项目产生的减排量纳入交易体系，对被限制排放的企业来说，购买减排量也就相当于得到了排放配额。

依据《芝加哥气候交易所规则》，每一年度有一个结算期，在这一期间，对每一会员当年的排放量是否跟其拥有的（即账户上的）配额数量相当进行监测。如果其当年实际温室气体排放量超过其排放限额，该会员还有一次机会从公开市场上购买配额。但是，其所购买的配额数量是受到一定限制的，依据《芝加哥气候交易所规则》第 4 条，在减排的第一阶段，每个会员用于履约的净购买量为：2003 年至多为 3%，2004 年至多为 4%，2005 年至多为 6%，2006 年至多为 7%。

CCX 将排放抵消项目纳入市场，促进了低成本气候解决方案的形成。这是一个能够分散风险的减排做法，可以让没有排放限制的地区和单位也可以参与气候解决方案，能够促使人们认清社会和生态的相互影响关系，在更大的范围内，减缓温室气体排放，可增强减排管理体系的负荷能力。目前，CCX 交易体系中的交易对象还是以企业实际减排为主，这部分约占 90%，而排放抵消的数量仅约占 10%，人们更重视的是抵消项目的广阔发展前景以及由此可能带来的商机。

排放抵消项目在环保方面要达到规定要求，并需要有专家独立认证。抵消项目的基本要求包括：（1）是真实有效用的项目；（2）在农业上有很大潜质；（3）在森林业上有很大潜质；（4）对社会有益，比如能源利用效率高、有保障，可促进可再生能源系统发展等。CCX 发送排放抵消量到会员账户之前，需要有关于抵消项目的独立认可报告。单位参与排放抵消项目必须完成注册，注册需考核专业能力、经验、独立性、财政能力等。所有想注册 CCX 排放抵消量、且自己工厂有明显温室气体排放的单位，必须承诺按照 CCX 减排计划定出的标准来管理排放，这样才有资格获得排放抵消量。

针对 CCX 温室气体抵消项目制定有完备的检定规程，相关规则及方法由来自大学、政府、非营利机构、CCX、工业等领域的专家制定，具体程序包括证明项目合格性、周期性检查、项目表现检定等。检定者会进行实地巡视以验证项目合格性，也会通过一些数据，比如树木量度、视线检查、电子生产数据、甲烷流量等来计算项目实际温室气体减排量。项目开始时会经过一个检定，之后每年都要经过检定。检定报告需要给 CCX 和美国金融业监管局审核，如果报告没有经过 CCX 合格检定者检定，该报告只可用作参考。

CCX 排放抵消项目运作流程包括四个主要步骤，包括向 CCX 提交建议书和/或调查问卷、获得独立核定、登记成为 CCX 抵消提供商或购买方、收到碳金融工具合同作为排放抵消量。虽然不同类型项目有不同的资格和量化要求，但都按照同一标准的登记、核定和抵消过程来运作。

对 CCX 会员的温室气体排放量进行监测、报告与核查是重要的基础性工作，此项工作决定了交易体系的登记结算能否合理、顺利地进行。监测应包括所有由排放源发出的温室气体排放量。CCX 规定，温室气体排放许可证中应包含对排放行为、排放监测装置安装的描述，应包含监测要求、具体的监测方法和频率。监测方法应当经过主管当局按照 CCX 标准进行核准。监测计划应包含以下内容：对安装和被监测的装置所进行活动的说明；监测责任和监测装置所报告的信息；排放量来源流清单；采用的计算方法或测量方法说明；排放活动数据、排放对象和每个被监测来源流的转换系数说明和清单；测量系统介绍，以及每个被监测来源流的说明，确切位置和转换系数；展示符合每个来源流的排放活动数据和其他参数（如适用）的证据；每一个来源流测定的净热值、碳含量、排放因子、氧化因子、转换因子或生物量分析方法说明；数据采集、处理、控制和说明活动程序描述。

作为一个自愿参与的减排交易市场，CCX 与会员之间的关系是一种私人合同关系，当一个实体要成为 CCX 会员时，它必须同意遵守交易所规则。因此，当会员未遵守交易所规则，违反减排承诺时，其所要承担的法律责任实质上是一种合同违约责任。至于这种违约责任的形式，按照《芝加哥气候交易所规则》，包括罚款、暂停交易权以及最为严重的惩罚——终止会员资格。

五、气候行动储备方案

气候行动储备方案（CAR）于 2009 年正式启动，是一个基于项目的碳排放权交易机制。它制定一个可开发、可量化、可核查的温室气体减排标准，发布基于项目而产生的碳排放额，透明地监测全程的碳交易过程，其目标是要建立一个覆盖整个北美洲的交易体系。CAR 的前身是 2001 年在加利福尼亚州注册的"加利福尼亚州气候行动登记处"，一直以来加利福尼亚州气候行动登记处是一个碳排放自愿登记机构，现在变更为气候行动储备方案后，集中于发展标准化温室气体减排的协议项目，打造一个登记和跟踪抵消温室气体的体系平台。目前参与该体系的企业将近400 家，它在墨西哥城、纽约、华盛顿、旧金山等城市设立了工作室与代理处。

CAR 的交易项目涉及四大领域：工业、交通运输、农业和林业。它所产生的减排量单位称为气候储备单位（Climate Reserve Tonnes，CRT），一单位 CRT 代表一吨二氧化碳当量，CRT 目前不能在芝加哥气候交易所交易，但可以在其子公司——芝加哥气候期货交易所交易。CAR 目前只接受由 CAR 开发的协议项目，尚不接受 CDM 项目的减排额，而只是把 CDM 机制的方法学作为其协议的出发点。CAR 有意排除了可再生能源发电、绿色建筑等部门，因为这些部门已经被其他标准充分考虑，CAR 没有必要再去涉及。显然美国在将 CAR 变为一个成熟的标准之前，并不打算激进地向外扩张。

另外，CAR 还有其姊妹组织——气候登记处（The Climate Registry），它主要负责北美所有实体性温室气体排放清单报告和核查，但不支持温室气体减排项目的登记或跟踪。气候行动中心（CCA）是其旗下的子项目中心。

六、自愿减排标准对比

各自愿减排标准发起动机不同，GS 的主要目的是弥补 CDM 项目在可持续方面的不足，VCS 与 VER + 降低项目申请者的费用与管理负担以吸引更多的项目开发者，CCX 与 CAR 主要为了填补美国没有参与《京都议定书》的市场空白。五种标准中除 CCX 标准和 VER + 标准外均为非营利性机构发起，各标准基本信息见表 8.1。

表 8.1　　　　　　　　各自愿减排标准基本信息

标准	发起机构	执行机构	项目区域	启动时间
GS	世界自然基金会	巴塞尔可持续能源机构	全球	2003 年
VCS	气候组织、国际排放贸易协会、世界经济论坛	核证碳标准委员会	全球	2006 年
VER +	南德意志公司	南德意志公司	全球	2007 年
CCX	芝加哥气候交易所	芝加哥气候交易所	美国	2003 年
CAR	加利福尼亚州气候行动登记处	加利福尼亚州气候行动登记处	美国、墨西哥	2008 年

自愿减排标准所接受的项目类型主要分为土地利用变更和森林、甲烷回收利用、新能源与可再生能源、节能与提高能效等。其中，GS 不接受任何工业气体项目，在接受所有减少温室气体项目（《京都议定书》规定能减少二氧化碳、甲烷、氧化亚氮、氢氟碳化物、全氟碳化物、六氟化硫六种温室气体的项目）的标准中，VER + 不接受任何氢氟碳化物项目，VCS、CCX 不接受新建 HCFC-22 项目。各自愿减排标准项目信息见表 8.2。

表 8.2　　　　　　　　各自愿减排标准项目信息

标准	所接收项目类型
GS	可再生能源（包括甲烷发电项目）、改善终端能效项目、小于 15MW 的水力发电项目
VCS	减少温室气体的项目，不包括为了实现商业效益的减排项目（如新建 HCFC-22 项目）
VER +	减少温室气体的项目，不包括任何四氟乙烷 HFC 项目，核能项目和超过 20MW 的水力发电项目必须得到世界水坝委员会的认可
CCX	可再生能源项目、能效项目、HFC-23 项目除新建 HCFC-22 项目、甲烷捕获与分解、森林碳汇项目（包括 REDD[①]）、农业实践
CAR	甲烷捕获与分解（畜牧业、土地填埋）、LULUCF（森林保护、城区植树）

---

　　① Reducing green house gas Emission from Deforestation and forest Degradation（REDD），指在发展中国家通过减少砍伐森林和减缓森林退化而降低温室气体排放。

额外性与基准是 CDM 方法学的核心内容。额外性是指 CDM 项目产生的减排量必须额外于在没有注册项目活动的情况下产生的任何减排量，是衡量 CDM 项目是否合格的重要标准之一；基准是指在没有该 CDM 项目的情况下，为了提供同样的服务，最可能建设的其他项目（基准项目）所带来的温室气体排放量。

额外性评估方法主要分为项目分析法（Project Analysis）和绩效分析法（Performance Test）。CDM 标准采用项目分析法，分为法律法规分析、投资分析、障碍分析、普及性分析四个步骤。绩效分析法不需要检查每一个项目，而是通过建立一个技术或程序上的门槛来决定额外性，虽然缩短了审核周期并节省了成本，但也可能会因此导致"搭便车"行为。例如，CCX 的某些"非农耕"（No-still）类项目就受到质疑，因为农民一直在采用非农耕技术，根本不具备额外性。

GS 对额外性的要求严于 CDM，而 CCX 和 CAR 为了加快项目审核速度，偏向于绩效分析法，严格性弱于 CDM，各自愿减排标准额外性检验方法及其与 CDM 严格性相比较的结果如表 8.3 所示。

表 8.3　　各自愿减排标准额外性检验方法及与 CDM 严格性的比较

标准	额外性检验方法	与 CDM 严格性的比较
GS	项目分析：采用 CDM 批准的额外性分析工具	严于 CDM：在申请 CDM 项目之前需要检验是否公开宣告过；即使是小规模项目也要按照 CDM 额外性工具进行分析
VCS	项目分析（法律法规分析、障碍分析、普及性分析）与绩效分析（法律法规分析、绩效基准分析）	项目分析：等同于 CDM；绩效分析：简化程序并降低审核成本但严格性有待进一步检验
VER +	项目分析：采用 CDM 批准的额外性分析工具	近似于 CDM
CCX	绩效分析	弱于 CDM：对于额外性没有严格的定义，不是由第三方而是由 CCX 委员会来决定项目的额外性
CAR	绩效分析与法律法规分析，并依项目类型不同侧重点有所不同	弱于 CDM：通过绩效检验的标准化提高了项目申请通过的可预测性、降低审核成本并加强了项目评估的一致性，但严格性有待进一步检验

GS、VCS、VER + 等较早期开发的标准在确定基准时以 CDM 方法为主，CCX 和 CAR 主要面对国内碳抵消市场的标准，根据需要的项目类型以自身开发、批准的方法学为主，在方便项目开发者的同时，在排放量核算的严格性方面遭到一些质疑。各自愿减排标准基准方法学要求见表 8.4。

表 8.4 各自愿减排标准基准方法学要求

标准	基准方法学要求
GS	黄金标准 CER：CDM 批准的方法学 黄金标准 VER：CDM 批准的方法学 新方法学必须由两位独立专家审查并由 GS 技术委员会批准
VCS	CDM 批准的方法学；其他个别新方法学必须有两名 VCS 认证的独立核查人检查并由 VCS 董事会通过（董事会保留检查每一个方法学的权力）
VER +	CDM 或 JI 批准的方法学；提议的新方法学由负责的审计员评价与批准
CCX	CCX 抵消委员会审查和批准的新方法学
CAR	CAR 委员会批准的基于绩效或技术清单的方法学

《京都议定书》第十二条明确规定："清洁发展机制的目的是协助未列入附件一的缔约方实现可持续发展和有益于《联合国气候变化框架公约》的最终目标。"但是 CDM 并没有同减排一样重视可持续性。自愿减排标准在可持续性方面的严格性也成为衡量其碳抵消项目品质的重要标志，表 8.5 从环境要求、社会和经济要求三个方面比较自愿减排标准。

表 8.5 各自愿减排标准可持续性比较

标准	环境要求	社会和经济要求	综合评价
GS	必须证明对环境有益，有重大环境负面影响的项目会被取消资格	必须证明对社会、经济或科技发展有益，有重大负面影响的项目会被取消资格。需要在项目计划之初与利益相关者协商，核查完成前需进行两轮公众咨询，核查进行时保证 60 天的公众评价期。项目所属地的 GS 成员必须参与全部协商过程	严于 CDM：GS 提供了一系列环境、社会、经济的具体指标来规范项目开发者的申请报告，规则比 CDM 更加具体与严格，而且必须对项目开发者声明的缓解负面影响的措施进行监测
VCS	必须遵守所在地区和国家的环境法规	项目文件必须提供环境影响评价和对利益相关者的咨询结果，但只需要提供摘要，没有明确的指标要求	弱于 CDM：VCS 不强调项目的可持续性要求，所申请的项目只需满足当地环境影响评价的相关政策即可
VER +	负面环境影响必须在 PDD 中阐明并且说明缓解措施	只有所在地区法律要求，或项目开发者不能证明项目对周围居民没有影响的情况下，才需要与当地利益相关者进行协商	弱于 CDM：VER + 不强调项目的可持续性要求
CCX	必须遵守所在地区和国家的环境法规	必须遵守所在地区和国家的环境法规	如东道主国要求，环境影响评价（EIA）就必须进行
CAR	不允许有负面的环境影响	没有严格要求	弱于 CDM：关注环境效益但对社会效益没有严格要求

CDM 规定项目在注册之前需要审定，项目注册执行一段时间后需要进行核查，审定与核查须由不同的指定经营实体（DOE）完成。自愿减排市场不同于一般的商品交易市场，买卖双方都希望碳抵消量最大化，各标准对负责审定、核查的第三方实体的要求就体现了标准严格性方面的区别。

GS 规定项目审定与核查不能由同一家指定经营实体完成（小规模项目除外）；VCS 规定审定与核查可以是同一家实体机构，而且项目是否通过不由 VCS 委员会决定而是由核查实体决定；VER + 规定审定与核查可以是同一家实体机构，并且项目申请不需要东道主国家政府批准；CCX 没有严格区分审定与核查过程，项目提交之后由 CCX 批准的人员进行核查；CAR 也没有严格区分审定与核查过程，项目开发者提交项目申请报告之后，由 CAR 委员会决定项目是否通过，项目运行之后需要由 CAR 认可的美国国家标准学会核查。各自愿减排标准审定、核查与注册信息见表 8.6。

表 8.6　　　　　　　　各自愿减排标准审定、核查与注册信息

标准	审定与核查	注册机构
GS	指定经营实体	APX Inc
VCS	VCS 批准的审计机构	APXInc、Markit、CDCC-limat
VER +	CDM 或 JI 指定的机构	Blue Registry
CCX	CCX 批准的审计机构	CCX Registry
CAR	美国国家标准学会核查并由 CAR 批准	APX Inc

总之，GS 采用 CDM 方法学并且在可持续性方面严于 CDM，项目品质最高，所接受的项目类型和项目审核时间也因此受到限制；VCS 与 VER + 旨在扩大碳抵消市场并减轻开发者的管理与经济负担，所以虽然在方法学和程序上与 CDM 非常接近，但在可持续性、审定与核查等方面都做了一定的简化；为了吸引国内更多的企业与个人参加碳抵消市场，CCX 与 CAR 增加了项目类型，简化了申请程序，降低了可持续性要求，在项目数量增加的同时其严格性方面也引起了较多质疑。

第四节　我国自愿减排碳交易市场发展状况

一、我国自愿减排碳交易市场概况

2012 年 6 月 13 日，国家发展改革委印发《温室气体自愿减排交易管理暂行办法》，这标志着国内温室气体自愿减排机制开始呈现系统性转变，结束了以清洁发展机制为主导的自愿减排，并转向中国自主开发的中国温室气体自愿减排机制。在

中国温室气体自愿减排机制下开发的温室气体自愿减排项目，即中国温室气体自愿减排项目，该项目产生的减排量被称为"中国核证自愿减排量"（CCER），因此中国温室气体自愿减排项目又简称 CCER 项目。

中国温室气体自愿减排机制主要采取国家和地方两层管理架构，其中国家级主管部门是生态环境部，省级主管部门是省、自治区、直辖市生态环境厅（局）。国务院国资委管理的中央企业中直接涉及温室气体减排的企业（包括其下属企业、控股企业），直接向国家级主管部门申请温室气体自愿减排项目备案；未列入名单的企业法人，通过项目所在省、自治区、直辖市生态环境厅（局）提交温室气体自愿减排项目备案申请，省级主管部门就备案材料的完整性和真实性提出意见后转报国家级主管部门，其管理架构如图 8.2 所示。

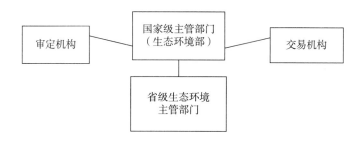

图 8.2　中国温室气体自愿减排机制管理架构

生态环境部作为温室气体自愿减排交易的国家主管部门，对温室气体自愿减排项目备案登记、减排量备案登记、自愿减排交易活动进行管理，还对从业机构进行管理，并统一设置国家登记簿。具体职能包括：设立国家自愿减排交易登记簿；对温室气体自愿减排项目采用的方法学进行备案；对温室气体自愿减排项目进行审查备案，并在国家登记簿登记；对用于抵消碳排放的减排量，在国家登记簿注销。与此同时，生态环境部负责对温室气体审定和核证机构以及温室气体减排量交易机构进行审查和备案。

审定机构是指从事自愿减排交易项目审定和减排量核证业务的机构，应通过其注册地所在省、自治区和直辖市生态环境主管部门向国家主管部门申请备案。国家主管部门对审定与核证机构备案申请进行审查，对符合下列条件的审定与核证机构予以备案：（1）成立及经营符合国家相关法律规定；（2）具有规范的管理制度；（3）在审定与核证领域具有良好的业绩；（4）具有一定数量的审核员，审核员在其审核领域具有丰富的从业经验，未出现任何不良记录；（5）具备一定的经济偿付能力。

交易机构是指温室气体自愿减排项目减排量经备案后，在国家登记簿登记并在经备案的交易机构交易。交易机构通过其所在省、自治区和直辖市生态环境主管部门向国家主管部门申请备案。国家主管部门对交易机构备案申请进行审查，并于审查完成后对符合条件的交易机构予以备案。

二、我国自愿减排碳交易市场建设历程

《温室气体自愿减排交易管理暂行办法》将二氧化碳、甲烷、氧化亚氮、氢氟碳化物、全氟碳化物和六氟化硫六种气体纳入自愿减排交易品种范畴。企业是项目运行和实施的主体，符合条件的国内外机构、企业、团体和个人均可参与温室气体自愿减排交易。

从 2013 年 6 月起，中国碳排放权交易试点先后启动。在中国温室气体自愿减排机制开始生产 CCER 以及各个试点抵消规则启用后，中国碳排放权抵消机制正式实施，碳抵消市场也正式形成，CCER 项目所产生的项目级碳抵消指标可以在试点碳交易市场进行交易，用于在控排企业履约时抵消清缴等量的碳排放权配额。2013 年 10 月 24 日，中国自愿减排交易信息平台上线后，自愿减排项目陆续在信息平台上公示。

2015 年 3 月，广州碳排放权交易所完成了全国首单 CCER 线上交易，交易量为 20 万吨二氧化碳，交易额为 200 万元，拉开了我国温室气体自愿减排交易的帷幕。2015 年，全国 CCER 成交量约为 3569 万吨二氧化碳，成交额为 4.06 亿元；2016 年，全国 CCER 成交量为 4542 万吨二氧化碳，较 2015 年增长 27%，成交额为 3.11 亿元，较 2015 年减少 23%。截至 2016 年 12 月，全国 CCER 累计成交量为 8111 万吨二氧化碳，成交额约为 7.2 亿元，成交均价为 8.9 元/吨。其中，用于"自愿减排注销"的 CCER，即用于公益事业、碳中和等的 CCER 约 15 万吨二氧化碳，仅占总成交量的约 1.8%。由此可见，CCER 交易需求的最大动力仍来自碳排放权履约抵消，用于"自愿减排注销"的 CCER 多依赖于企事业单位、机关团体和个人的低碳意识，交易和注销量都较小。

各碳交易试点基于 CCER 开发出一系列碳金融衍生品，例如，北京、上海、广东和湖北碳市场开展了基于 CCER 的质押/抵押融资。2014 年 5 月，深圳碳市场发行了碳债券——中广核风电附加碳收益中期票据，其发行利率为 5.45%，利率浮动范围为 5.45%~5.85%（同期中期国债的利率为 3.51%）。2014 年 12 月，上海碳市场开展了国内首单 CCER 质押贷款项目，贷款金额为 500 万元，并制定了基于 CCER 的碳信托计划以及开展 CCER 现货远期交易等。

2016 年，为了响应中央简政放权的要求，并为全国碳排放权交易市场提供更有公信力的减排量，中国温室气体自愿减排主管部门组织相关机构对《温室气体自愿减排交易管理暂行办法》进行修订。《温室气体自愿减排交易管理暂行办法》修订的主要内容为：简化备案程序，减少温室气体自愿减排项目备案事项，精简项目申

报材料，压缩办理时限。从 2016 年 4 月起，中国温室气体自愿减排主管部门取消"温室气体自愿减排项目上会"环节，为政府主管部门、项目业主、第三方审定与核证机构等相关方节约了大量时间和精力，同时强化审核理事会专家对减排项目的评估工作。

2017 年 3 月 21 日，《中华人民共和国国家发展和改革委员会公告 2017 年第 2 号》决定暂停温室气体自愿减排项目备案申请的受理。此后温室气体减排主管部门提出，为响应国务院"放、管、服"的总体要求，并配合全国碳市场建设需要，暂停中国温室气体自愿减排项目的受理，在此期间对《温室气体自愿减排交易管理暂行办法》进行修订，以更加适合和配合全国统一碳市场建设步伐。这意味着改革后的中国温室气体自愿减排机制将在未来的全国统一碳市场中占据更重要的地位。

从 2013—2017 年我国自愿减排碳交易市场和碳排放权交易试点的实践来看，我国自愿减排碳交易市场上卖方主要是 CDM 或 VER 项目业主，买方主要是欧洲国家、日本、美国等《京都议定书》规定有减排义务的国家的实体或履行社会责任的实体。

根据试点碳市场碳排放配额总量和 CCER 用于碳排放权履约抵消限制条件估算，试点碳市场每个履约年度 CCER 最大市场需求量为 250 万 ~ 4000 万吨二氧化碳不等，总计 CCER 年最大需求量约 1.1 亿吨二氧化碳。然而，截至 2014 履约年度履约期（2015 年 7 月底），已签发的 CCER 中可用于各试点碳市场 2014 履约年度碳排放权履约抵消的总计约 470 万吨二氧化碳。截至 2015 履约年度履约期（2016 年 7 月底），已签发的 CCER 中可用于各试点碳市场 2015 履约年度碳排放权履约抵消的总计超过 3000 万吨二氧化碳。由此可见，CCER 的供应量远远高于试点碳市场理论需求量。分析出现上述情况的原因，备案 CCER 过多可能是直接因素，其次是各试点碳市场不同程度地存在排放配额分配宽松的情况，另外这几年中我国经济发展呈现新常态，部分试点地区重点排放单位去产能、减产、限产，使排放配额出现富余，故对 CCER 的需求量减小。

此外，CCER 价值发生分化，交易不透明。七个试点碳市场 CCER 用于履约抵消限制条件的差异直接导致 CCER 价值发生分化。例如，可用于履约的 CCER 价格明显高于不能用于履约的 CCER 价格，可用于履约的 CCER 成交价格一般为 10 ~ 20 元/吨二氧化碳，最高成交价格为 33 元/吨二氧化碳，最低成交价格约为 3 元/吨二氧化碳。另外，全国九个独立的 CCER 交易平台割裂了自愿减排碳交易市场，进一步加剧了 CCER 价值分化。因为九个独立的交易平台交易规则不同，服务地区不同，产生了九个不同的 CCER 的交易价格，人为造成 CCER 同质不同价，进一步分化了 CCER 的价值。试点碳市场一般采用线上公开交易和线下协议交易的方式开展 CCER 现货交易，尽管不少试点碳市场规定大宗 CCER 交易必须线上公开进行，但是多数

CCER 交易还是以线下协议交易的形式进行，且线上成交价格远高于线下协议成交价格，客观上造成了线上交易与线下交易脱钩、线上交易价格对线下协议价格不能发挥指导作用的情况；而且，交易信息（特别是成交价格）不透明。CCER 交易不透明既为主管部门监管 CCER 交易市场制造了障碍，也不利于交易参与方分析判断 CCER 供求趋势和价格变化以及识别 CCER 交易市场风险，加上 CCER 价值发生分化、各试点碳市场 CCER 价格不同且差异较大等都为一些机构过度投机 CCER 市场创造了时机和利润空间，增加了交易风险。

总之，我国自愿减排碳交易市场还处在尝试阶段，在碳交易试点期间各交易所成交清淡，有的交易所每年成交几个项目，碳资产成交量比较小，会员数量也很少，自愿减排碳交易市场还没有真正起到抑制温室气体排放、促进实体节能减排的主体作用。

三、我国自愿减排碳交易市场主要产品

根据 UNFCCC 的界定，从大气中清除二氧化碳的过程、活动或机制即为碳汇。自愿减排碳交易市场上的产品主要是碳汇产品，如林业碳汇、湿地碳汇、海洋碳汇等。

（一）林业碳汇

林业碳汇产品是我国自愿减排碳交易市场最有潜力的发展方向。林业碳汇是指通过森林保护、湿地管理、防止荒漠化、造林和再造林、森林经营管理、采伐林产品管理等林业经营活动，稳定和增加碳汇量的过程、活动或机制。

所有可以将空气中的二氧化碳固定，进而转化为有机碳的物质，都具有碳汇功能，如土壤、水体、动植物等。植物通过光合作用，可以将大气中的二氧化碳转化成有机碳储存在体内，因此作为陆地生态系统的主体，森林拥有极其强大的碳汇功能。

林业碳汇交易是指林业碳汇在经过有资格的机构核证后，以核证后的减排量为标的交易排放权的行为。造林和再造林项目作为清洁发展机制认可的林业碳汇交易项目，在碳交易市场上越来越受到关注。林业增汇相对于新能源新技术的研发具有成本低、效益高的特点。林业碳汇在交易的过程中还能产生一定的社会价值，如绿化环境，建立人们休闲娱乐的公园场所等。

清洁发展机制下的项目可分为减排项目和碳汇项目。减排项目指通过项目活动有益于减少温室气体排放的项目，主要是在工业、能源等部门，通过提高能源利用效率或能源转换来减少温室气体排放。碳汇项目指能够通过 LULUCF 项目活动增加陆地碳储量的项目，如造林和再造林、森林管理、植被恢复、农地管理、牧草地管理等。

1. 林业碳汇交易的主体

林业碳汇虽然是一种新兴的非实体交易，但依然遵循市场交易的基本概念和原则，林业碳汇交易的产生和运行仍然涉及供需双方和交易标的三个基本要素。当森林的碳汇功能按照一定的规程和方式转变为林业碳汇减排量时，就具备了商品的特性。根据国际公约以及各国承诺，在节能减排、应对全球气候变暖的需求下，林业碳汇成为可以交易的标的，明确了权属关系后就具备了进入碳市场进行交易的基本条件。

林业碳汇交易的供给方通常是森林的所有者或经营者，根据我国的现状，供给方通常为国有、集体林场和农户以及进行森林经营的企业或法人团体。在交易中供给方主要负责提供林业碳汇资源，明确权属关系，以及提供各类项目所需的证明。从交易中获得技术和资金的支持，利用林业碳汇带来额外的经济收入。

林业碳汇交易的需求方即购买者，一般为温室气体排放量较大的企业，尤其是耗能高的电力、重工业、石油工业等企业，或者是有减排需求的组织或国家。例如，根据《京都议定书》中清洁发展机制的原则，附件一国家可以向发展中国家购买减排量，并在购入项目的实施中提供先进的技术支持。林业碳汇无论是资金投入还是技术成本相对于新能源来说都占有极大的优势，通过购买林业碳汇项目产生的减排量，无疑是企业、组织或国家优选的应对气候变化的有效方式。

2. 林业碳汇交易的标的

明确交易主体之后，对交易标的的研究是交易十分重要的部分。对于碳汇交易而言，交易标的就是林业碳汇产生的减排量，可以简单分为两个部分，一是减排量的产生，二是减排量的认证。

减排量的产生与项目设计实施采用的方法学有很大关系，减排量与森林自身的碳储量有一定差别，主要取决于减排量的额外性。林业碳汇项目的实施目的是通过森林的固碳功能降低大气中二氧化碳的浓度，从而抵消温室气体排放，实现减缓全球变暖的功效，只有超过项目未实施时的碳储量的部分碳汇量，才能用作抵消温室气体排放，才具有商品的特性，才能进入碳交易市场进行交易。因此，林业碳汇项目额外性的测定是项目减排量可用于交易的关键理论和实践基础。

减排量的认证需要通过具有资质的第三方认证机构进行，一方面是保障碳汇交易双方的权益，维护交易的公平和透明；另一方面是确保减排量的有效性，切实达到抵消温室气体排放量、减缓全球变暖的作用。第三方认证机构主要负责对碳汇项目的设计进行可行性分析，对基准数据和项目事前预估数据的准确性进行核算，并分析碳汇项目的额外性。

林业碳汇项目的减排量只有具备额外性，并且符合可测量、可报告、可核查的"三可"技术要求，才能成为交易的标的。

3. 林业碳汇项目的开发

开发林业碳汇项目,一般需依照固定的流程。第一,项目业主将要开发的林业碳汇项目发给咨询公司,审核项目是否符合 CCER 的要求;第二,项目备案申请,包括向国家主管部门提供备案申请;第三,项目设计文件,进行现场调查之后根据相应方法学由咨询公司编写项目设计文件;第四,咨询公司将协同买家联系第三方权威认证组织,依据相关的 CCER 标准,对项目减排量进行审定;第五,减排量经过审定后,咨询公司将这些减排量在 CCER 登记处进行注册;第六,与项目业主配合进行现场考察并实施监测,咨询公司编写监测报告;第七,咨询公司将协同买家联系第三方权威认证组织,依据相关的 CCER 标准对项目监测减排量进行审定;第八,将资料提交国家主管部门审核通过后,最终减排量得以签发,可以进入市场交易。

4. 我国林业碳汇项目发展概况

我国作为《京都议定书》的非附件一国家,依托 CDM 积极参与国际林业碳汇交易,并于 2001 年启动了全球碳汇项目。2005 年,在 CDM 机制下,我国与意大利签署并实施在内蒙古自治区敖汉旗的防治荒漠化碳汇造林项目,项目规定到 2012 年项目产生的可认证减排指标归意大利所有。2006 年世界银行生物碳基金在广西开展造林和再造林碳汇项目,预计到 2035 年固定二氧化碳 77 万吨。2008 年,中国绿色碳汇基金会在北京、甘肃、广东和浙江等省市挂牌实施 6 个林业碳汇项目,试点推进地方林业碳汇交易。

2009 年,我国先后成立国家林业局林业碳汇计量监测中心和四个区域计量监测中心,加强全国林业碳汇计量理论、方法与技术体系建设,先后制定并颁布实施了林业碳汇计量、碳汇造林等方面的一系列标准和技术规程。尽管如此,在 2011 年成立的七个试点碳交易市场中,主管部门并未将林业行业纳入碳交易市场。在中国绿色碳汇基金会等的支持下,2016 年 1 月 6 日,北京市在北京环境交易所首次完成了两个林业碳汇项目交易,地方林业碳汇交易取得突破,促进了林业生态产品价值市场化。

除 CDM 机制的造林和再造林项目外,2010 年我国首家非京都规则下的碳汇项目平台——中国绿色碳汇基金会成立,旨在推进以植树造林、固碳减排为目的的林业碳汇项目。2011 年在浙江义乌启动全国林业碳汇交易试点,中国绿色碳汇基金会联合华东林业产权交易所,探索林业碳汇交易模式。

截至 2017 年,我国自愿减排交易信息平台累计公示审定项目 2871 个,网站公示备案项目 254 个,实际备案项目 234 个,其中 99 个为林业碳汇项目。

(二)湿地碳汇

湿地是位于陆生生态系统与水生生态系统之间的过渡地带,泛指暂时或长期覆盖水深不超过 2 米的低地、土壤充水较多的草甸以及低潮时水深不过 6 米的沿海地区，包括咸水淡水沼泽地、湿草甸、湖泊、河流以及河口三角洲、泥炭地、湖海滩涂、河边洼地或漫滩、湿草原等。

湿地系统在温室气体二氧化碳和甲烷的平衡关系中发挥着重要作用。湿地可以利用湿地植物的光合作用将大气中的二氧化碳转化为有机质，待植物死亡后，其残体通过腐殖化作用、泥炭化作用转化为腐殖质和泥炭，以这种形式储存在湿地系统中。

2016 年，在亚洲开发银行的支持下，湿地碳汇项目方法学研究启动，并在青海省泽库县泽曲国家湿地公园开发了首个湿地恢复碳汇示范项目。在三年的实践过程中，湿地碳汇方法学为整个项目的准备、实施、监测和管理提供了一套完整的技术方法体系，有效节约了湿地碳汇项目开发成本，缩短了湿地碳汇项目开发周期。《湿地碳汇方法学》的编制填补了中国温室气体自愿减排碳交易体系方法学的空白，对推进我国湿地保护和恢复、实现湿地减排增汇、通过碳交易助力社区脱贫增收具有重要意义。《湿地碳汇方法学》针对红树植树造林、退耕还湿、排干湿地还湿和湿地可持续放牧四项湿地恢复措施制定了科学、适用的方法。

（三）海洋碳汇

相比于陆地生态系统的碳汇作用，海洋生态系统的碳汇具有碳循环周期长、固碳效果持久等特点。例如，海洋浮游植物占地球光合净初级生产力的 45% 以上。在陆地上光合作用最活跃的贡献者以长生命周期的大型植物（平均为 10 年）为主，但在海洋中发挥主要作用的是短生命周期的微生物（典型时间为 1 周），因此海洋碳汇的过程相比于森林碳汇具有更强的动态性。另外，海洋碳汇大部分发生在国际公共海洋领域。由于以上原因，海洋碳汇的发展在各国环境政策中被长期忽视。建立海洋碳汇促进与保障政策体系，将海洋碳汇纳入国际气候变化主要议题将成为制定全球碳减排计划重要的新思路，其将对大气环境与海洋生态产生长远而积极的影响。

1. 海洋碳汇的发展模式

海洋碳汇需要将碳的吸收建立在健康海洋生态基础之上，相比于陆地生态系统，海洋生态系统的健康性评估难度更大，生态系统规律更具有隐蔽性，生态系统遭到破坏的程度更显著，许多区域的海洋生态系统正在快速萎缩甚至消失。随之而来的是海洋生态系碳汇作用减弱，平均每年有 2%～7% 的海洋碳汇消失，而且速度已经在显著加快。海洋碳汇的发展模式需要以海洋生态修复为基础，以可持续发展为目标，并结合海洋科技与产业的现状，构建一体化海洋环境治理体系。

在海洋碳汇建设中不会存在与人类空间冲突的问题，因而对于海洋生态而言，主动修复与建设的潜力是巨大的。通过深入了解海洋生态的运行规律，可以充分发挥海洋生态的空间与整体性优势，且只需要修复海洋生态与碳循环的特定环节就可实现整个系统碳汇能力的显著提高。因此，需要协调推进森林碳汇与海洋碳汇，使人类减少碳排放的努力始终处于边际效用最大化的状态。

人类活动导致海洋碳汇减少的主要方面在于海岸富营养化、填海造陆、海岸工程及海岸城市化等。增加海洋碳汇首先在于海洋生态的恢复，同时可以紧密结合海洋渔业的发展，在恢复海洋生态的同时，实现物种多样性保护与减少碳排放的目标。从行动策略角度看，增加海洋碳汇可以从消除富营养化污染、增加滨海湿地、改善海洋渔业结构、保护海床生态等方面对海洋生态进行恢复与重建，使其具有更强的固碳能力。

2. 海洋碳汇交易的制度探索

发展海洋碳汇是增强我国碳实力的重要路径，是达成全球碳排放合作的技术性杠杆。从全球合作角度分析，为了实现整体碳排放的降低，需要参与减排的各方能够在排放权、发展权方面达成一致。其前提是碳排放安排符合各国的碳实力，而减排潜力是各国碳实力的关键组成部分。海洋碳汇能力的增强无疑将对我国的减排潜力产生显著影响，因此率先启动对我国海洋碳汇现状与潜力评估是推动我国海洋碳汇持久有序发展的前提。

针对海洋碳汇的作用，人们已经在海洋微生物沉降、滨海湿地等多个方面形成了国际共识。海洋碳汇的交易是碳配额交易的一个重要补充。通过将海洋碳汇交易纳入碳排放权交易体系，可完善国内碳排放权交易市场，推动国内海洋碳汇能力建设，使我国碳实力进一步提高；进而，随着国际碳排放谈判格局的变化，将海洋碳汇交易推向国际范围。与碳配额交易的方式不同，海洋碳汇交易需要建立在由国家推出的统一基金的基础上。在配额交易中，交易主体为产生碳排放的生产企业。通过事先确定配额，企业基于各自生产中的排放情况，选择交易的价格与交易对象，而海洋碳汇的交易需要对相应项目实际产生效果进行较长时间的追踪并进行估计。由于海洋碳汇的发展方式分为三种，交易的主体也相应分为三类：（1）原有的生产企业。这些企业对海洋的排放影响了海洋的碳汇，其通过减少排放可以促进海洋生态改善，增加海洋碳汇，此类主体采用的方式同样是配额式的，交易规则类似于碳配额交易。（2）海洋环境管理主体。该类主体是为了保护滨海湿地、海床环境而设定的监管单位，其发挥的作用需要通过所保护生态恢复的效果来体现。通过计算生态系统的碳汇能力增加度量生态保护行动的碳汇总量，其基础在于对所保护生态系统的碳汇能力增长，交易应采取类似于 CDM 计划的方式进行。（3）海洋养殖主体。该类主体通过养殖产品的生物特性，增加海洋碳汇总量，此类主体的交易应该采用信用转让方式进行。针对三类主体与当前碳排放市场中企业主体间碳配额的换算关系进行设计，构建起海洋碳汇市场交易的基本框架。但是，碳汇市场与碳配额市场间的"换汇"需要由一个具备信用的统一主体完成，所以需要建立统一的基金；然后，由该基金发起对三类主体的种子补贴，从而维持两个市场对碳减排的贡献，使相对价格维持在合理的水平。

针对海洋碳汇项目可以建立海洋碳汇交易平台，可以由海洋碳汇统一基金作为该平台的支持方，完成市场信息的收集和披露的任务。在交易还未实现前，平台应将评估功能作为主要功能，从而在平台运行初期完成公信力建设；平台运行后，则需要维持评估功能。作为海洋碳汇效果与潜力的评价单位，由于海洋的连通性特征，平台需要有统一的主体承担海洋碳汇计量中需要完成的一体化信息收集与统计工作。

海洋碳汇发展需要社会各方主体的共同参与，市场化的海洋碳汇机制将使参与各方获得更好的经济效益。在现有碳排放权交易体系的基础上，通过交易平台建设完善监测体系，对规范量化后的海洋碳汇进行认证并纳入碳排放权交易系统。在完善碳排放权交易的同时，也让全社会充分认识海洋碳汇并积极参与，推动我国成为碳汇大国，加快实现我国的碳达峰、碳中和。

四、我国自愿减排碳交易市场发展前景

2021年全国碳排放权交易体系启动，自愿减排碳交易市场也即将重启，CCER的纳入不仅能够丰富其交易产品种类，提升市场的流动性，发现有效市场价格，以及降低控排企业的履约难度，还能够进一步提振市场参与者的信心，提高企业参与碳交易的积极性，其对全球自愿减排碳交易市场具有重大意义。

当然，CCER的全面推出还有许多工作需要推进。从管理侧来看，由于大量项目开发的审批集中在主管部门，这一方面给主管部门带来较大的工作压力；另一方面也导致CCER方法学、项目与减排量的备案及签发流程复杂、耗时长、部门权责不明晰，因此应由主管部门委托具有非营利性特征和政府公信力的专业机构负责相关事宜，并履行好监管职责。

对于CCER项目和减排量备案及签发过程中的违法违规行为，2012年颁布的《温室气体自愿减排交易管理暂行办法》的惩罚较轻，其处罚措施仅限于责令改正、公布违法信息和取消备案等，无法引起利益相关方的重视。应引入严格且明晰的处罚机制，提高违法成本，进一步规范各市场参与者的市场行为，特别是要提高对中介机构的监管，从而间接降低由于违法违规行为给政府或相关部门带来的额外管理成本。

尽快明确全国碳排放权交易体系有关抵消机制的规则设计，向相关市场参与者释放CCER将会纳入全国碳排放权交易体系的积极信号同样重要。在抵消机制使用细则设计中，主管部门可以通过对可用于履约的CCER项目的所属区域、类别、减排量产生年份等方面的规定，保证CCER的纳入对碳交易市场起到推动而非冲击作

用，同时确保抵消机制具备一定的灵活性。此外，CCER 的价格走势主要受市场对配额价格的预期以及 CCER 本身供求关系的影响，因此，CCER 的尽快重启能够避免现存可以用来履约的 CCER 数量越来越少造成的价格暴涨的情况。

此外，需要进一步丰富和完善 CCER 注册登记系统各方面的功能，提升不同层级部门对系统运维管理的能力，以满足全国碳排放权交易体系交易和履约的需求。明确 CCER 注册登记系统与其他相关各平台的对接机制，包括全国碳排放权注册登记系统、碳排放权交易系统、清结算系统等，以及国际航空碳抵消与减排计划（CORSIA）的登记系统，并应尽早进行上述各系统间的对接、压力测试和试运行工作。规范全国碳排放权交易体系中有关 CCER 的交易量、成交价格与履约百分比等信息的公开频率、形式、内容以及信息发布的平台，提高 CCER 市场交易信息的透明度，从而对企业参与交易及制定履约策略提供参考和指导。信息透明度的提升还能够缩小中介机构利用信息不透明获取暴利的空间，降低控排企业参与 CCER 交易的门槛，提升 CCER 在全国及区域性碳市场交易的活跃度。

CCER 不仅可以用于国内碳排放权交易市场履约，还具有帮助企业进行碳中和的功能。2020 年 3 月，中国温室气体自愿减排交易体系成为国际民航组织认可的六个 CORSIA 合格减排项目体系之一，意味着全球的航空企业可以通过购买 CCER 的方式履行自己的减排义务，为 CCER 增加了作为国际碳市场履约产品的新属性。同时，在全国碳排放权交易体系正式上线运行后，可以借助抵消机制推动国际不同区域碳市场的对接，这也能够为"一带一路"沿线国家实现低成本减排提供更多选择。

CCER 的国际化已经成为趋势，因此主管部门可以考虑在适当时机会同商务部、外汇局等相关部门，制定相关审核规则，明确国际买家准入门槛；同时积极探索并制定国际买家在境内开户以及参与交易的流程，制定关于符合规定的国际公司或机构在 CCER 注册登记系统和交易平台开户、参与交易的相关细则。此外，鉴于上述国际买家进行 CCER 境内交易和跨国转移时可能涉及外汇管理等问题，应在相关政策的制定过程中明确规定，或者通过与有关主管部门共同发布配套细则的方式，有效管控和规避可能引发的外汇和金融风险。在国际碳定价机制引入 CCER 后，应制定相关制度以避免"重复计算"，特别是避免同一 CCER 被不同国家或主体用于碳减排目标而导致的重复计算，或同一 CCER 被不同的履约主体用于重复抵消。

CCER 有极大潜力能够成为中国与国际碳定价机制对接的桥梁。2012 年的《温室气体自愿减排交易管理暂行办法》只允许中国境内注册的企业法人参与 CCER 项目的开发，在时机成熟以后，应考虑允许符合规定的国际机构与企业共同参与境内外 CCER 项目的开发，并完善相关规定。这一方面有利于引入国际资金参与国内CCER 项目的开发，助力中国温室气体减排行动；另一方面能够为中国企业境外自愿减排项目提供标准，推动中国企业履行国际应对气候变化的社会责任。

为体现中国在应对气候变化中负责任大国的形象，主管部门和相关行业协会应与"一带一路"沿线国家有关机构增进交流、积极开展合作；在条件成熟后，通过对外推广 CCER，落实"一带一路"绿色倡议；考虑允许符合规定的企业法人在"一带一路"沿线国家进行 CCER 项目的投资和开发，推动相关国家的绿色低碳发展，避免其重走高碳发展的路径，为探索在相关国家构建碳定价机制积累经验，进而推动更多国家和地区建立碳定价体系并引入抵消机制。

总之，我国温室气体自愿减排交易体系建设取得了重要的进展，同时也暴露出一系列问题，面临诸多挑战。在碳中和的大背景下，应明确 CCER 的战略定位及其中长期发展规划，积极探索 CCER 交易在气候融资中的作用，创新使用 CCER 并不断拓展 CCER 市场，从而建立有效服务于我国生态文明建设和绿色低碳发展的温室气体自愿减排交易体系，这对进一步完善我国碳定价机制以及拓展国际层面的相关合作均具有重大意义。

第五节　自愿减排碳交易市场发展展望

自愿减排碳交易市场是强制碳交易市场的重要补充。它不仅可以作为碳配额的"抵消"用于控排企业履约，而且是企业或个人自愿"中和"自身碳排放足迹的重要工具，同时项目开发方能够得到自主减排和低碳技术探索的经济激励，将会吸引更多强制碳交易体系之外的参与者加入应对气候变化行动，更加充分地动员民众和企业，以市场化、分散化的方式汇聚力量，助力全社会"碳中和"。

根据联合国"奔向零碳"（Race to Zero）的统计，截至 2021 年 6 月，全球共有 733 个城市、3067 家企业、622 所大学提出了自愿碳中和目标承诺，自愿碳中和的地区/机构覆盖全球大约 50% 的 GDP、25% 的碳排放量。随着全球进入"碳中和"时代，各类机构对自愿减排碳信用的需求大增已是必然。根据扩大自愿碳市场特别工作组（TSVCM）的研究，为了实现控制全球温升不超过 1.5 摄氏度的目标，全球碳排放到 2030 年应当减少 230 亿吨，其中大约 20 亿吨来源于碳汇和碳移除，这需要 2030 年全球自愿减排市场在 2019 年的基础上增长 15 倍。

近年来，由非政府组织建立的独立第三方自愿减排机制影响力逐渐增强，在过去的几年中签发量显著增长。根据世界银行的统计，2019 年独立第三方签发碳信用占自愿减排信用签发总量的 65%，与 2015 年的 17% 相比这一比例增长了将近 3 倍。这在一定程度上说明全球自愿减排碳交易市场发展方向已从服务控排企业履约加快转向服务企业自愿碳中和。随着越来越多的非控排企业参与气候变化行动，未来诸多企业的碳中和需求将助推自愿碳市场迎来快速增长。

中国在全球气候治理中积极提交国家自主贡献，并为实现 2060 年全面碳中和目标而不断努力。同时，中国也在不断开展南南气候变化合作项目，与"一带一路"沿线国家建立应对气候变化的新能源减排合作，参与国际碳市场建设。为了更好地承担气候责任，中国已经参考国际碳市场标准建立了"熊猫标准"，作为中国的自愿减排标准。但是，中国参与国际碳市场仍然面临很多风险和挑战。在这方面，作为自愿减排标准，熊猫标准的可适用性和广泛接受性应进一步提升，在这方面，未来还有较长的一段路要走。

【本章小结】

作为温室气体强制减排交易市场的补充，自愿减排碳交易市场能够帮助控排企业进一步降低成本，扩大碳市场的影响范围，并为一些社会机构和公益组织提供表达自身环境诉求的途径。随着全球进入"碳中和"时代，各类机构对自愿减排碳信用的需求大增已是必然。我国温室气体自愿减排交易体系建设取得了重要进展，未来还应积极探索 CCER 交易在气候融资中的作用，创新使用 CCER 并不断拓展 CCER 市场，这对进一步完善我国碳定价机制以及拓展国际层面的相关合作均具有重大意义。

【思考题】

1. 阐述自愿减排产生的背景与概念。
2. 国际上主流的自愿减排标准有哪些？
3. 简要概述我国自愿减排碳交易市场的发展历程。
4. 自愿减排碳交易市场对推动我国碳达峰、碳中和目标有何重要意义？

第九章　碳关税与欧盟碳边境调节机制

【学习目标】

1. 了解碳关税的提出背景及其理论基础。
2. 掌握碳关税的本质及其形成与发展。
3. 熟悉欧盟碳边境调节机制的基本原理与路径。
4. 思考与分析欧盟碳边境调节机制对我国的可能影响。

第一节　碳关税形成的理论基础

一、碳关税提出的背景

（一）全球气候变化的挑战

20 世纪以来，全球地表平均温度显著上升，其中约三分之二的升温幅度是 1975 年以后发生的。在这其中，人类的活动是全球气候变化的重要原因，人类生产活动与日常生活正进一步增强地球温室效应，而温室效应增强的核心原因是温室气体向大气中的大量排放，各类温室气体中二氧化碳是最关键的一类。政府间气候变化专门委员会在其第三次评估报告（2001）至第六次评估报告（2021）先后提出：在过去的数十年间，全球气候变暖主要是由人类的活动引起的，且有证据清楚地表明，虽然其他温室气体和空气污染物也能影响气候，但二氧化碳仍然是气候变化的主要驱动因素。

实际上，自工业革命以来，以石油化工为代表的高耗能制造业快速扩张，人类的活动消耗了大量的煤炭、石油等化石燃料，产生了大量的二氧化碳排放。温室气体排放量逐年增加，自然资源过度开发与使用，地球自然环境遭受严重破坏等因素，使全球气温不断上升，甚至已威胁到人类生产、生活乃至生存。根据国际能源署 2004 年发表的一份报告，2002 年全球约 80% 的二氧化碳排放来自 22 个国家。当时美国是世界上最大的二氧化碳排放国，中国紧随其后，之后是俄罗斯、日本、印度等国家。随着中国经济的迅速崛起，由于承载着全球大量商品的制造，中国二氧化碳排放总量快速攀升。从全球整体来看，少数国家排放了全球大部分二氧化碳。基于全球气候变暖的事实，世界各国对生态环境的保护意识逐渐增强，各国纷纷提出新的可持续经济增长模式，用绿色化、低碳化、循环化的生产活动代替原来的高耗能、高排放、高污染的"三高"生产活动，从而减少温室气体的排放，缓解全球升温状况。

随着减碳、降碳工作的日渐深入，人们逐渐发现：由于各国、各地区、各类产品的生产工艺不同和全球贸易的发展，全球生产领域碳排放情况并非是静态的，在商品（原料、半成本等）的贸易流通中，通过贸易领域带来的隐含碳①的转移也开始进入人们的视野，在未能充分做好全球同步减碳、降碳工作的情况下，可能会出现地区碳泄漏，即碳排放由强约束地区转向弱约束地区。

随着全球进出口贸易规模的扩大，碳生成与碳消费之间的差异和管控问题日显重要，经济学者开始关注和试图解决在进出口贸易过程中的二氧化碳排放量的定价、转移和管控等问题。彼得斯（Peters）与赫特维奇（Hertwich）在《国际贸易中的二氧化碳对全球气候政策的影响》（CO$_2$ *Embodied in International Trade With Implications for Global Climate Policy*）中通过计算得出结论：在 2001 年全球 87 个国家中有超过 53 亿吨的二氧化碳体现在国际贸易中，从这个角度来说，征收与产品生产中隐含碳排放量相关的关税，或可通过增加高碳产品生产成本的方式，降低进口需求，从而进一步减少全球高耗能产品的生产，最终达到遏制全球气候变暖的目的。

（二）《京都议定书》与《巴黎协定》等控排要求

1992 年，在里约热内卢召开的联合国环境与发展大会上通过了《联合国气候变化框架公约》，作为一部国际框架公约，其针对各国的温室气体排放作出了一系列规定，要求发达国家不仅需要对气候变化带来的不利影响采取措施，还需对发展中国家在减碳、降碳领域提供技术与资金方面的相关支持。然而该公约并不是强制性的，因此各缔约方于 1997 年在日本京都又签署了一份补充协议，即《京都议定书》，并于 2005 年生效，其在限制发达国家温室气体排放量的基础上进一步对不同国家的温室气体减排义务作出明确规定。但由于美国拒绝在《京都议定书》上签字，已签署协议的国家认为，它们在经济发展上将可能处于不公平的竞争环境中，实际上，这些国家的高耗能企业因协议的签署正面临不断增加的生产成本，这在一定程度上削弱了其产品的国际竞争力。

2015 年 12 月 12 日，《联合国气候变化框架公约》超过 170 个缔约方共同通过并签署了《巴黎协定》。《巴黎协定》旨在要求各缔约方到本世纪末将全球平均气温较工业化前水平升高控制在 2 摄氏度之内，并努力把升温控制在 1.5 摄氏度之内。

① 隐含碳是指生产制造、运输、施工、维护、维修乃至废弃物处置中存在的碳排放。

对比来看，《京都议定书》旨在规定发达国家应率先作出温室气体减排承诺，而《巴黎协定》则更加全面，其进一步囊括了对发展中国家的约束要求，并对 2020 年以后全球应对气候变化的总体机制作出了全球性的制度框架安排。

在"地球工厂"持续生产和"地球物流"持续流转的今天，《巴黎协定》的各签约方致力于推动全球温室气体的减排合作。通过征税来促进减碳、降碳，逐渐成为一些国家限制温室气体排放的重要措施之一。

（三）发展中国家的经济崛起带来的世界格局变化

近年来，以中国、印度、巴西、南非等国为代表的发展中国家的经济增长改变了世界经济的格局。以石油化工、钢铁等为代表的传统重工业是一个既需要资本支持又需要大量劳动力投入的行业，这些制造业在发展中国家得到了快速发展，发达国家的一些传统制造业工厂也不断外扩转向发展中国家，这使得在传统工业领域中，发展中国家在全球工业市场的份额逐年扩张，并通过出口贸易带动大量的商品流通。与此同时，发展中国家相对偏弱的控碳基础和能力也更加显著地推动了全球碳生成与碳消费之间的错配，一些发达国家或出于引领全球环境保护、自然资源使用等事关人类社会的关键课题的需要，或出于保护本国经济和就业等的需要，开始提出了面向碳生产领域的"碳关税"措施。

二、碳关税理论基础

2007 年，法国总统希拉克针对美国单方面宣布退出《京都议定书》提出，理应对来自美国的进口产品征收"碳关税"，由此，"碳关税"一词被正式提出。尽管碳关税提出的时间不长，但对其理论基础的研究却已有较为成熟的体系框架。

（一）碳关税的外部性理论

碳关税有别于碳税或碳排放权交易制度，主要原因是这一税收制度涉及国家与国家之间的碳排放调整行为，因此实质上碳关税是一种超越了国家层面而存在的税种，它的根源性理论基础可以用生态环境外部性理论来解释。

外部性经济理论最初是由马歇尔（Marshall）在《经济学原理》（1890）中提出的，在他看来，经济活动中除了土地、劳动、资本三类要素之外，还有一种被称为"工业组织"的要素（包括分工、技术迭代、产业集聚、规模化生产、企业管理等）也会对生产带来影响，从而影响经济增长。马歇尔将其区分为外部性经济和内部性经济，并详细说明了外部性经济与内部性经济的不同。在此基础上，庇古接受并发展了外部性经济的思想理论，他在《福利经济学》（1920）中分析了诸多社会与个人的净边际产品的差异之处，并建议通过某些方式消除这种差异，例如政府可根据污染与危害性程度对排污者征税，从而弥补差异性的成本，"庇古税"一词由此提出。庇古税也被后人称作是解决生态环境问题的传统古典方式。庇古税的提出，进一步系统性地表述了外部性理论，形成了外部性理论的研究基础。

萨缪尔森（Samuelson）和诺德豪斯（Nordhaus）进一步对外部性理论的环境相关问题进行了研究，并在《经济学》中提出，外部性是指在生产或消费等过程中额外征收了部分不可补偿的成本或是给予了无需补偿的收益的情形；且外部性可根据个人成本或收益接受程度自愿性等分为正外部性与负外部性。在解决环境问题方面，政府的直接控制这一做法可能不如自主性较强的主动减排方式（如可交易排放许可），因此在缓解全球气候变化等环境问题时，应当在较为复杂的温室气体排放环境下设置碳税或类似成本机制。

俞海山和杨嵩利（2005）在《国际外部性：内涵与外延解析》中对外部性理论进行了外延解释，提出"国际外部性"，并进行了相关的研究与阐述，其中特别指出，全球气候变暖源于国际外部性效应的影响，是全球负外部性的体现，反映出全人类在经济活动中向自然索取了无需补偿的收益（如温室气体排放），不利于自然环境资源在全球的福利最优化发展。

（二）碳泄漏的环境冲突理论

碳泄漏和碳关税两者具有因果关系，如果说"碳关税"是结果，那么"碳泄漏"就是原因之一。此处的"碳泄漏"并非是技术层面的泄漏，而是指碳排放由强约束地区转向弱约束地区的情况，更清晰的描述是，由于国家间不均衡的碳减排努力，碳规制较强的国家其国内碳排放总量的减少可能同步伴随的是其他国家碳排放总量的增加，但不同国家排放等量二氧化碳对全球气候变化的影响是相同的，因此碳泄漏也将导致人类无法改善全球气候变暖的局面。

2003 年，奎克（Kuik）与格拉格（Gerlagh）在《贸易自由化与碳泄漏》（*Trade Liberalization and Carbon Leakage*）中阐明了全球贸易的自由化进程将会导致碳泄漏，而随着自由化程度的不断加深，一国单方面实施的二氧化碳减排制度的成效也会大打折扣。在 2006 年举行的《联合国气候变化框架公约》第十二次缔约方大会（COP12）上，时任法国总理多米尼克·德维尔潘暗示未签署 2012 年后气候变化国际条约或拒绝承诺遵守《京都议定书》的国家都可能面临对其工业品出口征收额外的碳关税。他说，像美国这样的国家不但无须承担任何成本或遭受任何相关的竞争力损失，反而从减少气候变化的努力中获益，这是不应该被允许的。因碳泄漏而获得贸易竞争优势的行为是对其他国家进行了"环境倾销"（Environmental Dumping），欧洲必须利用其所有的力量来抵制这种环境倾销。世界银行的《国际贸易与气候变化——经济、法律和制度分析》（*International Trade and Climate Change：Economic, Legal and Institutional Perspectives*）（2010 年版）指出，虽然还不十分确定，但已有证据证明了碳密集型和能源密集型产业的碳排放正朝向发展中国家泄漏的推断。

三、碳关税文献综述

近年来，国内外学者有关碳关税的文献综述从现象深入到本质，从国内走向国际，研究、论述与评价不一。国外学者对碳关税的探究开展得较早，大多以模型等定量方式对碳关税能否改善全球福利或对碳关税的本质进行验证与分析，以理论机制为前提探讨碳关税对相关国家的利弊趋势。国内的研究虽然开展得相对较晚，但学者对碳关税合法性、碳关税对国际贸易的影响及其引起的福利效应进行了探讨，也获得了较为丰硕的研究成果。

（一）碳关税的相关关系与本质性综述

1. 碳关税与关税的关系综述

李晓玲和陈雨松（2010）表示碳关税不是传统意义上的关税，碳关税可能是关税的新的表现形式。黄文旭（2011）认为，只有以额外关税或其他类似的形式出现才有可能被认定为关税，目前被社会各界所了解的碳关税实际上是包括排放配额或国际储备配额的形式，因此尽管碳关税名为"关税"，但从本质上来说却不一定是传统意义上的关税，还可能是所谓的税费、配额、许可证等形式。迈克尔·摩尔（Michael Moore，2011）则把碳关税解释为"碳边境税"（Carbon Border Taxes），并通过理论研究论述其相关职能。

2. 碳关税与边境调节税的关系综述

边境调节税（Border Tax Adjustment，BTA）与碳关税有许多相似之处，也因此很多文献综述将碳关税与边境调节税混为一谈。例如，洛克伍德和威利（Lockwood and Whalley，2008）就曾明确表示，碳关税与20世纪60年代欧盟实施增值税时征收的边境调节税并无本质差别。但黄文旭（2011）认为，碳关税与边境调节税并不能完全互为代名词。只有当碳关税表现为要求进口商为进口产品交纳与同类国内产品承担的碳税相对应的费用时，碳关税才应被称为边境调节税。

3. 碳关税的本质综述

张建平（2009）表示碳关税本质上可被看作是绿色贸易壁垒新的表现形式，是国际上部分国家实行贸易保护主义的再度延伸。白明（2010）认为许多国家特别是近年来劳动力大量流失的西方发达国家以限制碳排放为名征收碳关税，有可能是为实施贸易保护主义找的一个借口。王海峰（2011）认为一些国家不断强调碳泄漏的严重性，其真实目的就是构建贸易壁垒。张秀娥和杜青春（2013）认为，碳关税不仅是一种关税，更是一种环境规制的体现，因而在推进全球绿色低碳经济发展方面具有一定程度的正向辅助效应。

（二）碳关税的福利效应综述

对于碳关税引发的福利效应，目前并没有统一的研究结论。玛约基和米萨格利亚（Majocchi and Missaglia，2001）通过构建一般均衡模型提出，在欧洲施行碳关税相关政策或可为欧盟部分成员国降低失业率。德梅里和奎里翁（Demailly and Quirion，2006）研究了碳关税对各产业的影响，发现竞争力最受影响的产业不是排放密集型产业也不是贸易型产业。格罗斯（Gros，2009）构造了一个基本经济模型分析碳关税对全球福利的影响，结果显示，征收碳关税可以弥补国内的碳排放限额交易缺口，从而能够增进全球福利。

另有研究表明，碳关税对征税国和被征税国的福利影响是不同的。曼德斯和维恩达尔（Manders and Veenendaal，2008）发现在欧盟碳排放权交易体系下实施碳关税政策能有效减少碳泄漏的发生，对欧盟有利但对非欧盟国家不利，因此碳关税的作用是有限的。东艳和威利（Yan Dong and Whalley，2009）将气候变化因素代入传统的关税博弈模型中进行了测试与研究，发现在环境破坏参数很大的情况下，考虑气候因素会使最优关税水平下降。雷斯曼（Lessmann，2009）等探讨了关税在动态的气候变化博弈中对全球区域间合作的影响，认为对非气候合作国家征收关税会增加加入气候合作国家的数量，全球福利增加的幅度与范围可弥补关税带来的负向损失，且碳泄漏的量呈现递减的趋势。曲如晓和吴洁（2011）对碳关税的福利效应提供了一个局部均衡的分析框架，深入剖析碳关税对进出口国福利效应的影响，认为进口国征收碳关税能否提高本国福利水平取决于进口国国内碳税、出口国是否征收国内碳税等因素。

（三）发达国家提出碳关税的原因综述

1. 维护经济利益

张建平（2009）认为征收碳关税不仅可以获得高额财政收入，而且可迫使相关产业产品在国际市场上降价，最终进口方可以较低价格获取最优收益。刘方斌（2009）认为一些发达国家为维护自身的经济利益，刻意使用碳关税等以保护环境为名的非关税手段，阻碍他国产品进入本国市场，从而以环境保护为名，行贸易保护之实。萨利·詹姆斯（Sallie James，2010）提出，美国计划制定碳关税的政策制度主要是针对中国和印度，而欧盟国家同等的"三高"产业产品却巧妙地规避了应有的惩罚。

2. 构建领导地位

秦毅（2009）表示部分西方国家借碳关税之名推动国内碳排放产业革命，旨在塑造全球经济规则的缔造者形象。陈晓晨（2009）认为，从中长期来看，部分西方国家试图以绿色产业带动经济复苏，抢占未来全球经济产业的重要制高点，碳关税可被看作是实现这一目标的重要手段。黄应来和黄颖川（2010）认为西方经济体为了加速增长，寻求打造新产业来拉动经济增长，绿色能源产业集群是其选择之一，而碳关税无疑是推动其发展的有力手段。

（四）碳关税对中国经济的影响综述

1. 碳关税对中国的负面影响

根据刘小川（2009）的测算，如果美国对从中国进口的产品征收 30 美元/吨二氧化碳的碳关税，将导致中国出口总额下降 0.715%；如果碳关税提高 1 倍，出口总额就会下降 1.244%。沈可挺（2010）采用动态可计算一般均衡模型测算了碳关税对中国工业生产、出口和就业可能产生的影响。其评估结果表明，每吨碳 30 美元或 60 美元的关税率可能使中国工业部门的总产量下降 0.62% ~ 1.22%，使工业品出口量分别下降 3.53% 和 6.95%，以上冲击可能在未来很长时期内持续产生影响。崔连标等（2013）采用比较静态的多区域多部门能源环境版模型（CTAP-E）评估碳减排政策对国际贸易的影响，认为美国对中国征收碳关税将有利于世界碳排放下降，但对中国却会产生较大的负面影响。

2. 碳关税对中国的正面影响

东艳和威利（Yan Dong and Whalley，2012）用包含四个地区（美国、欧盟、中国以及其他地区）的静态 CGE 模型对欧盟和美国分别以及同时实施碳关税的情景进行了测算并得出结论，碳关税使得相关国家和地区的贸易均衡性有所增强。常昕等（2010）和张茉楠（2011）都认为，随着各国的征收碳关税方针、策略、制度的实施，中国也将加速产业转型，以低碳为主的绿色经济结构将推动传统产业的转型和新产业的崛起。王爽和于巧丽（2011）认为征收碳关税有利于减少国内"三高"产品的生产，倒逼产业产品转型升级，实现高质量的"走出去"战略，赢得更多海外市场。

四、碳关税的形成与发展

碳关税的制定和实施从本质上来说只是应对全球气候变暖问题的单边措施，虽然有助于让国内生产者和国外生产者在控制碳排放要求下同步竞争，但是碳关税也潜藏着出口国和进口国之间的不平等隐患，因此在考虑如何应对碳关税的问题时，必须先详细了解欧盟和美国的"碳关税"相关体系的发展进程，以及全球其他主要经济体对碳关税相关机制的认识与看法。

（一）欧盟"碳关税"的提出

"碳关税"本身就是由欧盟国家提出的，虽然过去成员国对是否实施碳关税一直存在着国家间的分歧，但从未放弃实施碳关税的推进计划，2021 年实质性计划的提出，使欧盟在碳关税的发展方面走了世界前列。

欧盟曾决定从 2012 年开始对进出欧盟的航空公司征收碳排放税，将国际航空业碳排放纳入欧盟碳排放权交易体系（EU-ETS），此举在当时虽然遭到了暂时性反对，但很快欧盟委员会又进一步提出将于 2012 年 6 月增加航海碳关税，确立出台航海方面的碳关税制度。2019 年 12 月，欧盟发布的《欧洲绿色新政》（*European Green*

Deal）的核心要素是推动欧洲社会向全方位绿色化、循环化、碳中和化方向转型，实现可持续发展。当前，欧盟一边推进产业产品低碳化、绿色化转型，一边从发展中国家进口碳密集型产业产品，而进口的这些产业产品虽然没有在欧盟国家产生碳排放，但依然会在发展中国家（产地）产生碳排放。欧盟提出，欧盟国家必须提高减排力度、扩大减排范围、加快减排进程，并将在区域内实施碳关税制度的计划提上日程，防止欧盟企业向减排政策更宽松的国家转移，避免对欧盟乃至全球市场和产业带来更大的冲击。

2021 年 3 月 10 日，欧盟议会通过"碳边境调节机制"议案。2021 年 7 月 14 日，欧盟委员会提出了一揽子环保提案，其中包括建立欧盟"碳边境调节机制"。根据碳边境调节机制，欧盟将对从碳排放限制相对宽松的国家和地区进口的钢铁、水泥、电力、化肥和铝制品征收碳关税，而关税的调整势必会对贸易产生影响。

（二）美国"碳关税"的提出

2010 年 5 月，美国公布了《美国电力法案》，该法案规定了排放配额退回项目和国际储备排放配额项目（即碳关税条款），旨在告知其他国家如果与美国存在竞争的"三高"产业产品到 2025 年依旧没有采取减排措施，美国将开始对其相关产业产品的进口实施国际储备配额购买计划，此法案虽为讨论稿，但法案公布后时任总统奥巴马曾迅速发表声明公开表示支持。

美国现任总统拜登公开支持欧盟提出的"碳边境调节机制"，并发布了"清洁能源改革和环境中立计划"（PEEJ），提出将对来自未能履行气候和环境义务国家的高碳产品征收碳调整费或实施配额管理。

2021 年 7 月 19 日，继欧盟提出碳边境调节机制之后，美国也推出了碳关税计划，将对减排力度不足的国家出口到美国的商品按其碳排放量征税。与欧盟碳关税立法争取符合世贸组织规则的克制态度不同，美国碳关税草案并未提及国际贸易规则，而是更多从美国自身利益出发。如果该计划得以实施，美国将从 2024 年起对进口的石油、天然气、煤等化石燃料以及铝、钢铁、水泥等生产过程中碳排放高的商品征收碳关税，规模达到美国进口总额的 12%。有测算显示，未来两年美国可能产生的碳关税收入将分别达到 50 亿美元和 150 亿美元。与现行欧洲碳关税方案相比，美国的方案比欧盟更为激进，在征税产品、征收金额、征收期限和减免条件等方面，美国方案的要求也更加严苛。

（三）中国对"碳关税"的看法

2009 年 7 月，商务部曾就国外推行碳关税表示："在世界各国同舟共济，携手应对国际金融危机，同时为今年年度气候变化国际会议作出努力的形势下，提出实施碳关税只会扰乱国际贸易秩序，是不合时宜的，中方对此坚决反对。"这是中国政府首次对碳关税表达了反对意见。

中国关于碳关税以及碳边境调节机制的观点和应对将在本章第五节重点论述。

（四）其他主要经济体对"碳关税"的回应

英国：2021 年 2 月，英国认为 G7 应建立气候同盟，英国将利用轮值国主席的机会积极推动碳关税。

加拿大：2020 年发布的《秋季经济报告》提出，将在保证加拿大利益优先的基础上，积极与其他国家达成合作，借助碳关税政策尽可能避免全球碳泄漏问题。

日本：日本经济产业省和环境省就碳关税议题展开多轮内阁会议，但受到国内制造业企业的联合反对。

俄罗斯：俄罗斯经济发展部认为，欧盟推动的碳关税有违世贸组织规则，是贸易壁垒行为的具象化体现。

澳大利亚：澳大利亚贸易部认为碳关税的制定就是贸易保护主义行为的体现，澳大利亚政府表示短期内不会考虑加入制定与实施碳关税的联盟。

第二节　欧盟碳边境调节机制的产生

欧盟委员会于 2021 年 7 月 14 日正式提出气候、能源、土地利用、交通和税收等一揽子政策提案，以确保 2030 年欧盟温室气体排放量比 1990 年水平至少减少 55%。为此，欧盟委员会要求采取一系列改革措施以加速未来 10 年的碳减排，包括为防止碳泄漏提出的"碳边境调节机制"（Carbon Border Adjustment Mechanism，CBAM）提案。

本节将以《欧盟议会和欧盟委员会关于建立碳边境调节机制的条例提案》（*Proposal for a Regulation of the European Parliament and of the Council Establishing a Carbon Border Adjustment Mechanism*）［2021/0214（COD）］（以下简称《条例提案》）的相关内容为主，对碳边境调节机制的产生作详细说明。

一、欧盟碳边境调节机制的概念

（一）欧盟碳边境调节机制提出的背景

为了解决欧盟的温室气体排放问题，同时更为了避免正在进行中的碳减排努力被欧盟以外国家因碳泄漏而导致的碳排放量增加所抵消，欧盟碳边境调节机制作为一项跨边境的措施在《条例提案》中被正式提出。

欧盟碳边境调节机制是欧盟碳市场改革的重要组成部分，在欧盟碳市场改革项下，碳边境调节机制特别关注了属于欧盟专属权限的、有关海关方面的排放情况和减排工作，这些欧盟专属权限包括欧盟自身的海关制度、进口条例、与第三国的协议等。欧盟计划通过对内减少碳市场免费配额、对外采用碳边境调节机制的方式，在提高碳市场有效性的同时进一步强化欧盟对相关商品的减碳措施。当前，欧盟碳市场仅针对欧盟成员国内的本土产品，为保持欧盟本土产品相较于未支付碳成本的进口产品的价格竞争力，同时防止碳泄漏，欧盟会向高碳和外贸较多的行业发放一定的碳市场免费配额，但欧盟也认为，这部分免费的配额不足以实现保持本土产品竞争力且防范碳泄漏的整体目标，因此有必要对经评估后的相关行业的产品施行碳边境调节机制。《绿色交易公报》（2019）（*the Green Deal Communication*）提出：欧盟碳边境调节机制将确保进口的价格更准确地反映其含碳量。通过碳边境调节机制确保进口到欧盟的能源密集型产品在欧盟碳排放权交易体系的碳定价方面与欧盟产品承担相同的碳排放成本。

（二）《巴黎协定》背景下的碳边境调节机制

虽然《巴黎协定》的每个缔约方都有符合自身国情的温室气体减排制度和安排，但是欧盟委员会认为，欧盟仍然需要通过相关机制来敦促或确保缔约方不会破坏彼此政策的有效性。在避免主观影响第三国温室气体排放相关政策制度的前提下，通过引入碳边境调节机制，确保进口到欧盟的产品遵循与在欧盟生产的产品相同的规则制度。同时，为了尊重《巴黎协定》、自主贡献原则（NDC）以及其他以降低碳排放为目标的各项原则制度，欧盟委员会提出，在制定碳边境调节机制的规则时将保持客观独立性原则，其主要条例的设计不应当直接来源于一个国家的总体减排目标水平或碳排放政策的选择。

按照欧盟的设计，碳边境调节机制的制定在很大程度上是为了降低欧盟气候雄心下可能导致的碳泄漏风险，这也意味着，当一个国家或地区通过特定方式减少碳排放时，其产业产品在出口到欧盟时受碳边境调节机制的影响较小。

（三）欧盟碳边境调节机制的主要规定

截至目前，欧盟碳边境调节机制方案包括 11 章、36 条和 5 项附件内容。

1. 涉及产品

目前，欧盟碳边境调节机制对五个主要行业征收碳关税，它们分别是水泥、电力、化肥、钢铁和铝相关产品（铝制品）。其中细分子类方面，水泥产品包含 4 个子类，化肥包含 5 个子类，钢铁包含 12 个子类，铝相关产品包含 8 个子类。在过渡期结束前，欧盟在经过充分评估后，可以添加纳入碳边境调节机制的新产品。

2. 进口来源

欧盟碳边境调节机制的对象范畴是欧盟和欧洲经济区（EEA）之外的其他国家的进口产品。根据 2019 年欧盟进口数据，预计受影响较大的国家分别是俄罗斯、土耳其、中国和英国（脱欧后的英国产品将同样受制于碳边境调节机制）。

3. 实施时间和过渡期

欧盟碳边境调节机制从 2023 年开始执行，其中，2023 年至 2025 年的三年期间为过渡期，从 2026 年起全面实施。

4. 含碳量计算

根据欧盟碳边境调节机制草案，欧盟将碳排放分为三种范围。范围一：直接碳排放（Direct Emissions），范围二：间接碳排放（Indirect Emissions），范围三：完整碳足迹（Full Carbon Footprint）（范围一、范围二、范围三详细分类参见本节第三部分）。目前，机制仅要求进口商收集进口产品的范围一，而范围二和范围三将根据过渡期的执行情况及后续实际开展情况经评估后纳入。关于产品含碳量的计算方法，本章第三节根据《条例提案》第七条及附件三对计算公式和参数进行说明与解释。

5. 出口国的碳交易

如果外国生产者已经针对产业产品生产过程中的碳排放从碳交易市场上购买过碳排放配额或缴纳过碳税，则进口国可以相应抵扣其应购买的碳边境调节机制证书（以下称为"合格证书"或"进口合格证书"）。此外，如果出口国与欧盟达成了碳排放权交易相关的协定，进口国同样可以相应抵减应购买的碳边境调节机制证书。

6. 含碳量报告和许可

每年 5 月 31 日前，欧盟进口商应当报告其上一年度进口商品/产品数量和相应的含碳量，并向本国政府购买对应含碳量的碳边境调节机制证书。此外，经授权的申报人应确保每季度末在册的碳边境调节机制证书数量至少相当于其当年自开始进口以来进口的所有产品的直接碳排放量的80%。

7. 碳边境调节机制证书的价格

碳边境调节机制证书的价格与欧盟碳排放权交易体系形成的碳价格之间有所关联。进口商可以在任何时间通过拍卖平台购买碳边境调节机制证书备用，碳边境调节机制证书的价格应是拍卖平台进行拍卖的上一周的欧盟碳排放权交易体系配额收盘价的平均价格，该平均价格在每周的第一个工作日公布，并适用于下一工作日起至下一周的第一个工作日。

8. 实施方式

五个行业的欧盟进口商需向本国政府申请，成为经授权的进口商。在日常业务中，海关当局应定期向申报人所在的成员国主管部门通报进口申报货物的信息，其中应包括申报人的经营者注册和识别号码、碳边境调节机制账号、货物的 8 位综合税则目录代码、数量、原产国、申报日期和海关程序等。五个行业的欧盟进口商可以随行就市购买碳边境调节机制证书。

9. 外国生产商的登记

外国生产商可以向进口国政府登记，记录其产品相应的含碳数值，用以调整进口商计算自该生产商进口产品的含碳量。按照机制要求，进口国政府需要派员实地核实外国出口商提交的信息和数据的准确性，并形成相应核查报告。

10. 罚则

进口商未经许可进口相关产品的，或在申报中提交虚假陈述和证据材料的，或未在期限内购买缴纳或未足额缴纳碳边境调节机制证书的，经查实后可能会受到相应处罚。

11. 反规避

欧盟计划设立反规避机制，对没有足够正当理由，改变进口产品形态以规避碳关税的行为进行调查。一旦查实，将把改变后的产品形态纳入碳边境调节机制的范畴。比如，用没有列入《条例提案》附件一的货物清单中的产品取代相关货物的，或是在时间与数量上与上一年同期相比，规定范围内的进口货物数量大幅变化而未被列入《条例提案》附件一的货物清单的。

二、欧盟碳边境调节机制的原理

(一) 碳边境调节机制和欧盟碳排放权交易体系 (修订版) 互为依存关系的原理

在欧盟"Fit-for-55 的一揽子计划"（欧盟提出的包括能源、工业、交通、建筑等行业，承诺在 2030 年底温室气体排放量较 1990 年减少 55% 的系列举措的一揽子计划）的背景下，碳边境调节机制不是独立存在的。碳边境调节机制作为对欧盟碳排放权交易体系的补充，旨在帮助降低碳泄漏的风险并加强欧盟碳排放权交易体系本身的功效，两者相互依存。欧盟碳排放权交易体系（修订版）影响评估中指出，碳边境调节机制和欧盟碳排放权交易体系的相关工作原理应是互相依存、互为补充的关系。

(二) 碳边境调节机制的动态框架原理

《条例提案》中涉及的碳边境调节机制提出"到 2030 年将温室气体排放量在 1990 年的基础上至少减少 40%"的目标，这与欧盟"Fit-for-55 的一揽子计划"以及实施后者目标所需的各项政策框架存在一定的差异。因此，碳边境调节机制与"Fit-for-55 的一揽子计划"之间还存在动态框架原理，两者之间需要持续评估和校准。就碳边境调节机制而言，需要进行充分分析、建模，并逐年确定政策框架设定、基础控制措施设定、动态开展额外设定等，这有可能对碳边境调节机制未来的具体目标产生影响。

三、欧盟碳边境调节机制的范围

明确欧盟碳边境调节机制的各项范围是实现机制有效性的首要内容。欧盟碳边境调节机制考虑的范围包括：一是确定排放的范围，哪些阶段计入机制统计和约束的范围；二是确定含碳量的计算范围，如何更加科学合理地计量材料和产品的碳数值；三是确定行业范围，哪些综合行业和细分行业纳入约束范围；四是确定行政要素范围，由什么样的机构来运作碳边境调节机制；五是如何防止当前纳入欧盟碳边境调节机制范围内的材料和产品与未纳入其中的材料和产品之间发生替代与互换，进而影响调节机制的情况；六是如何阶段性地保护特定地区的特定产品，在控制范围的同时实现平衡。

（一）排放范围

碳边境调节机制覆盖的排放范围与欧盟碳排放权交易体系覆盖的排放范围相对应，即二氧化碳以及相关的氧化亚氮和全氟碳化物。关于这些排放要素的计算，包括以下几个范围：

范围一：直接碳排放，即企业自身在生产制造过程中直接产生的排放；

范围二：间接碳排放，即来自外购的电力、供暖、蒸汽等包含的排放；

范围三：完整碳足迹，包括与原材料开采有关的所有排放，生产产品所需的材料和部件的所有排放，生产过程造成的所有排放，从原材料和中间产品运输到生产过程现场和产品运输到消费端的所有排放，在使用阶段引起的所有排放，以及与产品的处置/报废阶段有关的所有排放。

碳边境调节机制为了实现防止碳泄漏的目标，需要努力确保进口产品的碳价格相当于它们在欧盟碳排放权交易体系下所支付的价格，因此碳边境调节机制的产品范围应当包括基础材料、基础材料产品的生产到进口时的直接排放以及相关的间接排放。未来，随着碳边境调节机制的材料范围逐步扩大，更多关于产品含碳量的信息（产业链、贸易链等）将逐步丰富且更易获得，不同国家的碳定价政策也可能随着时间推移而变得更容易确定和比较，彼时可以考虑扩大范围至涵盖进口产品的全部碳足迹。

（二）含碳量范围

这一部分提到的含碳量，是指受碳边境调节机制约束的材料或产品在生产过程中排放的温室气体，或在生产过程中使用的电力间接排放的温室气体。

在评估过程中，碳边境调节机制范围内的进口产品可根据记录的实际温室气体排放量或直接使用默认值进行含碳量评估，值得注意的是：

第一，对于碳边境调节机制范围内的进口产品，如果采用根据实际温室气体排放进行评估的方案，仍需要设定一些客观确定的默认值，以便防止在没有足够实际数据确定温室气体排放的情况下使用。例如，当进口商不能提供实际的排放数据，或者当碳边境调节机制的监测和核查被认为不符合规定的标准时，需要采用默认值。

第二，对于主要使用默认值的方案，在确定每个覆盖行业或产品的默认值水平时，必须考虑到特定行业在欧盟及欧盟之外的排放水平的差异，需要将这一行业在不同区域的排放情况进行比较。

默认值的设定可以是动态值，例如，以欧盟平均数或每个行业的中位数作为参考；也可以是固定值，例如，在规定的年限后进行修订。但默认值和实际排放量都必须在强大的监测、报告与核查的基础上进行计算。另外，设定的默认值越详细，涵盖的类别和环节越多，产生的额外行政管理成本越高。

（三）行业范围

行业范围对碳边境调节机制的实施能否产生减排实效至关重要。碳边境调节机制的行业覆盖范围是由欧盟碳排放权交易体系涵盖的行业和排放物决定的，其目的在于确保进口到欧盟的能源密集型产品在欧盟碳排放权交易体系碳定价方面与欧盟产品处于平等地位，并减少碳泄漏的风险。为了更加精确地汇总行业范围，《条例提案》提出了三个额外标准：第一，排放量方面的相关性，即该行业是否是最大的温室气体排放总量行业之一；第二，该行业是否面临欧盟碳排放权交易体系指令定义下的碳泄漏的重大风险；第三，平衡温室气体排放各领域的覆盖情况，能够一定程度上限制过度的复杂性和过高的行政成本。

最终欧盟碳边境调节机制按照排放量汇总了 12 个综合行业的名单，具体如表9.1 所示。

表 9.1　　　　　　　按排放量排序的汇总行业的初步候选名单

行业属性	企业排放装置数量（家）	排放量（千吨二氧化碳/年）	累计排放量占比（%）
钢铁	485	159861	22.80
炼油	130	132164	41.70
水泥	214	118164	58.60
有机化学	331	64877	67.80
化肥	99	36995	73.10
纸浆	672	27233	77.00
石灰	193	26151	80.70
无机化学	149	22483	84.00
玻璃	326	18226	86.60
铝制品	89	13755	88.50
陶瓷制品	350	7810	89.60
聚合物制品	121	5655	90.40
其他	1200	66902	100.00

资料来源：Commission Analysis Sectoral Emissions as Share of the EU ETS Industry Sectors Emissions。

当进口材料或产品受到碳边境调节机制约束时，权威机构[①]首先必须对进口产品进行识别，确认其是否在汇总行业范围内，然后确定碳边境调节机制证书或消费

———————————

① 一般而言，权威机构可以是中央碳边境调节机构或负责管理碳边境调节的国家机构等（视具体实施情况确定）。

层面的碳税所涵盖的相关排放量。在此过程中，有以下两个环节值得关注：

第一，在分类上，必须能够明确识别和区分所涵盖的材料或产品范围，而不是行业本身。例如，要能够区分出生铁或钢铁初级形式，而非仅仅归类为钢铁行业。

第二，在执行上，必须在实践中能够对涉及的材料或产品进行充分甄别，要做到符合实际生产和制造过程的客观现实。例如，一些高排放的工业流程，如炼油厂的流程同时涉及生产几种产品，为了确定可用于其产业产品的行业参考值，首先必须确定如何将不同流程不同产品的碳排放归入不同的行业范围，这是非常现实的问题。这也意味着，在碳边境调节机制的实际执行中，需要通过广泛和足够的信息来确定产品或材料内含碳排放的参考值。值得一提的是，这也是一定程度上限制过度的复杂性和过高的行政成本要考虑的关键因素。

综合欧盟碳排放权交易体系涵盖的行业和排放物、行业范围，《条例提案》提出了三个额外标准，12个综合行业初步候选名单，以及在实际执行中需要重点考虑的因素等。欧盟给出了目前碳边境调节机制的行业类别初步候选名单，具体见表9.2。

表9.2 碳边境调节机制的行业类别初步候选名单

行业	材料或材料产品
水泥	熟料、硅酸盐水泥
钢铁	铁和钢的初级形式，热轧及进一步流程，涂层热轧及进一步流程，锻造、挤压、线材等
铝产品	未锻造的铝、未锻造的合金铝、铝制品、合金铝制品
化肥	氨水、尿素、硝酸、硝酸铵
电力	电能

资料来源：Commission Analysis。

作为对照参考，表9.3列示了欧盟被确定为行业类别初步候选名单的进出口总额和进出口总量。从这两个维度也能够在一定程度上观察到哪些行业对整体排放量产生重大、关键的影响。

表9.3 2019年欧盟27国进出口总额和进出口总量

项目		欧盟27国进出口总额 （单位：百万欧元）		欧盟27国进出口总量 （单位：千吨）	
		进口	出口	进口	出口
水泥	熟料	111	185	2166	4367
	硅酸盐水泥	130	565	2314	8972
钢铁	铁和钢的初级形式	4208	1078	9485	1594
	热轧及进一步流程	350	820	530	1170
	涂层热轧及进一步流程	3945	3647	5291	4425
	锻造、挤压、线材等	1269	2308	2350	4103

续表

项目		欧盟 27 国进出口总额 （单位：百万欧元）		欧盟 27 国进出口总量 （单位：千吨）	
		进口	出口	进口	出口
铝产品	未锻造的铝	4919	68	2790	29
	未锻造的合金铝	5956	650	1310	341
	铝制品	2490	2205	903	491
	合金铝制品	3977	5863	1310	1618
化肥	氨水	799	44	3283	146
	尿素	1029	450	4117	2102
	硝酸	17	34	124	94
	硝酸铵	67	191	336	806

资料来源：Commission Analysis Based on Data from Eurostat COMEXT。

（四）行政要素范围

1. 管理模式

针对欧盟碳边境调节机制的管理模式，《条例提案》提出了以下两种。

（1）集中式。这是一种可以依靠欧盟碳边境调节机制现有职能机构或委员会的运作方式。职能机构或委员会将责成相关组织负责建设、实施欧盟碳边境调节机制的各项功能。集中式将以碳边境调节机制中心化机制为基础，这种模式可以在一定程度上减少协调负担和成本，并可以优化和促进机制的运作，简化系统流程，提高运作效率。然而可惜的是，目前这种模式尚未真正运行，执行这类模式建设的机构也尚未成立。相关工作需要由现存的监管服务机构来主持，这些监管服务机构需要进行一定的转变和改造，或满足一些规定或行政要素，这可能会影响运行的效率。

（2）分散化。欧盟碳边境调节机制依靠欧盟委员会成员国的国家机构（如国家气候机构或任何以碳减排为工作重心的指定机构）来实施和执行。分散化能够促进碳减排行政部门更快落地，然而这种模式可能需要很长的准备时间才能完全协调地开展相关工作。可以预见的是，围绕对贸易商和外国工业设施的登记、对实际排放申报的评估和核查、对碳边境调节机制证书的清缴与征收等，各类设想中的职能在27 个不同的国家当局之间的协调困难重重。同时，考虑到欧盟委员会国家间信息数据系统和各自互联网技术基础设施的差异，分散化方法还将面临数字化基础设施上的难题，这也将增加各个成员国的行政成本。

2. 行政要素

无论是集中式还是分散化的模式，都将对应一系列行政要素。在考虑欧盟碳边境调节机制的行政要素时，需关注以下三个核心职能。

（1）第一个职能领域涉及审查、评估和批准贸易商提交申报的核心职能，这一环节是欧盟碳边境调节机制的第一道工序，也是首要工序，按照处理时间要求和工作强度，这一核心功能将对行政管理提出较高的人力职务要素需求。

（2）第二个职能领域与处理贸易商提交的投诉有关。欧盟假设大约三分之一的申报可能会被投诉和仲裁，那么协调、处理和解决贸易商投诉也将对行政管理提出较高的人力职务要素需求，且对人员的专业素养要求更高。

（3）第三个职能领域与信息技术系统的维护有关，这其中包括开发和维护两个环节，涵盖保存和更新登记册以及处理碳边境调节机制证书项下的出售、回购、清缴等环节。据欧盟估计，如果采用完全集中化的模式，将要为此构建一整套庞大的数据系统，并为之配备专门的软件开发和维护人员。如果采取分散化的模式，系统运行、证书的出售和购买都由相关国家权威机构负责，那么这一职能领域的职位总数将进一步增加，对行政要素的要求将会更高。

（五）资源换位范围

欧盟碳边境调节机制可能导致产生资源换位的风险。所谓资源换位，是指将排放量高低不同的材料或产品进行调度互换。这里所提的资源换位的风险，指的是把排放量较低的材料生产放到（分配或归属到）碳成本较高的市场，减少所支付的碳总成本，而实际上市场（地区、本国乃至全球）生产的总体碳强度保持不变，只是发生了换位。

举例而言，比如在生产特定材料或产品的过程中，将原本应当计入材料或产品本身的温室气体排放计入副产品（如矿渣）之中，以减少欧盟碳边境调节机制约束下的这一材料或产品的含碳量；比如，在生产特定材料或产品的过程中，计算耗能产生的碳排放时，把清洁电力（太阳能、风能等）优先计入其使用，将非清洁电力计入其他未纳入欧盟碳边境调节机制约束下的产品生产中，以减少约束下的这一材料或产品的含碳量。再比如，为了应对碳边境调节机制，非欧盟的生产商有动力将碳密集型产品转而向世界其他市场销售，将低碳产品向欧盟出口以降低这些进口商面临的碳成本。诸如此类，仅仅通过资源互换上的调整，很可能会削弱碳边境调节机制为防止碳泄漏所提出措施的有效性，无法降低区域乃至全球的总排放量。

欧盟相关学术文献认为，碳边境调节机制中通过资源换位的潜在风险规模，在钢铁和石油领域可能达到50%，铝产品领域可能达到80%。如何合理制定并管理好约束范围，防范因资源换位而导致机制弱化，对于欧盟碳边境调节机制而言是一项必须在实践中直面的挑战。

（六）针对最不发达国家的碳排放调整范围

以非洲国家为代表的世界上最不发达的国家和地区，目前虽然在欧盟对外贸易中所占的份额很小，但这些为数不多的出口能为相关国家和地区提供重要的外汇收入，并在改善民生福祉中发挥重要作用。但客观地说，这些最不发达国家和地区的工业发展与工艺水平相对落后，产品含碳量很难在短期内达到富有全球竞争力的水平，这就对欧盟碳边境调节机制的执行带来了新的难题。一方面，欧盟碳边境调节机制要求这些高碳产品支付更高成本，这很可能直接降低这些不发达国家和地区产品在欧洲的竞争力；另一方面，针对最不发达国家和地区又有既定的贸易政策和优惠待遇。在欧盟碳边境调节机制的执行中，是否需要对最不发达国家和地区的材料和产品进行豁免，在何种范围内进行何种力度的豁免，需要在机制层面进行研究和提前部署。

欧盟在当前的应对机制中提出，可能对最不发达国家和地区提供临时性豁免，但从长远来看，这些碳密集型产业将不得不被淘汰。当然，为了避免在低碳和高碳出口结构的国家之间出现新的全球分界线，欧盟计划采取有针对性的方法来支持最不发达国家和地区调整碳排放范围。例如采取技术援助、技术转让、能力建设和财政支持等，期望在一定时期内帮助相关国家和地区形成与长期气候目标相适应的工业产业低碳化、绿色化的生产结构。

第三节　欧盟碳边境调节机制的主要内容

欧盟碳边境调节机制与欧洲碳交易市场一样，都是欧洲为应对气候变化，实现低碳发展，在降低本土碳排放的同时，为减少碳泄漏而设计的具体制度。欧盟碳市场通过设置免费或收费配额的方式对本土纳入碳市场的行业进行排放约束，增加排放成本；欧盟碳边境调节机制通过税收或要求进口商购买相应证书的方式对第三国产品或材料施加减排影响。欧盟碳边境调节机制的价格锚定碳市场的交易价格，因此碳市场免费配额的存在与否，将直接影响欧盟碳价并进一步延伸影响碳边境调节机制的价格，所以说欧盟碳边境调节机制与欧盟碳市场的配额之间存在一定的关系。

本节继续以《条例提案》的相关内容为主要参考依据，重点对欧盟碳边境调节机制的主要内容作详细解析，重点包括目标与路径、清单与方法以及过渡性条款，关于欧盟碳市场的运作和欧盟碳配额的分配不过多展开，但保留了欧盟本土生产企业在碳市场免费配额和拍卖配额方案下的不同状况，用以作为对比参考。

一、欧盟碳边境调节机制目标与路径

欧盟碳边境调节机制的核心目标是明确的，一方面是减少欧盟境内、境外企业在碳排放成本上的不对称，从而保护欧盟企业的贸易竞争力；另一方面是避免欧盟各国作出的减排努力被外部国家的碳排放超标所抵消，防止出现碳泄漏，并以此为手段进一步激励或要求贸易伙伴采取更有力的温室气体减排措施。

《条例提案》共提出六种路径方案，包括两个不同税种的路径分析方案（路径 1 和 6），以及反映欧盟碳排放权交易体系法规的相关路径分析方案（路径 2、3、4 和 5）。

路径 1 是基于反映欧盟平均排放量并将其作为核定默认值的碳税，同时也允许进口商按进口产品的实际含碳量替换欧盟默认值进行修正。路径 6 涉及对碳密集型材料征收消费层面的碳税，涵盖了欧盟内部所生产产品和进口产品的消费，同时在欧盟碳排放权交易体系中使用免费配额。与收取税款的路径 1 和路径 6 不同，路径 2 至路径 5 均采用购买和提交碳边境调节机制证书的方式，其中路径 2 是基于欧盟平均排放量计算进口产品或材料的含碳量，与路径 1 类似，其也允许进口商按进口产品的实际含碳量替换欧盟默认值进行修正。路径 3 将基于第三国生产商的实际排放量，而不是基于欧盟生产商的平均排放量的默认值。这两个路径都假定碳边境调节机制约束行业在欧盟碳排放权交易市场中不再获得免费配额。

路径 4 是路径 3 的一种升级，在其余条件与路径 3 一致的情况下，路径 4 提出碳边境调节机制将在 2025 年后分阶段实施，其对应行业在欧盟碳排放权交易市场中获得的免费配额比例分阶段降低，直至降为零。路径 5 是路径 3 的另一种升级，需要对基础材料、半成品或成品的一部分作进一步的含碳量核定。通过对以上六种路径的分析，《条例提案》支持路径 4 作为首选目标方案，在逐步减少欧盟碳市场免费配额的过程中，基于碳边境调节机制过渡区到实施期的过程，能够较为平稳地对本土产品和进口产品施加逐年提升的碳成本，这也与"Fit-for-55 的一揽子计划"有异曲同工之处。

二、欧盟碳边境调节机制路径简介

（一）路径 1：基于欧盟平均水平的基础材料的进口碳关税

欧盟碳边境调节机制的第一个路径方案是收取进口碳关税，由进口商在产品进入欧盟时支付，这一路径明确为一项税种。该税种以"反映欧盟碳价"及"基础材料和产品的默认碳强度"为基础，由海关在边境征收。在路径 1 下，碳强度的参考值是基于欧盟生产商平均水平的默认值，当然，进口商可根据实际情况，通过提供已在国外支付碳价或其他有效力的实际碳强度的相关证明文件请求特殊处理，根据

对这些证明的评估结果决定是否给予部分或全部退税。

路径1的实行需要在现有的欧盟执法机制下增加额外的碳边境调节机制执行的权力。在实践中，权威机构要求进口商向海关指定的登记处（全称为"碳边境调节进口商登记处"）申报其的进口产业产品，登记处将全面负责碳边境调节税收相关工作并参与核对程序。在路径1的早期阶段，为了保持措施的简单性和可管理性，碳边境调节机制限定于实施范围内的碳密集材料和基础材料产品，半成品和成品暂时不包括在实施范围内。

（二）路径2：基于欧盟平均水平的基础材料的进口合格证书

在路径2下，需要进口商根据产品的碳排放强度购买合格的碳边境调节机制证书，购买证书虽然不同于缴纳税款，但同样是产品入关时增加的碳领域成本，证书虽不是欧盟碳排放权交易体系下的配额，但却能反映当期配额的价格。

在执行过程中，进口商需要向"碳边境调节进口商登记处"提交经核实的产品碳排放量的报告，并由登记处转交或由进口商直接向碳边境调节权威机构提交与申报排放量相对应的碳边境调节机制证书。

进口商每年应提交的碳边境调节机制证书数量应当由"碳边境调节进口商登记处"向碳边境调节权威机构上报并确认；若进口商直接将碳排放数据提交给权威机构，则需要提供与之相符的证明文件等材料。

此外，登记处需每年定期对相关产品的碳排放进行计算，核对碳边境调节机制下报告的产品含碳量等数据。

（三）路径3：基于实际排放量的基础材料的进口合格证书

路径3的操作方式与路径2基本相同，但在计算碳排放数值时，使用的是基于第三方国家生产商的实际排放量而不是基于欧盟生产商的平均数的默认值。在此路径下，进口商必须报告产品中包含的实际碳排放量，并提交与之相应数量的碳边境调节机制证书。

如果进口商已在国外提前完成了相关碳成本（如碳税或在其他碳市场所涉及的碳价）的支付，则进口商有权要求减少与国外已支付的碳成本相对应的碳边境调节证书数量。

在路径3下，欧盟碳排放权交易市场中的免费配额将被取消。

当然，路径3的一般性原则也要求各方需要提前设定好相关产品的温室气体排放默认值，以便在相关产品缺乏足够数据确定实际温室气体排放的情况下仍能计算出碳排放数据。

（四）路径4：基于实际排放量的基础材料的进口合格证书，同时在过渡期内继续提供免费配额

路径4的适用方式与路径3相似，此路径方案还考虑了逐步实施的过程。在这

一逐步实施的过程中，欧盟碳市场计划从 2026 年开始将免费配额分配比例每年减少 10%，在 2030 年免费配额下降到 50% 并最终预计在 2035 年下降到零，用这种方式逐步减少免费配额的供应，最终达到与路径 3 相同的不再发放免费配额的状态。路径 4 给予这样一个过渡期的设计，其目的是让受欧盟碳排放权交易体系约束的企业有更多的时间来逐步过渡。

（五）路径 5：基于实际排放量的基础材料、半成品或成品的一部分的进口合格证书

路径 5 是路径 3 的另一种升级方案，其目的是拓展价值链的深度与广度，路径 5 不限于特定的进口碳密集型材料和基础材料产品，半成品或成品一部分的碳密集材料也将被包括在价值链中。对于进口产品的碳排放，碳边境调节机制将再次基于第三方国家生产商的实际碳排放量来实行。

（六）路径 6：消费层面的碳税

路径 6 引入了另一个需要反映在欧盟碳排放权交易体系中的影响因素——碳密集材料在消费领域的使用。消费层面的碳税囊括国内产品和进口产品的消费。在欧盟生产的产品是否征收该税取决于该材料（包括作为产品的一部分）本身的排放量，与其实际生产过程无关。材料和制成品的出口无须缴纳此税，因此与酒精饮料、烟草制成品和能源产品的消费层面的碳税一样，如果材料（包括作为产品的一部分）被认定为出口材料，则可免除征收该税。

根据前文对六种路径设计的分析，碳边境调节机制阐述的可选模式大致归为以下三种情况：

一是征收进口碳关税，即在边境对被认定为可能存在碳泄漏的基础材料、半成品及产品或产品生产中的部件等征收碳进口关税。

二是进口商购买欧盟碳边境调节机制证书，即需要根据碳排放平均默认值或实际排放量等不同的测量方式的结果为进入欧盟的材料产品等购买合格证书。

三是在消费层面征收碳税，即对碳边境调节机制覆盖范围内的国内材料、进口材料和产品等征收碳税。表 9.4 总结了以上六种路径的异同点。

表 9.4　　　　　　　　　　各种路径的异同点汇总

内容	路径 1：基于欧盟平均水平的基础材料的进口碳关税	路径 2：基于欧盟平均水平的基础材料的进口合格证书	路径 3：基于实际排放量的基础材料的进口合格证书	路径 4：基于实际排放量的基础材料的进口合格证书，同时在过渡期内继续提供免费配额	路径 5：基于实际排放量的基础材料、半成品或成品的一部分的进口合格证书	路径 6：消费层面的碳税

续表

价值链	基础材料及其产品	基础材料及其产品	基础材料及其产品	基础材料及其产品	基础材料、半成品或成品的一部分	基础材料及其产品
碳边境调节机制的覆盖范围	仅进口	仅进口	仅进口	仅进口	仅进口	国内材料及产品、进口材料及产品
配额是否免费	否	否	否	是	否	是
支付模式 生产商	购买配额	购买配额	购买配额	购买配额	购买配额	—
支付模式 进口商	支付进口碳关税	购买进口合格证书	购买进口合格证书	购买进口合格证书	购买进口合格证书	—
进口商申报的碳成本（碳关税/进口合格证书）的计算参考值	基于欧盟平均水平	基于欧盟平均水平	基于实际排放量	基于实际排放量	基于实际排放量	—

通过模拟对比六种路径产生的效果和影响等方面，我们可以发现：

第一，所有的欧盟碳边境调节机制路径方案在实现其环境目标和减少温室气体排放方面都能够表现出朝着正向目标的努力；

第二，在碳泄漏预防方面，路径3、4、5具有较为强烈的正向鼓励影响，但路径1、2、6的不确定性较大；

第三，在社会影响方面，欧盟碳边境调节机制对就业和收入分配的影响是值得持续研究和分析的。但可以确定的是，所有的路径都会增加企业以及欧盟和成员国行政部门的行政成本。

表9.5 **各种路径的效果、连贯性、效率和影响分析与比较**

内容		路径1：基于欧盟平均水平的基础材料的进口碳关税	路径2：基于欧盟平均水平的基础材料的进口合格证书	路径3：基于实际排放量的基础材料的进口合格证书	路径4：基于实际排放量的基础材料的进口合格证书，同时在过渡期内继续提供免费配额	路径5：基于实际排放量的基础材料、半成品或成品的一部分的进口合格证书	路径6：消费层面的碳税
效果	支持减少温室气体的排放（通过支持投资低碳技术）	积极	积极	积极	积极	积极	积极

续表

效果	碳泄漏预防	一般	一般	积极	积极	积极	一般
	尊重国际承诺	积极	积极	积极	积极	积极	积极
	激励第三国生产商	一般	一般	积极	积极	积极	一般
连贯性	与欧盟碳排放权交易体系的一致性	积极	积极	积极	积极	积极	消极
效率和影响	经济影响	消极	消极	消极	消极	消极	消极
	社会影响	强消极	强消极	消极	消极	消极	消极
	预算影响	积极	积极	积极	积极	积极	一般
	行政费用	积极	积极	消极	消极	强消极	消极
总体		积极	积极	积极	积极	积极	一般

三、欧盟碳边境调节机制材料、产品和温室气体清单

《条例提案》对温室气体类别进行了列示，并与欧盟碳排放权交易体系中的温室气体进行了对应，其中包括诸如二氧化碳、氧化亚氮、全氟碳化物等。

表 9.6　　　　货物和温室气体清单

水泥	
CN 代码	温室气体
2523 10 00 - 水泥熟料	二氧化碳
2523 21 00 - 白色硅酸盐水泥（含人工染色）	二氧化碳
2523 29 00 - 其他硅酸盐水泥	二氧化碳
2523 90 00 - 其他水硬性水泥	二氧化碳
电力	
CN 代码	温室气体
2716 00 00 - 电能	二氧化碳
化肥	
CN 代码	温室气体
2808 00 00 - 硝酸；磺硝酸	二氧化碳和氧化亚氮
2814 - 氨，无水或在水溶液中	二氧化碳
2834 21 00 - 钾的硝酸盐	二氧化碳和氧化亚氮
3102 - 矿物或化学肥料，含氮	二氧化碳和氧化亚氮

续表

化肥	
3105 – 含有氮、磷、钾两种或三种施肥元素的矿物或化学肥料；其他肥料；《条例提案》规定的以片剂或类似形式或毛重不超过 10 公斤的包装的货物 除了：3105 60 00 – 含有磷和钾两种施肥元素的矿物或化学肥料	二氧化碳和氧化亚氮

钢铁	
CN 代码	温室气体
72 – 铁和钢 除了：7202 – 铁合金；7204 – 黑色金属废料和废品；重熔废钢锭和废钢	二氧化碳
7301 – 铁或钢的板桩，无论是否钻孔、冲孔或由组装的元件制成；铁或钢制成的焊接的角钢	二氧化碳
7302 – 铁或钢制的铁路或电车轨道建筑材料，包括：钢轨、检查轨和齿轨、开关刀片、交叉口、点杆和其他交叉口部件、枕木（横拉杆）、鱼尾板、椅子、椅子楔子、底板、轨道夹、床板、拉杆和其他专用于接合或固定栏杆的材料	二氧化碳
7303 00 – 铸铁制的管子、管道和空心型材	二氧化碳
7304 – 铁制（非铸铁）或钢制的无缝管子、管道和空心型材	二氧化碳
7305 – 其他管材（如焊接、铆接或类似的封闭），具有外径超过 406.4 毫米的铁制或钢制的圆形截面	二氧化碳
7306 – 其他铁或钢制的管子、管道和空心型材（如开缝或焊接、铆接或类似的封闭）	二氧化碳
7307 – 铁制或钢制的管子或管件（如联轴器、弯头、套筒）	二氧化碳
7308 – 铁或钢制结构（不包括部分预制建筑）和结构部件（如桥梁和桥段、闸门、塔、格子桅杆、屋顶、屋顶框架、门窗及其框架和门槛、百叶窗、栏杆、支柱和柱子）；板、棒、准备用于结构的铁或钢的角材、管子及类似物	二氧化碳
7309 – 容量超过 300 升且未安装机械或热力设备的铁制或钢制的任何材料（压缩气体和液化气体除外）的贮水池、罐子、大桶和类似容器，无论是否有内衬或是否隔热	二氧化碳
7310 – 容量不超过 300 升的铁制或钢制的任何材料（不包括压缩气体和液化气体）的罐子、箱、桶、罐、箱和类似容器，无论是否有内衬或是否隔热	二氧化碳
7311 – 钢或铁制的压缩或液化的容器	二氧化碳

铝产品	
CN 代码	温室气体
7601 – 未经锻造的铝	二氧化碳和全氟碳化物
7603 – 铝粉和铝薄片	二氧化碳和全氟碳化物
7604 – 铝条、棒和型材	二氧化碳和全氟碳化物
7605 – 铝线	二氧化碳和全氟碳化物
7606 – 厚度超过 0.2 毫米的铝板、铝片和铝带	二氧化碳和全氟碳化物
7607 – 厚度（不包括任何衬垫）不超过 0.2 毫米的铝箔（无论是否印有或背有纸、纸板、塑料或类似衬垫材料）	二氧化碳和全氟碳化物
7608 – 铝管和管道	二氧化碳和全氟碳化物
7609 00 00 – 铝管或管件（如联轴器、弯头、套筒）	二氧化碳和全氟碳化物

四、欧盟碳边境调节机制碳排放量计算方法

根据《条例提案》第七条的规定及附件的相关内容，属于五种主要行业的产品均按照隐含碳排放量计算方法（Calculation of Embedded Emissions）进行碳排放核算。在详细阐述计算方法与工具前，首先对以下名词做相关释义。

（一）名词释义

隐含碳排放量（Embedded Emissions）：是指在产品生产过程中释放的直接排放量。

简单产品（Simple Goods）：是指在生产过程中只需要投入材料和燃料的产品，其燃料部分不计入排放量。

复杂产品（Complex Goods）：是指在生产过程中需要其他简单产品投入的产品。

特定的隐含碳排放量（Specific Embedded Emissions，SEE）：是指一吨产品的隐含碳排放量，以每吨产品排放的二氧化碳当量吨数表示。

（二）确定"简单产品"的特定的隐含碳排放量

在确定某一装置中生产的"简单产品"的特定的隐含碳排放量时，只计算直接排放量，不计算燃料排放量。采用以下公式：

$$SEE_g = \frac{AttrEm_g}{AL_g}$$

式中，SEE_g 是产品 g 的特定的隐含碳排放量，以每吨产品排放的二氧化碳当量吨数表示；AL_g 是产品的活动水平，即报告期内生产的产品的数量。$AttrEm_g$ 是产品 g 的归属排放量，是指在报告期内，为了制造 AL_g 数量的产品 g，在这一生产过程中的直接排放量。"归属排放量"应使用以下公式计算：

$$AttrEm_g = DirEm$$

式中，$DirEm$ 是指根据《条例提案》规定的范围，由生产过程产生的直接排放量，以产品排放的二氧化碳当量吨数表示。

简单来说，"简单产品"的特定的隐含碳排放量等于《条例提案》规定范围的归属排放量除以产品数量。

（三）确定"复杂产品"的特定的隐含碳排放量

在确定特定装置中生产的"复杂产品"的特定的隐含碳排放量时，只计算直接排放量。采用以下公式：

$$SEE_g = \frac{AttrEm_g + EE_{InpMat}}{AL_g}$$

式中，SEE_g 是产品 g 的特定的隐含碳排放量；AL_g 是产品的活动水平，即报告期内生产的产品的数量；$AttrEm_g$ 是产品 g 的归属排放量；这些都与"简单产品"的计算中使用的要素一致；EE_{InpMat} 是生产过程中需要消耗掉的材料的隐含碳排放量，只有属于《条例提案》相关条款中明确的部分材料，才会被此部分的计算所考虑。

相关 EE_{InpMat} 的计算方法如下：

$$EE_{InpMat} = \sum_{i=1}^{n} M_i \cdot SEE_i$$

式中，M_i 为生产"复杂产品"g 的过程中被《条例提案》考虑计入，且使用并消耗掉的材料 i 的质量；SEE_i 为这一消耗材料的特定的隐含碳排放量，EE_{InpMat} 是全部消耗材料的特定的隐含碳排放量的合计数。对于每一项 SEE_i 而言，只要可以被充分测量，数据就应当被充分使用。

（四）确定相关默认值

根据上述公式，在计算"复杂产品"生产过程中的碳排放量时，除了需要计算投入的简单产品的排放数值外，还要计算其生产环节投入的消耗材料的排放数值。在实际执行中，如果无法确定实际隐含碳排放量，可以使用出口国平均排放强度的默认值，并根据相关系数进行调整后确定，欧盟将在未来的实施细则中公布具体细节。如果不采用基于出口国平均排放强度的方法计算，或无法获得来自出口国的可靠数据，则按照欧盟内部排放表现最差的 10% 的平均排放强度来设置默认值。

五、欧盟碳边境调节机制过渡性条款

《条例提案》第十章涉及在初始过渡期内适用的具体规定。设置过渡性条款（Transitional Provisions）的目的在于收集基础数据，在规定执行初期，提高申报者在无实际财务成本支付的情况下对碳边境调节机制的适应性。

根据相关条款规定，欧盟碳边境调节机制过渡期为三年，即 2023 年至 2025 年，在此期间进口商仅承担申报义务而无须实际支付税费。具体来讲，在过渡期内，进口商需要每季度报告其进口产品数量、总隐含碳排放量、总隐含间接排放量以及进口产品在原产国已支付的碳价。过渡期结束后，从 2026 年开始，进口商必须于每年 5 月底之前申报上一年度进口到欧盟的产品数量、碳排放总量等，并购买相应数量的碳边境调节机制证书用于清缴。

第四节　欧盟碳边境调节机制影响分析

《欧盟议会和欧盟委员会关于建立碳边境调节机制的条例提案》主要是针对 2035 年前的实施计划，该机制的深远影响将体现在正式施行后的 5 年至 10 年甚至更长的时期，各国的出口结构、产业碳排放也将面临动态转变，因此对碳边境调节机制的影响评估框架需动态调整，其甚至将包括贸易竞争力影响、实现碳中和进程影响、技术进步影响、政治因素影响等。本节继续围绕欧盟碳边境调节机制，讨论该机制对欧盟和欧盟以外国家的影响，同时探讨该机制在全球化背景下的合理合法性。

一、碳边境调节机制对欧盟的影响

（一）环境影响

图 9.1 显示了到 2030 年欧盟六种路径的欧盟碳边境调节机制下五种行业的二氧化碳当量总排放趋势预测，包括排放水平和相对于基准的可能变化。根据预测，在

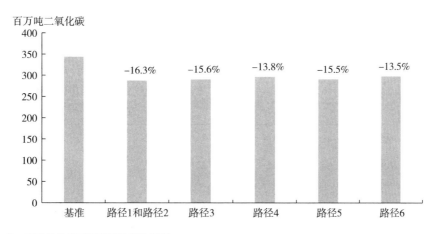

注：百分数为相对于基准的变化幅度。

图 9.1　2030 年欧盟 27 国在欧盟碳边境调节机制下的五种行业的排放总量和相对于基准的排放水平变化预测

（资料来源：JRC-GEM-E3 Model）

欧盟碳边境调节机制下,所有路径均实现了相对较好的减排效果。当然,这一结果需要结合碳泄漏表现同步评估,如果碳泄漏导致欧盟外国家排放的增加超过了欧盟内部排放的减少,那么机制实行的效率就会受到严重影响。

在路径1和路径2中,随着取消免费配额和对欧盟碳边境调节机制的引入,进口和国内生产的产品碳成本都会增加。基础材料的生产者必须为其排放支付碳价格,因此生产者有很大的动力提高生产效率和减少排放量,同时更加有效地在欧盟碳排放权交易体系规定的价格范围内进行产品更新迭代,生产出碳密集型材料及相关材料的替代品。在路径3、4和5下,外国生产者必须提交实际排放量,以此正向激励进口商推进减少排放量,在2030年,当免费配额被逐步淘汰达50%时,路径4的激励效果比路径3和5略低。路径6仅在消费层面进行碳税的征收,它确保了基础材料的碳强度反映在国内销售产品的价格上。

(二)宏观经济影响

根据相关机构的分析,多种因素导致六种不同路径对宏观经济产生影响,但预计影响是有限的。首先欧盟碳边境调节机制五种行业虽然在温室气体总排放量中占比较高,但在欧盟经济中只占据较小部分,这意味着任何适用于这些行业的控制措施本身对宏观经济层面的影响就比较小。特定模型的结果表明,欧盟27国的GDP在2030年可能收缩0.22%左右,各路径之间的差异见表9.7。

表9.7　　　　　　　2030年欧盟27国在欧盟碳边境调节机制下的
主要宏观经济总量的变化预测(相对于基准的变化)

单位:%

路径	国内生产总值	投资	消费量
路径1和2	-0.223	0.360	-0.518
路径3	-0.227	0.357	-0.542
路径4	-0.223	0.388	-0.558
路径5	-0.227	0.356	-0.548
路径6	-0.225	0.360	-0.561

资料来源:JRC-GEM-E3 Model。

(三)重要行业影响

欧盟碳边境调节机制对五种行业产出的影响在很大程度上取决于不同路径的有效性,这意味着逐步取消免费配额的程度与速度将对碳排放产生比较大的影响。图9.2显示了各路径下五种行业的产出变化预测。通过对碳泄漏一定程度的防范,路径4对五种行业保持产出量水平产生了最显著的效果。

从细分来看,在所有的碳边境调节机制路径都因取消了免费配额出现产出反弹的情况下,路径4表现最好(见图9.3)。

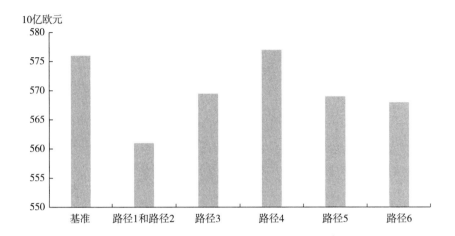

图 9.2　2030 年欧盟 27 国在欧盟碳边境调节机制下的五种行业产出变化预测

（资料来源：JRC-GEM-E3 Model）

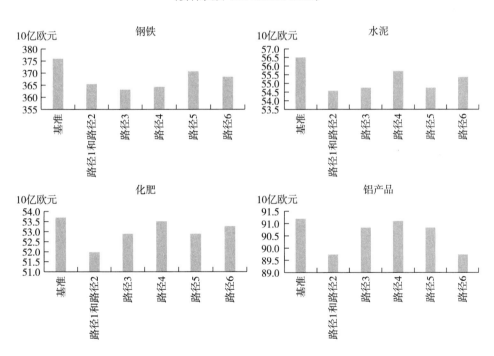

图 9.3　2030 年欧盟 27 国在六种路径下的部分行业

（钢铁、水泥、化肥、铝产品）的产出变化预测

（资料来源：JRC-GEM-E3 Model）

（四）贸易影响

1. 对进口的影响

图 9.4 显示了在不同方案设计下欧盟 27 国在碳边境调节机制下的五种行业的

进口变化预测。通过有效地降低碳泄漏风险,除路径 6 之外的所有碳边境调节机制路径都将导致进口低于基准水平。总体来看,路径 3 与路径 5 下 2030 年的进口预计将减少约 11.1%;路径 4 下减少约 11.9%;其余路径的进口更接近基准水平。

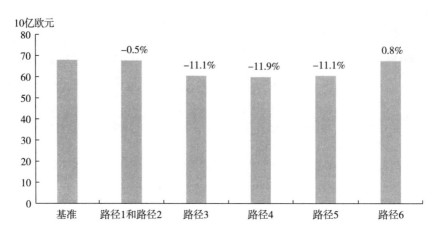

注:百分数为相对于基准的变化幅度。

图 9.4　2030 年欧盟 27 国在欧盟碳边境调节机制下的五种行业的进口变化预测

(资料来源:JRC-GEM-E3 Model)

2. 对出口的影响

图 9.5 显示了在不同方案设计下欧盟 27 国在碳边境调节机制下的五种行业的出口变化预测。在 2030 年免费配额高达 50% 时路径 4 对出口的影响较弱;而路径 6 呈现的结果是对出口的影响非常有限,接近于基准水平。

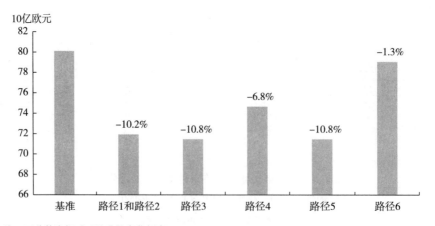

注:百分数为相对于基准的变化幅度。

图 9.5　2030 年欧盟 27 国在欧盟碳边境调节机制下的五种行业的出口变化预测

(资料来源:JRC-GEM-E3 Model)

（五）社会影响

1. 对就业的影响

根据相关机构的分析，欧盟碳边境调节机制对欧盟的就业影响较为有限。所有路径的总体与细分的就业效应都将反映对产出和投资的影响，就业的变化主要以是否具有免费配额为前提进行分析。从表9.8可以看出，路径4相比其他路径呈现出较优的就业影响表现。

表9.8　2030年欧盟27国在欧盟碳边境调节机制下的部分行业的就业影响预测

单位：%

项目	路径1和2	路径3	路径4	路径5	路径6
钢铁	−2.55	−1.3	0.22	−1.29	−0.5
水泥	−2.75	−2.45	−0.48	−2.45	−0.87
化肥	−4.92	−0.31	2.59	−0.32	−0.32
铝产品	−0.63	0.62	0.89	0.61	−0.8
相对于基准的变化幅度	−2.48	−1.2	0.32	−1.19	−0.6

资料来源：JRC-GEM-E3 Model。

2. 对消费产品价格的影响

消费产品适用碳边境调节机制后，预计欧盟碳边境调节机制对消费产品价格的影响有限。欧盟相关模型的结果表明，大多数家庭消费行业的产品价格在所有路径中仅略有增加，具体体现在燃料购买和电力消费中；某些与能源有关的消费行业产品的价格可能有所下降。同时，资源密集型产品如家用电器、车辆（受钢铁和铝制品影响），以及使用化肥后的食品会经历小幅的价格上涨。但总体而言，欧盟认为碳边境调节机制对最终消费者不会产生实质性的影响。

（六）收入影响

根据欧盟预测，基于混合情景假设（在没有实施欧盟碳边境调节机制且欧盟碳市场完全取消免费配额的情况下），2030年因免费碳排放配额取消等带来的收入预测为128亿欧元/年；完全取消免费配额的路径（路径1、2、3和5）以及路径6都会产生额外收入，预测显示，总体而言，收入将在2030年超过140亿欧元/年，路径5反馈出最高的收入预测。路径4是基于免费配额阶段性逐步取消的情况，相比而言，2030年的收入较低，为91亿欧元/年。但2030年以后，随着免费配额的进一步乃至完全取消，路径4下的收入仍将继续增加并最终达到与路径3相同的水平。

从图9.7也可以发现，就五种行业结构而言，收入在很大程度上反映了各行业的排放规模及贸易强度。因此，钢铁是排放量最大的行业，其特点是进口渗透率较高；相比较而言，水泥为第二大碳排放行业，其进口渗透率比钢铁低很多；化肥的碳排放量紧随其后，排在第三位，其相对较强的进口渗透率使其在实行欧盟碳边境

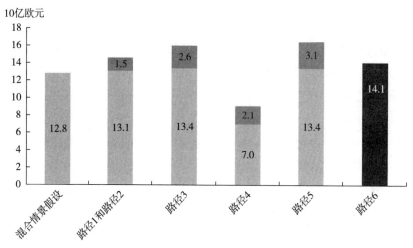

图9.6　2030年基于混合情景假设和实行欧盟碳边境调节机制规定下可获得的总收入预测

（资料来源：JRC-GEM-E3 Model）

调节机制规定下可获得的收入更高；铝产品的碳排放强度排在最后，碳边境调节机制对其收入的影响最小。

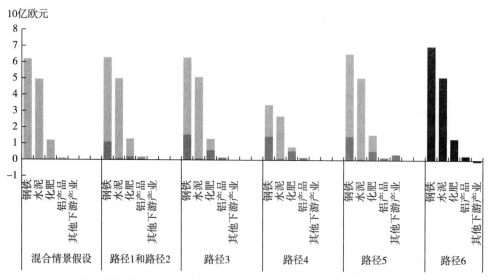

图9.7　2030年基于混合情景假设和实行欧盟碳边境调节机制规定下

按行业划分的可获得的总收入预测

（资料来源：JRC-GEM-E3 Model）

总体而言，碳边境调节机制的施行将会对欧盟 2030 年的环境、经济、贸易、社会、收入等产生不同的影响，机制提出了六种路径，选择不同路径将产生不同的结果。正如前文所述，对机制的评估需要实时动态进行，最终欧盟碳边境调节机制对欧盟成员国、对全球气候变化将会产生何种影响还需持续观察和分析。

二、欧盟碳边境调节机制对其他国家的影响

欧盟碳边境调节机制对重点行业可能产生更大区域范围的影响，其可能改变产品出口到欧盟的企业的竞争地位以及多个行业的全球市场竞争格局。分析指出，碳边境调节机制对不同行业的影响程度主要取决于两大因素：一是碳排放强度，二是贸易强度。碳排放强度反映了不同行业温室气体排放的相对规律，具体用单位增加值的二氧化碳排放当量来衡量。贸易强度体现了商品进出口贸易量相对欧盟本土贸易量的大小。

以钢铁行业为例，全球不同钢铁生产商的碳排放强度存在很大差异。使用电弧炉和废钢炼钢的钢材生产商的二氧化碳排放量远低于使用高炉或氧气顶吹转炉（Basic Oxygen Furnace，BOF）炼钢的生产商。从全球分布看，中国和乌克兰等国的钢铁企业主要采用高炉和氧气顶吹转炉炼钢法，因此碳排放强度较高。加拿大和韩国的钢铁行业里小型电弧炉炼钢厂的占比略高，总体碳效率稍高。美国和土耳其主要依赖小型电弧炉炼钢厂炼钢，碳排放强度是中国和乌克兰的约一半。俄罗斯等国则两者兼具：既有会受到碳边境调节机制冲击的高炉和氧气顶吹转炉炼钢厂，也有得益于碳边境调节机制的电弧炉炼钢厂。

表 9.9　　　　　　　　　　　主要钢铁生产商的碳排放强度表

国家	碳排放强度	欧盟钢铁进口占比（%）
加拿大	1.4	0.50
美国	0.9	5.30
韩国	1.6	6.00
乌克兰	1.9	6.00
印度	1.2	7.00
俄罗斯	1.7	10.00
土耳其	0.9	10.00
中国	2	23.00

资料来源：BCG Analysis。

用于机动车生产的平轧钢材等级别较高的产品仍然只能通过高炉炼钢法生产，欧盟本土钢铁生产商通过投入大量资源发展能效科技，在过去若干年中逐步降低了高炉炼钢法的碳足迹；其他国家的许多高炉炼钢厂尚未开展此类投资和建设。从这

一角度看，欧盟碳边境调节机制的提出可能会给欧洲本土钢材生产商带来优势，这正是碳边境调节机制与贸易保护主义问题相关联的体现之一。

对于其他既可以通过高炉也可以通过电弧炉生产的钢材产品，欧盟碳边境调节机制可能将在更大程度上推动全球进出口贸易格局的改变。比如，印度和土耳其等国的电弧炉炼钢厂占比更高，因此碳效率更高，它们需要为每吨钢购买的欧盟碳边境调节机制证书或缴纳的相应碳关税等更少，虽然最终仍需负担碳边境调节机制实施所带来的成本，但它们仍可能从中国、俄罗斯和乌克兰的钢铁企业手中抢得出口欧洲市场的份额。同样，美国企业作为单位碳排放量最小的生产制造商，也将在欧洲市场更具竞争力。

根据能源基金会发起的《碳边境调节机制：进展与前瞻》的研究，基于中欧贸易的视角，从目前欧盟碳边境调节机制涉及的产品类别和贸易额占比来看，整体影响相对有限，对局部行业如高碳钢铁的出口竞争力会产生较大影响。根据《条例提案》，受碳边境调节机制影响最大的国家主要为俄罗斯、土耳其等向欧盟大量出口各类产品（含高碳产品）的毗邻国。按照 2019 年中国对欧盟出口总额估算，假设欧盟碳边境调节机制全部生效，中国出口欧盟的钢铁产品贸易额约 47 亿欧元，将被征收超过 3 亿欧元碳边境调节税［基于 2035 年欧盟完全取消免费配额、每吨二氧化碳征收 70 欧元的情景（2021 年 11 月欧盟碳市场价格）估算］；在相同情况下，欧盟向土耳其的钢铁行业征收的碳边境调节税将达到 7 亿欧元。分析表明，欧盟完全取消免费配额将造成钢铁成本增长约 21%，而碳边境调节机制会导致中国向欧盟出口的钢铁成本增长约 25%。

欧盟碳关税政策对其他行业也带来不同程度的影响。在铝产品领域，中国对欧盟出口的铝受到的影响较小，据估算，欧盟完全取消免费配额将造成铝成本增长 7.6%，而碳边境调节机制会导致中国向欧盟出口的铝成本增长约 9%。2019 年欧盟从中国进口铝约 15 亿欧元，在该情景下可能会被征收约 1.2 亿欧元的碳边境调节税。

未来，如果欧盟碳边境调节机制将覆盖欧盟碳市场下所有行业而非仅仅是《条例提案》目前提出的五种行业，中国受影响的贸易额将可能占到出口欧盟总额的 12%，约 427.5 亿美元（2800 亿元人民币）。其中受影响最大的部门为石油化工品和钢铁行业，两者的贸易出口分别占受影响贸易额的 27% 左右。另外，首批纳入欧盟碳边境调节机制的钢铁和铝行业未来每年分别支付的碳边境调节机制成本将达到约 30 亿元人民币。

同样，对于其他国家而言，在覆盖全行业的情况下，影响也会广泛存在。以石油行业为例，欧盟碳边境调节机制实施后，全球石油贸易的竞争动态可能会发生变化。数据显示，在不同的石油提取技术、不同的地质条件下，石油含碳量存在巨大的差异，俄罗斯石油的碳足迹几乎是欧盟石油的两倍，这主要是由于俄罗斯的石油与其他区域如沙特阿拉伯的石油相比在地下更深，更难开采；平均而言，加拿大的石油是世界上碳密集度最高的石油之一，这主要是因为其石油大部分是从油砂中提取出的。油砂油开采过程中需要更多的水和能源，排放的二氧化碳也超出普通原油约四分之一，因此被视为"脏"油。在贸易结构上，俄罗斯由于距离较近一直以来都是欧盟最大的石油供应商，占欧盟进口量的四分之一以上，覆盖全行业的碳关税将使俄罗斯的石油出口面临更多困境，当然在新一轮地缘冲突之下，欧盟和俄罗斯之间能源供应局面变得更加扑朔迷离，欧盟也可能面临更加复杂的能源进口局面。

另外，除石油之外，欧盟碳关税政策对平轧钢产品、半制成金、烟煤、机械和化学制浆等的影响如下：

2018年，欧盟车企、机械和设备制造商、建筑公司和其他企业消耗了总值200亿美元的平轧钢材，为钢材生产商带来20亿美元利润。据估计，这一行业在碳边境调节机制下的额外成本将高达2.5亿至13亿美元，可能导致行业平均利润下降约40%。

2018年，欧盟进口了总值320亿美元的半制成金，用于珠宝、电子和牙科产品。据估计，采矿企业在这一贸易领域的利润为60亿至130亿美元，基于开采加工黄金的碳排放强度若被计入碳边境调节机制，预计碳关税总额将高达15亿至20亿美元，占行业利润的约20%。

2018年，非欧盟采矿和采石企业向欧盟出口了总值160亿美元的烟煤，行业利润高达20亿美元。烟煤通常用于制作冶炼钢铁和其他金属所需的焦炭，生产的钢铁和其他金属又被用于制造金属制品和机动车等成品。据估计，仅考虑欧盟对美国烟煤收取碳关税，涉及的碳边境调节机制成本将达到约2亿美元，占行业利润的10%左右。

2018年，欧盟的纸制品制造商进口了总值约2亿美元的木浆，行业利润约5000万美元。据估计，受边境调节机制影响，该行业成本将上升1700万至2000万美元，利润可能大幅下降65%。

总体而言，欧盟碳边境调节机制的实行将会给各国的经济、贸易、环境等带来影响。一方面能够在一定程度上抑制温室气体排放，促进全球"三高"产业产品结构化转型；另一方面也将对各国的经济格局和产业竞争带来正负兼有的深远影响。

三、碳边境调节机制合法性分析

（一）欧盟碳边境调节机制在世贸组织关贸总协定（WTO/GATT）条款下的合法性分析

世界贸易组织（World Trade Organization，WTO）的宗旨是以开放、平等、互惠的原则，逐步调降各成员关税与非关税贸易壁垒，通过实质性削减关税等措施，建立一个完整的、更具活力的、持久的多边贸易体制。

关税及贸易总协定（General Agreement on Tariffs and Trade，GATT）条款Ⅰ最惠国待遇原则要求世贸组织所有成员对来自不同贸易伙伴的同类产品给予同等待遇，意味着某一成员享受的待遇必须平等地给予其他成员。GATT条款Ⅱ规定如果进口商的成本低于国内生产者的成本，则可以施加关税。GATT条款Ⅲ国民待遇原则要求一国非歧视性地对待本国产品和同类外国产品，意味着进口产品所承受的直接或间接税费不得高于本国同类产品承担的相应国内税费，国民待遇原则确保进口产品和国内同类产品能够在公平条件下竞争。

欧盟委员会认为因其内部以碳市场方式提升碳成本，不利于其产品与外部同类产品的公平竞争，因此进口产品在进入欧盟市场时需要施加碳边境调节机制，欧盟委员会也在《条例提案》有关机制中提出，如果生产商已经从碳市场购买过排放配额或缴纳过碳税，或者与欧盟达成了碳交易的相关协定，则进口商可以抵减应购买的碳边境调节机制证书等，这些内容可以帮助实现GATT条款相关要求，但不可否认的是，一旦碳边境调节机制实施，那么为了获得欧盟的碳抵减许可，各国碳市场的建设将不得不对标欧盟碳边境调节机制所涵盖的行业范围，因此将面临脱离本国实际发展阶段和需求的风险，而且，碳边境调节机制始终无法解决"既符合GATT规则又减少碳泄漏的二维目标"这一根本问题。对应来讲，欧盟碳边境调节机制与世贸组织关贸总协定之间的关系如下：

第一，从欧盟碳边境调节机制的内容可以看出，其违背世贸组织促进全球自由贸易的初衷，极易通过抑制发展中国家的发展能力来制约和影响各自应对气候变化的能力和进程，很难说充分具备并体现"开放、平等、互惠"精神。

第二，世贸组织规则中的最惠国待遇和国民待遇是基于税收优惠的，而欧盟碳边境调节机制的立足点是基于成本的，二者的实质性内容完全不同。实际上，碳边境调节机制试图系统性地改变最惠国待遇和国民待遇的实施方式，强行利用不同国家在经济发展阶段、资源禀赋和科技实力等方面的差异抽取"碳金"。

第三，欧盟碳边境调节机制能够施加于国际贸易的前提是其必须符合GATT规则。最终以碳关税或合格证书为举措的碳边境调节机制需要确定一个能够与世贸组织兼容的最优税率或价率。理论上的最优碳关税应等同于国内碳价，欧盟也将碳关税直接对标欧盟碳排放权交易体系的每周平均收盘价。但在实际操作中，碳关税的实施将受到区域市场、不同产品、生产者行为和消费者行为的复杂影响，将碳关税与国内碳价直接画等号，尤其是与欧盟的碳市场价格画等号，很难说一定符合GATT规则。

通过深层次的分析可以得出，执行碳边境调节机制是一个单边而非多边行为，在缺乏充分的全球气候合作的情形下，碳边境调节机制的落脚点是区域福利最大化而非全球福利最大化。表面上看碳边境调节机制是"通过对来自欧盟以外的某些进口商品征收碳价的方式来防止碳泄漏风险"，但实际上是在回避其对全球碳排放的历史责任。欧盟委员会提出的碳边境调节机制以全球碳排放的增量为征收对象，并未考虑历史累积碳排放量和存量格局的本质影响，缺乏对发展中国家的国情和发展权的实际发展阶段的更多考虑。作为一种无视累积排放的税费机制，欧盟碳边境调节机制仅立足于欧盟的先发优势，不仅与世贸组织的取消进口数量限制原则（GATT 条款XI取消数量限制原则规定，"除关税、国内税或其他费用外，不得通过配额、进出口许可证等措施对进出口产业产品设立或维持禁止或限制"）不相符，更与《联合国气候变化框架公约》制定的"共同但有区别的责任"原则相左。

总体上，欧盟碳边境调节机制的实施并不当然违反 WTO/GATT 规则，但机制规定的具体细则的实施和执行，在未来存在违反 WTO/GATT 规则的可能。

（二）欧盟碳边境调节机制在国际环境法框架下的合法性分析

目前，与气候有关的国际环境法框架主要是《联合国气候变化框架公约》（UNFCCC）和 1997 年在日本京都由 UNFCCC 第三次缔约方大会通过的《京都议定书》，后者是前者的补充条款。UNFCCC 是世界上第一个为全面控制温室气体排放以应对全球气候变化给人类经济和社会带来不利影响的国际公约，也是国际社会在应对全球气候变化上进行合作的一个基本框架。《京都议定书》对其进行完善并规定了具体的实施细则，加强了 UNFCCC 的法律约束力。

UNFCCC 第二条规定，各国应该按照公约规定的方法实现相应的目标，不得采用公约之外的方法来实现温室气体排放的减缓。第三条规定，各缔约方应当以合作方式促进形成有利的和开放的国际经济体系，允许成员国为应对气候变化采取单方面措施，但该措施不得构成对国际贸易上的任意的或无理的歧视的手段。该条款与 GATT 条款 XX 条例外引言规定（"对情况相同的各国，实施的措施不得构成无端的或不合理的差别对待，或构成对国际贸易的变相限制"）相得益彰。UNFCCC 已明确规定了的各国主权独立原则和共同但有区别的责任原则。根据各国主权独立原则，进口国没有权利单边评估第三国的碳减排措施；根据共同但有区别的责任原则，各个国家的国情不同，发达国家应该依照其在国际条约中作出的承诺接受国际安排，而发展中国家生产力和生产方式低下，居民的生存和生产尚有困难，因而理应承担较发达国家相对少的义务。

UNFCCC 虽并不禁止碳边境调节机制等单边措施，但该机制措施不得成为欧盟成员国在国际贸易上的歧视或限制手段。碳边境调节机制是否真正意义上构成贸易歧视或限制，还需根据实际实行后的具体情况进行判断和评价。另外，碳边境调节机制本身并不违反共同但有区别的责任原则，只有在对从发展中国家进口的产业产品实施征收碳关税或购买合格证书等机制措施时，才可能涉及违反国际环境法框架条约。

同样，作为 UNFCCC 的补充条款，《京都议定书》更加具体化，其维持了共同但有区别的责任原则，对特定缔约方的温室气体排放量作出了具有法律约束力的定量限制，因此在对加入或未加入《京都议定书》的发展中国家是否以及如何施行碳边境调节机制措施时，需要慎重考虑是否存在违反合法合理性的问题。

综上所述，欧盟碳边境调节机制的实施并不当然违反国际环境法框架条约，而是需要视其执行情况进行具体分析判断。

第五节　中国应对欧盟碳边境调节机制的对策

一、立场与原则

（一）中国在欧盟碳边境调节机制问题上的立场

1. 中国反对发达国家以单方面标准实施碳边境调节措施

生态环境部曾就欧盟公布的碳边境调节机制表示，碳边境调节机制本质上是一种单边措施，无原则地把气候问题扩大到贸易领域，既违反世贸组织规则，冲击自由开放的多边贸易体系，严重损害国际社会互信和经济增长前景，又不符合《联合国气候变化框架公约》及其《巴黎协定》的原则和要求，特别是"共同但有区别的责任"等原则，以及自下而上国家自主决定贡献的制度安排，助长了单边主义、保护主义之风，会极大伤害各方应对气候变化的积极性和能力。中国坚决反对发达国家以单方面标准实施碳边境调节措施。

在多轮次的多边国际气候谈判中，中国多次提出要坚决捍卫"共同但有区别的责任"原则，即发达国家必须强制减排以承担起历史上过度排放的责任。同时，中国反对欧盟等发达国家或联盟组织单边实施碳边境调节机制和碳关税等规定。美国、欧盟所从事的涉碳产业在全球范围内具有相当大的规模，其经营的涉碳产品贸易额占全球贸易额的比重很大。实施碳边境调节机制短期内也许可以达到抑制发展中国家的出口、降低碳排放的目的，但也可能进一步限制发展中国家经济发展；同时从国际贸易全局和长远来看，实施碳边境调节机制似乎短期内保护了欧盟市场，但贸易伙伴很可能因此采取报复性手段，其他国家亦会采取同样的策略，这对于发达国家总体以及单个国家和地区个体而言未必有利，长期如此还可能深度影响整个国际经济贸易的协调发展。

2. 中国反对碳边境调节机制的实行不意味着中国反对减少碳排放量

中国在不同场合多次强调：中国重视环境保护和应对气候变化工作，中国愿意积极承担力所能及的保护环境的责任，并且正在用切实的行动履行自身的承诺。中国是最早签署《联合国气候变化框架公约》的国家之一，中国是积极参与并签订《京都议定书》的国家之一，中国政府也是最早提出国家应对气候变化方案的发展中国家。中国于2020年9月宣布了碳达峰目标和碳中和愿景，并据此进一步推进国内低碳经济发展。"十四五"规划中提出了单位GDP二氧化碳排放下降和单位GDP能源消费量下降的约束性目标，并宣布推动钢铁、石化、有色金属等高耗能、高排放行业的绿色转型和碳排放达峰。

此外，中国制定和实施了一系列碳减排政策，也在继续大力推进国内碳市场建设，全国碳市场已于2021年开始了第一个履约期，初期覆盖发电行业，其约占全国碳排放量的40%，未来计划扩大至其他七类高排放行业。中国目前已有八个区域性碳市场，覆盖了相关区域内几乎所有的钢铁、水泥、铝等碳密集型行业，区域性碳市场2020年的平均配额价格在3~13美元之间（ICAP，2021），全国碳市场平均价格约为8美元，随着海南国际碳排放权交易中心的建成，未来更多行业和机构被纳入后，中国碳价格可能进一步与国际接轨，对产业产品影响程度将进一步深化。作为一个负责任的大国，中国一直以来都在努力承担温室气体减排的国际责任。

（二）中国在欧盟碳边境调节机制问题上的原则

1. 中国坚持共同但有区别的责任原则

共同但有区别的责任原则是《联合国气候变化框架公约》中的核心原则。因此，无论是从国家累计排放总量方面来计量还是从国家人均排放总量来考虑，对中国等发展中国家实行碳边境调节机制的规定违反《京都议定书》确立的发达国家和发展中国家对全球温室气体承担共同但有区别的责任原则，同时也是对发达国家在后京都时代作出的减排目标承诺与成效的直接否认，可能会影响甚至瓦解全球气候变化问题的合作机制。

在欧盟碳边境调节机制的问题上，中国始终坚持这一核心原则：生态环境是全人类共同生存的基础，无论是发展中国家还是发达国家，在解决全球气候变暖问题上的目标应当是一致的，应对全球气候变暖不是某一国家或地区能够独自完成的，中国等发展中国家在温室气体的排放上需要也应当根据本国国情采取相应的减排措施。但是，中国等发展中国家在经济、社会、技术等领域都处于发展中阶段，在全球气候问题上所承担的责任应当与发达国家有所区别，不应强制要求与发达国家承担同等的碳减排义务和接受同等的控排要求。

2. 中国坚持特殊与差别待遇原则

特殊与差别待遇原则具体表现为普遍优惠制度（Generalized System of Preference，GSP），这一制度要求世贸组织发达成员给予发展中成员普遍的、非互惠的优惠待遇。中国始终坚持普遍优惠制的无条件性，发达国家对发展中国家的产品提供优惠的市场准入机会以促进发展中国家获得出口市场及贸易利益；同时，考虑到中国等发展中国家的生产技术等现状，可以允许其享受特殊与差别的优惠待遇，以及在特殊情况下允许发展中国家为维护本国利益而采取 WTO/GATT 条款的例外措施。

在世界多极化、经济全球化的过程中，世界贸易是以贸易自由化为宗旨和目标的，欧盟提出碳边境调节机制对贸易自由化带来了冲击和不确定性，尤其限制和影响了中国等发展中国家的出口贸易。然而，当不得不接受该机制时，中国也需要及时考虑采取相应对等措施以维护本国利益。当然，无论欧盟还是中国或是任何国家和地区，在决定采用碳关税或碳边境调节机制这种环境成本内部化措施，并以此促使出口国进行减排时，必须充分考虑、评估和落实如何使其对全球贸易自由化的影响降到最小。

3. 中国坚持生产与消费共同负担的原则

在生产领域，高碳产业产品的较高增值过程往往处于欧盟等发达国家和地区，而在产业链中上游的中国等发展中国家却承担着全球高碳制造业开采加工处理过程，因此发展中国家仅能获取整体生产消费流程中较少的利润，却承担较多的碳排放量。欧盟单边对包括中国等发展中国家在内的其他国家和地区实行碳边境调节机制，也很可能同步对相关产业链的经济增值过程造成影响，最终影响到其自身。同时，在消费领域，中国等发展中国家生产的诸多产品的很大一部分通过贸易形式提供给欧盟等发达国家和地区进行消费和使用，虽然贸易也为发展中国家带来了经济效益，但同时也给产地当地带来了诸如环境破坏和资源消耗等问题，发展中国家较高的温室气体排放如同其当地水、土壤环境以及工业污染问题一样，背后是欧盟等发达国家和地区对高污染高耗能产业的无形转移。中国坚持生产与消费共同负担的原则，这更有利于开展全球范围内处于不同发展阶段、不同产业环节的国家和地区应对气候变化的合作。

二、国际层面的对策

虽然征收碳关税将使全球应对气候变化问题向经贸领域延伸，各项问题复杂性将会进一步提高，但不可否认的是，当前全球气候变化问题已经成为人类共同面对的紧迫议题，同时也成为少数的实现不同国家和地区开展全方位合作的领域，从目前情况看，以欧盟碳边境调节机制为代表的相关措施的实施很可能是必然的。因此，需要正视欧盟碳边境调节机制等措施及其带来的相关问题，积极探寻应对的有效策略，以服务本国产业经济可持续发展，并为应对全球气候变化作出贡献。

（一）通过环境外交等多种手段积极应对碳边境调节机制

在国际争端与争议颇多的当今世界，为谋求共同发展，中国应积极围绕欧盟碳边境调节机制的合法合规性及影响等，通过环境外交途径主动与欧盟开展对话。坚持中国发展中国家定位，坚持欧盟碳边境调节机制应体现《巴黎协定》"按照不同的国情体现平等以及共同但有区别的责任和各自能力的原则"，不能由欧盟代替全球制定碳关税制度。强调在计算碳排放量时，不能一概而论，而应根据各国发展实际情况体现国家之间的差异，或可提议基于欧盟境内同类产品从最优排放水平到平均排放水平开展初始阶段排放强度基准值的过渡设定。进一步加强对欧盟碳边境调节机制的规定及实施路径等细节的研究，重点围绕核算体系、透明度及其与 WTO/GATT 规则的合理与冲突性等，与欧盟保持紧密磋商，争取构建双边及多边认可的碳核算体系标准。

（二）积极参与国际相关标准的讨论与制定

中国应利用好自身在联合国中的地位和在国际社会中的影响力，积极参与相关国际规则的讨论，在气候治理国际标准与规则制定等领域，保持与其他国家在全球气候问题上的沟通和交流，主动参与相关规则制定。积极在自由贸易框架内通过外交手段寻求与其他国家之间的合作，通过签订双边与多边协议，扩大和夯实已有经贸合作领域，促进在碳减排条件下开展新时期经贸往来。积极争取对发展中国家的援助基金，促进人才交流和信息共享，通过环境外交途径开展削减碳关税或降低碳边境调节机制影响的谈判。学习借鉴美国、墨西哥、加拿大之间的北美自由贸易案例，进一步重视同印度、巴西等发展中大国开展经贸合作，重点依托"一带一路"等合作机制推动建设绿色丝绸之路，完善低碳发展国际联盟与投资原则等多边合作平台，为中国积极推动全球气候治理拓展新空间。

（三）结合反制措施争取国际舆论

欧盟、美国等发达国家和地区在全球率先进行了工业革命，而发展中国家进入重化工业阶段较晚，为了维护自身的权益，在贸易反制方面，针对欧盟碳边境调节机制同样可以通过单边立法，从法理上对碳密集型的生产活动作出否定性评价，制定若干基于碳减排目标的贸易限制措施条款，征收中国进口的他国产品的碳关税，以此对欧盟进行有效的反制。同时，中国也可以加强与其他发展中国家的合作，共同应对欧美单边对进口产品征收碳关税的举措。另外，如果中国对高碳排放产品的出口征收碳出口税，在现有以欧盟碳边境调节机制为例的制度设计下，其他国家将不可再征收碳关税或要求购买合格证书。与被动接受碳关税相比，通过征收碳出口税主动寻求解决措施对中国经济的负面影响更小，征收碳出口税也可以把被欧盟碳边境调节机制征收的资金留在国内。

（四）充分利用世贸组织争端解决机制

由于碳关税机制涉及全球经贸往来，影响多国国家利益，其贸易壁垒的性质将导致碳产品出口国与碳关税（碳边境调节机制证书）征收国之间的贸易争端。作为钢铁和铝制品出口大国，中国必须认真研究世贸组织争端解决机制涉及贸易与气候变化的裁决，熟知世贸组织法律机制，从争议焦点寻求申诉的突破口。以最惠国待遇原则为依据，从执行的角度判断中国出口产品在碳边境调节机制的流程中是否受到歧视性待遇。同时，中国可以以国民待遇原则为依据，主张有关国家不得在本国与他国的同类产品之间形成不合理的差别待遇。如果欧盟成员国本国产品承担的碳减排责任明显小于从中国进口的同类产品，则需要给中国合理的解释，否则即违反国民待遇原则。

三、国内层面的措施

针对诸如碳边境调节机制等各种新举措，中国在内部需要提前做好应对，从自身机制的建立到产业结构的调整等方面都需要制定全面、详细的措施。

（一）完善国内碳排放权交易机制，扩大碳定价覆盖范围

碳交易市场是推动实现碳减排的成本最低、最有效工具之一。中国可以通过完善多层次碳市场体系和交易机制，为应对碳边境调节机制提供更多支持。我国应鼓励现有碳市场逐步成长为更活跃的交易市场，逐步推行配额有偿分配，从而让碳定价更好地反映市场供给和需求，提高产业企业的碳价意识，促使碳价最终能够在出口企业的成本中得到体现。定期对碳市场进行评估，确保碳市场覆盖下企业的减排和竞争力的维持。此外，推动企业完善碳排放数据的监测、报告与核查机制，不仅为配额分配提供科学依据，而且为企业应对欧盟碳边境调节机制实施中可能出现的碳排放数据争议提供支持。

中国碳市场建设相比欧盟和美国市场才刚起步，从全球发展角度看，短期内与欧盟等国际市场对接存在一定难度，更会衍生出锚定货币和碳汇率等问题。中国需要更多地在碳交易规则等方面加强对接，在国内碳市场建设上，尽量向国际相关标准靠拢，比如重点关注并积极推动欧盟碳边境调节机制下的五种行业产品的中欧标准和数据互认等，以减少碳关税支付（购买碳边境调节机制证书）或获得豁免。同时立足自身实际，推进碳排放权交易管理条例等更高层级法律法规出台，加快推动碳排放权交易基础设施建设，降低企业进入碳市场交易门槛，扩展碳定价覆盖范围。

（二）探索设立碳税机制，以碳税应对碳关税

碳交易与碳税体系相辅相成，应在推进碳市场建设的同时适时推出碳税，两者互为补充，在促进企业减排的同时也能避免未能被我国碳市场覆盖的行业在产品出口中被加征碳关税或遭受边境调节。与依靠单一的碳税或者碳市场机制相比，碳市场和碳税机制的有效结合是在实现低碳化经济目标上较优的政策选择。其中，碳市场应用于碳排放量较大、碳排放源相对集中的高碳产业，碳税则可以用于碳排放源较为分散的行业领域。通过碳税将排放量较为分散的行业纳入减排行动中，这一方式一方面可以增加企业减排的压力和动力，驱动企业自主减排；另一方面也可以在

一定程度上帮助这些行业在出口时取得碳关税和碳边境调节机制的豁免或部分豁免，同时使这些企业因排放产生的税收留在国内，并用于推动国内的低碳经济发展。

从目前中国经济发展的阶段来看，中国已经基本具备了征收碳税的各类因素条件，分阶段逐步征收碳税有助于企业适应并规避碳税带来的冲击。碳税的实施能够对中国经济逐渐转向投资和发展低碳化产业起到引导作用，从而促进高碳产业积极研发减碳技术、加快企业产业绿色化转型。此外，在实际征收中，中国应将碳密集型跨国合作企业一并纳入征税范围，并加大对其征税的执法力度，迫于碳税和成本的上涨，跨国公司将发展低碳技术，同时引导跨国投资转变投资方向与模式，最终促进中国整体的低碳经济发展。

（三）加强低碳技术的研发，推动企业采取碳中和战略

经济发展低碳化已成为世界经济发展不可逆转的趋势，中国企业需要顺应低碳化潮流，这既是产业转型升级的必需，也是应对未来竞争的必要。加强低碳技术开发与运用，本身就是从源头上解决高碳问题的根本方式。在当前的科技水平和资源禀赋下，其一，要提高能源使用的效率，大力发展再生能源及新能源，控制住化石能源端，并把节能作为一项长期的战略方针。其二，要加强工业生产碳排放管控，在钢铁、石化、化工、水泥、造纸、有色金属等领域推动低碳化，鼓励研发和落地二氧化碳捕获、利用与封存（CCS/CCUS）等可以有效控制温室气体排放的各项低碳前沿技术。其三，要在建筑和交通领域鼓励脱碳，绿色建筑、绿色乘用车等横跨产业端与消费端，排放量大、与公众生活密切度高，需要重点关注。其四，还要加强生态保护技术的开发与运用，新一代的测绘、监测、培育和环保技术具有广阔的运用空间，同时也要处理好低碳产业和技术自身对环境的影响，比如风能、太阳能等新能源产业对环境、土地空间的影响等。引导碳密集型企业加速碳中和，在对企业碳排放数据进行监测和核算的基础上采取碳减排行动和技术转型支持与改造，降低产品的能耗与排放，制定合适的碳减排路径实现低碳发展，从而避免在产品出口中因为高碳排放被征收税费的情况，不再因碳排放影响我国企业在海外市场的发展。在实现产业经济转型的过程中要不断培育我国绿色低碳发展的综合竞争力。

（四）加强顶层设计，加快形成绿色低碳循环发展模式

加强"双碳"工作顶层设计，推动经济社会高质量、绿色化发展。全国各地按照"1＋N"政策体系，明确"双碳"目标的"两图一表"，即路线图、施工图、时间表，围绕节能减排的核心目标，聚焦重点控排领域，着力打造绿色低碳循环经济体系，健全绿色低碳循环发展的生产体系、流通体系、消费体系、绿色化数字化的金融体系，构建市场导向的绿色技术创新体系，加快基础设施绿色升级，完善法律法规政策体系，逐步将环境、社会、治理（ESG）理念和标准纳入企业生产经营范围。努力推动多主体、多领域间协同增效，促进中国的低碳化循

环经济良好发展。

【本章小结】

本章在概述碳关税及欧盟碳边境调节机制基本概念的基础上，介绍了碳关税的提出背景、理论基础和相关文献研究，梳理了欧盟、美国等国家和地区在碳关税形成中的基本情况。本章着重对欧盟碳边境调节机制的设计背景、基本概念、主要规定、关键原理、重点范围进行了介绍，阐述了钢铁、水泥、化肥、铝制品等纳入碳边境调节机制的行业情况。本章对欧盟碳边境调节机制的路径进行了详细介绍，分析了路径异同和各自优势，同时介绍了欧盟碳边境调节机制碳排放量的相关计算方法。本章对欧盟碳边境调节机制对欧盟27国的各方面影响进行了分类介绍，基于相关数据的可视化、定性展示，分析了碳边境调节机制对欧盟自身多维度的影响，同时也讨论研判了其可能对其他国家和地区及相关产业的影响。此外，本章围绕欧盟碳边境调节机制的法理问题进行了探讨，并就中国在欧盟碳边境调节机制问题上的立场、原则作出了说明，对中国未来如何应对包括欧盟碳边境调节机制在内的碳关税政策提出了建议。

【思考题】

1. 什么是碳关税？碳关税对我国有哪些影响？
2. 碳关税的本质与内涵是什么？发达国家为何提出"碳关税"这一概念？
3. 简述欧盟碳边境调节机制的原理及实施路径。
4. 欧盟碳边境调节机制对欧盟有何影响？对欧盟区域外的国家又有何影响？
5. 中国应该如何应对欧盟碳边境调节机制？

参考文献

［1］比尔·盖茨. 气候经济与人类未来［M］. 陈召强，译. 北京：中信出版集团，2021.

［2］陈旻，王永珍. 碳市场建设的"福建经验"［N］. 福建日报，2021－07－19（004）.

［3］陈彦先. 国际气候变化条约履约机制研究［D］. 中央民族大学，2021.

［4］陈贻健. 国际气候法律新秩序构建中的公平性问题研究［M］. 北京：北京大学出版社，2017.

［5］陈志斌，孙峥. 中国碳排放权交易市场发展历程——从试点到全国［J］. 环境与可持续发展，2021，46（2）.

［6］《第三次气候变化国家评估报告》编写委员会. 第三次气候变化国家评估报告［M］. 北京：科学出版社，2015.

［7］戴维·古德斯坦，迈克尔·英特里利盖托. 气候变化与能源问题：从自然科学与经济学视角［M］. 汪海林，译. 大连：东北财经大学出版社，2018.

［8］戴彦德，等. 碳交易制度研究［M］. 北京：中国发展出版社，2014.

［9］蒂坦伯格，等. 环境与自然资源经济学（第十版）［M］. 王晓霞，等译. 北京：中国人民大学出版社，2016.

［10］段茂盛，吴力波. 中国碳市场发展报告——从试点走向全国［M］. 北京：人民出版社，2018.

［11］段享. 论碳排放权配额初始分配的法律规制［D］. 西北民族大学，2021.

［12］樊威. 从国际视角看中国农业自愿减排项目的未来发展［J］. 广东农业科学，2012，39（2）.

［13］福尔. 气候变化与欧洲排放交易理论与实践［M］. 北京：化学工业出版社，2011.

［14］高鸿业. 西方经济学（第七版）［M］. 北京：中国人民大学出版社，2018.

［15］高天皎. 碳交易及其相关市场的发展现状简述［J］. 中国矿业，2007（8）.

［16］公衍照，吴宗杰. 欧盟碳交易机制及其启示［J］. 山东理工大学学报（社会科学版），2013，29（1）.

［17］郭远珍，彭密军. 二氧化碳与气候［M］. 北京：化学工业出版社，2012.

［18］国际碳行动伙伴组织（ICAP）. 全球碳市场进展：2021年度报告［R］. 柏林：国际碳行动伙伴组织，2021.

［19］郭日生. 碳市场［M］. 北京：科学出版社，2010.

［20］郝海青. 欧美碳排放权交易法律制度研究［D］. 中国海洋大学，2012.

[21] 何佳艳. CDM 项目运作指南系列之二：CDM 项目减排量的计算方法 [J]. 投资北京，2010（1）.

[22] 何建坤，齐晔，李政. 环境与气候协同治理：中国及其他国家的成功实践 [M]. 大连：东北财经大学出版社，2019.

[23] 何云云. 清洁发展机制法律问题研究 [D]. 中国政法大学，2011.

[24] 何晶晶. 从《京都议定书》到《巴黎协定》：开启新的气候变化治理时代 [J]. 国际法研究，2016（3）.

[25] 何少琛. 欧盟碳排放交易体系发展现状、改革方法及前景 [D]. 吉林大学，2016.

[26] 胡安彬. 碳减排国际合作中的"囚徒困境"[J]. 能源评论，2011（1）.

[27] 理查德·S. J. 托尔. 气候经济学：气候、气候变化与气候政策经济分析 [M]. 齐建国，王颖婕，齐海英，译. 大连：东北财经大学出版社，2016.

[28] 焦小平. 欧盟排放交易体系规则 [M]. 北京：中国财政经济出版社，2010.

[29] 贾茹. 欧盟碳排放权交易体系的运行及启示与借鉴 [D]. 吉林大学，2012.

[30] 林伯强，黄光晓. 能源金融（第 2 版）[M]. 北京：清华大学出版社，2014.

[31] 廖振良. 碳排放交易理论与实践 [M]. 上海：同济大学出版社，2016.

[32] 刘凤良，周业安. 中级微观经济学 [M]. 北京：中国人民大学出版社，2012.

[33] 刘航. 中国清洁发展机制与碳交易市场框架设计研究 [D]. 中国地质大学，2013.

[34] 刘文秀. 市场：资源配置的决定因素 [M]. 北京：清华大学出版社，2016.

[35] 李慧明.《巴黎协定》与全球气候治理体系的转型 [J]. 国际展望，2016，8（2）.

[36] 李彦. 福建碳排放交易试点的现状、问题与建议 [J]. 宏观经济管理，2018（2）.

[37] 李鹏，吴文昊，郭伟. 连续监测方法在全国碳市场应用的挑战与对策 [J]. 环境经济研究，2021（6）.

[38] 鲁旭. 中国低碳经济发展策略论——国际碳关税视角 [M]. 北京：人民出版社，2015.

[39] 鲁传一，刘德顺. 减缓全球气候变化的京都机制的经济学分析 [J]. 世界经济，2002（8）.

[40] 路京京. 中国碳排放权交易价格的驱动因素与管理制度研究 [D]. 吉林大学，2019.

[41] 马中，等. 环境与自然经济学概论（第三版）[M]. 北京：高等教育出版社，2019.

[42] 曼昆. 经济学原理：微观经济学分册 [M]. 梁小民，等译. 北京：北京大学出版社，2012.

[43] 曼瑟·奥尔森. 集体行动的逻辑：公共物品与集团理论 [M]. 陈郁，郭宇峰，李崇，等译. 上海：格致出版社，上海人民出版社，2018.

[44] 梅德文，葛兴安，邵诗洋. 自愿减排交易助力实现"双碳"目标 [J]. 清华金融评论，2021（10）.

[45] 莫建雷，朱磊，范英. 碳市场价格稳定机制探索及对中国碳市场建设的建议 [J]. 气候变化研究进展，2013，9（5）.

[46] 饶欣. 广东省碳排放权交易市场价格波动传导机制研究 [D]. 中国地质大学（北

京），2019.

［47］能源基金会，Sandbag，E3G. 碳边境调节机制：进展与前瞻［R］. 2021.

［48］倪诚蔚. 中国自愿减排林业碳汇项目概述［J］. 农村实用技术，2015（3）.

［49］潘晓滨. 碳排放交易中的自愿减排抵消机制［J］. 资源节约与环保，2018（9）.

［50］潘晓滨，史学瀛. 欧盟排放交易机制总量设置和调整及对中国的借鉴意义［J］. 理论与现代化，2015（5）.

［51］清华大学能源环境经济研究所. 全国碳排放交易体系实务手册［R］. 北京：生态环境部应对气候变化司，2021.

［52］清华大学中国碳市场研究中心. 地方政府参与全国碳市场工作手册［R］. 北京：能源基金会，2020.

［53］钱政霖，马晓明. 国际自愿减排标准比较研究［J］. 生态经济，2012（5）.

［54］《生态环境系统应对气候变化专题培训教材》编委会. 生态环境系统应对气候变化专题培训教材［M］. 北京：中国环境出版集团，2019.

［55］史学瀛. 碳排放交易市场与制度设计［M］. 天津：南开大学出版社，2014.

［56］孙文娟，张胜军，孙海萍. 试点碳市场发展现状及对全国碳市场的启示［J］. 国际石油经济，2021，29（7）.

［57］孙悦. 欧盟碳排放权交易体系及其价格机制研究［D］. 吉林大学，2018.

［58］孙永平. 碳排放权交易概论［M］. 北京：社会科学文献出版社，2016.

［59］束兰根，顾蔚. 绿色金融基础读本［M］. 南京：南京大学出版社，2020.

［60］束兰根. 绿色金融解释［M］. 南京：南京大学出版社，2020.

［61］束兰根. 以绿色金融促绿色技术产业化［J］. 群众，2020（10）.

［62］束兰根. 把双碳纳入生态文明建设整体布局［J］. 群众，2021（19）.

［63］束兰根，辛晴. 碳达峰视角下的中国地级以上城市碳排放与经济发展相关性研究［J］. 电子科技大学学报，2021（5）.

［64］佟佳洋，凌黎华. 欧盟碳排放交易体系产生的影响及我国的对策分析［J］. 中国海事，2021（5）.

［65］王春宝. 中国碳排放权交易机制研究［D］. 重庆大学，2018.

［66］王俐. 欧盟碳排放权分配机制对我国的启示［J］. 经济论坛，2013（11）.

［67］王少华，王俊霞，张荣荣. 全国碳市场正式上线运行［J］. 生态经济，2021，37（9）.

［68］王宇露，林健. 我国碳排放权定价机制研究［J］. 价格理论与实践，2012（2）.

［69］王际杰. 我国碳交易价格形成机制的思考［J］. 中国经贸导刊（理论版），2017（14）.

［70］王遥. 碳金融［M］. 北京：中国经济出版社，2010.

［71］吴慧娟，张智光. 中国碳市场价格特征及其成因分析：高低性、均衡性与稳定性［J］. 世界林业研究，2021，34（3）.

［72］吴茵茵，齐杰，鲜琴，等. 中国碳市场的碳减排效应研究——基于市场机制与行政干预的协同作用视角［J］. 中国工业经济，2021（8）.

［73］吴慧娟，张智光. 城市碳价的时空特征及其形成机理的理论模型——基于8个地区碳

交易试点的价格数据［J］. 现代城市研究，2021（1）.

［74］万娟. 削减碳排放的途径与策略优化探讨［J］. 科技创业月刊，2016（29）.

［75］魏一鸣. 碳金融与碳市场［M］. 北京：科学出版社，2010.

［76］魏一鸣，等. 碳金融与碳市场——方法与实证［M］. 北京：科学出版社，2010.

［77］夏雪. 我国碳排放权交易价格与原油期货价格的动态相关性实证研究［D］. 重庆工商大学，2021.

［78］徐爽. 碳交易政策对城市经济高质量发展的影响研究［D］. 大连海事大学，2020.

［79］高婕. 欧盟碳排放权交易机制分析［D］. 吉林大学，2013.

［80］肖玉仙，尹海涛. 我国碳排放权交易试点的运行和效果分析［J］. 生态经济，2017，33（5）.

［81］肖志明. 碳排放权交易机制研究［D］. 福建师范大学，2011.

［82］熊灵，齐绍洲. 欧盟碳排放交易体系的结构缺陷、制度变革及其影响［J］. 欧洲研究，2012，30（1）.

［83］薛彦平. 欧盟资本市场的基本特点与发展趋势［J］. 国外社会科学，2009（4）.

［84］杨博文.《巴黎协定》后国际碳市场自愿减排标准的适用与规范完善［J］. 国际经贸探索，2021，37（6）.

［85］杨永杰. 国际碳交易体系的运行及我国碳市场的展望［J］. 兰州商学院学报，2012，28（1）.

［86］杨子晖，陈里璇，罗彤. 边际减排成本与区域差异性研究［J］. 管理科学学报，2019，22（2）.

［87］杨志，陈军. 应对气候变化：欧盟的实现机制——温室气体排放权交易体系［J］. 内蒙古大学学报（哲学社会科学版），2010，42（3）.

［88］叶斌. EU-ETS 三阶段配额分配机制演进机理［J］. 开放导报，2013（3）.

［89］叶卫华. 全球负外部性的治理：大国合作［D］. 江西财经大学，2010.

［90］应对气候变化国际合作进程的回顾与展望［EB/OL］.（2015-11-23）. http：//www.tanjiaoyi.com/article-13989-7.html.

［91］于吉海. 联合国气候变化框架公约简介［J］. 地理教学，2010（5）.

［92］于治国，姜喆. 欧盟碳边境调节制度规定解读，http：//www.zhonglun.com/Content/2021/07-19/1451135888.html.

［93］俞薇. 中国温室气体自愿减排机制运行效果影响因素研究［D］. 中南财经政法大学，2019.

［94］张霞. 浅论碳交易市场形成和运行的经济理论基础［J］. 价值工程，2014，33（4）.

［95］张青阳. 中国碳市场价格变动研究［D］. 广东省社会科学院，2016.

［96］张昕，张敏思，田巍，等. 我国温室气体自愿减排交易发展现状、问题与解决思路［J］. 中国经贸导刊（理论版），2017（23）.

［97］中金公司研究部，中金研究院. 碳中和经济学：新约束下宏观与行业分析［M］. 北京：中信出版集团，2021.

［98］朱松丽，高翔．从哥本哈根到巴黎——国际气候制度的变迁和发展［M］．北京：清华大学出版社，2017．

［99］朱鑫鑫，于宏源．美国地方自主减排体系如何运行——以芝加哥气候交易所为例［J］．绿叶，2015（3）．

［100］朱苏荣．碳定价、排放交易与市场化减排——欧盟排放交易体系的经验借鉴［J］．金融发展评论，2014（12）．

［101］翟禹镓，王妍．日本煤炭工业综述［J］．中国煤炭，2021，47（7）．

［102］郑芊卉．我国林业碳汇项目开发交易政策与实践研究［D］．南京林业大学，2019．

［103］周茂荣，谭秀杰．欧盟碳排放交易体系第三期的改革、前景及其启示［J］．国际贸易问题，2013（5）．

［104］周剑，何建坤．欧盟气候变化政策及其经济影响［J］．现代国际关系，2009（2）．

［105］邹绍辉，张甜．能源期货市场、能源股票市场与碳市场非线性关系动态分析［J］．系统工程，2020，38（5）．

［106］Alexandre K. Mapping Carbon Pricing Initiatives 2013：Developments and Prospects［J/OL］. 2013.

［107］Andreas T, Joanneum R, Graz, et al. Green Investment Schemes：First Experiences and Lessons Learned［J/OL］. 2010.

［108］Yue-Jun Zhang, Yi-Ming Wei. An Overview of Current Research on EU-ETS：Evidence from Its Operating Mechanism and Economic Effect［J］. Applied Energy, 2009（6）.

［109］Chan N. The Paris Agreement as Analogy in Global Environmental Politics［J］. Global Environmental Politics, 2021：1 – 8.

［110］Chepeltev M, Osorio I, Mensbrugghe D. Distributional Impacts of Carbon Pricing Policies under the Paris Agreement：Inter and Intra-regional Perspectives［J］. Energy Economics, 2021, 102：1 – 28.

［111］China Energy Council. Analysis and Forecast of China Power Demand-Supply Situation 2020—2021［R］. 2021.

［112］Cui, R., Hultman, N., Cui, D. et al. A Plant-by-plant Strategy for High-ambition Coal Power Phaseout in China［J］. Nature Communications, 2021, 12, 1468.

［113］Cui, R., N. Hultman, K. Jiang, et al. A High Ambition Coal Phaseout in China：Feasible Strategies through a Comprehensive Plant-by-plant Assessment［R］. Center for Global Sustainability：College Park, Maryland. 2021.

［114］Denny Elerman, Barbara K. Buchner. Over-Allocation or Abatement? A Preliminary Analysis of the EU ETS Based on the 2005—2006 Emissions Data［J］. Environment and Resource Economics, 41, 2008：267 – 287.

［115］Elizabeth L A, Cassandra L K. Unveiling Assigned Amount Unit（AAU）Trades：Current Market Impacts and Prospects for the Future［J］. Atmosphere, 2012, 3（1）：229 – 245.

［116］European Commission. Lifting the Suspension of UK-Related Processes in the Union Registry of the EU-ETS〔R〕. January 31, 2020.

〔117〕European Commission Council. Decision —— Authorising the Opening of Negotiations for a New Partnership with the United Kingdom of Great Britain and Northern Ireland〔R〕. February 3, 2020.

〔118〕European Commission European Climate Law——Achieving Climate Neutrality by 2050〔R〕. May 13, 2020.

〔119〕European Commission. The European Green Deal〔R〕. December 11, 2019.

〔120〕European Commission. EU Green Deal (Carbon Border Adjustment Mechanism)〔R〕. March 4, 2020.

〔121〕Food and Agriculture Organisation of the United Nations (FAO). FAOSTAT Data, 2021.

〔122〕Friedlingstein, P., et al. Global Carbon Budget 2020, Earth System Science Data, 12, 2020: 3269 – 3340.

〔123〕Richard N. Cooper. Financing for Climate Change〔J〕. Energy Economics, 2012, 8.

〔124〕Gallagher, K. S., et al. Assessing the Policy Gaps for Achieving China's Climate Targets in the Paris Agreement, Nature Communications, 10, 2019, No. 1256.

〔125〕He, J., et al. Comprehensive Report on China's Long-term Low-carbon Development Strategies and Pathways〔J〕. Chinese Journal of Population, Resources and Environment, 2021, 4.

〔126〕IEA (International Energy Agency). Global EV Outlook 2021〔R〕. 2021.

〔127〕IEA. Global Energy Review 2021〔R〕. 2021.

〔128〕IEA. Financing Clean Energy Transitions in Emerging and Developing Economies〔R〕. 2021.

〔129〕IEA. An Energy Sector Roadmap to Carbon Neutrality in China〔R〕. 2021.

〔130〕IEA. Coal 2020〔R〕. 2020.

〔131〕IEA. Energy Technology Perspectives 2020〔R〕. 2020.

〔132〕IEA. China's Emissions Trading Scheme, Designing Efficient Allowance Allocation〔R〕. 2020.

〔133〕IEA. The Future of Cooling in China: Delivering on Action Plans for Sustainable Air conditioning〔R〕. 2019.

〔134〕IMF (International Monetary Fund). World Economic Outlook Update〔R〕. July, 2021.

〔135〕IMF. World Economic Outlook: Managing Divergent Recoveries〔R〕. April, 2021.

〔136〕IMF. A Crisis Like No Other, An Uncertain Recovery〔R〕. June, 2020.

〔137〕IMF. World Economic Outlook Database: April 2020 Edition〔R〕. Washington DC. IPCC (Intergovernmental Panel on Climate Change) 2020.

〔138〕Liu, J. et al. Carbon and Air Pollutant Emissions from China's Cement Industry 1990—2015: Trends, Evolution of Technologies, and Drivers〔J〕. Atmospheric Chemistry and Physics, 2021 (21): 1627 – 1647.

〔139〕MEE (Ministry of Ecology and Environment). Report on the State of the Ecology and Environment in China 2020〔R〕. 2021.

［140］ Munnings C, Morgenstern R D, Wang Z, et al. Assessing the Design of Three Carbon Trading Pilot Programs in China ［J］. Energy Policy, 2016, 96: 688－699.

［141］ NBS (National Bureau of Statistics). Statistical Communiqué on the 2020 National Economic and Social Development, 2021.

［142］ OECD (Organisation for Economic Co-operation and Development). China's Progress Towards Green Growth: An International Perspective ［R］. 2018.

［143］ Oxford Economics, Global Economic Model, (database), 2020.

［144］ Platts. World Electric Power Plant Database (purchase), 2021.

［145］ World Bank. Emissions Trading in Practice: A Handbook on Design and Implementation ［R］. 2021.

［146］ Reuters. China's New Coal Power Plant Capacity in 2020 more than 3 Times Rest of World's ［R］. 2021.

［147］ Saunois, M., et al. The Global Methane Budget 2000—2017, Earth System Science Data, 2020, 12: 1561－1623.

［148］ SCIO (State Council Information Office). SCIO Briefing on China's Renewable Energy Development, 2021.

［149］ State Council. 14th Five-Year Plan (2021—2025) for National Economic and Social Development and the Long-Range Objectives, 2021.

［150］ State Council. Made in China 2025, 2015.

［151］ Thomson R. Carry-over of AAUs from CP1 to CP2——Future Implications for the Climate Regime ［J/OL］. 2012.

［152］ Tong, D. et al. Committed Emissions from Existing Energy Infrastructure Jeopardize 1.5℃ Climate Target ［J］. Nature, Vol. 572, 2019: 373－377.

［153］ Ulrich Oberndorfer, Klaus Rennings, Bedia Sahin. The Impacts of the European Emissions Trading Scheme on Competitiveness and Employment in Europe——A Literature Review ［J］. Mannheim: Center for European Economic Research, 2006, 35－37.

［154］ UNDESA (United Nations Department of Economic and Social Affairs). 2019 Revision of World Population Prospects, 2019.

［155］ UNFCCC (United Nations Framework Convention on Climate Change). Greenhouse Gas Data, August, 2021.

［156］ Wang, X. et al. A Unit-based Emission Inventory of SO_2, NO_x and PM for the Chinese Iron and Steel Industry from 2010 to 2015 ［J］. Science of the Total Environment, Vol. 676, 2019: 18－30.

［157］ Weng Q, Xu H. A review of China's Carbon Trading Market ［J］. Renewable and Sustainable Energy Reviews, 2018, 91: 613－619.

［158］ Word Bank. State and Trends of Carbon Pricing ［R］. 2020.

［159］ World Bank. World Bank Open Data, Free and Open Access to Global Development Data, 2021.

[160] Morgenstern RD, Wang Z, Liu X. Assessing the Design of Three Carbon Trading Pilot Programs in China [J]. Energy Policy, 2016, 96: 688 – 699.

[161] Weng Q, Xu H. A Review of China's Carbon Trading Market [J]. Renewable and Sustainable Energy Reviews, 2018, 91: 613 – 619.

[162] Weitzman M. Prices vs. Quantities [J]. The Review of Economic Studies, 1974, 41 (4).

后　　记

　　2021 年是中国碳达峰、碳中和目标启动元年。2021 年 7 月 16 日，全国碳排放权交易市场正式启动，标志着我国以市场化手段应对气候变化、减少温室气体排放的重大体制机制性的创新举措正式实施。中国银保监会也明确要求，大力发展绿色金融，发展碳交易市场，提高碳定价的有效性和市场流动性，稳妥开展碳金融产品交易。在此背景下，以碳达峰、碳中和目标为导向，组织编写一套碳金融基础教材显得十分必要且具有现实意义。在中国金融出版社的鼎力支持下，中国人民大学生态金融研究中心和中研绿色金融研究院共同策划并组织编写了高等学校碳金融"十四五"规划教材，我们邀请业界一批领导、专家、学者担任本套教材学术指导委员会委员。第十三届全国政协经济委员会副主任、国务院发展研究中心原副主任刘世锦先生为本套教材撰写总序。

　　《碳交易市场概论》作为本套教材之一，对碳市场交易的理论溯源、全球碳排放权交易市场整体情况、中国碳排放权交易市场试点、全国碳交易市场发展进行系统介绍与分析，并结合目前学术界与实践界的各项研究成果，力图为各级政府部门、高校、研究机构及企事业单位学习和研究碳排放权交易市场提供有益的参考。

　　《碳交易市场概论》是在中国金融出版社原总经理、总编辑郭建伟先生的指导下编写的，同时也是中国人民大学生态金融研究中心与中研绿色金融研究院共同合作的成果。各章节具体编写专家和人员如下：

　　第一章由江苏大学财经学院吴梦云、鄢军编写；

　　第二章由中国人民大学环境学院许光清、陈梦瑶、范师嘉、吴静怡编写；

　　第三章由北京中创碳投科技有限公司唐人虎、郑喜鹏、陈志斌、周红明编写；

　　第四章由电子科技大学经济与管理学院李平、饶泽炜编写；

　　第五章由南京大学工程管理学院陈莹、李琳娜编写；

　　第六章由中国石油大学（北京）经济管理学院梅应丹、马婷、赵梦霏、林昭君、杨金金编写；

　　第七章由上海环境能源交易所李瑾、姚烨成、张倩云、常征编写；

　　第八章由中国人民大学生态金融研究中心蓝虹、杜彦霖编写；

　　第九章由中研绿色金融研究院束兰根、顾蔚、苏雪怡编写。

　　全书由蓝虹主编拟订编写大纲，束兰根副主编进行统稿，蓝虹主编最后审定。本书责任编辑张铁先生为本书的出版付出了诸多心血和努力，在此致以谢意！

　　由于时间仓促及编写者能力所限，编写内容难免会有疏漏甚至欠缺，在此也请各位读者批评指正。

编　者

2022 年 5 月